迷途知返

— 中国环艺发展史掠影 —

苏丹 编著

中国建筑工业出版社

清华大学美术学院 CICA
"中国环艺发展史研究"课题组

组　　长：苏丹

副组长：周岚

成　　员：高珊珊、石俊峰、张俊超、
张雪娟、郑静、陈思、顾琰、韩亚静

执行主编：高珊珊

目录

/

前言

环境艺术——地球上一朵美丽又结硕果的奇葩！：钱宏　　002

导读1——关于课题：周岚、高珊珊　　013

导读2——关于本书：高珊珊　　022

第一部分：深度

迷途知返：苏丹　　026

1. 环艺文献展・2012　026

2. 环境观念（概念及意义｜意识和自觉｜人工环境及其美学｜环境美学与环境艺术）　029

3. 实用主义（反对教条主义｜机会主义的温床）　037

4. 关于"环境"的再思考（似曾相识，却又相去甚远｜环保意识｜环境中的关系）　044

5. 自然精神（自然的力量和崇拜｜自然主义与环境保护｜自然美学与环境美学）　052

6. 场所精神（场所位置及独特性｜感受与创作）　065

7. 社会精神（复杂的社会｜社会雕塑｜沟通与媒介｜社会的物理空间｜社区环境与社区建设）　072

8. 人性的关怀（环境和人｜人性的表现）　088

9. 始乱终弃——环境设计（突如其来的学科调整｜技术的陷阱和环境去魅的结局｜忠告：缺少了艺术，

　　我们这个群体将一无所有）　095

・再见,比耶拉（城市｜大学｜基金会）　101

第二部分：状态

大事记 1——国际"环艺"思潮的兴起：高珊珊　110

大事记 2——中国"环艺"发展脉络：高珊珊　132

大事记 3——中国"环艺"重要文献甄选：包泡提供　149

比较研究——"环艺"支撑体系的国际比较：石俊峰　165

个案 1——环境艺术路上三十年：包泡提供　179

个案 2——布正伟手稿1986～1987：布正伟提供　184

小结——状态：苏丹　189

第三部分：描述

萧默　197

布正伟　205

顾孟潮　214

包泡　224

张绮曼　231

于正伦　246

郑曙旸　248

王明贤　258

林学明　266

翁建青　272

米俊仁　278

王晖　283

车飞　287

马里奥·泰勒兹　290

理查德·古德温　298

小结——描述：苏丹　305

第四部分：思考

超越形式的设计思维：方晓风　312

面向生态文明建设的环境艺术与环境设计：郑曙旸　318

从环境艺术设计专业到中国现代环境学的构建：王国彬　329

论环境艺术设计的程序与方法：何浩　338

让艺术脚踏实地：马里奥•泰勒兹　344

社会生物学下的环艺思考：贝玛•通丹　354

小结——思考：苏丹　375

第五部分：讨论

研讨会：环艺的双重属性与未来可能性　383

小结——说道：苏丹　414

专题：安迪•高兹沃斯　417

第六部分：索引

"环艺"重要人物索引 1——国际部分：高珊珊、张俊超　434

"环艺"重要人物索引 2——中国部分：苏丹、高珊珊　446

我的"环艺"摇滚 30 年——苏丹•1984 ～ 2014 年：苏丹　455

图表索引　461

后记

历史飞掠而过：苏丹　470

〈Introduction〉

前言

- 前言+导读 -

环境艺术——地球上一朵美丽又结硕果的奇葩!

- 前言 -

□ 钱宏

/

> "啊,人类,只有你才有艺术!"
>
> ——德·席勒

有幸与苏丹教授结缘,是 2012 年 12 月,我被朋友邀请,在"北京艺术沙龙"读书会上分两次为一些艺术家、媒体人、水务和空气专家作题为《生态统领,共生为魂——重建政治伦理,中国从后发国家到先发国度的战略思考》[1] 的思想性报告。

当我们了解了对方的兴趣和努力方向时,我们同时说到一个人,这个人就是富有共生(Symbiosis)思想而被誉为国际环境艺术设计大师的黑川纪章。日本建筑师黑川纪章早在 20 世纪 60 年代,就自觉将生物学的进化论和再生过程引入城市设计和建筑设计,使技术、自然、人三者和谐共存,并形成了他的环艺设计的"新陈代谢论"。70 年代中期之后至 80 年代,黑川纪章逐渐将其思想发展为更成熟的"共生城市"理论。这是一种基于"生命原理"的城市观和建筑观,即将共生思想贯通于新陈代谢、循环、信息、生态学、可持续发展和遗传基因(Gene)等诸多重要概念之中。

因为有了对一个人的共同认知,当苏丹教授在他主编的《迷途知返——中国环艺发展史掠影》(下简称《掠影》)即将出版之际,约我写个序言,我就冒昧应承下来。这对我这个环艺界的外行来说,实在是一次系统学习的机会。

1.　收入钱宏著《怎么办?》,香港成报出版社。

说是"掠影"，其实该书不啻是世界环境艺术发展史的全景图谱。更重要的是，苏丹教授和他的工作团队，不只是展示这幅世界环艺全景图谱，而是通过展示环艺发展史，昭示人与自然、人与社会、人与自身三大关系的进化状态和性质变化，并借以表达编者对当代中国与世界前途深沉的忧虑。书名"迷途知返"，与其说是一个实然判断，不如说是主编者的一种殷切期待！

我想，用不着我从学理上来解说"什么是环境艺术？""什么是环境艺术设计？""什么是环境设计？"我且说三点阅读心得吧。一是读懂《掠影》，也就了解了中国与世界环艺发展史的概况；二是环境及环境艺术设计的灵魂是文化精神，最佳环境艺术设计作品必是展示最佳生活方式变革的写照；三是当代中国环境设计"迷途知返"应当"返"归何处？

《掠影》从 20 世纪为"全球规模环境破坏的世纪"的命题开始，追溯到马克思、恩格斯1848 年合著的《德意志意识形态》中就预见到"人同自然的和解以及人同本身的和解"势必成为人类与环境关系的"两大革命"，以及 1857 年诞生于纽约中央公园环境设计，奥姆斯特德和弗克斯两位环艺大师，是如何掀起美国城市公园运动热潮，使城市公园从私家庄园成为大众可共享的城市环境，为城市自身与城市文明的需要开创新纪元，从而拉开了西方现代环境艺术设计的序幕。

紧接着，《掠影》回顾了 20 世纪德国的格罗皮乌斯《包豪斯宣言》、挪威的诺伯格•舒尔茨（Christian Norberg-Schulz）创建重视物质属性和文化精神关系的建筑现象学的"场所精神"（Spirit of Place）、促成审美和形态空前变革的"新艺术运动"、B. 富勒将生态学与建筑学结合起来提出富有共生思维的"少费多用"（More with Less）原则，以及此后各国艺术家、建筑学家、教育家，在高涨的环境保护思潮影响下，20 世纪 70 年代学术界各个学科领域相继进行了"环境转向"，将建筑学分别与现象学、物理学、心理学、美学、伦理学、生态学、各种环境保护艺术流派结合的一系列学科建设。于是，环境生物学、环境物理学、环境伦理学、环境心理学、环境美学等环境学科纷纷涌现，一场深刻的思想变革全面展开，逐渐成就了"环境艺术设计"这样一门崭新的综合学科。特别是在全球性环境保护运动与艺术环保实践活动中，催生的后现代主义文化，形成了国家支持的"公共艺术"（Public Art）及其立法，读来简直惊心动魄。

《掠影》在讲述"环境艺术流派"进入高潮期时，我特别注意到，作者以意大利的"贫穷艺术"（Arte Povera）、首先出现在美国的"大地艺术"（Land Art）和日本的"物派艺术"三大流派为例，讲述 1967 ～ 1968 年，声势浩大的环境保护运动。具备敏锐嗅觉的艺术家率先留意到环境问题的重要性，纷纷把环境意识运用到自身的创作之中，并以此引起政治界、学术界与普通大众的关注与思考，功不可没。

"贫穷艺术"是 20 世纪 60 年代在意大利出现的一种新的艺术运动。1967 年，"贫穷艺术"的概念由意大利艺术评论家切兰（Germano Celant）提出，以概括和描述这种艺术风格和观念。"贫穷艺术"主要指艺术家选用废旧品和日常材料或被忽视的材料作为表现媒介，旨在摆脱和冲破传统的"高雅"艺术的束缚，并重新界定艺术的语言和观念。其代表人物是意大利艺术家雅尼斯·库奈里斯 。贫穷艺术使日常生活变得有意义，影响企业心态与艺术，采用非常规的材料和风格，冲击政府、行业机构建立的价值观和文化。正好与共生哲学表达的"垃圾只是放错了地方的宝贝，腐朽不过是没有被发现的神奇"[1] 旨趣完全相投。

　　1968 年，首次 "大地作品艺术展"在美国纽约的德万博物馆举行，1969 年康奈尔大学举办 Earth Art 展，由此宣告了一种新的现代艺术形态——"大地艺术"的出现。"大地艺术"是以大自然作为创造媒体，把艺术与大自然有机结合创造出的一种富有艺术整体性情景的视觉化艺术形式，"大地艺术"家，以定居美国的保加利亚人克里斯托（J.Christo）和美国的罗伯特·史密森（R.Smithson）等最为著名。

　　而与"贫穷艺术"、"大地艺术"有异曲同工之妙的"物派艺术"，同年在日本诞生。在神户须磨离公园举办的第一届现代雕塑展上，关根伸夫推出作品"位相 - 大地"，表述了艺术家"世界有着世界本身的存在，尽可能在真实的世界中提示自然本身的存在，并将此鲜明地呈现出来，除此以外没有别的选择"的主张，标志着日本"物派艺术"的诞生。以追求物质表现为宗旨的创作思想，以及表现手法与物派有共同之处的"物派"艺术家，其作品风格以大量使用未经加工的木、石、土等自然材料为主要特征，尽可能避免人为加工的痕迹，并在注重物体之间关系的同时，将空间也作为作品因素之一来考虑，通过将表现内容降至最低限的手法，来揭示自然世界"简约"的存在方式，从而引导人们重新认识世界的"真实性"，以此表现东方式的，乃至日本式的感知方式和存在方式。赋予虚无的空间以某种意味，这是日本人特有的思考方式。较之实体的物象和具体的声音，日本人更注重两者之间的空白和静寂。日本的造型观是基于两者之间的关系来构成作品，这是日本文化艺术的重要准则。"物派"艺术是唯一一支被写入西方现当代艺术史的亚洲艺术流派。其中心人物是关根伸夫、菅木志雄、成田克彦、小清水渐、李禹焕。

　　从马恩"两大和解"的哲学，到"公共艺术"立法，从建筑现象学，到贫穷艺术、大地艺术、物派艺术流派，以及全球性环境保护运动和环境艺术实践，我们看到了人类活动，以生态学思维范式取代了机械论思维范式的全过程，并形成这样一种良性互动：哲学思想一旦形成文化思潮，就必然影响科学方法和艺术形式的改变，催生艺术家联结更广泛的空间

1.　钱宏、周振著《共生经济学·卷首语》，郑州大学出版社，2014。

表达形式，创造设计出与之相应的作品，影响公权组织和公众人物的生活品位和情趣，最终形成普罗大众追求新生活方式的社会运动。追求新生活方式的社会运动，势必反过来影响艺术家、科学家、企业家、政治家、哲学家、思想家们的纵深探索与尝试，由此循环往复，以至无穷。

这种良性互动不仅是历史的，而且必然是超越地域和国别空间的，这就是中国的环境艺术设计思潮、运动和学科建设，几乎与世界同步的基本缘由。反过来看，读懂了苏丹教授的《中国环艺发展史掠影》，同时也了解了世界环艺发展史的概况。

／

掩卷《掠影》，我心中随之展开了这样一种思绪：如果说，自然和社会皆是一种人类赖以生存的外环境，人类身心灵相互作用的感知、思想、意象更是一种人之为人赖以存在的内环境；那么，环境艺术设计，则是将自然、社会、身心灵内外环境联结起来，将两者之间生息相通而相依的关系以某种艺术精神彰显出来，形成生态共生场的文明、文化活动。

那么，什么是文明、文化活动？我在《背景主义：关于大文化战略的哲学追问》（1994年）中，也曾试着对文化给出一种学理化的解释。所谓文化，在其现实性上，是物质、精神和工艺的三位一体或同心共生体；而在其可能性上，就是人的这样一个循环往复以至无穷的由秉承者向再出者永续追寻文而化之的创化过程。在这个意义上，文明、文化就是环境，且是环境艺术本身！

文化，以及传统、时代或时尚、自然、世界、宇宙、历史等都是环境 - 背景的不同存在方式。有了人就有了文化，有了环境艺术，人也是文化的人，亦即环境的人，因此，背景即文，化，即文化环境。天文、地文、人文皆是文化，是环境，是背景；人类的生产、生活、生态也皆是文化，是环境，是背景。背景作为文化环境，在其实在性上，可以用三个概念来分别加以表述，即：

物质文化（Material Culture），是人类生存方式（生产方式、生活方式和生态环境）的空间（载体）形态或文明形态。物质文化是一种依存于空间的有形文化，包括一切与人发生关联对人有明确、具体价值的感性事物。物质文化与人的衣食住行用相连，具有直接现实性。

精神文化（Spiritual Cuture），是人类生存方式（生产方式、生活方式和生态环境）的意

---

1. 童庆炳主编《大文化战略》，中国工商联合出版社，1995；后收入钱宏《中国：共生崛起》，知识产权出版社，2012。

象(观念)形态或理念(意识)形态。精神文化是一种以时间为基础的、无形的文化，与所谓广义科学、艺术(宗教)、哲学及其机能即人的感知、情趣、意志、思想、经验(知识)、观念、尊严相连，具有纯粹性、超前性、预设性和永恒性。精神文化包括一切与自然、社会、个人、国家、世界、文明、演化有关的，没有明确、具体经济价值的理念性事物(包括气、知、性、真、善、美、慧、德、神)及民族性的集体无意识和时代性的社会心理氛围。

工艺文化(Technological Civilization)，是指人类生存方式(生产方式、生活方式和生态环境)的组织(技术)形态或社会形态。工艺文化是一种以时间为基础，以一定空间为阈限的、无形而又有形的文化，包括一切能将精神文化转化为物质文化的工具、手段和机能，以及与人的生活、生产、安全、语言(符号)、科研、著述、义行、探险、游戏、技艺、教育、福利、管理、规则、风俗等有关的一切组织(结构)方式、运行方式和承传方式。工艺文化具有感性与理性、物质与精神的二重性，如文物、书籍、场馆、公园、通信设施、传播媒体、实验室，以及小到家庭、球队、俱乐部、公司，大到军队、政府、教会、跨国集团、联合国等一切社会组织都具有这种二重性。工艺文化最具历史性，是民族、文明、习俗、风尚及社会生活存在方式的具体显现。传统意义上的生产力、生产关系和上层建筑都属于工艺文化范畴。我们通常说的社会历史形态或时代特征，也是依据在各个历史时期在社会生产、生活、生态相互运动中起主导作用的工艺技术形式来划分的，如原始社会、奴隶(城邦)社会、封建(井田)社会、帝国(包容)社会、资本(商品)社会、社会化("均贫富")社会、大同(共产化)社会、共生(互助化、伙伴化)社会；如农业社会、工业社会、后工业社会、体验服务(福利)社会；如自然经济时代、工业和后工业经济(知识经济)时代、体验经济时代；如采集狩猎文明形态、农耕读文明形态、工商文明形态、生态文明形态。

人类一切文化形态，无论是语言、资本、家庭、建筑，还是国家、城市、跨国组织，直至联合国，都是物质、精神和工艺三大文化形态的一体化，意味着人类生产、生活、生态过程中发生的任何事务(家事、国事、天下事)都具有环境-背景属性，因为，物质文化、精神文化和工艺文化是一个同心共生体。

精神文化处在这个同心体的核心，包裹着它的是工艺文化，处于最表层的是物质文化。三大文化交织为一体，作相向运动。精神文化是同心体最活跃的部分。一定的精神动机，引发一定的工艺运作(如艺术设计)，从而产生一定的物质形态(所谓"科学技术是第一生产力"可从这里释之)；而某些物质形态因其体现(象征)着一定的精神动机而成为一定的工艺形态；某些工艺运作转换成一定的物质形态后又可能促成新的精神动机的诞生。

三大文化同心共生，就这样相向运动着，共同决定着人类的存在方式及其水准，并凝聚、浓缩和逐渐和谐地固化在个人或社会组织的各种开放性或封闭性定势之中，从而保障了人类及其文明的生存、延续和发展,越来越丰富多彩。这一同心共生的过程,与中国古人描述的"道生一,一生二,二生三,三生万物"旨趣是完全吻合的。

那么,在我的理解中,环境艺术设计(简称"环艺")最能体现人类创造活动的"物质形态"、"意识形态"和"工艺形态"三位一体特质。因此,环境艺术理论家多伯(Richard P. Dober)说:环境设计"作为一种艺术,它比建筑更巨大,比规划更广泛,比工程更富有感情。这是一种爱管闲事的艺术,无所不包的艺术,早已被传统所瞩目的艺术,环境艺术的实践与影响环境的能力,赋予环境视觉上秩序的能力,以及提高、装饰人存在领域的能力是紧密地联系在一起的"。

环境艺术设计各要素间的关系,犹如生态学上生物群落的共生链,维系着自然万物的萌发、生长、繁衍的动态平衡。这种共生链的动态状态,恰巧也是环境艺术设计追求的目标,其任务在于设计出最优化的"人类–环境共生场",这个共生场,将展现人类与环境的互动、互助、互惠,维系着人类参与大自然正常循环系统,进入安居乐业休养生息的常态繁衍。

所以,环境艺术设计的关键在共生,即通过生态学的美学、心理学、伦理学、物理学、经济学、建筑学……永续发展诉求,营造建筑环境的共生场。最佳环境艺术设计,必是可视、可听、可触,有呼吸、有脉动、有进退、识天机、接地气、达人和、阴阳交替、宏微相济、生息(能源)循环、生态平衡、身心灵健康简约高尚的作品。最佳环境艺术设计作品,必是已经发生、正在发生、将要发生的生活方式的变革的写照。

／

然而,读到最后,我才明白苏丹教授和他的团队,为何将这本讲中国环境艺术史掠影的著作,命名为《迷途知返》。原来,这涉及"环境艺术设计"学科的官方命名。苏丹的忧虑正源于一个人类行为的古老规范,即孔子说的"名不正,则言不顺;言不顺,则事不成;事不成,则礼乐不兴"。苏丹教授直言不讳地指出:从2012年起,人们在中国教育部下发的学科目录中已找不到"环境艺术设计"的踪影,取而代之的是一个新的二级学科——"环境设计"。这个看似"突如其来的学科调整",是已悄然进行了多年酝酿的计划终于抛出其蓄谋已久的结论,必然会在众多的关注者中间引起轩然大波。因为在中国这样一个大一统的计划性发展模式之下,一切都在向上看,看政策导向,听上层领导的指挥。即使教育这个倡导学术自由的领域也是如此,实际上毫无独立性可言。教育部不仅统率全局,而且决定着各个高校每一个学科、专业发展的细节。

而问题的关键在于：突出"设计"，拿掉"艺术"的同时，意味着抽空了"艺术精神"，亦即"文化精神"。因此，在教学实践中，就可能割断人作为"自然之子"、"天地之心"与自然、与社会、与自己的身心灵须臾不可分离的关系，从而失缺环境艺术设计的灵魂，即失缺最能体现人类创造活动的"物质形态"、"意识形态"和"工艺形态"三位一体个性具体，使环境艺术设计沦为仅仅表现工程学一体化复制的张狂！

特别是现在中国流行的新政治名词"顶层设计"，它首先是一个工程学术语。它在工程学中的本义，是统筹考虑项目各层次和各要素，追根溯源，统揽全局，在最高层次上寻求问题的解决之道。吴敬琏先生在解释为什么要提"顶层设计"时，说的是针对中央、国务院各部门在建构政府性网络和出台部门政策时，出现的"草鞋无样，边做边象"的无序状态。全国政协副主席张梅颖谈"顶层设计"时也说，政府一个是要讲诚信，一个是要按规律办事，还有就是要有长远的设计，顶层设计。你说高铁，从北京到天津29分钟就到了，快得很！但是下了火车要回家，进北京一个半小时、两小时都到不了，毛细血管儿都不通。很多配套的东西，你从顶层设计上要有。

如果仅仅是从物化和工艺上看，"顶层设计"从字面含义上，确实是自高端开始的总体构想，所谓"不谋万世者，不足谋一时；不谋全局者，不足谋一域"。但这个"谋万世"和"谋全局"却是从若干不可或缺的"谋一时"、"谋一域"的社会环境中生发抽象出来的。"顶层设计"不是闭门造车，不是"拍脑袋"拍出来的。这就涉及顶层设计的"意识形态"，必须实事求是地来自当下现在进行时的社会心理氛围，即时代精神的推动。必须有来自基层的强大发展冲动。比如改革开放最早的冲动来自安徽小岗村，农民裹着脑袋盖个手印的家庭联产承包。尽管小岗村的农民并没有想到，他们的行为切实推动了三十多年前的中国发展、改革的"顶层设计"。因为当时各项改革措施的受惠面比较大，社会动力与政府的牵引力紧密结合，带动了"效率优先，兼顾公平"的改革加速推进。但是，20世纪90年代中期以后，随着改革的不断深化，利益分化进程加快，在利益面前达成共识的困难越来越大，正如有人指出的那样，"顶层设计"要自上而下，但必须要有自下而上的动力，要通过社会各个利益群体的互动，让地方、社会及各个所谓的利益相关方都参与进来。如果能够激发起来自基层的动力，来自每一家企业、每一座城镇、每一个农民、每一个工人的动力，那么靠中国人民的奋斗精神和创造性，没有什么坎过不去。但是，在利益集团和路径依赖两大阻力面前，要做到上下结合谈何容易。

以至于如今李克强总理上任伊始，就指出"现在触动利益比触动灵魂还难"，这首先是因为精英们以"效率优先"的"顶层设计"与社会草根要求"公平优先"的"底层冲动"，越来越呈现错位而难以结合。

如果说"简单性"是构造这个世界的基本法则，那么，"丰富性"（各种事物存在的相关性）则恰好是保存这个世界的根本法则。因此，"生态平衡"及环境（Environmental）观念的诞生，可能是人类历史进程中继"拓展观念"后，所取得的又一个伟大进步！

有人把顶层设计概括出三大特质，一是顶层决定性，二是整体关联性，三是实际可操作性。问题在于，第一，高端向低端展开的设计方法，其核心理念与目标一定都必须源自顶层，且一定是顶层决定底层、高端决定低端吗？第二，如果源自顶层的意识形态与来自底层实际的物质、精神诉求（真相）发生冲突，顶层设计所要求的设计对象内部要素之间围绕核心理念和顶层目标，又如何形成关联匹配与有机衔接（正义）？第三，如果不能形成关联匹配和有机衔接，那么，顶层设计的成果，又如何具备实践可实施、可操作、可行性？

可见，脱离全生态社会环境的顶层设计本身，才是造成上下左右内外结合相向运动困境的根源。历史的经验一再告诉我们：失缺真相、正义、宽容、和解环境基础的任何顶层设计，都必留重大缺憾，必终是徒劳，必推倒重来！首先需要弄清和尊重真相，有了真相，正义才有坚实的认知共识基础，崇尚正义之风可成；有了正义，共处一片蓝天下的人完全可以相互承认接纳、平等相待，实行宽容；有了宽容，才能真正达成马克思、恩格斯揭示的"两大和解"乃至全社会大和解；有了和解，人们能相互声援，超越小圈子，彰显大格局，从而放下包袱轻装面对文明转型的时代课题，交上够格的答卷。

我感到，苏丹教授作为全国率先设立"环境艺术设计"学科的清华大学美术学院负责人之一，在《掠影》一书中，他是怀着一种极大的担当在呼唤：第一，环境艺术设计，首先强调的是"环境艺术"，其次才是"设计"。环境艺术，是一种情感形式、情感符号、情感的表象活动，通过视觉、听觉、触觉的感性物质媒介形式，呈现意象物态化的有目的、有计划、有规划的艺术创作行为。不管艺术以什么样的意象、形式、符号存在，它总是渗透或融解着社会文化精神内涵。故此，我们在课程内容建设上都要融合进这些因素，强调人文思想，加强民族精神，从而陶冶和塑造出学生一种超越的人生境界，赋予学生一种超脱精神、一种民族意识、一种民族使命感，去传播民族文化。在现代社会环境中，我们要确立现代意识，革新思想，转变观念，并根据本土经济的发展水平，大胆改革设计出符合本土经济，具有民族特点、民族传统的艺术作品，为弘扬和传播民族文化做出贡献。为了能培养出环境艺术设计的创新人才，在环境艺术设计课程体系上追求创新与发展。

因而第二，应当超越技术的陷阱和环境去魅的结局。他认为，把"环境艺术设计"改为"环境设计"，强调了"环境"和"设计"，而忽略了艺术，变相地承认了设计对环境的作用，表现出高度的理性倾向。和20世纪80年代相比较，这是在态度上的一个巨大的转变，苏丹教授认为，这是缘于自20世纪90年代以来艺术在环境建造和干涉领域的缺席，同时对工具理性的一种迷信。同时，自20世纪80年代中期至今，当代艺术在中国的崛起，它的不合作态度，以及它在对文化批判、美学批判、社会批判上的激烈表现，使它们充满争议。苏丹教授的忧虑是，排斥艺术一定是所谓主流思想占据上风。在今天的认识中，人们对于环境的内涵已经有了一个较为明确的界定，人们都知道空气、水、土壤是构成环境主体的要素。对待环境理性的态度使得环境建设的目标因此变得越来越清晰，优化人工环境，恢复和保护自然环境都具有明确的数据指标。尽管这是去艺术化的一个理由，但它仍然不够充分，有一点武断。环境设计的导向是技术，但设计恰恰不是技术，它的未来是灰暗的，并且最终将被技术所抛弃。

最后，苏丹教授提出他的忠告："尽管设计是有别于艺术的一种事物，但是我深信若是没有了艺术精神，设计将变得苍白乏味。因为设计的属性决定了它所面临的危机，必须寻找到一种限制设计片面追求效率最大化的机制，否则这种根植于基因深处的缺陷，最终将彻底抵消它所建树的成就。而环境艺术设计中艺术属性的维持，就是我们理想中的机制。当代的艺术更加重要，因为在当代艺术中我们看到了许多积极的意识，它的批评性、它不断质疑的精神、它试图介入哲学的责任感和自信心，这些都是极为重要、极为具有价值的属性。因此，今天的环境艺术，不论它是本质上的艺术，还是本质上的设计行为，那其中的艺术一定是当代性质的。艺术是人类思想智慧和情感的结晶，世界文明发展、变革的每一步都在艺术上烙下了印记。只有这样，它才是先进性的艺术和设计，将对未来产生作用。"

马克思指出："最蹩脚的建筑师从一开始就比最灵巧的蜜蜂高明的地方，是他在用蜂蜡建筑蜂房以前，已经在自己的头脑中把它建成了。劳动过程结束时得到的结果，在这个过程开始时就已经在劳动者的表象中存在着，即已经观念地存在着。它不仅使自然物发生形式的变化，同时他还在自然物中实现自己的目的。"

不管是环境艺术，还是艺术设计，都是人类为建构有意义的秩序和有未来的正义，而付出的有目的的生生不息的直觉上的努力。今天，人类正在告别"现代"和"后工业社会"而悄然跨入"当代"和"前生态社会"（钱宏著《原德：大国哲学》，中国广播电视出版社，2013），并向"全生态共生社会"跃迁，新技术、新媒体、新工艺、新思想、新观念正在改变和重塑着传统人伦价值的形成密码（Secret）和互动规则。人类文明史告诉我们，科学上、工艺上重大飞跃往往既是重大哲学创生的结果，也是导致哲学变革的巨大动力。从环境、建筑与人的新陈代谢，到人与自然、人与社会、人与自己身心灵三大关系的共生一体，艺术精神、文

1.　《资本论》（第一卷），《马克思恩格斯全集》第23卷，人民出版社，1972。

化精神作为人类先知先觉者能动源泉，不可或缺。

共生，是亘古至今的宇宙法则、生物法则、氏族国家全球法则、社会法则、身心灵健康法则，及其智慧体现。只是由于工业化、城市化的现代化以来，人类政治生态伦理、经济生态伦理不觉慢慢偏离共生法则及其智慧，渐行渐远，走向了资本垄断一切、法权操纵一切的所谓发展主义的"硬道理"，这样两种畸形顶层设计和社会实践，以至疯狂：既成绩斐然，又危机四伏！

在以生态文明建设统领经济生态、政治生态、文化生态、社会生态建设全局的过程中，人们重新要求自己发动良知、发现良心、发挥良能，将成为大势所趋——用共生智慧重建政治伦理，作出新制度安排，而中国也必将用共生法则为一切硬道理导航。在"天人共生"的生态文明新时代，人类的思维方式、价值取向、行为特质，将呈现出全面修复人与自然、人与人、人与自身心灵三大关系的美好愿景，于是，超越小圈子，彰显大格局，以达人类身心和悦、社会和顺、天人和敬的和谐共生局面，迷途知返，成为可能！

最后，我想告诉读者的是，2014 马年伊始，跨入耳顺之年的我，将准备告别城市客居生活，加入一场全球性市民返乡"新农人"运动，沉潜到广阔天地里，弘扬"耕读传世"的生态精神，践行共生的梦想，通过城乡共生体建设，创造并分享一种健康、简约、高尚、可持续、幸福而富有尊严的生活方式。而这一切，没有环境艺术设计的帮助，是不可想象的。这是我的中国梦，亦即共生梦。

我相信，素有春江水暖鸭先知特质的环境艺术家们，也必然会感受到一场伟大变化的征兆，将同我一样走出城市，走向课堂，走向大共生。因此，我相信，中国的环境艺术设计，这朵美丽又结果的花，在这一过程中，将重新大放光华，大有作为。

(2014 年 3 月 29 日 - 5 月 21 日于培田古村落 - 上海 - 北京途中)

"环艺"：一个学科？一种行业？一次社会事件？一场艺术思潮？一个研究学派？一类方法？一种精

神？一群人？……"环艺"在中国,我们称"环艺"什么？

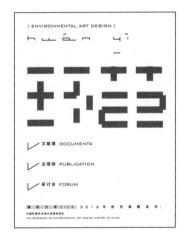

图 0-01 "中国环境艺术设计发展史研究项目"（2012WKZD003）发布招贴。

p. s. 文献展与研讨会并没有如期举行,而是推迟到了 2012 年 12 月 1 日。

□ 文 周岚、高珊珊

□ 图 高珊珊

/

• 关于"中国环境艺术设计发展史研究项目"

"中国环境艺术设计发展史研究项目"（2012WKZD003）是清华大学人文社科振兴基金的重点研究项目。

1. 本课题国内外研究现状述评,选题意义和价值。

1.1 国内外研究现状

西方的学术圈中, 时至今日, 并没有出现类似中国的"环境艺术设计"的学科名称,而是形成了"环境艺术"与"环境设计"两个领域。"环境艺术"包含两个方面的概念：其一, 是艺术家对于自然界景色的记录, 其形式包括风景画、风景摄影等, 由此表达对自然界的赞美；其二, 一批艺术家开始关注到工业革命后工业污染对世界产生的强大破坏力, 于是创作出以大地艺术为代表的一批景观艺术作品来提醒人们环境保护的意识。西方的"环境设计"概念最核心的内容是"能量", 可分为两个方向：一方面, 指建筑、景观及室内的设计应遵循采光、热量、湿度等环境特征；另一方面, 指如今的建筑、景观及室内设计应利用科技手段解决环境问题,实现低耗能的可持续发展。

受 85 美术风潮影响, 1987 年, 在《中国美术报》主办的"环境艺术讨论会"上, 与会者指出开创环境艺术体系迫在眉睫。1988 年, 环境艺术设计专业正式在高等院校设立, 中央工艺美术学院室内设计系率先更名为环境艺术设计系。1991 年出版的《中国当代美术史：1985 ～ 1986》一书指出中国的环境艺术是中国现代文化的产物, 与反艺术思想有一定联系, 是现代美学视野扩张的一种表现。此外, 以《环境艺术设计》为名的著作与教材前后出版了十多本,跨越 1995 ～ 2008 年十多年时间,如邓庆尧(1995 年)、王朋(1998 年)、张朝军(2001 年)、张绮曼(2003 年)、李砚祖(2005 年)、郑曙旸(2007 年)等等,不同作者所述内容差异巨大,这说明"环境艺术设计"这一新兴学科概念和学术体系存在着较大的争议与不确定性。

1.2 选题意义和价值

"环艺"进入中国已近 30 年,在见证我国高速城市化发展的同时,本身亦经历了迅猛发展。"环艺"倡导的环境意识,为艺术领域和设计领域都提供了先进的观念和方法,解决了规划和建筑解决不了的问题,对于中国人居环境建设起到了不可或缺的作用。但是,直至目前,艺术和设计仍然存在着割裂,在繁荣景象的背后,对于"环艺"的概念认知却依然模糊,理论体系的构建尚不够完善,"环艺"的专业性开始弱化与边缘化,"环艺"发展进入瓶颈期,"环艺人"在社会中缺乏归属感。于是,对"中国环境艺术设计发展史"这一课题研究,成为当下急需解决的工作,这也是探讨"环艺"未来发展方向、构建设计伦理的前提。

2. 本课题研究的主要内容、主要观点和创新之处、基本思路和方法。

2.1 课题主要内容

本课题研究内容包括四个部分:中国"环艺"发展脉络、"环艺"精英、"环艺"支撑体系的国际比较和"环艺"的未来可能性。

第一部分,中国"环艺"发展脉络。客观呈现"环艺"在中国出现与发展的历史。探讨作为 85 艺术思潮一部分的"环艺"如何成为轰动一时的社会事件,并作为中国当代艺术发展历程中重要的艺术思潮载入史册;作为学科的"环艺"怎样从国外引入中国;作为研究学派的"环艺"怎样发展壮大;作为行业的"环艺"如何在国家社会转型的大环境中兴起并发展起来。

第二部分,"环艺"精英。选定国内外具特色的"环艺"精英作为个案研究的对象。深入剖析精英们设计成果和学术主张的发展脉络,并试图挖掘种族基因、自身性格、家庭背景、生长环境、教育经历、社会变革对设计成果和学术主张的刺激与关联。

第三部分,"环艺"支撑体系的国际比较。"环艺"的发展依托于一定的支撑体系,并因之呈现各异的发展态势。通过对美国、芬兰、日本、中国四个国家在"人口与资源"、"法律"、"福利与保障"、"激励机制"、"社会组织"、"行为模式"等方面的调查分析与比较,试图找出中国"环艺"发展的突破口。

FORUM 研讨会

图 0-02 以"环艺的双重属性与未来可能性"为主题的环艺研讨会现场图。2012 年 12 月 1 日,环艺
研讨会在 798 艺术区悦美术馆举行,与会专家对"环艺的双重属性与未来可能性"进行了激烈的讨
论。本次研讨会的语音整理详见本书"第五部分:讨论。"

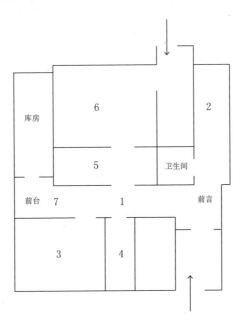

图 0-03　环艺文献展平面图。2012 年 12 月 1 日，环艺文献展在北京 798 艺术区四面空间画廊隆重开幕。本次文献展通过采集、筛选、罗列近百年来，出现在文献中的论著，发生在现实中的诸多事件，分七大部分来梳理环境艺术及其核心理念的启蒙、成长、成熟、发展、衰落的历程。

图 0-04　环艺文献展展览说明

1. 时间与事记，以编年形式展现我国环境艺术的发展历程。

2. 地理与事件，以世界地图样式的照片墙来展现国内外环境艺术领域的重大事件、经典作品以及著名人物。

3. 回顾与界定，以视频形式播放 15 位国内外环艺人物的专访，他们阐述如何走上环艺的道路以及对环艺的未来设想。

4. 人物与实践，以投影的形式播出 60 名环艺人物及其代表作。

5. 著述与典籍，展出大量纸质的环艺文献，包括著作、杂志，以及访谈文稿等。

6. 基础与数据，以图表的形式展示中国、日本、芬兰、美国四国在环境资源、环境法规、环境科技、环境教育等方面的成果。

7. 行动与空间，用抽象的图形变化体现空间感。

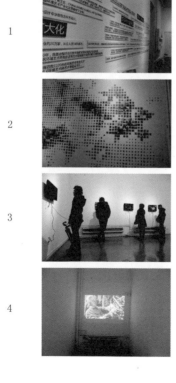

1

2

3

4

5

6

7

图 0-05 环艺文献展文献资料汇总

※ 杂志

（编号，名称，出版时间，期，出版社，原件）

1-01，世界建筑，1981.02.18，第 1 期，世界建筑杂志社，有

1-02，世界建筑，1983.06.18，第 3 期，世界建筑杂志社，有

1-03，世界建筑，1983.10.1，第 5 期，清华大学出版社，有

1-04，建筑学报，1985.02.20，第 2 期，中国建筑学会，有

1-05，建筑学报，1985.11.20，第 11 期，中国建筑学会，有

1-06，建筑学报，1987.06.20，第 6 期，中国建筑学会，有

1-07，建筑学报，2009.12.20，第 12 期，中国建筑学会，复印件

1-08，环境艺术，1988.06，第 1 期，中国城市经济社会出版社，有

1-09，美术，1985.08.20，第 8 期，人民美术出版社，有

1-10，美术，1985.11.20，第 11 期，人民美术出版社，有

1-11，美术，1986.03.20，第 3 期，人民美术出版社，有

1-12，建筑画，1985.09，第 1 期，中国建筑工业出版社，有

1-13，建筑画，1986.11，第 2 期，中国建筑工业出版社，有

1-14，建筑师，1984.03，第 18 期，中国建筑工业出版社，有

1-15，建筑师，1984.06，第 19 期，中国建筑工业出版社，有

1-16，建筑师，1984.10，第 20 期，中国建筑工业出版社，有

1-17，建筑师，1984.12，第 21 期，中国建筑工业出版社，有

1-18，建筑师，1985.03，第 22 期，中国建筑工业出版社，有

1-19，建筑师，1989.06，第 33 期，中国建筑工业出版社，有

※ 论文

（序号，题目，作者，刊物，出版时间，原件）

2-01，《让环境艺术设计融入生活》，张绮曼，人民日报 - 今日话题，
　　　2003.11.27，复印件

2-02，《环境设计之路》，张绮曼，未知，未知，复印件

2-03，《张绮曼：让环境艺术扮靓城市生活》，王林强、石洪玮，未知，
　　　未知，复印件

2-04，《从建筑之树说起》，顾孟潮，未知，未知，复印件

2-05，《环境的艺术化与艺术的环境化》，顾孟潮，未知，未知，复印件

※ 手稿

（序号，题目，作者，时间，原件）

3-01，《环境与文化史》，布正伟，1986.12.8，复印件

3-02，《环境艺术系统》，布正伟，1986.12.8，复印件

3-03，《环境审美信息的传播》，布正伟，1986.12.8，复印件

3-04，《环境艺术的心理学原理》，布正伟，1987.03.27，复印件

3-05，《环境艺术原理与创作技能》课程计划，布正伟，1987.03.13，
　　　复印件

第四部分,"环艺"的未来可能性。在这一部分将展开探讨"环艺"的多种解释与未来发展途径的可能性。

2.2 重点

中国"环艺"发展脉络和"环艺"支撑体系的国际比较两块内容是本课题研究的重点。对于"环艺"在历史学维度上的追根溯源和地理学维度上的比较与借鉴都缺乏系统性的梳理研究与参考数据。这两方面的工作在之前被忽视,却是探讨未来的前提,成为急需深入探究与整合的重要板块。

2.3 主要观点

设计风格与学术主张深受设计师种族基因、自身性格、家庭背景、生长环境、教育经历等因素的影响,与其所在国家的人口与资源、法律、科学技术、社会保障与福利、激励机制、社会组织、行为模式等因素密切相关。

设计师的责任不拘泥于设计行为本身,更重要的是建立环境伦理,推动社会进步。

2.4 创新

成果呈现形式多样。通过出版物、展览与研讨会相结合的形式展现研究成果,既有承载信息与知识的耐久性载体,又提供一场可视化的感官盛宴,还可成为公众参与、交流互动的文化事件。

开放式研究。实时发布研究阶段性成果,征集反馈,及时补充、修正与完善课题。提供一个相互尊重、平等交流的平台,既征询知识精英的意见,又吸纳普通大众的观点。

2.5 课题基本思路和方法

基本思路:追根溯源——个案聚焦——国际比较——寻找出路。既有历史追溯,又有国际视野,既有大众观点,又有个案剖析,课题尽可能多视角来研究我国的环艺发展史。具体方法有:1. 访谈法。主要用于中国"环艺"发展脉络和"环艺"精英这两个板块。2. 文献研究法。在中国"环艺"发展脉络和"环艺"支撑体系的国际比较两个板块用到文献研究法。搜集、鉴别、整理文献,通过对文献的研究,形成对事实的科学认识。3. 个案法。对某一个体在较长时间内连续进行调查、了解,收集全面的资料,从而研究其行为模式与思想变迁的全过程。个案法主要适用于"环艺"精英这一板块。4. 比较法。通过观察与分析,找出研究对象的相同点和不同点。比较法主要用于"环艺"支撑体系的国际比较这一板块。

3. 本课题的研究成果形式。

　　本课题的研究成果分为三个部分：《迷途知返——中国环艺发展史略引》（即本书）、中国环艺文献展和"环艺的双重属性与未来可能性"研讨会。

图 0-07　环艺文献展内容之一——"什么是环艺？"

对专家和大众的随机采访, 嘴部特写影音文件, 截屏图。

本书第三部分：描述和第五部分：讨论中的"研讨会：环艺的双重属性与未来可能性"的影音文件由陈思工作室提供。

During the environmental art design flourishing in China,how do we comprehend it in this new era?　"环艺"在中国,我们称"环艺"什么？

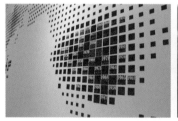

DOCUMENTA文献展

图 0-06　环艺文献展开幕现场

□ 图\文 高珊珊

本书是"中国环境艺术设计发展史研究项目"(2012WKZD003)的成果之一。分为以下几个部分：

第一部分，深度。本书编著者苏丹就"环艺"进行了深入剖析，也阐释了对新的"环境观"、"自然精神"、"场所精神"、"社会精神"等相关概念的看法。

第二部分，状态。由大事记、比较研究和个案三部分组成。通过本人整理的《国际"环艺"思潮的兴起》、《中国"环艺"发展脉络》和包泡老师提供的《中国"环艺"重要文献甄选》三篇大事记，以及石俊峰的《"环艺"支撑体系的国际比较研究》，客观展示"环艺"的引入与发展状态。包泡撰写的《环境艺术路上三十年》和布正伟提供的珍贵手稿为我们提供了非常生动的个人经验，构成环境精英个案部分。

第三部分，描述。收录了副组长周岚带领课题组成员对萧默、布正伟、顾孟潮、包泡、张绮曼、于正伦、郑曙旸、王明贤、林学明、翁建青、米俊仁、王晖、车飞（按年龄排序）、马里奥·泰勒兹和理查德·古德温的15个访谈。各位环艺精英对"1.当初是怎样走上环境艺术设计这条道路的？2.当时环境艺术领域的发展状况和所呈现出的面貌是怎样的？您心目中那个年代在此领域中的先锋人物还有谁？3.您个人认为环境艺术设计未来的发展方向将会怎样？4.最后，请用一两句话简要概括什么是环境艺术设计。"4个问题阐述了自己的观点。

第四部分，思考。收录了方晓风的《超越形式的设计思维》、郑曙旸的《面向生态文化建设的环境艺术与环境设计》、王国彬的《从环境艺术设计专业到中国现代环境学的构建》、何浩的《论环境艺术设计的程序与方法》、马里奥·泰勒兹的《让艺术脚踏实地》和贝玛·通丹的《社会生物学下的环艺思考》6篇文章，作为对"环艺"的深入探究。

第五部分，讨论。此处是本课题第三个研究成果——"环艺的双重属性与未来可能性"研讨会的语音整理。研讨会在798艺术区"悦"美术馆举行，由北京大学艺术学院艺术系主任彭锋担任学术主持，苏丹、包泡、布正伟、郑曙旸、涂山、易介中、翁剑青、王国彬、于正伦、车飞（按发言顺序排序）参与讨论、各抒己见，表达了自己对"环艺"的艺术属性与设计属性的认识、认同，重新解释"环艺"的重要意义，并提出了多条具有建设性的意见。紧跟其后的安迪·高兹沃斯专题收录了编著者苏丹对安迪的访谈、安迪的作品名录和苏丹对此次讨论的说明文字《殊途同归：安迪·高兹沃斯专题简谈》。感谢安迪·高兹沃斯工作室（Andy Goldsworthy Studio）的授权，使安迪·高兹沃斯的作品首次在中国出版并传播。

第六部分，索引。《"环艺"重要人物索引》从横向展开，为读者的继续深入了解提供便捷的途径。《我的"环艺"摇滚30年——苏丹·1984～2014》，作为竖向的研究，以编著者苏丹的个人发展史的掠影，与本书"环艺"发展史的掠影相呼应。图表索引便于读者查找本书的图片。

编著者为每个部分都撰写了小结文字，便于读者的理解。《历史飞掠而过》作为后记，既是编著者苏丹对于此次研究的总结，也形成对于"环艺"事件的整体观看。

第一部分

深度

- 深入剖析 -

迷途知返

□ 文 苏丹

/

1. 环艺文献展·2012

2012年12月1日我在自己的画廊——北京四面空间举办了"环艺文献展"的开幕式，与展览开幕式同期举办的还有一场小型的研讨会。研讨会在与四面空间相处同一条街区的"悦"美术馆举办。以环艺的名义进行展览和研讨，每年都会在一些高校以学科建设的名义进行。但环艺的活动在798一直是以服务的角色出现的，它成为沙龙中的话题及空间中的主角的机会实在是不多。那一天，两个低调进行的活动完全泯没在798艺术区周末喧闹的氛围之中，但它们的确是两个非凡的学术活动，并注定了将被载入史册。

参加两个活动的多为北京各院校环境艺术设计专业的师生，展览内容的参与者和论坛的主讲人是那些多年以来一直作为中国环境艺术事业的发起人和推动者，还有像我这样后来的该事业的继承者。他们之中有中国最早探索环境艺术教育和艺术实践的艺术家包泡先生，有身为主流建筑师但坚持环境艺术实践方法的布正伟先生，还有最早创办环境艺术领域专业期刊——《环境艺术》杂志的于正伦先生，以及我的前任郑曙旸老师。北京大学的两位教授——翁建青和彭峰也参加了研讨活动，他们之中，翁是我读硕士研究生时期的老同学，如今他已是中国当代重要的公共艺术评论家，彭峰则是环境美学方面的专家和当代艺术著名的策展人。此外还有几位比较年轻的学者和教师也参加了研讨，涂山是我同龄的同学，车飞和王国彬虽然年轻，但他们充满朝气，一直以来秉持环境艺术的理念和方法从事设计实践和研究，对环境艺术设计专业的未来亦满怀信心。易介中先生来自台北，在北京已经工作和生活了十几个年头，他的空间设计方法除了采用环境艺术方面的手段以外，还擅于融入涉及资本和文化范畴的业态的策划。他是一位极为智慧的，具有信息时代意识的设计师、策划师。我的导师张绮曼先生没能到场实属遗憾，因为她是这个学科的创立者以及这项事业的最为重要的推动者。

在这个老、中、青三结合的学术阵营中，我本人扮演的是承上启下的角色。1991年我从如日中天的建筑系出走投奔环境艺术设计这个陌生的领域，经历了学习者、观察者、参与者和批评者各种角色，直至后来获得信任一度深度参与和主持这个学科的改良和建设工作。虽然我对这个学科面临的问题有较为明确的认识，但对如何将其导向一个光辉灿烂的未来却依然疑惑重重。因为我亲身经历了这个专业发展过程中遭遇的个个重要的环节，眼见一个曾经边缘化的学科历经动荡逐渐走向稳定成为主流，但它的思想无法跟得上它飞速扩展的步伐，以至于在新世纪中遭遇一系列挑战之后迅速地走向沉沦。近三十年以来，环境艺术的边界在艺术和设计中不断摇摆，但这种摇摆并未像钟摆一样在左倾和右倾之间获得能量。我看到在这个领域，当下的状况是，艺术和设计几乎是割裂了它们之间唇齿相依的关联，艺术不再为设计的实践输入思想，设计也不再为艺术精神的推广提供路径。和20世纪80年代相比，今天的环境艺术事业已经丧失了活力和魅力，如果再不及时为其注入新的思想和理念，这个曾经无限风光的花园将继续它的荒芜。

我们深知在今天，客观地盘点历史是多么的重要，这个过程是我们寻找线索的途径，也有追溯缘由并思考未来的开端。对于发生在中国的环境艺术，我就是一个重要的历史见证者。20世纪80年代中期，受当时澎湃激荡的环境艺术思潮影响，在建筑系学习的我从空间感受的角度逐渐进入环境思维的境界，这是本人与此结缘的开始。我在环境艺术领域的参与期间恰巧赶上该学科的一个转折阶段，这个转折具有两面性，因此它也产生了双重的矛盾。环境艺术在发展过程中的转变，使其对于社会现实的使用价值和对社会发展的长远意义之间出现了裂痕。一方面环境艺术中方法层面的价值使它获得了广泛的认同。而这种方法应用的领域恰恰是一片被主流的规划和建筑设计忽略的真空地带，于是它们快速地填补了我们国家的经济发展对基本物质条件的迫切要求。这个巧合的机缘的确成就了中国的环境艺术，可谓尽得天时、地利、人和。但另一方面，快速发展的代价也是巨大的，利益的诱惑以及竞争使得人们无暇顾及涉及"环境观念"根本性的内容，因此所谓职业操守无从谈起。总体上评价，那是一个躁动的年代。我身在其中，虽然对即将到来的危机有所察觉并深感责任重大，无奈人微言轻而且对此认识尚为浅薄，无法洞穿观念的堡垒，也无法登台振臂高呼。

图 1-01 卡萝尔·赫梅尔(Carol Hummel)在克利夫兰(Cleveland,美国城市)的"2005 舒适的树"(2005 Tree Cozy)。

这件作品是用钩编的方式对一棵树的树干和枝杈进行包裹。这件街头艺术作品以充满色彩、幽默和智慧的语言将一种传统的妇女劳作方式干涉和

强加进男性主导的都市环境中来。她的工作具有柔化环境的效果,同时激发了人们对于手工制品的怀旧,也产生了在公共场所中的亲密情节。

(图文由顾琰提供,来源:David Carrir & Joachim Pissarro. Wild Art. Phaidon Press,2013. P362.)

举办这个展览的意愿由来已久，缘于我对自己所从事的专业因本质的日渐蜕变而导致的生命力的衰弱的痛楚、激愤与不甘，也缘于自己多年以来对其走向的迷惑和方式的怀疑。这种怀疑始自 20 世纪 90 年代中期，恰逢这个专业被市场大肆追捧的年头。获利后的喜悦冲淡了理性的告诫，角逐的疯狂毁坏了文化生态的格局，此后的环艺实践仿佛脱缰之野马，踏上了追逐利益的通途。这种状态无疑严重背离了环境艺术事业建立发展的初衷，并且在环境质量持续下降的过程中扮演了推波助澜的角色。

筹办这次展览的动力来自于一种自觉的意识，目的是要为这个组织成分庞杂、涉及产业巨大的行业注入一种精神内涵，以改变其发展的趋势，提升其品质。批评和反思依然是这个展览的主要意图，在中国当下城市建设蓬勃发展，城市景观日新月异，雕塑事业日进斗金的局势下，这似乎是一种不合时宜的想法，但对于坚信这些反思的我们的未来却是至关重要的。我们从事的这项事业多年以来始终在几个概念之间摇摆，环境艺术、环境艺术设计或者环境设计在不同的阶段呈现出不同的状态，随着文化语境的变更，概念之间此消彼长，我们的态度和认识也始终处于莫衷一是的状态之中。但在这混乱的思想状态中，有几个相对稳定的关键概念并未脱离我们视线的焦点。一切都源于环境的意识，一切都源于礼赞环境精神（艺术）的初衷。"环境"恰是一根轴线左右着我们实践和发展的方向，我们实践的方式在围绕着这根轴线不断调整变化，艺术实践为"左倾"，设计活动为"右倾"，这种变化并非机会主义的表现而是一种回应现实要求的方式。我们的环境中充满着变数，对于这样一个充满复杂性和综合性的问题，必须摆脱狭隘的观念，采用综合性并且不断交替的方式来予以解决。

"环艺文献展"通过搜寻、采集、筛选、罗列近百年来，出现在文献中的精辟论述，发生在现实中的那些引人注目的诸多事件，以及高屋建瓴指点江山的一代风流们的丰功伟绩，旨在梳理环境艺术及其核心理念的启蒙、成长、成熟、发展、衰落的历程。希望观众通过瞻仰这些精心选择的文献，可以惊讶地看到这个年轻的学术概念所涉及的范畴之广，拥有的文化谱系之复杂的状况。这个展览的策划过程也激发出我的书写欲望，因为我深知作为一种思想的呈现方式，文字比图像传达的信息要更加精确，如果能够建构一点新的理念，寻找到一些新的线索，那么它的影响和意义就会更加深远。

2. 环境观念

（1）概念及意义

环境是一个复杂的且不断延伸的概念，它的内涵变化反映了人类的一种认识状态。德

图 1-02　安德列斯•阿马多尔（Andres Amador）在 Wild Art 这本书中分享了一些他自己的评论："我最开始探索的是利用线条设计风格创作地理雕塑。这使我发现研究'受伤'的地理和符号的文化重要性，从而引起了我对于麦田怪圈设计的兴趣。在那之后的 2004 年的一天我来到一处海滩。那时我正在做委托设计和艺术创作，当我边走边向一位朋友展示我研究和学习到的东西时，一片难以置信的帆布通过它所在的沙滩向我揭示了它自己……"

（图文由顾琰提供，来源：David Carrir & Joachim Pissarro. Wild Art. Phaidon Press, 2013. P362.）

图 1-03　2014 年 8 月 8 日，下午 5 点，蔡国强在上海当代艺术博物馆黄浦江面完成其国内首次白日焰火表演展示，作品《无题：为"蔡国强：九级浪"开幕式所作的白日烟火》》。（图片来自网络）

国的世界环境史学者约阿希姆·拉德卡(Eine Weltgeschichte der Umwelt)认为:"世界史总是潜在地由人与环境的相互作用决定的。"人类的进化过程中始终在自我和环境之间的周旋中完成,表面上看,人类以自己为中心在谋生中求发展。实际上是环境在不断的命题,人类则在不断的答题的过程。在答题的过程中我们强化了技术,拓展了知识的边界,甚至在短暂的过程中我们的能力似乎战胜了环境,但历史的发展最终告诉我们一个真相——环境永远不可战胜。对于大多数人来讲,环境的概念产生的视角是以人类自己为中心环视的,环境是指围绕主体而存在的,构成主体存在条件的各种因素的总和。因此,在人类的眼中环境只是一个供养者,人类自己就是那个高高在上接受供养的主体。这种观点为人出于利己的目的而破坏环境的行为埋下了种子。有学者认为对环境和人类关系的误解并非仅仅存在于大众思想和意识之中,在人类最早的思想典籍中也能寻找到这些思想的源头。林·怀特(Lynn White)在1966年圣诞节所作的报告中将"我们生态危机的历史根源"一直追溯到犹太教和基督教的起源以及《旧约全书》中上帝赋予人类使命:"让土地成为你们的奴仆"。

从现有环境的概念之中,我们看到了一些基本的关系,即在组成环境的复杂因素中,人类将其做了一个简单的分类。这种分割方式就是把人和其他事物截然分开来,也就是说尽管人身处环境之中,但它并非环境,环境是那些为其服务的部分的集合。我们习惯性地把人类放置到了一个中心的位置。在环境艺术快速发展的三十多年的时间里,我们的的确确是站在以人为本的立场上去思考和实践的。这样的认识和这样的态度对实践的影响具有两面性,它既是建设性的,也有潜在的缺陷。比如在宏观层面,我们往往被自身所处的环境所迷惑,也极容易被我们自己的欲望所操控,难以察觉环境之外的环境。在过度专注于自己身处的环境状态中忽视整体性的关系,这是失衡的开始。这种整体性的关系损坏表现在多方面,既有美学方面的混乱,也有道德方面的堕落和利益方面的冲突。更加严重的是,微观的诉求和宏观的总体性资源供给产生了不可调和的矛盾。这个逐渐积累的矛盾终于在新世纪的开始大范围爆发,造成了一些灾难性的局面。这种令人焦虑的现状不仅促使我们对过去的实践,还要对过去所建立的理论框架进行重新审视。首要的是重新解读"环境"的意义,进而再对我们的观念和发展模式予以调整。

当我们重新审视自己的观念时,我们注意到了在对环境的概述中,概念中并未能明确地指出这一点,而是含糊其辞使用了一个中性的"主体"一词来描述。这使得主体具备了一种可能,就是将我们观念中约定俗成的中心变成一个可以不断变化的、不确定的概念。于是可以得出这样一个推论:以人类为中心的环境观念并不具有合法性。环境的概念微妙地调整却深刻地影响着人类的环境观念,利用环境、保护环境、优化环境都是在不同的语境之下高喊的口号,它反映着人们对于环境态度的变化。

（2）意识和自觉

　　环境意识是一种建立在观念之上的,并已形成习惯性的潜在的心理暗示,它体现了环境认知内化的过程和结果,更是一种觉悟,它反映出人类文明的一个新境界。创造概念的主体自觉地把自己从叙述关系的主题位置上挪移既是一种谦虚的态度,更是一种觉悟的表现。作为一直以来这个世界的主宰者,在经历了20世纪以来一系列的坎坷遭遇之后,终于幡然醒悟了。我们不仅意识到皮之不存毛将安附焉这样一个浅显的道理,还进一步通过对漫长的人类发展历史、自然发展历史的回顾、梳理,认识到环境实乃一个神秘的、神圣的事物。爱护环境即是自爱,保护环境亦即保护我们自身,这是一切创造活动的起点。

　　尽管我们控制着一些小环境,甚至可以设计、制造出一些成一定规模的环境,但我们最终受制于一个更加宏观的环境。在水资源、土壤成分、地质条件、地理、气候这些宏观性因素面前,人类显得极为被动。而这些因素也会因时间的延续而发生巨大的变化,环境和人的关系很微妙,一方面我们既可以改变它,最终却发觉我们被它在改变着。在处理人工小环境和宏观的自然环境之间,就像围棋中的博弈,控制和受制永远并存,把握平衡才是关键。在这场博弈之中,环境永远是胜者,因为它可以不断变换自己的态度和面孔来回馈我们,似乎反映着一种有善有善报恶有恶报的因果。环境是令人生畏的,环境的恩泽也由此令人无限感激! 认识环境的历史是十分必要的,它有助于我们清醒地看待人类和环境的关系,也有助于我们看清环境的真实面目。当我们能够相对客观的评价环境时,就会在行动中把它置于一个具有决定性的位置上。

　　环境的意识还会促使我们创造出一些新的方法,这显然标志着人类认识能力和创造能力的提高。当我们对于环境有一个较为深入的认识之后(生物学的研究告诉我们环境是所有问题的起源),我们就会调整我们过去习惯采用的方法。以往我们解决问题时,总是将目光聚焦于问题显现的载体或空间上,同时采用的手段也是直接施加于这些事物本身。这种思考问题和解决问题的方式是线性的,它们既直接又简单,往往能够很快地消除事物表面的症状,但似乎总是无法根除问题的症结。环境意识的建立,提高了我们的认识水平,也开拓了我们解决问题的思路。着眼于环境,从构成环境的因素入手会为问题的解决提供更多的途径。空间的艺术和设计尤其如此,因为空间作为一个载体包容了诸多的内容,这些内容之间相互影响,相互作用着,构成了复杂的关系。调整这些关系或改变这些因素会引起整个系统的变化,而这种变化就会有可能形成我们期望的结果。因此环境艺术或设计比之以往的艺术或设计,它的方法是独特的、多元的,也是先进的。

图 1-04 1979 年，引起轩然大波的首都国际机场壁画《泼水节——生命的赞歌》（上图）。壁画是艺术品和公共空间环境相融合的最直接的方式。(图片来自网络)

图 1-05 1986 年，张伶伶的建筑环境画，把建筑作为一个元素，置于大环境之中，引起一时轰动。图为张伶伶作品，朝阳体育馆（下图）和石景山体育馆(中图)，注重环境氛围的营造的拼贴画。(图片由张伶伶提供)

（3）人工环境及其美学

在一些擅长艺术和技术的领域中的语境之下，所谓的"环境"就是指那些经过人为干涉后被人所认知的环境。在创造人工环境方面，环境艺术的方法对中国的空间环境进步发挥了巨大的作用。环境艺术的观念使我们解放了思想，丰富了创造的手段。在一个技术手段不足、经济基础薄弱的时期，作为文化的桥梁的艺术发挥了作用，而在后期伴随着技术进步后的推广应用，技术美学也丰富了造型语言并改变了造型观念。我们为了取得一个特别的视觉的或者空间的甚至是感受的效果，就会不加控制性地应用许多手段和方法，为了达到目标我们消弭了专业之间的隔阂。这种创建人工环境的方法，在 20 世纪末期遭遇了中国特定的历史时期而得以弘扬和大规模实践。因为自 20 世纪 80 年代开始中国的轰轰烈烈的改革开放、经济建设，以及快速城市化接踵而至，中国社会对人工环境从数量到质量上持续性的需求，客观上支持了环境艺术的蓬勃发展。

早在 1919 年德国包豪斯成立的宣言中就有这样的话语："让我们一起展望设想和创造出建筑、雕塑、绘画结合一体的未来大厦。"这是现代主义设计的，倡导者对未来的环境建造方法的畅想，他们寄希望于用一种综合的手段来创造出前所未有的人工环境。这是环境艺术观念在人工环境建造领域的首次现身，它以一种全新的、更有成效的设计方法的名义粉墨登场。在此后的建筑设计实践中，空间的概念引入，空间美学体系逐渐建立，空间建造的实践范围不断拓展。空间概念的出现使得人工环境营造的视野更加的开阔，它大大超越了传统的围绕建筑学而形成的设计体系。随着人工环境建设的不断深入和不断扩展，人类对所采用的这种具有综合性质的方法也提出了新的要求。这其中既包括美学的问题也包括技术问题，对于美学问题而言，关键是如何建立具有更加全面性的美学原则。而对于技术问题而言，如何集成这些门类繁多的技术体系，并形成应用它们的标准系统。工业生产对 20 世纪人类自我建造的生存环境影响巨大，但工业设计和传统建筑学出现了不相兼容的状况。人工环境中到处可见工业制造的影子，但传统建筑学中又不能完全用工业设计的主张和方法替代。我们甚至看到了这样一个情形，建筑虽为人工制造物，但它的部分精神却和工业设计的主张相抵触。比如新的环境中尽管充斥着工业产品，但建筑的建造却并未极大程度地追求效率，同时建筑也并未像工业产品那样和消费发生关联。同时现代艺术的发展也引导出了一套新的美学原则，并且产生了形态完全不同的艺术样式。就艺术和设计结合的方式而言，这个变化所产生作用既是深远的也是直接的。1983 年 1 月，《世界建筑》发表报告，系统地分析了住宅和住宅区、公共环境等人造环境的设计问题。这是中国国内第一次论述到环境设计的空间美学理论，这是环境艺术设计美学讨论的开始。这种理念首先对建筑设计教育产生了影响，由于这个时期正是现代主义思潮冲击传统建筑教育的时期，现代建筑空间理论引起了建筑界的广泛关注。中国的建筑学者在这种理论的启发之下，结合自己独特的文化进一步形成了自己的理论。1985 年由彭一刚先生编著的《建筑空间组合论》出版，这本书中呈现出一种更加开阔的思维模式，对中国的设计教育启蒙产生了重要影响。对于环境艺术而言，《建筑空间组合论》中的部分内容也暗示出一种综合性工作方法新的途径。1986 年由尹培桐翻译的日本学者芦原义信所著的《外部空间》问世，这本书围绕着建筑主体在多方面探讨建筑的外部空间环境对建筑的意义。伴随着这些理论的诞生以及讨论，针对中国设计领域的环境艺术理论体系逐渐形成了。进入 20 世纪 90 年代之后，环境艺术设计设计理论已经在室内设计范围内催生出了明确、清晰的工作方法，典型性代表就是《室内设计资料集》的出版。《室内设计资料集》是以张绮曼先生为主的中央工艺美术学院环境艺术系师生经过广泛收集，认真梳理，精心编辑的一本工具书。它汇聚了规划、建筑、装饰、家具、工业产品等方面的知识，是一部对环境艺术实践具有具体指导作用的重要文献。

（4）环境美学与环境艺术

  早在 20 世纪 60 年代，一门新的学科——环境美学的理论模型就已经在欧美开始建构。这门新兴的学科得到了哲学、美学、建筑学、环境设计、景观设计学、人文地理学，以及环境心理学等多种学科的支持和关注。它涉及的领域迅速扩张着，艺术和设计实践活动将矛头指向了不同的目标。1960 年凯文•林奇（K. Lynch）出版论著《城市意象》，这本书的内容关注城市表象和环境认知的研究；1967 年奥地利建筑师汉斯•霍莱因（Hans. Hollein）的作品 Christa Metek 在维也纳问世，这个作品在一个小型的建造过程中模拟了环境意象对建造物的影响；1968 年代表美国研究潮流的环境行为学术组织——环境设计研究学会（EDRA）建立；1969 年日本艺术家关根伸夫发表了题为《存在与构造》的文章，他认为：“存在并不因为人间的表象作用而对象化，所有的存在都是自然，对这种自然形态的世界所予以的关注本身也是学习”。同年，东京的三所大学的学生以“与存在相遇”为题开始探索艺术的概念，他们开始关注把自然的物质性转化到场所和条件中；1970 年美国伊特尔森（W. Ittelson）和普罗夏思吉等人合作编写的《环境心理学》正式出版。至此，环境艺术的概念在美国开始有了比较明确地意义和功能，有两点是非常清晰的，其一是艺术家用自己的方式表达对自然的赞美，其二是艺术家用自己的作品唤起民众对工业革命所造成的破坏力的关注，重在提高人们的环保意识；1972 年，联合国召开了“联合国人类环境会议”，通过了具有世界性影响的《斯德哥尔摩人类环境宣言》，其中提出“保护和改善人类环境已经成为人类的一个迫切任务”。这标志着环境保护运动获得了世界性的共识。20 世纪 60

图 1-06 改革开放初期的社会与人民生活意象。(图片来自网络)

～70 年代是环境意识的一个觉醒期，发生在西方世界和日本的波澜壮阔的政治运动、艺术实践以及理论的推演为这项事业的未来奠定了扎实的基础。这些思想变化和社会运动以及实践所产生的积淀，终于形成了环境艺术事业的基本理论体系，把环境艺术活动的意义继续推向了新的高峰。到了 20 世纪 80 年代环境艺术的相关理论被中国的艺术先驱所关注，一大批实验艺术家开始应用这些理论，这种状态一直持续到今天。因此我认为在艺术创作领域，环境艺术的思想始终处于一种活跃的状态，它不断持续并不断发展。在设计领域，环境艺术的美学理论也在不断丰富，但它们对实践的引领作用却受到实用主义思想的制约。这使得在中国大规模建设的时期，它并未发挥最大的影响，也并未形成更加完善的美学理论体系。这个阶段，中国的实践提供的素材折射的理论总体上来说是碎片化和经验式的。但未来这种情况将会得到改观，这是中国的环境状况所决定的。同时我希望在未来将有第一流的理论家协助艺术、设计领域的实践家来总结和研究。

环境美学的研究在不同的层次进行，在微观的层面，该理论侧重于研究环境的形态和使用者心理感知的关系。这其中传统的视觉研究为其提供了基础性的理论依据，设计为其实践提供了更多的机会；在中观层面，环境美学的研究涉及了文化地理、历史学和建筑学的领域，它的形成对人类理想的栖居模式建造提供了建设性的意见。在形态研究方面，该美学引导下的模糊性表述和表达和抽象性艺术的发展有着密切的关联；在宏观层次，环境美学的研究进一步延伸到了伦理学领域，它开始着眼于人类生存环境中的安全性问题，并以此为底线探讨环境诸要素间和谐共生的可能。通过这种理论来引导未来人类改变环境的观念和方法。和此前的环境美学理论相比较，新时期的环境美学具有的高度是过去所无法超越的，它在美学之上建立了道德评价的高峰，在感性审美中灌输了理性的精神，从而是人类的实践更具有战略性眼光。

3. 实用主义

（1）反对教条主义

1976 年"文革"结束，中国开始倡导肃清"文革"极"左"路线和思想的流毒，理论界展开了关于"什么是真理的标准"的问题讨论。此后中国进入了一个豁达宽容的发展时代，整个社会不再以阶级斗争为治理国家的纲要。但此时，中国面临的是一个历经磨难、百废待兴的局面，从物质条件到人才储备再到理论建设都十分匮乏。然而发展却是一个迫切的要求，久经动荡、积贫积弱的中国亟待破局。但面对如何发展的课题，无论理论界还是实践者却都还是一片茫然。

针对思想被长期束缚之后所产生的后遗症，以及动辄"上纲上线"式的政治迫害所形成的恐惧习惯，"总设计师"邓小平的"猫论"出台。"不论白猫黑猫，能抓住老鼠就是好猫"，这个朴素的比喻就像夜空中的一道闪电，划破了沉重的夜幕，照亮了脚下的道路。这句话朴实、深刻，深入人心，它极符合唯物主义思想长时期灌输所培育起来的语境。无疑这句话不仅成为破除政治迷信的咒语，同时也成为实用主义在中国改革开放时期大行其道的理论依据。尽管在今天看来这个主张对于人们思想中的急功近利的形成也产生了深远的影响，但是如果我们能够客观性、历史性地评价，在那个基础薄弱、思想僵化、手段匮乏的非常时期，这倒是对破除以阶级斗争为纲的思想意识羁绊具有重要的价值。"猫论"对于中国社会所进行的建设实践有着广泛而深远的影响，在环境艺术领域也不例外，环境艺术的理论在方法层面和"猫论"所倡导的实用主义原则不谋而合。它破除了制约创造性的专业之间的界限和壁垒，使得手段和目的之间的联系更为直接和密切。它在艺术创作和设计实践两个领域之中都有所体现。

环境艺术在中国的发展并非是一种来自环境意识的自觉，无论在艺术探索还是在设计实践领域，它的发展变化始终都和实用要求紧密相连着。更多的时候，它仅仅是作为一种有效的方法而引起了人们的注意。首先在艺术实验方面，"85 美术"中许多艺术先锋们，都注意到了这种和环境结合的表现形式所具有的巨大效力。1985 年 10 月，《中国美术报》发表了一组关于环境艺术的文章，并加了编者按："最广泛地与人民接触的莫过于环境艺术"。宋永平、黄永砯、肖鲁和唐宋，再到之后的宋冬、张大力、郑连杰、马六明、吴高钟、苍鑫、黑月等，都在尝试这种现场性和表演感的表现形式。其中早期的许多行为艺术都受到了西方艺术实践的影响，他们在创作中借鉴了诸多现代艺术史中的经典形式。在实用美术体系，以中央工艺美术学院为主的一些机构的艺术家们在着手另一种实践。这是一种以突出空间性质为主导的艺术创作和空间设计相结合的工作，由于这种工作任务明确、要求具体，因此它的成果更具有推广价值。1983 年首都机场壁画的创作引发了一系列的争论，也取得了诸多的成就，对于环境艺术事业而言，它也是具有标志性的历史事件。那个时期艺术和空间的结合问题的焦点集中在，艺术的形式和思想性与空间性质之间的协调问题。以空间使用性质和美学为主导的实用美术创作方式得到了肯定。20 世纪 90 年代末至 21 世纪初，中国的当代艺术中有更多的艺术家参与了具有环境属性的艺术实践活动中来，但无疑今天的作品在有关环境的思考方面都有进一步的发展，进入了一个更加本质性的环境艺术阶段。这种变化和外在环境的恶化所形成的背景是密切相关的，今天中国为快速发展所付出的环境方面巨大的代价已经威胁到了基本的生存，整个世界也开始为保护环境进行相互的对话与协调。在德国，宗教理论研究者甚至深入研究基督教义进行理论的修正，

图 1-07　约翰·波特曼设计作品,亚特兰大凯悦大酒店的空间环境(上左)和旧金山内河码头中心的空间环境(上右)。

约翰·波特曼擅长将建筑与当代艺术相结合,并透过丰富的历史背景与当地文化的发展,创作出混合用途的"城市建筑综合体"。他的很多作品不但改变了所在城市的风貌,成为当地的地标性建筑,并且借由建筑的兴建促进了当地城市的发展。他把建筑本身作为一个巨大环境的理念,对中国的设计界启发很大。

图 1-08　广州白天鹅酒店建筑鸟瞰和集美组作品广州白天鹅酒店大堂的"故乡水"景观。

以期为未来的人类行为矫正进行铺垫。当代艺术不甘沉寂，许多作品带有鲜明的环境意识和环保观念。

环境艺术具有艺术和技术的双重属性，同时它也在两个不同的领域进行着实践。从艺术和设计的发展规律来看，二者在中国环境艺术发展的过程中所发挥的作用也是互补性的，艺术侧重于塑造环境中的思想性和精神性，艺术的表达内容往往更接近于环境的本质。而设计虽为后发，但它对于艺术所揭示的本质性的问题解决起到了具体作用，实现了社会性的转化和物质性的转变。设计是一种能够使真理逐渐进入大众视野再进入大众思想层面的有效媒介，这种角色的担当也恰恰缘于设计的实用性。环境艺术设计和环境艺术在经历了短暂的思想嫁接之后，它就借着改革开放的东风迅速地转变为空间建设领域的实用性艺术。

在设计领域中国的环境艺术更为紧密地结合了国家建设的步伐，从20世纪80年代开始到20世纪90年代中期，这是一个奠定改革开放物质基础的过程。中国的环境艺术设计的"先知"们以发达国家的环境建设为范本，开放思想，努力创新。这种开放而又积极的态度和多变且全面的设计方法在国家建设中发挥了重要作用，也因此弥补了规划和建筑设计的乏力状况。20世纪90年代中期以后环境艺术设计行业的建制基本完成，设计教育的格局业已形成，此时又恰逢中国大力倡导市场经济体制改革推动城市化的契机，环境艺术设计迎来了一个全面性、大规模的设计实践黄金期。可以说正是由于中国独特的国情，使得作为设计的环境艺术在中国得到了蓬勃的发展。也可以这样认为，是中国接过了环境艺术事业发展的旗帜。现在回想起来，这个事业发展的早期依然是一个令人激动并难以忘怀的时期。1978年中共十一届三中全会作出了实行改革开放的重大决策，同年10月20日，邓小平在视察前三门高层住宅建筑时就建筑装饰作出了指示："今后修建住宅楼时，设计要力求布局合理……同时，要注意内部装修美观，多采用新型轻质建筑材料，降低房屋造价"；1979年中国第一批合资的经典酒店（广州白天鹅、中国大饭店、北京建国饭店）落成开业；1982年中央工艺美术学院的奚小彭教授，在室内设计专业讲授《公共建筑室内装修设计》课程时明确指出："要用发展的眼光看，我主张从现在起我们这个专业就应该着手准备向环境艺术这个方向发展"；1984年9月11日，中国建筑装饰协会成立；1985年中国建筑学会在北京召开了中青年建筑师座谈会。建筑作为环境艺术的性质的观点，在会上引起广泛的重视，与会代表重温了《华沙宣言》，会后探讨有关环境的问题；同年2月，项秉仁在《建筑学报》1985年第2期，就环境的结构模式、形势图形方面作了分析，从"要素——关系"的系统理论分析了形式构成的四个阶段；同年8月，中央工艺美术学院教授潘昌侯在《美术》发表了《环境与艺术》一文，文中提出环境与艺术的结合应是精心设计后的有机整体；同年 11 月，布正伟在《美术》1985 年第 11 期发表《现代环境艺术将在观念更新中崛起》一文，表达了对创立现代环境艺术学科的迫切愿望；同年 12 月，《中国美术报》1985 年第 12 期为"环境艺术专号"，该报编者按："艺术最深刻的变革之一，就是它不再是艺术家'沙龙'中的宠物。"1986 年，张绮曼先生结束了在日本东京艺术大学的研修回到了中央工艺美术学院，1987 年，在她的努力下，中央工艺美术学院产生了中国第一个环境艺术设计专业。

（2）机会主义的温床

今天，对于 20 世纪 80 年代中期发生在中国的，涉及艺术、实用美术、建筑设计与理论领域的环境艺术思潮和艺术的、设计的实践活动蓬勃发展历程的回顾，是迷途知返的一个开始。因为通过文献我们可以看到那个时期的思考和实践既是个高度理性的过程，也是一个高度开放的过程。同时那还是一段充满激情与理想的岁月，尽管物质条件贫乏，但科学、文化界思想活跃，专业领域包容、进取，整个社会都像一个极为健壮的处子的躯体一般生机勃勃，和当下整个行业过度追求实用价值而忽视理想，以及过度追求视觉感受所造成的态度上的浮躁和精神上的萎靡现状形成了强烈的反差。中国 20 世纪 80 年代"环境艺术"的出现，是"85 美术运动"在中国发展的重要成果之一，它体现了艺术对民主和科学的诉求以及相互结合的成果。在本次展览陈列的大量史实和文献中，我们也可以看到恰恰是"1985"这一年，美术界和建筑界出现了大量的和环境艺术相关的理论发表和讨论，这是一个属于"环境艺术"的青春期，闪烁着生命的激情和思想的光芒。正像高名潞所评价的那样："它的出现，是对纯艺术观念的扬弃，也体现了文化横向交流的趋势"。20 世纪 80 年代对于中国的环境艺术事业而言，是个充满希望、充满斗志的时期，环境艺术的主张不但引起了艺术界和建筑界的关注，中国的城市建设体系中的组织架构也为其实用性的社会实践作好了准备。

但我们遗憾地看到进入 20 世纪 90 年代，艺术和设计原本紧密的联系开始分裂。环境艺术中的设计领域片面地关注于方法层面的内容，引领方法的几乎完全是经验和教条，忽略了环境精神方面的内容。此外，中国的实验艺术在 20 世纪 90 年代的消沉也是一个重要的原因，它一方面阶段性地退出了公众的视野和媒体的焦点，另一方面它具有重大影响的理论和实践成果几乎是空白。回顾历史，我们发现在中国改革开放的建设时期，"环境艺术"曾经就是一面大旗、一句响亮的口号。并且这面旗帜借助于经济发展和城市建设强劲的东风，猎猎招展。20 世纪 90 年代之后全国上下掀起了一场"环境艺术设计"的运动，由于国家建设的需要，环境艺术设计迅速成了一个炙手可热的专业，该类专业在各个院校纷

图1-09　2001年,时任清华大学美术学院环境艺术系副主任的苏丹策划了"突围"景观六人展,并撰写前言《围之三十六突》。苏丹及其他5名参展者在清华大学美术学院多功能展厅以各自在实践中的体验和强有力的视觉包装为形象,给中国的环境艺术设计界提出一种新观点。该展开幕之后第二天,场地就被征用,展览就此夭折。(图片由作者提供)

苏丹,"移动的山水",2004年。

"移动的山水"

"空手把锄头,步行骑水牛,人在桥上过,桥流水不流。"

不动的是山水,移动的是城市,但山水却因城市边缘的改变而改变。

古希腊哲人曰:"人不能两次踏进同一条河流",我们也不能两次穿行在同一个城市,因为城市每时每刻都在变化,那林立的塔吊便是凭证,空间随着时间的流逝而摇曳。

山水和城市始终是此消彼长的关系,两者亦可看作一对相互转化的事物,而完成和加速其转化的正是人类两百年来最"伟大"和最"恐怖"的发明——"工业",那大小不一、共同驱动该装置的轮子浸透着工业时代的记忆。

纷建立并不断大规模扩招，形成了数量和品质严重失衡的状况。"设计"偷偷地被附加在了"环境艺术"的尾部，如此一来运动的性质和方式都发生了本质的变化，发生在中国的这一场声势浩大的和环境相关的艺术和设计实践活动，由一种独特的艺术实践类型迅速转变为务实的设计实践。如同许多西方的思潮和理论落地中国之后的走向一样，"环境艺术"也大有被盗用以欺世的现象。在其后短短的20多年时间里，我们看到，在环境艺术和环境艺术设计之间存在的那条鸿沟不仅被有意无意地抹杀了。艺术所具有的批判性和怀疑精神被趣味性的美术所替代，美术和设计的结合就成为时代的宠儿，环境艺术沦落为环境中的美术。在极大的发挥设计的功利主义效用之余，艺术最为本质的精神在环境的各种实践当中消失殆尽。

我目睹了这个曾经朝气蓬勃的领域，在不到十年的时间里迅速萎靡的过程，如今环境艺术只剩下一个躯壳，所谓的环境艺术设计表面上风光无限，实际上理想早已死去。因此许多年来自己不断发问："问题究竟出在哪里？"这是一个二十年以来几乎无人问津的话题，因为物质累积的辉煌成就早已使我们骄奢淫逸，忘记了对自我内心和公共关系的巡察、浏览。"骄傲"感的产生或许是因为中国环境艺术的实践活动，早已发展为一项拥众百万涉及社会生活细节末了的文化创意产业。但我们也应当清楚地认识到，也唯有中国的环境在这个发展过程中遭遇了空前的劫难，一方面山河破碎如风中残絮，一方面声色犬马却致礼崩乐坏。还有更为重要的一点，就是我们本来就十分脆弱、淡漠的环境意识，在这轰轰烈烈的经济运动中被彻底败坏并消失殆尽了。过去的二十年中"环境艺术"的确变成了我们在经济领域"攻城掠寨"的一面大旗和一种借口，"天人合一"、"以人为本"、"可持续发展"都成了旗下的口号。这些听起来危言正色的口号是给集体无意识的群众精心准备的，但事实上每一个参与者早已机关算尽，所以今天大家索性连口号都已懒得喊了。功利性十足的设计假以"环境艺术"的名义，对环境进行明火执仗的破坏，其恶果昭然天下。

在2012年12月举办的文献展中未对这些沉重的现象进行披露，因为这些现象就在展览的现场之外，证据俯拾皆是！但其中提供和展示了诸多引导中国所走环境艺术之路的政策变化线索，也暗示出了我们思想变化的轨迹，这些重要线索应当引起每一位关心热爱这项事业人士的关注。20世纪90年代开始的实践，是一个将崇高艺术探索潦草的成就快速转化为社会生产经验和理论的过程。这个方向本身是正确的，它符合中国所处的环境的位置，但无疑有一点显得较为仓促，那就是缺乏理论方面的充分准备。我们可以看到，在将"环境艺术"转化为"环境艺术设计"的过程中，我们并未把艺术和设计的关系梳理清楚，同时环境的核心没有与时俱进予以更新。过去我们为了说服自己，"环境"的概念主要是涉及我们视觉范围内的空间、场所，环境是服从于我们的享乐意志的存在。而"艺术"的概念主要指向视觉变化的趣味和简单性的象征意义，它是经验式的、僵化的法则或样式。这种语境下，环境艺术中的艺术和设计就仅仅蜕化为一种设计或者创作的方法，而方法本身是中性的，具有两面性。缺少立场和主张的方法隐藏着潜在的危险。进入 21 世纪以来，"环境"突然变成一个热门的词汇，与此同时中国在经济上的崛起也改变了国人的心态，我们真正进入了一个和世界使用同样语言的时代。

4. 关于"环境"的再思考

（1）似曾相识，却又相去甚远

多年以来在针对环境艺术学科的交流过程中，我们也时常感觉到有一点诧异，即很难在国际上找到和我们类别相当的学科。其实缺少了一个学科定位和发展的参照体系并不可怕，可怕的是我们学科和产业发展所呈现出的灰暗未来。在现实中片面强调科学和技术的作用，或片面地铺张艺术的形式对于环境来讲都是危险的，因为二者都没有去关注环境的本质，但这的的确确是我们存在的问题。海德格尔把技术对于自然的支配看做人类近代以来的特征，林恩·怀特也曾提出过："人类能够利用科学和技术支配自然这一人类中心主义观点，是引起环境破坏的近代科学技术观的基础"。看得出来，自工业革命以来环境问题凸显之后，西方思想界的反思就一直没有间断。艺术界也不甘落后，现当代艺术在这一方面也表现得十分激进。许多艺术家和设计师的作品都触及一个对环境本质的追问的现象。

2007 年开始，因一个偶然的机会促使我开始主动地接触发生在北欧斯堪的纳维亚地区的环境艺术，这是一个和我们名称相近但气质迥异的学科。它们的研究和工作对象不是具体的工程建设项目，而是相关于人类的认识和情感表达以及社会环境中存在的问题。我敏锐地认识到，这是一个处于环境艺术学科结构和格局上游的学科，是我们的表亲。哈库里教授是赫尔辛基艺术与设计大学环境艺术系的主任，是北欧环境艺术教育和实践的倡导者。多年以来他致力于环境艺术的创作和环境艺术理念的推广、传播，其本人和他的同行们的艺术创作展示了发生在环境艺术领域的另一道迷人的风景。这些作品都在现实的环境中制作和表现，和观众之间消除了边界，作品结合了环境中的历史、文化、风景、场地、社会条件，产生了令人感动、发人深省的效果。同时他们的作品反映出对环境多方面的解读，深入到环境艺术实践的一个新领域。在他们的环境艺术实践作品中，我们既可以感受到一种来自于遥远时空的环境精神的召唤，又能体会到社会环境中隐藏的复杂的矛盾和冲突。许多作品延续了人类古老的习俗，这些习俗之中充满了对自然的敬畏感，敬畏感通

图 1-10 莱亚·图尔托(Lea Turto)的塑料花园。

（图片由杨云昭提供）

图 1-11 2008 年 6 月，苏丹访问芬兰，参加在赫尔辛基的一个岛屿上举行的国际环境艺术论坛。在会议中，各国代表交流了各个国家中环境艺

术的存在状况和对未来的展望、构想。图为会址和与会者合影。（图片由作者提供）

过仪式得以表达。一些作品使人联想到这块土地上历史悠久的萨满教仪式，被红色毛毡包覆着的森林中伐木留下的树桩，仿佛是生命的母体受到戕害所流淌出的鲜血；原野中用麦秸扎成的一些具象造型被点燃，它们化作烈焰在黑夜中熊熊燃烧，腾空、翻卷，像是一种祭祀和礼赞；被打成球状的带刺铁网收敛起了紧张的芒刺，在荒野和牧场中蜿蜒的道路上滚动，暗示着人类追求自由的精神和国家利益、社会矛盾中的冲突等。芬兰的女性艺术家莱亚·图尔托（Lea Turto）也是一位坚持在环境中探索艺术表现实践的环境艺术家，她不仅关注场所和自然之间的关联，也关注社会环境和文化环境之间的交流。在 1998 ～ 2004 年的时间里，她以塑料花园为题进行了一系列环境艺术创作活动。在这个作品中，她通过号召民众的现场参与探索人工干预对自然美学的影响。北欧的环境艺术家们的许多创作，表现出一种神秘、诡异的气质，反映出存在于人们潜意识之中对自然环境的一种迷惑和彷徨。这是人类认识能力对自然的不可知性，既经验对超验所表现出的诚服。

在 2007 ～ 2010 年的时间里，我和哈库里教授主持了一系列的活动。这些活动分别在北京、赫尔辛基、塔林和斯德哥尔摩进行，共有来自瑞典、芬兰、爱沙尼亚、中国的北京和台北的近二十位艺术家参与。我感到这是多年以来自己所参与的真正的环境艺术实践，它的目标直接指向环境这个神秘、复杂的事物。在这个表达过程里，它强调人类对现实和现场的感悟，也重视和环境的互动。这种陌生的方式令我耳目一新，我隐隐约约地感觉到一种可能，就是将这种空间上遥远的，思考上本质性的，行动上深入环境中的艺术实践通过跨越地理的联姻嫁接到中国来。它的意义深远，是在中国实现对环境意识启蒙的途径。

（2）环保意识

环境艺术中的一个重要的话题就是由我们现实中所面临的问题所引出的，这个问题就是关乎人类生存的环保意识。人类的历史上许多文明的毁灭就源于环境的破坏，据说我们认识到的迄今最为古老的文明——美索不达米亚文明的失落就是由于森林的砍伐和灌溉农业导致的盐害造成的，印度河文明的消失也和不合理灌溉有关。森林的无度砍伐是环境破坏的开始，而工业生产的时代，人类对环境破坏的力度和范围进一步加剧，破坏方式进一步改变了，它以环境污染和生态系统破坏的形式进行着。这直接导致了人类生存的环境岌岌可危。1982年切尔诺贝利核电站泄漏所产生的大面积的核污染，1985年中国大兴安岭的森林火灾，1990年海湾战争所造成的原油污染，2006年中国太湖的蓝藻大爆发所造成的生态危机，2011年日本大地震导致了福岛核电站核泄漏所引发的全球性的恐慌，2013和2014年中国面积达数百万平方公里难以消散的雾霾，这些灾难和不断恶化的环境现象再一次提示人类关注发展模式，也再一次提示人类增强环境意识。20世纪后半期即将进入新世纪的20世纪末期和跨入新世纪之门的21世纪之初的十年中，在世界范围内弥漫着一种对发展前景的悲观情绪。

中国的情况更不容乐观，改革开放以来，中国国民总收入和国民生产总值在接近三十年的时间里，一直保持高速增长。中国人民在享受丰衣足食的美好生活的同时，却又在饱受环境恶化所带来的困扰。我们经历了以极大牺牲环境换取快速发展的模式，严重的环境污染和资源枯竭问题浮出了水面，严峻的现实要求整个国家和各个行业必须正视环境问题，并着手去予以解决。在20世纪80年代，每当我们谈及环境，它仅仅指涉那些围绕在建筑主体周边的具体的空间场所。环境艺术所试图干预的也就是这些有形有色的空间，那时我们按照自己的意图去塑造环境，然后生活在其中做着一个个孤立的美梦。但在今天每当我们谈及环境，更多的是指那种相互联系、相互制约，宏观性的关乎我们生存的大环境。即使今天我们面对的是一个小环境的命题，但针对于此，解决问题的方式方法已经不能够随心所欲，我们必须要着眼于它和大环境的关系，在新的伦理制约之下行事。在艺术创作领域存在着相同的发展变化趋势，不但当代艺术表达的主题越来越多地涉及环境中的自然精神及环保问题，同时艺术表现的手段也越来越严格地受制于环保的要求和相关伦理法则。在设计领域，环境观念的转变也同样影响着设计的形态。

早在1995年中国室内装饰协会组织的一次峰会上，来自美国的一位女性设计师就开始为设计中的环保问题大声疾呼。在大会开始前，一些工作人员就散发她印制的一份两页纸的设计宣言。在这份宣言中她陈述了自己对设计责任的认识，并呼吁设计师不仅要关注设计诞生的方式，还要关注它终结的方式。这个已经被大多数人忘记的情节至今深深印刻在我的脑海之中，它是一个了不起的开始，因为在此之前设计师之间所热衷的话题都是关于形式的，那些假借文化名义的形式主义大行其道地败坏了设计的道德。90年代中期以后，设计师逐渐开始关注环保的话题。可持续发展、绿色设计的概念出现了，并且这些观念逐步向法律法规建设方向发展着。进入21世纪，可持续发展的目标对设计的模式产生了重大的影响，宏观自然环境和社会环境问题开始进一步影响设计的观念。这无疑是一个巨大的进步，它使得当代设计思维突破了传统狭隘的边界，变得更加全局性和开放性。1997年开始，来自美国的贝西•达蒙(Betsy Damon)女士和她的助手们在成都完成了一项具有里程碑式的环境艺术设计实践。贝西•达蒙是美国Water Keeper组织的创始人，他们在成都府南河设计了活水公园项目。在这个设计中，贝西•达蒙和她的团队将环保理念和中国的传统美学结合了起来，设计出了一个独特的、生动的、积极的公共环境（1999年，我曾经和贝西•达蒙女士又一次对话，我们就水的文化进行了一些交流）。因此，我们可以这样认为，虽然我们继续使用"环境"这一概念，但它的

图 1-12　贝西·达蒙和她的活水公园。（图片来自网络）

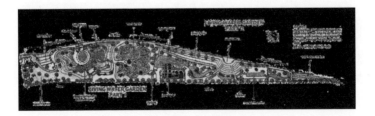

定义已经发生重大改变。可以这样认为,今天对"环境"是一个再认识、再思考的历史阶段。它是发生在人类生存环境不断滑向危险边缘的背景条件下的反省行为。它将促使人类进一步加深对环境的理解,也是一个重新认识人类所谓创造力作用的历史阶段。

(3)环境中的关系

环境艺术如果是一种行为,那么它的行动目标随着人类对环境的认识变得越来越明确了。如果把环境艺术看作是一种方法,那么它的实质内容又是什么呢?

日本的环境思想和伦理研究学者岩佐茂在《环境的思想与伦理》一书中曾这样定义环境:"环境可以定义为围绕主体存在的周围世界。"过去,"环境"概念的阐释始终在围绕着一个神秘的主体,它决定着透视"环境"的视角。如此,环境中一种不平等的关系就建立了起来,一种鄙视的目光由一个关系网络的核心而发出然后环顾四周,像是巡视,又像是监管。在这复杂的关系之中,大写的"人"行使着至高无上的权力,执掌着生杀予夺的君权。于是,环境成为人类满足私欲以及获得供养的物质资源的总和。在这样的关系描述中,人是绝对性的主体,人类可以任意塑造环境,改变环境甚至破坏环境。对环境的重新定义是必要的,这不仅是一种生存战略调整的需要,也是人类认识进步的需要。发展的代价很大程度反映在环境的败坏方面,而环境的整体品质的下降又反过来危及人类的生存。这是一个人类始料不及又无法挣脱的怪圈,它逼迫我们重新审视自己的态度和行为,进而重新界定我们和环境之中要素的关系。我们终于认识到,环境的本质是要素之间所建立起来的相互影响的关系,因此环境艺术行为的本质就是揭示和表现这些关系,或者是针对出现的问题调整这些关系以使环境和谐健康。在方法层面,环境艺术中的艺术和设计也拥有许多共性,这种共性就是统筹性的视角和协调性的手段。环境艺术中强调艺术表现的主体和场所之间的互动,以求产生观者情感上强烈的共振和共鸣。环境艺术设计则充分调动人工环境之中组成要素的作用,形成一个功能和美学的综合系统,使人工环境的使用者和参与者全方位地享用和感受环境。自然环境、社会环境、人工环境涵盖了环境对于人类产生意义的三个层次。

这个对环境认识上的重要变化产生的影响必然波及环境艺术领域,它一方面会直接影响艺术家的创作和思考方向,另一方面相关于它所形成的伦理亦会演变为制约设计行为的法则。环境伦理对美学系统的影响是根本性的,它像是一种契约和法律规范着美学的标准,因此新的伦理所导致的美学法则和过去相比或许完全是颠覆性的。毋庸置疑的是,工业革命以来人类因生产和生活方式变化所引发的环境问题,是一个在艺术和设计两个领域同时面临的危机和命题。这其中艺术界更多地扮演了揭示者的身份,大批当代现实主

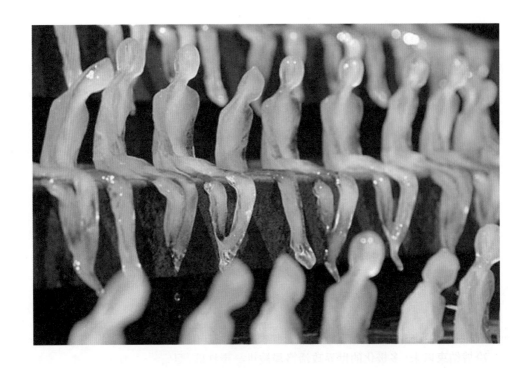

图 1-13 "Melting Men",巴西艺术家阿泽瓦多,2006 年。

义摄影作品都将镜头对准了环境的败象，或者是聚焦于制造环境危机的元凶。一些装置作品也是如此，通过符号化的要素组织来表达人类和环境之间的关系以及环保的主题。巴西的女性艺术家尼尔·阿泽瓦多(Nele Azevedo)的作品——"Melting Men"是一个典型的个案。这个作品自 2006 年开始在世界各地展示。艺术家用冷冻的方法塑造了 1000 个小巧的冰人，然后将它们摆放在重要的公共环境中。这些冰人在环境物理条件的作用下，逐渐融化，然后倾倒、坍塌直至彻底消失。这些小冰人的结局试图揭示一种稍纵即逝的美，隐喻着生命的过程。2009 年 9 月 2 日，她在柏林宪兵广场音乐厅的台阶上又一次完成了她的作品，并且引起了观众积极的参与。艺术家允许观众参与作品的布置之中，现场的参与在于更有效地唤醒民众的环境意识。在环境艺术设计实践中，设计师也要面对空间环境、文化环境、市场环境之间的关系，同时还要处理好每一个环境系统之中的各个要素之间的关系。在这一方面，环境艺术设计的视角因为着眼于人性，因此比传统的规划设计更加生动；也由于它注重宏观环境，因此可以弥补建筑设计过于强调自我所带来的缺憾；在室内设计领域，环境艺术性的观念正在自然环保和社会意识两方面延展；此外、环境艺术设计的理念和方法对传统景观设计也有一些积极的影响。总体上看，正是由于对环境中各种关系的重视，环境艺术建立了一种全方位观察事物的视角和综合性解决问题的方法，因此它显得更加科学、全面、有效。

　　冷战结束以来，多极化的世界政治格局被进一步打破，尽管政治学家继续描绘着未来世界的版图，但毋庸置疑的是全人类关注的焦点已不再是意识形态之间的对抗，而是我们共同的生存环境所面临的挑战。拯救这个自工业革命以来不断衰败的环境，是整个世界面对的一个新的挑战。生存环境的败坏使我们突然意识到，人类和环境本来就是一个共同体。在这个共同体中，一切元素都是要素，它们相互依存、彼此共生。这种意识带来的是一种透视环境的全新观念，在这种观念之下，人类和其他诸要素之间有可能达成一种平等的契约，从而超越了传统意义上的供养关系。这将搭建的是一个整体性的伦理框架，对我们未来的实践影响深远。广义的环境艺术将在艺术、设计两个方面展开实践，但无论艺术或是设计，其宗旨均是对这种新型的平等关系的表达和实施。因此对"环境"的再思考过程必须进入当代世界新的文化语境之中，要关注时代赋予它的新的内容。我们应当看到，正是因为世界所发生的"环境问题"，"环境"才又一次得以引起世人的关注。我们应当把它看做一个新时期所嘱托予我等的历史责任和神圣使命，也是历史所赐予我们的新的机遇。

5. 自然精神

（1）自然的力量和崇拜

　　早期的环境艺术作品和环境艺术设计作品之中都自觉地渗透着礼赞自然的意识，因为自然是我们人类环境观念启蒙和孕育的母体。在认识方面，大自然本身就是一个复杂无比的环境系统，它所包罗之万象间存在着千丝万缕的联系。在物质的组成方面，精彩纷呈的现象是成分，也是物质组成根本的特质表现，擅于幻想和编造的人类总是在猜测这个世界的真实面目，于是雷公、电母、湿婆、宙斯粉墨登场。经典物理学告诉我们世界物质组成的基本规律，量子物理学又建立了更具说服力的新假说。从物理学的角度，每一种元素都有自己独属的特性。在万物的生长、衰败、泯灭的过程中，人类既看到了永存的变化也发现了周而复始的规律。进而随着认识对象的丰富和认识领域的拓展，更察觉出规律和规律之间也隐藏着无数的玄机与暗合。在大自然的奥秘面前，人类对本质和真相既心驰神往又时常沮丧满怀，既有的心得不断地被新的发现所否定，新的认识又很快地呈现出明显的破绽。绝对性的无奈感摧毁着人类偶发的信心，每当我们欣喜若狂地打开一扇密室尘封的大门时，却总是发现密室深处另有一扇紧闭的大门。在与大自然的对抗过程中，人类更是历尽艰辛，大自然的喜怒无常任意地戏谑着操劳困顿的人类，经年累月的蒙受屈辱终于成为了接受恩赐时感激涕零的缘由。人类用繁缛隆重的祭祀活动、残忍奢侈的牺牲来讨好它，希望得到大自然的宽恕、恩宠、偏爱。人类对自然的崇拜首先是来自于对它的敬畏之心，其次人类从大自然那里源源不断地获取着生存和繁衍的资源。人类学、考古学和地质学的研究，进一步强化了我们对自身以及对自然地理解，增进了对自然的崇拜心理。

　　人类的生存之道也在于不断地向自然学习，无论如何，自然都可以被称为我们人类的老师，它宛如一个精心布置的迷局，庞杂但井然有序，缜密且运转从容。自然中的所有存在都仰仗着一套适应环境的策略和方法，水禽不远万里的迁徙，一些动物依靠一场漫长的睡眠挨过严酷的冬天，沙丁鱼群神奇的组合模拟成一个巨大的鲸鱼的形象恐吓天敌以求生，自然景观中从海底到巅峰，从沧海到桑田之间神奇的转化，这一切宛如一个个精美绝伦的设计，令人叹为观止。肯尼斯·西蒙森(Kenneth Simonsen)认为："这个世界……有些令人惊异之物，它被一种隐晦，若非盲目的力量带到这个世界……可能正是这一事实成为我们惊赞野生事物的深刻心理根源。一旦这种态度成为我们对自然界的普遍反映，我们会从自然界感觉到比赞赏与尊敬更多的东西。对我们而言，所有的野生之物被赋予一种敬畏感。"人类许多古老的仪式都是源于向大自然乞求和与自然沟通的心理需求，这些仪式本身以及它所附带的诸多形式就和艺术相关。行为、服装、道具、建筑装饰中的图腾等都是以艺术

图 1-14　苍鑫作品,"交流计划"系列, 1996～2005 年 。(图片由苍鑫提供)

图 1-15　何云昌作品,"与水对话",1999 年。(图片由何云昌提供)

为手段的一种赞美性语言，人类通过形式调动着信众的情绪，以形成更加肃穆的仪式感。在古老的祭祀中，形式和内容是高度统一的，在庙宇中、在大自然里，仪式就是人类和自然对话的媒介。

我们可以将那些神秘的行为视作最原始的环境艺术，因为它的核心是表达一种人类和自然关系的观念。而在当代依然有一些艺术家延续着这种能够体现人与自然精神沟通的行为，中国的当代艺术家苍鑫就是一个典型的案例。自21世纪初起，苍鑫将创作的视野从政治学和社会学领域转向了带有神秘主义色彩的自然主义作品。苍鑫的创作中大量借用了萨满教中用以通灵的仪式，烈焰，神秘的举止以及怪诞的图形构成了作品的核心。这种形式在无神论盛行的拜物教社会环境中，更令人惊诧。萨满教的本质和仪式对他的作品影响很大，这些仪式庄重神秘，是人类和自然沟通的语言。作为一种语言，仪式就是内容的全部。因此在艺术家的行为表演中，仪式也是表达态度的重要手段。

（2）自然主义与环境保护

1836年R.W.爱默生（Ralph Waldo Emerson）完成了《论自然》一书，在这本开创人类自然思想的论著中他论述了自然所具有的精神。他对自然赞美道："森林中有永不消逝的青春……在森林中，我们恢复理性和信仰。只有在那里，我就会感受到在自己的人生中，没有一件事是自然所不能补偿的——不论是何等的耻辱、何等的灾难都不会发生……"环境范畴最为古老和永恒的内容就是自然。自然有多重的含义，在物质层面它是构成这个世界的有机性和无机性因素的总和，在非物质层面它暗喻着一种规律，一种信仰。它总是以一个空间的形式展现于我们面前，天、地、森林、草原、海洋和湖泊构成了我们生活的环境，这些元素环绕着我们古老的部落空间，构成了我们祖先栖息的领地，也形成了我们对自我存在的空间意识。塞内卡就曾把自然称之为保护人类的母亲。其次环境是一个物质概念，土壤、空气、水形成了我们生存的基本条件，当这几个要素之中任何一个缺失或是遭到破坏时，我们的生存可能性就不再存在。环境的空间和物质属性显而易见，可视、可触摸、可听、可闻，它们，是许多具象存在因素的总和。

环保是敬畏自然精神在实践和行动方面的延伸，也是环境艺术领域作品中的另一个重要的主题。环保的意识和行为缘于人类活动对自然所造成的破坏，这种破坏最终演变成为人类毁坏自己生存环境的结果。工业革命以后，人类借助于机器，干预环境的能力进一步加强，生存环境的恶化也随之进一步加剧。砍伐造成了森林的减少，农药造成了土壤的污染，化工夺走了原本清澈的空气……环保终于成为了人类拯救自己的一个信念、一种方式。艺术是传播这种信念、理念的重要手段。环境艺术对环保的关注、对环保观念的推广具

图 1-16　这个吸引人并且优美的鱼雕塑（上图）位于巴西里约热内卢的 Botafogo 海滩，是由塑料瓶创作的。这个作品旨在促进循环利用，也精确描绘出那些处于人类垃圾和污染危害之中的动物。图文由顾琰提供，来源：David Carrir & Joachim Pissarro. Wild Art . Phaidon Press, 2013, P266.

图 1-17　Hehe(法国)，"绿色云状物"，赫尔辛基，2008 年 2 月 22 ～ 29 日（下图）。采用镭射激光的绿色照明方式，跟踪 Salmisaari 电厂烟囱排放出的气体。通过调整照明的形状和大小，试图反映 Ruoholahti 和 Lauttasaari 周边居民的电力消费情况。（图片由杨云昭提供）

有重要的作用。自 20 世纪 70 年代以来相关组织的一些国际性艺术活动将矛头直接指向了环境中出现的问题。法国的一个名叫 "HeHe" 的艺术机构擅长新媒体技术和自动控制系统，他们曾经在赫尔辛基做过一个名叫"绿色云团"的艺术实验，他们将自己的装置和当地的热力监控系统相连接，然后告知当地的居民他们的计划。他们将一束绿色的激光投向热力工厂烟囱中所冒出的浓雾，以此在赫尔辛基的上空形成一个巨大的绿色光斑。当地居民在它们的号召之下参与了节电行动，他们关掉了房间中的电灯，或者拔掉了家用电器的插座，那个光斑就会随着民众的参与而变化。这个活动吸引了当地 8000 个家庭的参与，极大地传播了环保意识。这个艺术活动具有环境艺术的典型性特质，它的形式展现在没有边界的公共环境之中，它的过程渗透在社会环境中的诸多环节之中。最终它完美地揭示了环保和公众参与的关系，对公民环保意识的培育发挥了极大的促进作用。

2007 年首批参与中欧艺术家交流计划的瑞典艺术家克里斯汀（Christin）原本是一位专注显微镜生物摄影的女性艺术家，当她来到北京之后，开始关注中国都市的大气污染情况。她在中国创作的影像作品"雾之都市"表现的是北京冬季的空气污染，这件作品是她登临北京的高层建筑屋顶所拍摄后剪辑而成的一段视频。在其拍摄的影像之中，随着镜头的回转伸缩，北京都市的轮廓在深灰色的雾霾中若隐若现。其视觉记录和表现的方式采用了风光纪录片中表现山水云雾的手法，颇有中国水墨山水画面的韵味，但揭示的却是一个都市环境污染的悲惨现实。在当年的汇报展览的布展设计上，她展示作品的构思也很独特而有趣，为了不造成浪费和二次污染，她将酸奶刷在清华大学美术学院 A 区的玻璃幕墙上，以此形成一个与幕墙一体化的荧幕，然后再将影像投放于其上。这样的处理使其行为和目标更加统一，保证了作品的纯粹性。于是当这件作品在开幕式上播放时，它的一面面向清华大学美术学院 A 区内聚集的嘉宾和观众们，另一面则变成了校园内的一道公共性的风景。同样中国的艺术家交换到了北欧之后也进行过类似的创作，2009 年清华大学美术学院环艺系的教师管沄嘉，在芬兰的赫尔辛基参加了一次环境艺术创作活动。在那个艺术活动中，环艺创作被带到了波罗的海边的一片新开发的区域中，参与者要通过捡拾建筑垃圾，和过路人交谈来感受这个场所即将面临的环境挑战。最终他们用垃圾制作了自己的作品，这些作品像是一个巨大的符号，警示人们关注环境。

通过以上两个案例，我们不难看出由于强调环保理念的核心地位，环境艺术对创作的手法多采用包容、开放的态度，许多作品的手法具有综合性和学科交叉的特点。作品中审美的途径和恪守的规则已经大大超越了传统的空间限定和美学经验。总的来说，环境艺术的创作富于挑战精神。在这里，哲学、美学、艺术和科学以及技术的边界已经显现出很大程度的模糊性了，但如何界定环境艺术和其他类别的当代艺术之间的界限呢？这的确是一

图 1-18　2014 年 2 月 25 日下午，艾海、艾松、艾旭东、苍鑫、杜曦云、耿海、顾小平、何成瑶、李洁、李枪、李杉、刘成瑞、沈敬东、孙鹏、孙少坤、王轶琼、吴迪、吴高钟、项楠、曾浩等艺术家在北京天坛祈年殿前的行为艺术作品（上），吴迪摄。（图片由杜曦云提供）

图 1-19　2009 年，苏丹和哈库里组织策划"中欧艺术家交流计划"展览中，瑞典女艺术家克里斯汀的作品《雾之都市》（下）。（图片由魏二强提供）

个比较严肃的问题。因为自现代艺术以来，艺术的表现形式和空间载体早已突破了架上和艺术博物馆殿堂式的制约。在创作素材的选择上，艺术家使用各种材料，从破布到火药，甚至是自己的身体。在空间范围方面，艺术家开始走出了圣殿，进入公共领域，及至广袤的自然环境。在手段方面，环境艺术使用了从传统的雕塑到工程技术，甚至使用最先进的航天或生物技术手段。因此，作为一个具有独立意义和价值的新的艺术形式，我们必须发现它的核心和主体。在如此名目繁多的艺术实践活动类别中进行判断，就必须回到一个价值和意义的问题中去。这时我们需要重新认识艺术，以确保我们的行为的性质，同时我们要明确环境在艺术行为目标中和手段方面扮演的角色。

（3）自然美学与环境美学

20 世纪 60 年代起人类开展了一系列的有关环境的思考和运动，环境运动的一项重要结果就是在 20 世纪 70 年代出现了环境哲学。于是作为哲学的一个分支，环境美学也产生了。而环境美学的建立源于对自然欣赏的反思，因此自然美学是环境美学的理论基产生了。而环境美学的建立源于对自然欣赏的反思，因此自然美学是环境美学的理论基础。1979 年当代西方环境美学的创始者艾伦·卡尔松（Allen Carlson）发表了《欣赏与自然环境》一文，这是环境美学思想建立的标志。在这篇文章中，卡尔松提出了其关于建立自然美学必要性的观点。他认为："自然美学在真正的自然对象之特性的基础之上，应当能正确回答关于自然审美的两个最基本问题——在自然审美中我们到底欣赏什么，以及如何才能适当地欣赏自然。"这一观点打破了以往建立起来的，在自然欣赏领域所一直依赖的艺术审美的绝对规则。在提出"自然是自然的"这一主张的同时，卡尔松也提出了"自然是环境的"环境模式。这是在环境美学和自然美学中必须同时兼顾的，两方面的根本性立场和依据，也是环境艺术实践的理论基石。荷兰艺术家伯恩德恼特·斯米尔德的作品"室内云"，被美国商业周刊评价为 2012 年度最佳创意中最为诗意、艺术效果强烈的作品。斯米尔德利用科学的手段和物理学的原理，将空间中的水蒸气凝聚起来，在室内空间中人工性地创造出一朵云雾。这团云雾形象并不稳定，它会短暂存在然后消失，但形成的视觉效果却是极为强烈的。在谈及创作意图时艺术家说："我想在一个有限的空间中创造出雨云的形象，我想进入一个空旷的古典博物馆中，里面什么都没有，除了漂浮在室内的雨云。"这个作品就是一个将自然的特征和环境的属性予以完美结合的典范，它创造生成了新的造型语言，令人感动。

自然是一切存在的开始，是一切创造活动的条件。应该说最早的环境中只有自然，它也是我们一切认识的产生基础，并已在我们的记忆之中深深地刻画下了它的痕迹。在希腊

图 1-20　荷兰艺术家

伯恩德恼特·斯米尔德

的作品"室内云"。

（图片来自网络）

云的生成不是由人决定的，

它是由潜在的物理规则控制，

因此它的美无以复加，

艺术家只是参与了形态生成中的一个环节，

并且他永远不能控制它。

他这个作品揭示出自然美学的本质。

语中，"自然"和"物理"来源于"生长"这个词。它指的是事物的本质、理性秩序和抽象性质。环境有一种关于自然的抽象性力量，人类通过五官去感受、感知环境，感觉的系统汇聚在我们的意识中形成一种模糊的变化的认识。比如站在山巅俯瞰世界和漂浮在水中环顾周遭，感受一定是截然不同的；沙海中的长途奔袭也会明显区别于茫茫苦海浮生。构成环境的物质主体会随着我们空间位置的移动而呈现出巨大的差异性，我们在迥异的自然条件下会产生自在、逍遥、孤傲、孤独、松弛、恐惧等完全不同的感受。自然中的种种物象主导着我们的感觉、感受。这是自然在环境意识中的一种绝对性，它相对来说明确、稳定。有时这种认识会超越一切具象而升华为一种精神感受，我想这是人类对环境的一种高级认识状态。这其中有一些是经验性和记忆性的，有一些是有文化性的，还有一些甚至带有少许的神秘性。每一个环境都是具体的，它拥有独特的自然条件和独特的文化。因此认识环境必须置身于现场中，唯有如此我们方可对自然的差别产生深刻的印象。我们对自然的认识中饱含着一种永恒性的情感，伟岸与神秘，这种情感既源于我们对环境的认识，又源于我们对其认识的有限性。在人类文明的发展过程中，我们一方面对自然有着无限的感激，感激它给予我们丰饶的恩赐和无私的哺育；另一方面我们无法忘怀它的暴虐与无常，在我们眼中它恩威并重，因此我们以讴歌、祭祀、赞美、铭刻的方式来表达我们无限的感激与崇敬之心。

从 20 世纪 80 年代中期开始，卡尔松着手建立环境美学理论体系，经过十几年的思考和整理，他为我们构建了一个环境审美的基本构架。在这个构架之中，环境审美中的客观性、审美的主体、环境伦理观念的影响都成为主体结构的重要组成部分。环境艺术是环境审美的具体实践行为，在这个过程中艺术家应当秉承环境美学的基本立场和创作原则，这些原则既和过去的艺术审美原则保持着一点关联，又有着明显的差异。无论是艺术创作活动还是为了环境建设的设计活动，实践者一定要拥有自己鲜明的立场。人类进入新世纪之前有许多的梦想，也有许多焦虑和恐惧，许多灾难片的上映引起了全世界的关注。而在这些大片之中，环境的危机意识是普遍性存在的，有的甚至就是主题。好莱坞电影《后天》、《2012》是这种类型的典范，它们利用科学性的假说和剧情的设计以及逼真的视觉操控了观众们的情感，灾难性的预言得到了广泛、强烈的响应。因此我们不难判断"环境"已经不再是少数理论家、建筑家、艺术家、科学家等社会精英关注的话题，它俨然已经成为全人类在新的时代必须面对并且要做出行动以响应的重要问题。艺术家和设计师的实践活动也都在做着转向和调整。有许多人认为大地艺术也应该秉承"谦逊地面对自然"的信条，在作品中表现出对自然的尊重。英国的大地艺术家，理查德·朗就是一个坚守如此信条的人。他反对那种声势浩大的工程性的大地艺术，并且认为这是对自然亵渎的方式。他选择了一种

图 1-21 理查德·朗的第一件大地艺术作品,"走出的线"(A Line Made by Walking),1967 年。(图片来自网络)

和自然"轻轻触碰"方式进行他的创作,他在从没有被污染和干涉的自然环境中跋涉,同时用照片和绘画记录它们。他的第一件大地艺术作品名为"走出的线"(A Line Made by Walking, 1967),是他在一块地里来回行走,最终将踩倒的草形成一条直线。之后的二十多年中,理查德 · 朗不断地在世界各地长途跋涉,1972年在秘鲁,1974年在加拿大,1976年在日本实践他的作品。后来他进一步加强了创作的手段,选择了自然环境中的石头成为他绘制这些"巨幅"作品的素材。1970年在田纳西河,1975年在喜马拉雅山,1977年在澳大利亚,1979年在富士山用石头形成几何形的线索。

　　环境美学直接影响着环境艺术领域艺术创作和设计思想,和理查德·朗理念相似的另一位英国艺术家是安迪·高兹沃斯,他的作品散落在大自然的山水间,冰凌、落叶、松针、冰川时代迁移的页岩都是他手中的素材。这些质朴的材料在他手中堆砌、粘连、拼贴成为环境中异相的景观,更为重要的是,这些作品多是短暂性的,它们会随着风、雨、潮汐、温度的变化而悄然消失在大自然中。这些来去无痕的作品具有某种悲剧性的力量,寓意生命的无常和精神永恒之间辩证的关系。高兹沃斯作品的另一个特征是创作者个体通过劳动对自然认识和感知的方式,这种原始的状态乃人类和自然最为亲密的接触形式。个人艰苦的、卓绝的劳作对抗着大自然的坚固和磨砺,处心积虑的构思不断被自然轻而易举地解构,这些可以寻求表现的背后是对大自然的礼赞。高兹沃斯所创作的暴露在自然环境中的艺术,深沉、强烈又有中国诗经中所表达的意境,作品所表达的主题、情感、精神中,有一种恒定的非物质性。那是一种来自遥远时空的呼唤,它通过地质形成的漫长历史,或季节交替中须臾之间光阴流逝的反映来书写时间的久远,亦通过平常和非常形态的比较来暗示空间和生命。自然精神的认识历经人类漫长的进化过程中对自然的感知、认识,早已转化为一种超验性的记忆,深深地铭刻在人类的基因之上。

　　当代有越来越多的艺术家利用创作来表达自己对人类和自然关系的认识,同时这种状况不仅出现在欧美,也延伸到了中国。2008年清华大学美术学院雕塑系教师魏二强,在爱沙尼亚的塔林做了一场关于环境艺术实践的汇报展览。魏二强先是在芬兰的赫尔辛基的一个小岛上度过了一段寂寞的时光,那也是一个令他难忘的冬春交接的季节,北欧环境中的空旷感和社会环境中的寂寞感给他留下了极为深刻的印象。他深刻地认识到北欧夜的漫长和个人的孤独,也认识到光明和火在这个地域环境中对人的影响。他发现在北欧患抑郁症的人群是一个庞大的群体,许多人都需要进行光照治疗。同时许多地方都有灯光节或和火有关的节日,他由此联想到中国民间生活中的一些传统仪式,比如殡葬仪式中火的应用。他在其一件作品中也使用了火的要素。他认为火是这个特殊环境中所凸显出来并普遍存在于各个地域之中的一种人和人、人和自然之间的一种媒介,人类通过火实现了彼此

图 1-22 安迪·高兹沃斯作品：

《11 拱门》

新西兰,凯帕拉港农场,2005 年

Eleven Arches

THE FARM, KAIPARA HARBOUR, NEW ZEALAND,2005

（图片由安迪·高兹沃斯工作室提供）

了解更多可参见"第五部分：讨论"中的安迪·高兹沃斯专题。

图 1-23 李天元作品：

The GreatWall Beijing,2001.1.11。（图片由李天元提供）

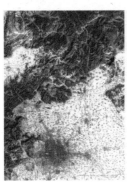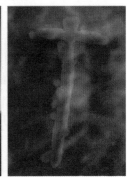

图 1-24　英籍印度裔艺术家阿尼什·卡普尔(Anish Kapoor)的作品,其震

撼来自于以特定的色彩、材料、尺度和形式对空间构成挑战和冲击。(图片

来自网络)

之间以及和自然之间的对话。火也是一种物质向非物质，非物质之间转化的媒介，因为远古之时火就是一种神圣的事物，它一方面具有毁灭性的力量，另一方面难以获取，难以掌控。魏二强用录像来记录火特有的形态，它是集壮烈、温暖、诡异于一体的神秘事物，物质在燃烧的过程中并不是均匀的物理性消逝的过程，它们间或突然性的跃动、摇曳显现了隐藏于背后的灵性。

自然精神在设计中的表现也由来已久，人类传统的建筑中许多建造目的出于对自然和环境的敬畏与崇拜。古埃及的阿布辛贝神庙中对阳光和时令的精确把握，深刻地揭示出一种人工和自然的关系；在古希腊和罗马时期，人们就已经意识到，自然尽管伟岸博大，但却容易遭受伤害；北京天坛的环境规划和祈年殿的神圣形式的设计更是体现了中国人观念之中自然对人类社会的决定性作用。现代建筑史上，建筑师弗兰克·劳埃德·赖特早期的设计作品中饱含着一种历经大自然浸泡所拥有的精神气质，芬兰的现代主义建筑大师阿尔瓦·阿尔托的作品中也是如此，从整体到细节都折射出大自然伟岸的身影。历史中建筑使用诗性的语言来赞美自然，当代的建筑和设计更是把这种观念深入至细节表达之中，文化背景的变化改变了人与自然，人与环境交流的方式。当代设计不仅是解决当代人类面临生存和面对生活问题的方式，更为关键的是通过解决问题的方式方法反映出人与自然和环境的相互关系。日本的设计师原研哉创立的品牌"无印良品"通过细致、得体的设计，表现出人类对自然的一种高级认知。

6. 场所精神

（1）场所位置及独特性

环境是一种不以人的意志为转移的客观存在，这种存在既是客观的也是具体的。对于自然环境而言，每一环境都拥有着独一无二的气质，对于人工环境来说，设计者总是在费尽心思地去创造一种场所精神。日语中的"环"，德语中的"Umwelt"（环境），以及英语中的"Environment"（环境）都包含有"围绕"的意思。被围绕的一个空间或一块场地一定具有某种相对的独立性，它区别于其他的场所。对于自然中存在的场地，这种独特性与生俱来，它由那些构成元素以及它们的特殊关系形成，如树木、水体、土壤或草地，亦或树木的种类水体的位置或地面的坡度方位等。而对于人工环境来说，我们设计或创造的目标除了要提供一个满足使用功能的要求以外，更高级的目标就是要塑造一块场地的精神气质。

我们生存的空间范围是由许多具体的场所组成的，每一个场所因其是不同功能的空间载体而具有某种明确的价值，所以它们形成了我们对于生活的空间或者环境记忆，也拼合成了我们完整的生活内容。每一个人工营建的场所都有一种明确的引导，这是它所承载的功能对空间的影响，这是场所对功能直接性的陈述。但有一些场所还具有一种精神方面的感染力，一种不可名状但可以被深深感动的力量。场所这些具体的环境存在于我们的周围，支撑着我们生活内容开展的空间体系，但并不意味着，它们仅仅作为一种工具而被动地被主体支配使用，独立性的精神特征是可能存在的。事实上每一个地点都是独特的，它在整体中的位置，具备的功能作用，具体的自然性条件，空间上的几何学特质共同构成了这种独特性。从哲学层面来分析，这种独特性是绝对的，场所精神形成的基础恰在于此。场所精神是从空间环境的使用者的角度来感知的，它是一种认同的共识。实质上，用简单的几何学方法依据功能需求来分割空间，用几何美学的原则来塑造一个具体地点的场所精神是明显不够的。几何学的方法和几何美学的通用性决定了它们自身的局限性，因此在现实中，我们需要创造的往往要面对来自多方面的唯一性要求。环境的使用者希望新产生的环境是唯一的，这种唯一性有助于识别性的建立。创作或设计的主体也是如此，他们希望自己的作品是独特的，是环境中刻画出来的个人思想的痕迹。20 世纪 80 年代中期环境艺术在中国的实践具有重要的意义，首先这些艺术创作或者设计活动的宗旨超越了功能至上的主张，开始营造环境中的精神，从而使传统的美学努力进入到一个新的阶段。20 世纪 80 年代初，中央工艺美院的设计教育已经开始增强环境和空间意识，潘昌侯老师上课时会把学生带到一个特定的环境中，要求学生们认真感受环境，然后在环境中设计一个贴切的建筑小品。

创建具有精神气质的场地至关重要，这是是否具有创造性的重要标志。传统的建筑学经典案例多为宗教性建筑和重要的公共性建筑，这些建筑除了为人类的社会性行为提供了支撑这些功能的场所之外，更为重要的是它们的建筑师塑造出了空间场所中的精神性特质。现代社会中，公共性建筑比宗教场所更加吸引人们的关注，是因为它所努力营造的开放性和平等性性质，于是现代文化环境背景之下公共场所中就要塑造这样的场所精神。传统的建筑师，使用建筑设计、规划布局、园林景观和建筑装饰甚至绘画和雕塑来营造空间氛围。建成的环境之中，感动人们的因素有很多，比如结构创新所带来的造型和空间上的突破，建造的规模和人类的劳动，艺术手段对空间主题的诠释等等。

（2）感受与创作

环境艺术的方法是营造场所精神的先进思想，它涉及场所中的各个要素，它的先进性在于超越了以研究为目的专业建制和划分方法，它直接服从于要求，以目标建设为导向，保持着开放性特质。这种方式也突破了规划、建筑、园林、艺术之间的壁垒，成为一种强有

图 1-25　林璎主持设计的别具一格的纪念性场所——越战纪念碑。(图片来自网络)

力的工作手段。现代主义建筑美学开创了以空间为线索的目标和设计方法，这个发现影响深远，一个时代的建造模式和建成形态发生了巨变。但空间的营造依然是以建筑设计为主体的行动方式，难以彻底狭隘的视野。我个人认为，进入后现代文化的时代，空间场所的建造开始本质意义上向营造的方式上转变。因此在现代主义建筑轰轰烈烈近半个世纪之余，设计界的手法开始发生变化，设计师的视野从专业局限的范围转移，环视相关的领域以期借鉴各个学科领域中的方法，从而打开了一个崭新的局面。1970年美国华盛顿建造完成越战纪念碑，华裔建筑师林璎主持了这个设计，她采用的方法独具一格，完全不同与以往纪念性场所建造的模式。她巧妙地结合了环境中一切重要的因素，规划格局、地形地貌、水体、植物，以及建造实体等。在这个场所中几乎没有绝对的主体，所有因素对于塑造场所的精神感都是必不可少的，它们之间彼此配合共同营造出了感动人内心世界的场所。在一些环境性的艺术事件中也强调场所精神的营造，塞尔维亚的女性艺术家阿布拉莫维奇是当代世界著名的行为艺术家，她擅于用自己的身体和环境形成一种对立的关系，从而形成一种场所的张力，这种张力不是物理性而是精神性的。2009年12月，中欧艺术交流年度展在清华大学进行，作为策展人，我选择了美术学院北边的一块场地。这块场地是清华大学美术馆的选址，但此时被一座土山所覆盖。这座土山是从相隔400米之外的另一块场地因施工原因暂时堆在此处的，更为巧合的是，那块建设中的学堂恰恰使用了原本用于建造美术馆的资金，于是空间和图造成的实体相互位移形成了有趣的景象和意义。遥遥无期的建造和美院人绝望的等待，以及戏剧性的场地变化共同营造了空间环境中的特质。这次活动就叫"清华美术馆"，来自五个国家和地区的六名艺术家在土堆上进行了他们的创作和展示。这个活动在环境中引起了强烈的反响。

我们习惯了使用几何学的方法来度量和划分我们的生存空间，在这理性的方法面前，只有空间的概念而没有场所概念。欧洲的古典园林和建筑学甚至装饰系统就充斥着这样的方式，贯彻着这种主张。现代性的设计尤其偏好于使用几何学来分隔都市空间，宏观层面的几何学应用对于创造一个具有精神气质的环境而言，显然是不充分的。

场所精神的塑造是环境艺术的目的，具有明显功利性的环境艺术设计有时候也把它作为重要的目标之一。对于艺术事业而言，它是创作工作的主体，对于设计工作来说，注重场所精神的塑造有可能使空间具有超越性。艺术性就是一种超越性的具体表现，此外还有可能将人类或创作主体的态度、立场在其中以空间的语言进行表达。

场所精神的表现也有真伪之分，二十多年来，由于人们发现了空间场所的价值，过多的环境商业化了。这时候场所精神类型就变得非常单一，并且它们依靠所谓的艺术手段和技术手段表现出来的实际上也仅仅是一种消费性质的诱饵。商业环境中需要塑造和表现

图 1-26 由苏丹策划的"清华美术馆"2009 中欧艺术交流年度展,招贴和开幕式现场。(图片由魏二强提供)

中国未来环境艺术中的艺术可能性
——关于中欧环境艺术交流工作三年感想

中国的环境艺术概念的出现始自 20 世纪 80 年代中期，但它的出发点和北欧不同，是完全基于人工环境的品质提高的要求之上，伴随着中国的大规模建造活动开始而产生。在中国，艺术和美是个等同的概念，因而环境艺术在中国产生的目的就是成为一种将经验的和习惯性的视觉经验以及长久以来形成的所谓法则在现实建造中予以推广，试图借此以抵抗快速建设过程中所能产生的粗陋和空洞。

20 世纪 80 年代时期在中国的建筑界关心艺术活动的建筑师群体开始从环境美的角度来审视建筑创作，并认为从环境艺术性的高度来进行建筑设计和城市规划是一种更有责任的行为，在审美创造上也是一个更高层次的工作。当时中国建筑师中的精英组成了环境艺术委员会，经常沙龙式地探讨这方面的问题。建筑师于正伦创办了《环境艺术》专业期刊来向中国建筑和美术界介绍一些相关的案例，这些案例中的大多数是现实中实用性的建造和美化活动，如建筑立面的改造、室内设计以及小型环境中的艺术小品设计等。这种经验的介绍和推广直接为迫切的市场需求提供了阅读和借鉴的范本，为后来中国环境艺术设计领域的建立和发展起到了积极的推动作用。与此同时《环境艺术》杂志中也报道一些发生在欧洲和北美的艺术事件，这些艺术事件和传统架上艺术不同的特征是，它们是以特定空间环境为背景的，并且和环境保持着密切的关联。和前一部分带有明显实用主义色彩的案例不同，这部分则带有强烈的理想主义精神和自然情怀。这部分内容为当时中国的建筑界和艺术界带来了一些另类的话题，但却未能在中国这块建设的热土上蓬勃发展。

20 世纪 90 年代以后中国的设计师几乎全部退出了具有理想主义色彩的环境艺术创作领域，因为市场提供的繁多机会使设计师们忙于应付，这是经济在设计市场全面胜利的年代。但中国的先锋艺术家却从 90 年代开始反叛传统的艺术理论和艺术形式。一些艺术家把他们创作活动由私密的画室拓展延伸到了城市公共空间或者乡野环境之中，他们在环境中的行为或创造物开始和场所条件发生密切关联，比如艺术家苍鑫、赵半狄、张大力等，他们的行为或作品为环境带来了一些精神性的东西。但这一时期的作品因为思想意识方面和主流对抗的原因，中国先锋艺术在公共空间环境中的艺术实验普遍带有血腥气质和暴力行为。而由于外在的张力过于强烈，环境中一些微妙的因素就被忽视了。因此这些艺术品并未也没有想把环境中的特质作为表现的核心，它充其量只是类似环境艺术的艺术。

在当代世界，自然无疑是一个最具广泛公共性的事物，在人类进化发展的历史上，它扮演着施舍、养育、被掠夺、被毁坏的角色。自以为强大的人类似乎已不懂得和自然对话，他们只是在变本加厉地索取。人和自然的关系已濒于最为紧张的边缘，重新开启和人与自然的对话是修复自然和修复自我的开始。这种信念建立时就意味着一种良知开始启蒙并践行，而环境艺术设计领域的实践和推广作用是双重的，新的方式和新的结果都会使物和我的关系向着良性转化。

但是在艺术主张方面，中国艺术家和西方艺术家的区别很大，尤其是通过和北欧艺术家交流活动开展以来，我感受到了这种源自观念的差异而产生的全方位的差别。北欧艺术家作品呈现出来的自然主义情结鲜见于中国艺术家的作品中，而中国艺术家赋予作品的多重想象和精神寄托也是北欧艺术家所常常感到费解的。我认为这种差异是文化差异所导致的，自然条件和社会条件、信仰区别形成了文化之间的鸿沟。这种精神上的隔阂是可怕的，它超过了语言障碍产生的问题。文化上的隔阂有时会产生好奇、新鲜的表层反应，但更多的时候是冷漠甚至敌视。在北京的两次欧洲艺术家访问创作的过程中，我个人深切地感到了这点。但可喜的是随着活动的深入和时间的推移，中外艺术家之间开始相互理解对方的初衷，也学会了欣赏对方的手法。比如中国的艺术家不再认为艺术是一件完全神圣、神秘化的事物，它也可以是没有思想负担的简单现象。也不再简单地认为不同文化下的艺术主张和表达的方式是一种单纯的对抗。欧洲的艺术家很好奇中国艺术的表象之下竟隐藏了如此多的沉重意义。

中国和北欧在地理条件和社会条件都处于两种相对而立的极端位置，环境的差异使得"环境"在不同的地域范围内都有不同的解读和理解，北欧树木的森林和中国人组成的森林孕育着两种迥异的民族性格。活动交流中我深切地感受到北欧艺术家对自然的情怀，以及大自然赋予他们的单纯快乐的天性，这种自然的恩惠哺育了一颗颗感恩的心，艺术家们在北欧的作品多是以自然为背景而创作，轻松愉悦，礼赞着自然和人性。而中国人口和社会的压力也产生了一种别样的风景，丰富的、有质感的人与人、人与社会的关系是艺术家们难以回避的话题，甚至是他们永不枯竭的创作资源，当世风日下的时候，对这方面题材的表现就显得无限沧桑、苦涩和撕裂。

我本人关注于中欧艺术家在环境艺术设计领域交流的另一个重要目的，是我想为方兴未艾的中国环境艺术设计领域寻找精神上的根，我想拯救已经被实用主义彻底庸俗掉的一群所谓的艺术家、设计师。我想为中国环境艺术设计的未来埋下几粒种子，让它们在即将成为废墟的领地中生根发芽、苗壮成长，长出一片新绿。因为对于既成的环境艺术设计事业而言，它存在着一种极大的危险，就是由于过分功利主义色彩而仰仗经济和技术，它们已经堕落为简单的生意，一旦作为支撑体系的经济发生危机，这个已生长得遮天蔽日的大树将因失去养分和力量而迅速崩塌枯萎。另一个重要的原因是我们的事业和消费日益密切的关联，现在的环境艺术设计专业的目标已由一个大环境蜕化为一个小环境的概念。这个概念在很大程度上是一个私有性的，它或从属于一个个人，或者从属于一个利益集团。这时其中的关怀就只是一个口号，缺乏真正的公共性。

苏丹

2010 年 8 月

图 1-27　苏丹为"中欧艺术家交流计划"所写的总结文字。(文字由作者提供)

图 1-28 "中欧艺术家交流计划"中，艺术家魏二强（左）和彼
得林（Petri）（右）的环境艺术作品。（图片由魏二强提供）

大量的场所精神,这是艺术家大显身手的时候,依靠简单的造型手段就可以将这种原本内在的事物快速地表现出来。我认为这是一种表面化的拼贴式的对场所的态度,必须正视环境中的场所精神问题,它是环境艺术创作和设计的重要目的。

7. 社会精神

(1)复杂的社会

  1830 年伟大的法国社会学家托克维尔来到美国进行民主社会考察,当他在 1831 年到达密歇根荒原时,眼前无边无际的茂密森林令他感到无比的轻松。因为只有那种博大的自然的环境令他从纷扰纠结的社会冲突中挣脱了出来。在《全集》中,他叙述道:"正午的阳光透进了森林,风中不时回荡着幽怨的鸣咽,仿佛有人在悲痛的啼哭,而后便是一片沉寂。这死一般的寂静不禁令人心生敬畏……我们心底涌现的只有宁静的仰慕,温柔的忧思,和朦朦胧胧对尘世生活的抗拒,并召唤出一种野性本能,以至于我们感到深深的遗憾,因为这种诱人的孤独很快就会离我们远去。"大自然和人类社会是人类生存环境的两极,它们都是人类情感深处难以割舍的,人们怀念自然但又无法割舍社会。台湾导演李安执导的电影《少年派的奇幻漂流》深刻地表现出社会对人的重要性,人们之间的协作、关怀早已构成了一种习惯,并且深深浸透在我们的血液之中,离群索居不是人类的本性。自然和社会皆是一种赖以生存的环境,二者兼得是一种理想。我们创造环境就是在这样一种潜意识的驱动之下进行着我们的实践,在荒芜的环境中打造社会的空间,反过来又在严谨的社会结构的缝隙中还原或写意自然。社会承载着人类的文明,同时它也是文明的放射物象。我们无法否定人类的社会性属性的话,那也就是肯定了我们永远纠葛在一个复杂的网络之中。人类许多的日常工作都是为了建设和完善所依存的社会,艺术和设计就是一种接触、表达、计划、实施的方式。空间、环境和社会中的关系相对应着,它们一方面是社会关系的载体,另一方面是关系之间张力所拓展出来的场域。

  华人艺术家谢德庆的作品"绳子"(1983 ～ 1984 年)就是艺术家以极端性的行为来反映人类的社会属性的,艺术家和另外一位女性艺术家琳达·莫塔诺在腰间分别以用一条2.4 米的绳索两段绑扎,并且维持此种状态一年的时间。在这一年之中两个人的行为始终处于相互牵制的关系之中,绝不分离。这样的状态维持一年以后,人和人之间的关系发生了根本性的变化,绳子一解开,二人谁都不愿再看彼此一眼转身离开。社会是一种基于人和人关系所建立的复杂性的集合和表现,社会的形态不仅仅是一个抽象的概念,它会具体的表现在人与人、人与群体、群体与群体的关系之中,并且反映于人的具体行为之中。体现

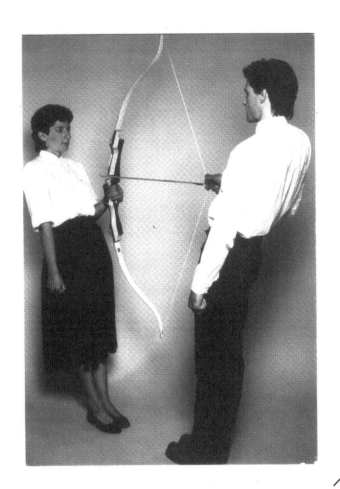

图 1-29　玛丽娜·阿布拉莫维奇、乌雷，休止的能量，1980 年（上）；

《少年派的奇幻漂流》剧照（下左）；

谢德庆、琳达·莫塔诺，"绳子"，1983 ～ 1984 年（下右）。

（图片由作者提供）

在同时这种关系的性质会直接或间接地影响社会中的每一个参与的个体心理，因此社会性和审美活动之间存在着必然的联系，不能断然割裂。由于人不可能绝对孤立地存在于世界，因此社会对人的影响是普遍性存在的，人类的行为经常受到社会性的支配。美国著名社会学家赖特·米尔斯(Wright Mills)在《社会学的想象力》一书中曾这样说过："人们感到在日常世界中，战胜不了自己的困扰，而这种感觉往往是相当正确的：普通人所了解及努力完成之事总是由他个人生活的轨迹界定；他们的视野和权力要受工作、家庭和邻里的具体背景的限制；处于其他环境时，他们就成了旁观者，间接感受他人。他们对超越其切身所处环境的进取心与威胁越了解——不管这种认识有多么模糊——就觉得似乎陷得更深。"社会的进步不仅体现在社会对人的组织、管理、影响上，也体现在人的进步的引导上，也就是使人自觉地拥有美德，表现善良。从另一方面来看，人对社会的影响也是最为基础的，社会由个体的人组成，每一个人对社会改良的愿望和实践对社会的发展都是有益的。除了政治家、经济学家、法学家以外，艺术家通过艺术活动对社会也可以施加较大的影响，这是现代艺术的重要主张之一。许多传统的架上艺术，就是通过描绘为人们再现了一种社会场景，这种场景一半是社会的理想模型，另一半则是提示人们警惕的灾难性的社会模型。架上艺术主要的社会功效在于宣传，因此它亦有被操控的可能性。中国当代艺术最伟大之处在于，艺术在做最大的努力试图摆脱其一直以来作为工具的性质。当代艺术最高远的理想是不甘于做哲学的诠释者和传播者，而想介入问题的发现和解决。这其中问题的来源既涉及哲学、美学，也涉及社会学的研究和实践。这是环境艺术登场亮相的一个重要的理论铺垫。

环境艺术是一种最为直接和有效的和社会对话的方式，自 20 世纪 80 年代以来，环境艺术一方面始终在利用这种有效的形式探讨社会问题的解决方式，另一方面也通过环境和社会空间的具体联系来表达自己的主张和见解。这些艺术发生在具体的社会空间中，把社会性的话题通过空间场所中的环境因素凸显出来，构成一个对话的语境。而环境艺术设计则是实现社会福利的一个手段，它朴素地体现了一种公共关系。

20 世纪 80 年代、90 年代以及 21 世纪开始的环境艺术设计，目标和领域有着巨大的差异性。这些差异就是由当时的社会矛盾所决定的，设计的方向和手段不可避免地受到了社会观念的影响。我们经过一番回顾不难看出，20 世纪 80 年代的环境艺术设计活动，主要发生在公共建筑的室内和室外环境之中。这是由于 80 年代的中国社会迫切地需要在基础设施极为落后的环境中，构建一批和文明社会标准相接近的公共环境。在这些环境中，不同的社会制度，不同的经济模式，不同的文明可以进行磋商、对话。这些环境和现实的社会环境是脱节的，但又绝非完全的割裂，它们向公共社会适度地开放着。20 世纪 90 年代，环境艺术设计在一些重要事件的带动下，主要针对社会的公共环境进行实践。1990 年亚运会的举办，加快了中国向世界开放的步伐。公共环境的改善也开阔了中国人民对环境艺术的想象力，整个 90 年代的环境艺术设计的亮点都在公共环境中，"广场热"、"草坪热"表现出了中国政府努力提升环境品质的雄心。此时的环境艺术设计也开始进一步和城市规划、城市设计学科接轨。但"大广场"和"大草坪"也带有某种浮夸性质，一部分知识分子和群众对这种现象进行了猛烈抨击。抨击的理由中除了反对这种环境建设脱离现实以外，也加入了对公共财政负担的担忧。这一点可以看出，在社会主义制度下，社会公民意识的觉醒。20 世纪末至 21 世纪初，中国环境艺术设计的重点开始从公共领域转移到了社区的环境建设之中。每一个良好的社区中，都开始规划和建设属于社区的绿地和广场。这是社会资本所推动的社区建设，环境艺术设计师此时执行着另一种意志，它来自社会。

（2）社会雕塑

两千多年前古希腊的哲学家亚里士多德就曾断言，社会性是人类的根本属性。人类从丛林中走出，却又走进了自己创造的都市化的丛林。城市化的结果使得越来越多的人口聚集在城市之中，这是一个人类历史的新阶段，人类的社会性特征由于人们在都市中新构建的复杂关系而表现的更加强烈。美国社会学家塔尔科特·帕森斯在《社会系统》一书中曾经说道："在社会系统中，被制度化的角色经过整合可以影响全局，影响整个社会结构，可以说制度就是这些角色的复合体。"这一时期艺术表现的内容开始更多地和这种社会性相对话，美学的内容艺术的使命正在发生潜移默化的变化。1981年博伊斯在卡塞尔开始筹划艺术作品"7000棵橡树"，1982年3月15日项目开始实施，直至1987年（博伊斯去世后的一年）7000棵橡树种植完毕。这个艺术项目超越了国界，引发了欧洲甚至美洲和亚洲的关注和参与。它是博伊斯一直倡导的"社会雕塑"理念的具体表达，在这个"雕塑"过程中，博伊斯不但身体力行亲自参与申报、种植和募集款项，而且发动广泛的社会参与，对我们而言，更加重要的是这个作品的呈现方式，它的社会特征和环境特征的结合，是一种在环境中塑造环境的艺术形式。

社会建设是人类活动的很重要的目标，社会中的每一个人在获得基本的生存保障之后，都会进而产生对社会的要求，希望生存在一种良好的社会环境之中。个人和个人之间，个人和集体之间，群体与群体之间的关系总是建立在诸如安全性、经济性等具体利益的需求之上，人类的主动性社会行为的目的就是协调和化解相互之间的矛盾，形成和谐共生的局面。在处理化解社会之中的矛盾的问题上，社会各阶层和各群体以及个体之间的对话是一个很重要的手段。良好的社会状况建立在拥有庞大的、高比例的共同体的基础之上，许

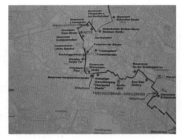

图 1-30 克里斯托和珍妮夫妇（Christo & Jeanne-Claude）(保加利亚 & 法国)，"包裹德国柏林国会大厦"。1995 年(左)，东西柏林交界线地图(右)。(图片来自网络)

图 1-31 约瑟夫•博伊斯，

克雷菲尔德 1921- 杜塞尔多夫 1986。

项目编号：GV81，

从 1983 年起向 PIN 的朋友租借，

置于现代绘画陈列馆的当代艺术陈列室。

(照片由顾琰提供)

2014 年 7 月 20 日，

拍摄于慕尼黑

当代绘画陈列馆（Pinakothek der Moderne）

图 1-32 约瑟夫•博伊斯，

"7000"棵橡树计划，

1981 ～ 1987 年。

(图片来自网络)

多共识的确立恰恰是以争论为开始的。环境艺术就有这样的功能，一件艺术品出现在公共性的环境之中就比在艺术博物馆中更加直接地引起社会各方面的注意。

艺术介入空间环境，它会在如下几个层次产生效应：1. 空间所属区域的社会形态；2. 和场所中的环境要素产生的作用；3. 和现场观众的互动。它所发现的问题，表达的态度和观点就可能会成为一个公共性的话题，这便是社会各阶层对话的开始。创作行为也是如此，它是艺术的重要组成部分，行为和性质密切相关。当代伟大的艺术家克里斯托（Christo）和珍妮（Jeanne Claude）夫妇从20世纪60年代开始，就尝试使用包裹的方式处理日常用品，使之作艺术化的表达。后来他们把这种行为施加到公共性的建筑之上，在1971～1995年24年的时间里，他们计划实施了用白布包裹德国国会大厦的艺术活动。1995年德国国会以292票同意223票反对通过了这一计划。该项目耗资数千万欧元，吸引了数百万人来柏林观看，但它只存在了14天。这对传奇的艺术家夫妇曾经说过："我们的作品都和自由相关，自由的敌人是拥有，因此消失要比存在更加永恒"。这是他们一直以来创作秉持的观念，因此他们的作品具有某种魔幻和悲剧性力量，给人的视觉和心灵产生巨大的冲击。这个作品选择了一个属于国家的建筑——德国国会大厦，而且在冷战结束前，柏林的位置是东西方相遇的前沿，是一个充满戏剧性的场所。这个作品对疆界、国家和自由的关系作出了自己的表达。他们的作品引来举世瞩目的关注，也引发了激烈的社会争论，艺术家大胆又巧妙地借用了地理位置、政治格局、场所要素等环境中的因素，为作品的表现进行了充分的铺垫。同时在这个公共性的空间中，作品和观众的距离也发生了微妙的变化，对审美心理产生了明显的影响。

环境艺术设计某种程度上也担当着社会雕塑的责任，和艺术的分工有所区别的是，环境艺术设计契入的角度不同，它将社会的精神意志巧妙地结合实用，以空间、物质的形式呈现出来。它存在于人们的日常生活中，被人们琐碎的要求所困，但又一直在作着超越的努力。我们都认同这种观点，即好的环境可以制约人的行为，激发人们良好的甚至是崇高的情感和意愿。20 世纪 90 年代中国的广场设计依然追求纪念性，试图用对称的格局、高耸的构筑物来表现集体意志。这种千篇一律的模式，在强调工商文明的历史时期显然不能够获得更多的喝彩，人们很快就对这种假大空的模式，以及这种纪念性的类型产生了厌倦感。到了 90 年代末期，新的广场类型出现了，上海新天地广场表达的是城市的历史文化记忆，打造的是复合型的商业模式，这种类型的广场受到了新出现的中产阶级的热捧。在这种环境里，人们轻松、自在，它为都市文化增添了新的话题，给人们的日常生活增添了乐趣，给社会的商业活动提供了活力。不可否认的是，新天地模式对人们思想意识的改造是有帮助作用的，它预示着一个新的社会类型——市民社会即将出现。

图 1-33　上海新天地项目总投资约 1.5 亿美元，于 1999 年初动工，第一期的新天地广场于 2001 年底建成。新天地分为南里和北里两个部分，南里以现代建筑为主，石库门旧建筑为辅。北部地块以保留石库门旧建筑为主，新旧对话，交相辉映。瑞安集团早在 1997 年就提出了一个石库门建筑改造的新理念：改变原先的居住功能，赋予它新的商业经营价值，把百年的石库门旧城区，改造成一片充满生命力的新天地！占地 3 万平方米，建筑面积 6 万平方米的石库门建筑群保留了当年的砖墙、屋瓦。但是每座建筑内部，则按照 21 世纪现代都市人的生活方式、生活节奏、情感世界度身定做，成为国际画廊、时装店、主题餐馆、咖啡酒吧……如今的新天地已经成了上海的新地标。（图片来自网络）

图 1-34　上海新天地是消费主义催生的 21 世纪的环境空间代表，韩国的 Kring 大厦则关注于空间伦理，表达了当代的空间精神。

位于首尔江南区的"CreativeSpace Kring"是韩国设计界近来最引以为豪、具有标志性的新锐建筑。策划者和建筑师提出的"感动、分享、交互"的建筑空间主张，既表达了面向当代文化的设计者对空间的理解，也表现出了非公共性的社会机构走向公共和开放的一种心理变化。（图片由作者提供）

（3）沟通与媒介

　　人类社会的发展经历了不同的阶段,也不断创造出新的社会模式来稳定时局,安抚人心。新的社会模式总是为了应对当下的问题而建立,它呈现出一种平衡的技巧,以避免因社会崩溃而上演的人间悲剧。冷战结束后的世界,国家与国家之间大规模的对抗不复存在,但人类的其他问题凸显了出来,环境保护是一个问题,社会治理也是一个主要问题。对于中国而言,内部的社会治理变成了主要的问题。因此中国当代艺术家和作品中相当一部分涉及社会矛盾的发现和解决,这似乎是一个特殊时期艺术家和艺术的使命。

　　中国艺术家苍鑫的作品,"身份互换",是艺术家在广泛的开放性的社会范围内所进行的行为艺术。艺术家不间断地在有代表性的不同场合和场所中的人物代表互换服装,工人、服务员、厨师、白领职员、医生、精神病患者、教师、警察、囚徒等等几乎遍及社会各个领域。这个作品生动地对人性和社会性的表现提出了质疑。对于中国来说,自改革开放以来经济建设一直是上至国家下至百姓最为关注的事物,但经济突飞猛进的同时也带来了许多问题。触目惊心的环境污染,愈演愈烈的贫富分化,快速城市化带来的拆迁和城市新移民问题,道德下滑引发的食品安全问题,贪腐问题,等等,这个沉重的现实背景引起的话题自然对艺术家的创作产生了影响。除了那些逃离现实沉醉于一厢情愿的幻想者,真正的艺术家敢于直面惨淡的现实,他们将自己的目光聚焦于这些社会焦点进行创作进行表达,以唤醒民众,唤醒良知。2010年1月北京艺术家在向阳艺术区的废墟上举行了名为"暖冬"的艺术家计划,客居宋庄的云南艺术家吴以强实施了"栖——渴望光"的行为作品,意在表现无处栖身的中国当代艺术家遭遇野蛮强拆的现实困境,这个作品也折射出普遍存在于当代城市化过程中的社会现实问题。此外,吴以强2月在东营艺术区继续进行了"拆——我不相信"的行为艺术,进一步对这个残酷的现实问题进行自我表达。艺术家个人的困境通过和环境的互动,构成了强烈的视觉景观,也变成了有力的社会话语,发人深省。社会建设不是一句空话,它的完成建立在破解问题和建构理想的两个方面,发现问题、提出问题是破解问题的重要前提,一切美好的构想都是建立在这个基础之上的。艺术创作直接出现在社会环境之中,就是一个提出问题的行为方式,它会促进人们认真思考。

　　而通过环境艺术设计手段,对公共空间的设计可以直接为社会提供人们相互交流的场所。并且艺术的作用此时是改良空间氛围的催化剂,空间的布局、尺度、形态、材质的选择,艺术品的运用都是一些潜台词。这是设计者执行社会责任的手段,他是政府、商业的代言人,向公众传达着友好的信息。另一方面,设计前期的调研也是设计师深入了解社区民意的方法,他会在设计过程中适度体现这些要求。21世纪以来,中国的环境艺术设计方式和过去相比,发生了很大的变化,许多设计师开始注重和公众的交流,以便更好地完成促

图 1-35 吴以强作品"栖——渴望光", 2009 年 12 月 29 日,
"拆——我不相信",2010 年 2 月 3 日。(图片由吴以强提供)

图 1-36　中国宋庄环岛艺术区旁，高 20 米、底座直径 15 米，类尖塔形的宋庄地标建筑——七色塔。这座雕塑由当代著名艺术家方力钧设计，2009 年 9 月 19 日揭幕。宋庄镇政府工作人员介绍，宋庄发展成为画家聚集地，这件雕塑的落成意味着"宋庄模式"的一个阶段性总结。(图片来自网络)

进社会阶层和解的任务。北京宋庄小堡村环岛的地标采用了向社会征集方案的开放性方式，最终艺术家方力钧的作品七色塔当选并实施。这个设计用象征的手法来表现汇聚于宋庄的每一个艺术家的梦想，也巧妙精准地诠释了宋庄对艺术家个人的意义。这个标志物对于每一个到访的客人来讲，也是一个贴切的对宋庄神秘性的解读。

（4）社会的物理空间

　　环境艺术设计对环境的作用是更为直接的，它通过改变了环境要素或者调整其构成方式来达到重新塑造环境的目的。设计是一种服务，环境设计多为一种公共服务，公共环境艺术设计就是政府管理部门委托设计师，为公众描绘改良后的环境蓝图的过程。设计师对公众服务则从服务的方面为社会建设提供支持，它的目的包括开拓公共性的生活环境、优化生存空间的质量、通过提高生活设施的品质、优化生活环境等。这种支持是具体的，态度明确的。传达了政府对民众的态度，体现了人与人之间相互关心、相互友爱的关系，良好的社会环境是精神状态的重要保证。私有空间环境的设计，是通过商业规则进行的，人与人之间的一种利他行为。今天在环境艺术设计教育界和实践领域，尚有忽视其社会作用的这样一种主流的思想。

　　秉承这种观念的人坚持认为设计对于社会问题的解决是无能为力的，他们把自己的工作仅仅限定在技术的范畴，也就是用来解决一些具体的功能问题。显然这种观点具有极强的偏见性和狭隘性，首先混淆了设计和技术的本质区别，设计不是技术，技术是中性的，也就是说它具有两面性。而设计不然，设计是驾驭技术的一种思维活动和实践，驱动设计驾驭技术的还是观念，作为设计主体的人是带着某种责任和使命去驾驭技术的。环境艺术设计的主要工作对象是公共环境，包括城市的街道、广场、公园的景观设计，公共性建筑的室内设计，这些环境改造的经费来源都是公共性税收。环境改造的目的是为了建设社会的空间载体，政府作为一种对社会实施管理和提供服务的角色，完善属于全体公民的公共空间环境品质就可以看作一个体现公共关系的行为。环境艺术设计的首要目的是应用各种知识，各种技术来建造社会的空间载体，把这些空间建造成为具有某种物质功能和精神功能的场所。虽然表面上看许多环境艺术设计是在行政的指令下去实施这些建造计划的，但这并不意味着设计者在这个过程中完全处于一种被动状况。事实上是，许多环境艺术设计是主动性的，设计者把自己对社会建设的愿望融入了设计过程，将设计行为变成为一种具体的社会实践。设计可以将一个社区的空间状态塑造出来，力图将其设计成为一个主动性的或者被动性的，开放性的或者封闭性的；设计还可以在最终的形态中塑造某种意识，民主的或集权的；此外，态度也可以通过设计反映出来，我们可以表达文化的立场，生活的

图 1-37 深圳特区 30 年建设发展史。

20 世纪 80 年建设初期的蛇口港和红荔路,
以及 1983 年的深南大道。(上)

1992 年百万人抢购股票的壮观场景。(中)

2003 年,深圳新市中心——建设中的福田
CBD 中心区,俯瞰图为在信息枢纽大厦拍
摄的福田 CBD 工地。(下)

(图片来自 http://www.mafengwo.cn/)

理念和消费的原则,等等。

环境艺术设计担负着社会空间计划的具体实施角色,在这个具体的环节中,设计者拥有相对的独立性。他的主张、理念可以贯彻在自己的计划之中。因此拥有社会理想和美好的愿望是设计师改变社会的必要准备,而且唯有这样的雄心才有可能担当完整的设计责任。无疑、现实中具有重要影响的环境艺术设计都具有这样的特点,这些设计的出发点不是由视觉趣味开始的,而是针对当下的现实问题。一个社会在运行过程中总是有各种各样的问题,有经济方面的,也有政治、文化、信仰方面的,设计从调研开始就应当关注这些非物质因素。关注环境中的精神气质是符合环境艺术设计的价值取向的,否则就谈不上艺术,因为着眼于社会学研究是当代的艺术一个重要的特征。

(5) 社区环境与社区建设

作为设计的环境艺术表现形式在中国当代,遇到了两个重要的发展机遇。这两个机遇都是中国社会在变革发展过程中重要的转折期,一个是十一届三中全会确立倡导的改革开放,将中国社会由以阶级斗争为中心转至以经济建设为中心的历史性转变时刻。经济建设和改革开放对中国当时的城市基本设施提出了要求,一些国际化的设施开始修建,比如大量涉外酒店的建造,便于交流、交易的会议会展中心等。环境艺术设计就是协助完善这些设施重要手段,这个过程要求设计界解放思想,破除专业之间的壁垒,大胆采用综合性手段营造高品质的基础设施环境。在这个时期环境艺术设计的方法主要以室内设计的方式进行,当时中国社会对此的需求令许多人始料不及,专业设计人员匮乏,供不应求。于是大量相关专业设计人员都转向了这一领域,这其中有相当一部分人员是从事造型专业的,比如绘画、雕塑、舞台美术、工艺美术等。还有一部分是艺术设计学科中的其他专业人员,如陶瓷设计、染织设计、平面设计、工业产品设计,除此之外其他门类的工程设计人员和计算机专业人员也有涉足于此的,总而言之环境艺术设计领域汇聚了多个设计和技术领域的专业人员。这种人员的组成对于中国室内设计的快速成长,发挥了巨大作用,同时对于环境艺术设计专业的发展也建立了基础性的学科平台。同时,随着社会形态的剧烈变化,室内设计这种工作服务于社会分层的需要,尽力打造着社会变化之后的空间载体的形象,为社会的和谐和进步发挥着积极的作用。

环境艺术设计在中国蓬勃发展的另一个原因,是中国的城市化发展过程。自 20 世纪 90 年代中期起(以市场经济体制改革推动城镇化快速发展的时代),中国揭开了轰轰烈烈的城市化发展序幕。城市化对中国社会影响深远,同时它产生了一系列的社会问题。由于客观的条件和一些特殊的历史因素,中国的城市化发展的历程曲折,一方面原有的城市基

图 1-38 城中村和模范社区

广州的城中村(上)。快速的城市化过程形成了城中村,这些城中村成为游离于城市管理法规之外的失落区域。

万科房地产景观实例,高尚社区的外环境(下)。"买房其实是买环境"变成了一句时髦的宣传语。(图片由作者提供)

图 1-39　苏丹，北京康堡花园（上）和蓝堡国际公寓（下）景观设计，2002 年。（图片由作者提供）

础设施薄弱需要改进，另一方面城市的版图不断快速扩张，大量没有做好准备的农民突然涌入城市给同样准备不足的城市管理者带来了挑战。至 20 世纪 90 年代末期中国城市化带来的问题就开始表现得比较突出了，城市边界蔓延的过程中摧毁了乡村原本田园牧歌式的风景，快速的城市化过程形成了城中村，这些城中村成为游离于城市管理法规之外的失落区域。这些城中村成为城市新移民登陆大都市的滩头阵地，大量流动人口的涌入使得这些地方犯罪、违建、卫生问题突出。同时伴随着城市化进程，制造业、加工业的发展带来的污染也严重损坏着中国的环境。在这种背景之下，外部的生存环境的问题凸显，传统的设计行业如城市规划、建筑设计、园林设计面对城市新出现的这些问题难以有有效的应对措施。这都为环境艺术设计的介入提供了理由，新世纪即将来临的年份，环境艺术设计专业又开始拓展城市景观设计方向，从而进一步完善了它对社会服务和影响的领域。与此同时为了向不断扩张的城市源源不断提供，能够满足日益增长的新人口居住需求的住宅，住宅的商业化开发模式粉墨登场。社区公共环境建设的需求如此巨大，为新建立的学科提供了一个巨大的试验场，也为更多的环境艺术设计者以及各种门类的设计和艺术形式介入社区公共空间提供了可能。过去只有城市中重要的公共空间场所才需要艺术，需要被精心设计，而住在商业化改变了这种局面。出于全民环境意识的增强以及地产品牌之间的竞争的需要，社区环境建设被高度重视了起来。通过市场行为建设社区环境，体现了社会的一种进步和民众参与意识的启蒙。它既改变了一种粗线条的城市发展模式，也为社会发展提供了多元化的途径。20 世纪 90 年代后期至今，房地产的开发客观上推进了中国人民的社区观念的建立。每一个社区都在标榜自己努力建立的社区环境和社区文化的优越性，同时开始强调社区的特质。这一时期，北京、上海、深圳、广州、成都建设了许多具有示范性的品质优良的社区，"买房其实是买环境"变成了一句时髦的宣传语。开发商竭力打造公共环境的品质，在景观上和设施方面不惜血本的投入，以期获得消费者的认同。这种情形虽有商业性蛊惑人心的实质，但现实中却促进了环境艺术设计的水准和境界的快速提高，同时它还培育了民众的环境意识。这种状况在快速城市化的过程中具有一定的积极作用，它在一个混乱的时期利用商业性的手段来凝聚人心。但是它也造成了另外一个问题，社区的封闭性副作用开始显现出来，突出的问题是违建。

社会环境问题是北欧艺术家创作和教育中关注的另一个层次的问题，也可以看作是环境艺术工作的主要任务之一。因为社会环境同样关系人类的生存，尽管北欧哈库里教授和他的学生们还有一些作品的话题涉及的是社会环境，这些话题包括地缘政治的隐喻和微观社区的建设。毫无疑问社会就是一种潜在的环境，它虽不被看见，但可以明确被感知。个人身处在社会，无时无刻不会感觉到它的存在，个人和社会的关系确定着个人生存的方式。社会中的各种关系构成了社会环境，这些关系由人与人在社会中的相互依赖和相互作用的程度形成。对于个人生存而言社会环境也是非常重要的。社会空间和物理空间保持着一种若即若离的微妙关系。作为环境艺术设计，必须兼顾两种性质的空间环境的形态，片面的去塑造就会产生僵化的形态或是抽象的、教条化的概念。一个好的设计能够使二者统一起来，物理空间的格局良好地对应着社会活动的模式，并且它会积极地促进社会良性地运行和发展。始自20世纪90年代末期以来的住宅环境建设，不仅对城市的环境提升产生了直接影响，它对环境艺术设计观念的进步也具有积极的影响。这个过程中，环境艺术设计的主体思想经历了形式主义、功能主义、景观都市主义几个阶段。我们可以清楚的看到，设计的思想由僵化的美学经验的应用逐渐转变为立足于社会学、经济学和美学相结合的一种更加科学的方法。这是一个发生在社会基础之上的变化，社区的建设是社会建设的前提和基础，社会关怀逐渐成为环境艺术设计中的一个必要性条件。它标志着中国环境艺术设计进入到一个深入的、成熟的发展阶段，对于整体性的中国环境艺术而言，这是一个日臻成熟的侧翼。

8. 人性的关怀

（1）环境和人

在对环境的认识上，通常有两种观点：其一是把环境概括为主体周边的客观世界；其二将环境定义为周边世界中只是对主体有用的那一部分。世界上许多重要的学者在这个问题上也各有自己的立场，并经历了激烈的交锋。日本学者昭田在其论著《自然保护思想》一书中就曾明确地指出"环境并不是指单纯的外界"，这个观点认为一部分的外界只有在对生物主体的生活产生实际意义时，才能被称为环境。尽管这个观点显得偏颇，但其强调了环境对人的价值所在，说明了环境是一种可以满足生物欲求的存在。

事实上环境对于满足人欲求的价值是具有普遍性的，这一点毋庸置疑，因为我们都知道没有人的存在可以脱离一定的环境。环境对人具有养育、包容、庇护的作用，无论自然环境还是人工环境，室内环境还是室外环境都关乎人的生理机能和心理状态。我们选择或要创建的环境的标准就是建立于人性的要求之上的，生理的或心理的需求引导着环境的形成，环境中的艺术性是对这种需求的一种高级响应。

某种程度上，环境对人的价值也是人对环境感知和感恩的基础，它是因果关系中的先决因素。那么，由此我们可以进一步推断，环境中的艺术或设计也必然反映着它对人的基本意义。环境中的艺术最基本的作用是使环境中出现了人文的趣味，令环境和人产生了一

图 1-40　罗曼·塞纳（Roman Signer）

的环境艺术作品。（图片来自网络）

图 1-41 也夫,《鸟巢计划》,2005 年。

（图片由也夫提供）

　　行为过程：行为艺术家也夫于 2005

年 4 月 26 日下午 4 点，在北京建外

SOHO 南广场，进入自行设计搭建的

"鸟巢"，于 2005 年 5 月 26 日下午 4

点结束行为。整个行为过程为期一

个月；期间不出"鸟巢"。

种亲和力，使环境中的人摆脱了孤立感或者产生孤独感。摆脱了孤独感的人会感受到人的一种社会关系，个体的人会从中得到温暖。如旷野之中的一座历史遗迹，丛林之中的一组雕塑，山巅上的一尊宝塔和蜿蜒上行的石阶，这些人工痕迹和塑造给人带来了一些宝贵的信息，令人消除了对自然的陌生或恐惧。1997年瑞士艺术家罗曼·塞纳(Roman Signer)在郊野环境中用约70厘米长的铝制鸭管和自来水系统通过软管相连接，水压在拐杖形状的铝管中被突然改变了方向，形成了不断变化的动力，它迫使这个拐杖形状的铝管在空中跳跃、滑动、旋转。这个作品轻松、诙谐，为环境中平添了一丝趣味，它打破了环境中的冷漠和严肃，闪烁着人性的光彩。中国的艺术家李天元自20世纪末就开始着手研究人的存在和宇宙的关联，他通过航空摄影和肖像摄影并置的方式来反映个人的渺小和宇宙的博大浩瀚产生对比，同时又把个人生存的环境和个人思想的博大精深进行呈现。李天元的作品中深深浸透着一种东方的哲学思想，用科技的手段明确地表达了东方人眼中永恒和瞬间，物质和非物质相互转换，相互制衡的关系。阅读者从这种表述中产生了强烈的自我意识，发酵出一种强烈无比的具有悲剧色彩的情感。

（2）人性的表现

　　通过在环境中的塑造或塑造环境本身表现人性的关怀，在环境艺术设计中表现得尤为明显。我们甚至可以这样认为："环境艺术设计首要的任务就是要营造一个具有人性关爱的人工环境。"从这个专业诞生的背景条件和工作纲领来看，以上的说法并非空穴来风，反而是客观真实的。20世纪80年代首先是个拨乱反正的时期，"文革"的十年浩劫几乎抹杀掉了生活环境中的一切美好的、生动的情趣。人性的流露与表白被认为是意志薄弱的思想意识，小说、戏剧、电影、推行的是空洞表现精神作用的题材。在现实生活中，这种思想桎梏所造就的想象力的苍白结合物质上生产上的极度匮乏，造成了我们的生活环境简单而又贫乏的境况。这是一个集体至上没有个人的时代，是一个一切温情都被集体的暴力铲除的残酷岁月。因此它累积形成了改革开放之时的严酷环境，在这种状况下首先是解放思想。伤痕文学、港台剧以及欧美剧的引入使人们大开眼界，这些信息为长期封闭的中国展现出一道亮丽的人性风姿。在这种背景之下，整个社会充斥着一种强烈的冲动。当国力逐渐恢复时，这种冲动就开始走出文学、艺术的局限状态，开始进入改变现实的阶段。

　　环境艺术设计就是要重新塑造中国人自己的生活环境，要协助中国人找回生存的基本尊严。作为环境艺术设计内容之一的室内设计，它的重要贡献就是能够在整体环境未达标之前，为社会和个人提供一个符合文明基本标准的微观环境。此时的环境艺术设计作为一种改变和创建环境的方法，将技术和艺术进行了有效的融合。技术手段保证了其所创建的环境的物理性指标合乎人性的要求，如符合人类所需求的各种状态下的视觉、听觉、触觉、嗅觉的要求，所创造的空间也要符合人在特定条件下的行为规范，而其中的艺术创造手法又可以锦上添花一般，把技术的成果提升到一个具有引导想象力的高度。

这一时期环境艺术设计在对中国人居环境人性化的作用有以下几种表现形式：1. 提供了进步的技术体系支持；2. 浪漫主义情境表现；3. 反工业化的意识和手段结合。技术体系的植入是环境艺术设计的进步性的一个重要标志。在 20 世纪 80 年代进行的中国大饭店的室内设计招标过程中，中国的设计团队和国际设计机构进行了激烈竞争，但重要的成果之一却是通过这种竞争过程，中国的设计团队迅速提升了对室内空间中人类行为模式的认识。同时认识到满足这些人性化的要求，必须提供一系列的技术标准，这些技术标准是空间物理环境达标的基础。在艺术表现力方面，这一时期的造型手段奔放，思想主题自由，体现出一种挣脱意识形态束缚之后对想象自由的极大追求的状态。这是一个旧的框架拆除，新的框架尚在建构的年代，也是人性光芒四射的时代。许多作品中造型的手法既有具象的再现，也有抽象的表现手段。在主题的选择方面也包罗了对文化历史性的回顾，对地域性的展现，对单一性话题的演绎。这种种的变化就是要在有限的空间条件下，创造一种无限的想象力可驰骋的广阔疆域。云南金碧宾馆室内设计，北京民族宫室内设计改造，珠海金怡酒店室内设计等均是那一时期具有代表性和示范性的环境艺术设计作品。

从这一个时期环境艺术设计所产生的意义来看，我认为还有一点是不容忽视的。这就是在中国工业化进程中，环境艺术设计所表现出的文化性对人的精神状态的良性作用。中国的工业化是中华民族近现代持续近一个世纪的梦想，改革开放使中国看到了和西方世界进一步拉大的距离。1978 年中国提出了在 20 世纪末实现"四个现代化"的奋斗目标，这个明确的目标将百年的焦虑变成了一种动力，它为全社会树立了一个可以量化的社会发展理想。但这一次努力的状态和第一个五年计划时期已经有所不同，所倡导的国家主义和集体主义之外令人惊喜地出现了个人主义。20 世纪 80 年代初，中国的一位青年人潘晓提出了人生的路怎么越走越远的问题，这个石破天惊的追问既是面对社会的，更是面向自己的。这是一个多元并存的时期，李燕杰、曲啸倡导的关于集体主义精神的讲座依然获得广泛追捧，但关于个人生活的意义和生活的模式已经成为一个不容回避的话题。以室内设计为实践领域的环境艺术在这个阶段的任务，除了提供高品质的物理空间环境之外，就是要创造符合人们个性化需求的空间文化主题。追求审美情趣和文学性语言的艺术化处理手段，为设计实践获得社会认同发挥了重要的作用。每一个空间在这种手法的塑造下都拥有了自己的个性，从而开创了一个生活环境生动、鲜活、丰富多彩的新局面。当时还有一个有趣的现象，中国许多著名设计师和高等院校设计教育系统许多教师的居家环境既是自己

图 1-42 从电影里看中国社会环境发展状况。电影中中国的 20 世纪 70 年代是"清教主义"的典范,参见安东尼奥尼电影《中国》(1972 年)的剧照(上)。

图 1-43 20 世纪 80 年代的中国电影是好生活的样板,参见国产故事片《轮回》的剧照(下)。

图 1-44　改革开放初期的社会与人民生活意象。1982 年第 9 期《大众电影》封面。(上)

图1-45　刘香成摄影作品。（下）1981年，皮尔·卡丹专营店在北京开幕，北京的第一面户外广告

牌和女士们烫发的壮观场面。（图片来自网络）

图 1-46　20 世纪 90 年代物质化享乐主义萌芽。图片为 90 年代出现的部分

新事物：中国第一家麦当劳在王府井开业（上左）；第四届全国健美比赛在

深圳举行，比基尼女孩在台上的竞技，遭到一通口诛笔伐。（上右）（图片来自

网络）

图 1-47　21 世纪之后，迎来的是一个个人主义盛行和创作、设计多元化的时代。下图为韩国艺术家杨阿的环境艺术（2006 年"临

界"展参展作品之一，地点北京 798，上下班书院）。她的作品涉及大都市环境中人的紧张状态问题的研究。（图片由作者提供）

的实践场所，又是多元文化新风尚的经典示范。这些家居环境不拘一格，大胆创新，集空间设计、装饰、艺术、陈设于一体，把个人生活的空间导向了高质量、高情感相结合的境地。

与此同时，在社会的公共领域，发展的大都市具有一种制造超现实环境的非凡能力，都市复杂的系统，不断聚散的庞大人群，同时运行的各种速度拼合在一起的壮丽图景，同一栋大楼中包容的千差万别的景象。20世纪90年代的中国是一个大力发展超大型都市的疯狂时期，它又一次给环境艺术设计专业的发展提供了一个机会。对幻境的追求就是这个专业的发展动力，并且在这个宏大的幻境之中，第一幕场景就是人性的述说。20世纪80年代中期在中国的第一批开放都市中，一道新的风景开始逐渐形成。北京、上海、广州、深圳，新生活的样式。这些人工环境中的许多艺术内容是关注人性的，它们存在的价值之一就是让环境和使用者之间的关系变得友好，艺术的主题为环境中的人们提供了话题，比之建造的工程环境，这种话题是多余的，它丰富了物理空间环境的轮廓。

9. 始乱终弃——环境设计

（1）突如其来的学科调整

从2012年起，人们在教育部下发的学科目录中已找不到"环境艺术设计"的踪影，取而代之的是一个新的二级学科——"环境设计"。这个已悄然进行了多年酝酿的计划终于抛出其蓄谋已久的结论，这自然引起了在众多的关注者中间轩然大波。因为对于中国这样一个大一统的计划性发展模式之下，一切都在向上看，看政策导向，听上层领导的指挥。即使教育这个倡导学术自由的领域也是如此，实际上毫无独立性可言。教育部不仅统率全局，而且决定着各个高校每一个学科、专业发展的细节。

据知情者透露，这次变更的始作俑者竟然是来自环境艺术设计最早的倡导者——我们这个学院（清华大学美术学院），这个自我反叛的行为既出乎大家的预料，又显得有点"不负责任"。就像一名领跑者在疾速奔跑之中的突然一个逆反，丢弃下了众多的跟随者。这个变化自然引来了无数骚动、猜测、好奇和愤怒。由于中国特有的教育体制，教育部的方针、策略、发展的细则对于广大的教育机构而言，都是具有重要的指导作用的。因为它们的变化之后必然将带动评价体系的变化，从而深刻地影响着专业教学的内容。这个突如其来的变化一时间令全国范围内该学科的负责人都乱了方寸，他们不知道这个变化意味着什么。我在那一时间里接到许多咨询的电话，我不知如何回应，但大家的问题倒是又促使我进一步思考了一些基本性的概念。"环境"、"艺术"、"设计"、"环境艺术"、"环境艺术设计"和"环境设计"，这几个不断组合变化的词汇绝对不是在玩儿文字游戏，它们的不同组合决定着各自的内容,引导着围绕"环境"所进行的一系列的思维和实践。

这一次的变更中没有变化的是作为核心的"环境",这说明如今从上至下中国人民的环境意识大大加强了。"设计"作为词尾强调了针对环境实践的方式是设计,但设计之前的限定一词"艺术"被取消,到底是一种态度的表现,还是预示着新观念的诞生。我们知道在国家层面的指导性文件中,所颁布的概念之中内容是第一位的,而态度却有很大程度的主观性。政策的科学性只是建立在内容的合理性上,和态度无关。那么这个新的称谓所表达的概念到底是什么,它会有产生歧义的可能么?如果有怎样去规避?面对这些所有人都有可能产生的疑问,我们不妨来做一下细致的分析。

首先这个变化的一个显著特点是在"设计"之前去掉了"艺术"的修饰与限定,如果设计代表一种行为和实践的话,去掉了状语"艺术"等于开放了对实践方式的约束。它表示所谓"环境设计"这个领域,可以容忍实行一切方式的计划和计划指导下的行动。这个改变存在着这样的一种可能性,就是在伴随着中国经济建设高速发展近三十年的过程中,环境遭遇了巨大的破坏,而且许多的暴行是假借着艺术的名义进行的。这种现实和记忆令许多人对于艺术所具有的破坏力心有余悸,艺术和狂热紧密相连,加重了非理性行为的病症,造成了难以挽回的恶果。虚假的艺术大行其道,是环境精神感丧失的缘由,当艺术变得表面化时,它失去了内在的力量,沦为一种僵化的形式,这种僵化的形式就是进步中的负担。当代中国的新建造的环境中充斥着大量的这一类伪艺术作品,这类环境试图以人类艺术史中的经典样式来装扮自己,不厌其烦地套用古罗马的、巴洛克的或是中国传统样式的建筑和园林风格,以这种陈旧的套路来博得大众的喝彩。这些累赘的形式既消耗了宝贵的物质财富,也占据了不可再生的空间资源,更为可怕的是,它使我们对于当下和未来丧失了信念。陈旧的艺术观使我们在发展的道路上走了过多的弯路,并付出了沉重的代价。但是如果基于以上的理由的话,这个变化的主要目的似乎是在表达一种反对"艺术表面化",或者说反对艺术标准的不确定性的态度。这就出现了我们所担忧的事情,如果我们假设这个态度暂时是对的,那么这个态度如何有效地传达?它是否能够转化为一种内容?我个人认为评价的欲望和需求是促使这个变化快速出台的原因,因为既然指标清晰的事物方便于评价是个不争的事实,那么抹煞多样化就是一种简单易行的方法。但评价终究不是事物建立和发展的目标,环境艺术如此,其中的环境艺术设计的目标也是针对那些具体的有待全方位提升品质的空间环境,这是当代中国赋予我们的一个命题。

(2)技术的陷阱和环境去魅的结局

其次,这个变化强调了"环境"和"设计"而忽略了艺术,变相地承认了设计对环境的决定作用，表现出高度的理性崇拜的倾向。和20世纪80年代相比较，这是在态度上的一个巨大的回转，我想这是缘于自20世纪90年代以来艺术在环境建造和干涉领域的缺席。从二十年前起，环境艺术设计已经转变成了一个边界非常清晰的设计专业，完全丧失了早期因边界模糊所具有的活力。在接下来的二十年里，这个专业又以空间的内外为界进一步专业化，不断填充内容，完善知识结构。而随着现代主义在空间设计领域的理论和工作方法的引入，使得过去感性有余理性不足的设计教育和设计实践大大受益。设计界开始崇尚理性的工作方法，环境艺术设计界不断借鉴具有科学性质的新方法，如现场调研和数据统计、参数化设计、计算机地理信息系统模拟软件，等等。这些方法在设计实践中由于可以为结果提供充分的论据，而不断获得市场的份额，在设计教育领域也是如此，它们为学生提供了可以获得信赖的依靠。这就逐渐为理性主义大行其道奠定了经验性的基础，最终演变成为对理性的一种迷信。

另一个原因在于，自20世纪80年代中期至今，当代艺术在中国的崛起。突如其来的当代艺术彻底打破了传统艺术在形式上的藩篱，传统审美的经验很多的时候失去了效用，艺术的标准变得含混了，艺术的主张、样式变得多元了。中国当代艺术的不合作态度，以及它在对文化批判、美学批判、社会批判上的激烈表现，使它们充满争议。对于一个追求享乐和稳定的文化系统而言（谁能够否定20世纪90年代以后的环境艺术设计的主体不是为享乐而服务的呢），当代艺术变得具有一定的危险性，这使它逐渐脱离了主流的设计实践和设计教育。而传统的艺术介入设计的方式就是装饰这一条路径，也早已被宣判了死刑，因此排斥艺术一定是主流思想中占据上风的想法。在今天的认识中，人们对于环境的内涵已经有了一个较为明确的界定，人们都知道空气、水、土壤是构成环境主体的要素。对待环境理性的态度使得环境建设的目标因此变得越来越清晰，优化人工环境，恢复和保护自然环境都具有明确的数据指标。它们可以量化，可以相互比较，也可以去评价。我想这是去艺术化的一个理由，但它仍然不够充分，有一点武断。环境设计的导向是技术，但设计恰恰不是技术，它的未来是灰暗的，并且最终将被技术所抛弃。

环境艺术设计领域思想意识上的右倾就是崇尚和过度追求理性的倾向。"环境设计"才是文字游戏，它代表了实实在在的右倾。对于追求理性，我认为这是一个设计学科所必须的排斥感性和多样性，但无法接受。回顾历史，我们看到艺术和艺术精神乃是孕育环境艺术的温床，这其中环境艺术设计虽然隶属于设计学科，但它的母体依然是艺术中的实用美术学科。中国第一批建立的环境艺术学科无一不在美术学院，今天这个学科的核心还是美术学院中的环艺专业，这究竟能说明什么问题呢？这说明了形式在环境中的重要性，也说明造型手段在专业实践和专业学习中是不可或缺的。在二十多年之前，环艺学科在中国的发展借助于形式方面的创造能力而获得了社会的认同，然后它开放性地接纳工程和技术方面的观念和技术，为自己的发展赢得了一片广阔的天地。

那么什么是真正的艺术呢？归根结底，艺术的本质是生命力的特殊表现。它包括思想、行为和创造。艺术具有偶然性和个人属性，它不是逻辑推理的结果。

（3）忠告：缺少了艺术，我们这个群体将一无所有

包泡先生提供的文献中，有一篇很重要，那就是1990年钱学森先生给吴良镛先生的信件。这是"山水城市"的构想初衷的源头，它在此的重要性不仅限于追溯历史思潮，而在于给我们今天的启发。在钱学森先生的伟大构想中，我看到了想象力的伟大之处，它破石惊天，惊世骇俗。因此，我看到了激情和想象力，以及理想之间的逻辑，科学研究需要艺术，甚至工程技术也需要艺术。反过来想，对环境的思考和实践同样也需要艺术。尽管设计是

图1-48　钱学森"山水城市"概念的当代响应——马岩松的"山水城市"。

2013年6月6日在北京一所清代四合院的园林里开幕的马岩松"山水城市"

展，以及建筑构想模型。（图片来自网络）

有别于艺术的一种事物，但是我深信若是没有了艺术精神，设计将变得苍白乏味。因为设计的属性决定了它所面临的危机，因此在重塑设计的过程中，为其植入另一种基因至关重要，这就是艺术所拥有的关于人类精神风貌的性质。同时，必须寻找到一种限制设计片面追求效率最大化的机制，否则这种根植于基因深处的缺陷最终将彻底抵消它所建树的成就。而环境艺术设计中艺术属性的维持就是我们理想中的机制。因为相对于设计的功利性，艺术取向于精神，它对终极性目标的追求具有一种偏执性色彩，它的存在可以在一定程度上纠正设计的偏颇。当代的艺术更加重要，因为在当代艺术中我们看到了许多积极的意识，它的批评性、它不断质疑的精神、它试图介入哲学的责任感和自信心，这些都是极为重要极具有价值的属性。因此我想今天的环境艺术，不论它是本质上的艺术，还是本质上的设计行为，那其中的艺术一定是当代性质的。只有这样，它才是先进性的艺术和设计，才将对未来产生作用。

单纯依靠技术来营造我们的环境是一厢情愿的，设计的发展和技术进步密切相关。历史上技术的创新，每一次都会推动设计创造出新的形式，无论是空间还是实体。但是真正创造的主体并不是技术，创造的核心是神秘、含混、高深莫测。就其目的而言，它仍然是由信仰、图式、情景去决定和引导的。可以肯定这些核心的因素都是非物质性的，反而都有明显的人文属性。

现代德国的景观环境发展具有明显的技术特征，他会在解决一个区域的环境问题时搜集获取大量的数据，确定技术契入的位置，然后再利用生物技术、工程技术等作为主要手段来解决问题，德国环境景观的这种价值取向很容易使人产生误解，那就是技术可以完成和决定我们对环境的要求。其实面对这种情况，我们一定不能武断定论，更不能简单套用这种模式来解决中国的环境问题。就如同德国的建筑设计带有明显的产品设计特征一般，这是历史的烙印，即德国建筑设计腾飞、发展和其工业制造的崛起密切相关。但德国的建筑学依然追求人文、美学原则。鲁尔工业区的环境改造，表面上看没有过多的形式附加的痕迹，那是因为工业遗迹的形式如此壮丽、伟岸，并充满工业美学的精神。

对于中国独特的民族性格而言，迷信技术也许将是个悲剧性的选择。环境领域不是，也不可能是技术的代表，我们的设计文化中充满了想象，拥有意匠的模式，同时我们如此迷恋传统，擅长于文学性的解读。现实中，社会永远排斥那种单一性的思维和它所产生的结果。设计本身是个中性的事物，它既有理性的成分，也有浪漫的成分，它的"左倾"或"右倾"都是危险的。我认为过去环境艺术设计有轻微"左倾"的倾向，它存在一定的问题，但这些问题正在伴随着实践和思考逐渐解决。而环境设计则是右倾，它生硬地嵌在我们特有的环境意识中，令人苦不堪言。

图 1-49 基金会苍老建筑的
山墙上描绘着艺术家的图示。
(图片由作者提供)

- ### 再见，比耶拉

2013 年 6 月我曾在意大利和瑞士、法国交界的小城比耶拉(Biella)策划过一次展览，但特殊的原因我本人却没有在场，错过了一次重要的体验。

2014 年 3 月 6 日借着和 2015 年米兰世博组委会开会的间隙我拜访了这座小城，比耶拉位于意大利的西北部，在米兰和都灵之间，从米兰开车向西北方向约一个半小时车程就可以抵达。它背靠阿尔卑斯山，脚下是一片肥沃的土地，融化的雪水自山谷流下滋润着它们。这里的风景和意大利中部与南部的风景格调迥异，少了一些热情和浪漫，多了几分肃穆和理性。自然和人性悄然地转变着环境中的角色，在雪山的背景之下，墨绿色的乔木整齐地分割着刚被犁过的田野，即使身处飞驰的车中也能够感受到在地中海一代少有的空旷。意大利到处都是古老的人类文明的遗迹，"大地像一张皮，皮下隐没着历史，皮上呈现着现实"，但这里的土地却由植物的生命主导着，草地里嫩绿的叶芽刺穿了坚挺过冬天的奄奄一息的倒伏的草皮，不安分的野花已经率先苏醒，打破了冬天的寂静。原野中几乎看不到古老而恬静的村舍以及教堂高耸的钟楼，时不时跃入眼帘的却是一些散落的工厂，那些体量硕大形式简洁的厂房，精致而复杂的设施，它们冷峻地矗立在平原或丘陵之间，充满自信地在向远处的山脉致意。渐渐的在丘陵和山脉之间出现了一带建筑的轮廓，那里就是比耶拉。

(1) 城市

比耶拉小城有三张面孔，一个是空间的、地理的、行政的概念，它有 48000 人口，三面坏山。Cervo、Elvo、Oropa 三条河流流经这个城市，它的气候受地中海和阿尔卑斯山的双重影响，润而不潮，险而不酷，既是一个休闲度假的好去处，也是米兰和都灵两地富人的聚居区。比耶拉是皮埃蒙特区工业最发达的城市，这里工业人口占 61.7%，共有 5000 多家工厂和企业。纺织业是工业产业的主体，这里是世界著名的羊绒产地，其优质的毛仿品和先进的纺织机械每一年都吸引着来自世界各地的买家来此洽购。由于阿尔卑斯山上流下来的雪水中铁的含量低 ，因此这样品质的水就成为优质羊绒生产得天独厚的条件，但令人费解的是，流经这个城市的河流并未因此遭受污染，它们保持清澈的品质，土壤也保持了自然的本色，天空更是明朗。在我眼中这个城市更像一个精致的小镇，它布局疏朗，片区和片区之间是大片的田野。建筑集中的城区中的公共建筑体量适宜 ，造型轻松明快，住宅品质精致格调温馨。城市街道整洁，沿街两侧的乔木高大挺拔，灌木层次分明并被修剪得整齐细致。这是一个良好社区所表现的外在形态。由于较早地采用环保措施，这里的生活环

图 1-50 在基金会的展厅中正在展示艺
术和设计院校的创意成果。(上)

图 1-51 穿过展厅的窗口,可见顺势而下
的河流及两侧的工业建筑。(下)

(图片由作者提供)

境和生产环境都是宜人的,并且它们之间惯常的冲突竟然可以调和。

（2）大学

    Cita Biella 是这里的一个教育机构,它不同于传统的学校,是一种结合研究、教育、交流的学术综合体。同时还兼作整个地区的文化设施。这里负责国际交流的副校长皮埃尔是我的老朋友,他是一个不苟言笑但骨子里很热情的人。他经常前往中国推广他们的学校,希望和中国的企业以及相关学校建立联系。但我明显感觉他们的推广方式不太符合中国的文化,多了几分拘谨,缺少一点浮夸的辞令和宏大的场景的展示。但这个校区看上去的确平易近人,这个由红砖建造的教育和研究机构错落有致地坐落在山坡上,环境设计保持了自然朴实的特征,没有刻意的装点和表现,完全和周围的自然景观融为一体。它的校区跨越了一条公路,于是建筑师设计了一座钢结构玻璃天桥把两端的校区连接了起来。这些教学和研究性建筑都不超过两层,既和使用者保持了亲切的尺度关系,也和背后的山峦保持了谦逊矜持的态度。这是视觉环境的和谐,在场所环境中则依靠行为维护了良好的氛围。北部的意大利人比较安静,在校园里你几乎感觉不到这个小社区正在有条不紊地正常运行。无论你在教学楼内还是楼外都听不到任何喧哗,即使教室里、阅览室、报告厅里早已一位难求。使用这里教育设施的不仅有在读的学生,有周边社区的居民,还有来自各地的专业人士。教育促进了社会的文化建设,奠定了和谐社会的基础。

图1-52　苏丹与米开朗琪罗·皮斯托雷托(Michelangelo Pistoletto)。(图片由作者提供)

（3）基金会

Fondazione Pistoletto 是世界上著名的艺术基金会，它就设立在小城边上的一座古老的工厂内。这个工厂的选址体现了比耶拉传统工业的布局特色，它们顺着山谷而建，山泉自上而下潺潺流淌，为羊绒的洗涤便利地提供了资源。这是一组由车间、库房、办公组成的建筑群，它们布局紧凑，高低错落紧贴在河边。作为艺术博物馆和展厅的主体建筑是一座四层的板式建筑，流逝的岁月在建筑的表面留下了斑斑驳驳的印记：脱落的墙皮，棱角模糊的红砖以及锈迹斑斑的铸铁构件。建筑的内部空间别具特色，老式的结构体系成为有趣的形式，工业生产的大空间为当代的艺术和设计提供了良好的展示条件。在这个大楼中自下而上安排了设计和艺术展览，楼下的空间提供给来自世界各地院校的学生来展出他们有关纤维的设计创意，届时会有来自世界各地的商家来此收集具有商业潜在价值的创意。顶层的空间是永久性的展览，陈列了一位伟大的艺术家半个多世纪以来的作品，这些作品的主人是——米开朗琪罗•皮斯托雷托（Michelanglo Pistoletto）。米开朗琪罗•皮斯托雷托是意大利尚在世的最重要的艺术家，虽已年过八十但仍然活跃在世界当代艺术的舞台上。在 20 世纪 60 年代他曾经是意大利贫穷艺术的代表人物，有许多作品至今还被人们称道。他的思维是一种科学与哲学相混合的类型，艺术则是它的实践手段。他在创作中集智慧、勇气、激情、抽象于一体，作品形式沉着、冷静，思想内容直指人心，令人惊诧，发人深省。

在半个多世纪的时间里，这位艺术家都在思考个人的解放和世界的平衡之间的关系。他认为人类是由每一个独特的个体而组成，同时每一个人也是一个完整而又独立的世界。他在 20 世纪 70 年代的一幅装置作品揭示出了一个真理，这个真理就是"每一个人都是世界的中心"。在这个作品中，他利用两张相同的由太空望远镜拍摄的宇宙星空的照相底片相互叠加，然后用手指按住其中一个点旋转上部的底片，刹那间一个由星河形成的漩涡出现了，而漩涡的中心恰是手指按住的那一颗星星。我突然觉得艺术家此时仿佛是一个精通几何学的高手，他把晦涩难懂的问题用几何学原理轻松地给予了证明。这里面存在这基本的哲学关系，即主观和客观相互转化的现实。在另外一系列的作品中，艺术家利用镜面和图像阐释自己对个人的认识。在这些作品中镜子将人分裂成为两个部分，一个是现实的，一个是虚拟的，两个部分如此相像又如此不同。一些图像被艺术家植入了虚实的物象之间，准确地描述了二者对人的意义。其中一幅作品中使用了一副立着的油画架，架上的油画背对着观众和作品，这时真实的你永远无法看到作品的内容，但另一个你却可能会看到。这个作品用图像和观者的参与互动结果，描绘了个人的困境和自我突破的可能。

米开朗琪罗•皮斯托雷托创造了一个图形以概括他的发现，一个连续的闭合图形。这

图 1-53　米开朗琪罗·皮斯托雷托创造的连续闭合
图形，运用到了其各种作品之中。这个图形既是他的
发现，也是他的理想和方法，世界在这个构想之下实
现了永续的可能性。(图片由作者提供)

图 1-54　比耶拉市长多纳托·真蒂莱（Donato Gentile）衣冠楚楚地现身
基金会，并激情四射地向作者苏丹宣讲关于这个城市的梦想。（图片由作
者提供）

个图形仿佛是在一个无穷大符号上继续创造、发掘的产物，艺术家对此的解释是图形巧妙地描述了个人在自然和社会之间的平衡作用。这是一个了不起的发现，但这个发现的最终意义在于它所影响的结果，这个结果就是我们所追求的世界的平衡，环境的和谐共生。他一生的艺术作品都与此相关。

比耶拉小城是文化创意产业发展的楷模，它的模式是先进的。它既是一个诞生思想的高地，也是一个传播和放大思想的通道，还是一个社会实践的示范场所。在这里正如米开朗基罗·皮斯托雷托所说："艺术家可以成为推动社会改革的根本性角色"，在这个城市中令人兴奋的是我看到一种新的社会结构，艺术家处在高高的顶端，他在思考并不断地用实践推广和表达自己的思考。基金会成为了一个传播媒介，它连接了艺术思想和设计探索之间的理论关系，并进一步把产业和设计探索巧妙的结合了起来。因此比耶拉小城不但拥有了思想，这些思想像远处的雪峰一般洁净、肃穆、令人神往；同时它还是一个具有召集力的精神磁场，聚集了一大批勇于探索的设计和研究机构，这些学者、专家、院校的学生们在艺术家的指引下探索理想和现实结合的最佳方式；比耶拉还是一个思想交易场所，完美展现了工商文明时代新的创举。我突然意识到，这个城市在实施一个宏伟的环境艺术计划。市长、艺术家、基金会、设计师、教授、学生、商人、制造商在社会不同的岗位上扮演着不同的角色，发挥着不同的作用。这是一个由全社会共同参与的关于人类可持续发展道路的探索活动。米开朗基罗·皮斯托雷托的思想通过他自己在空间环境中的表演进行传播，在世界许多城市中的重要场所他都进行过盛大的行为实践，米兰大教堂前的广场，巴黎卢浮宫广场，伦敦，莫斯科。他的艺术形式是具有鲜明环境属性的，精心选择的场地所拥有的场所感能将他的主张发酵，现场公众的参与可以唤醒民众的意识。

这里的市长多纳托·真蒂莱(Donato Gentile)来自意大利的南部，脸上永远洋溢着热情，他衣冠楚楚地现身基金会并激情四射地向我宣讲关于这个城市的梦想。他对我说：比耶拉今天已经成为意大利文化创意产业的典范和骄傲，因为它建立了一种独特的，具有哲学性的发展模式。这种模式突破了过去功利主义思想下所普遍采用的方法和所选择的途径，这里的文化创意是建立在哲学思考和科学论证的基础之上的，因此它会比以往那种短视的实践更牢固，也更加长久。拥有众多生产羊绒和纺织企业的比耶拉至今仍然能够同时拥有全世界最优质的泉水，最清洁的空气，是一个了不起的奇迹。这完全得益于他们选择的道路以及采用的方法，在这条道路上思想如同一把熊熊燃烧的火炬照亮了脚下的道路，也如同夜空中的星辰引导着前进的方向；思想家、鼓动者、实践者、应用者在合理的位置发挥着他们应有的作用；良好的人文环境，稳定健康的社会环境和优越的自然环境反映出这个城市不同的侧面，它是如此完美，简直就是一个理想社会的缩影。这里的每一个人都沉浸在幸福和骄傲之中，因为他们所处的各种环境关系均是友好型的，他们也热爱这个城市。参观结束走到户外，看到市长谦恭地站在远处等候我去合影，我注意到他手中拿着一沓整齐的叠着的织物，待他小心翼翼慢慢打开来我才看清是一条意大利国旗般的彩色绶带，市长将它披在身上脸上顿时洋溢出地中海南部特有的笑容。我们握手、拥抱，并郑重其事庄严肃立，快门按下，这次见面成为了历史。

参考文献：

[1] （加）艾伦•卡尔松. 从自然到人文——艾伦. 卡尔松环境美学文选 [M]. 薛富兴译. 桂林：广西师范大学出版社,2012.

[2] 巫鸿. 作品与展场——巫鸿论中国当代艺术 [M]. 广州：岭南美术出版社,2005.

[3] （德）约阿希姆•拉德卡. 自然与权力——世界环境史 [M]. 王豫国、付天海译. 保定：河北大学出版社,2004.

[4] （德）克劳斯•科赫. 自然性的终结 [M]. 王立君,白锡堃译. 北京：社会科学文献出版社,2005.

[5] （日）岩佐茂. 环境的思想与伦理 [M]. 冯雷、李欣荣、尤维芬译. 北京：中央编译出版社,2011.

[6] （法）卡特琳•格鲁. 艺术介入空间 [M]. 姚孟吟译. 桂林：广西师范大学出版社,2005.

[7] （美）赖特•米尔斯. 社会学的想象力 [M]. 陈强、张永强译. 北京：生活. 读书. 新知三联书店,2005.

[8] （法）米歇尔•弗伊. 我知道什么？社会生物学 [M]. 殷世才、孙兆通译. 北京：商务印书馆,1997.

[9] ECKHARD SCHNEIDER, KATY SIEGEL, INGRID SISCHY, HANS WERNER HOLZWARTH, Jeff Koons [M], TASCHEN America Llc, 2009.

[10] DAVID CARRIER, JOACHIM PISSARRO, Wild Art [M], Phaidon Press; First Edition, 2013.

<2>

第二部分
状态

– 大事记 + 比较研究 + 个案 –

大事记1

- 国际"环艺"思潮的兴起 -

49 则

□ 图 / 文 高珊珊

词条检索:

一、新的立场与主张:

1(哲学界、社会学界)、3(艺术界)、4(建筑界)

二、环境保护思潮:

10(关键事件之一)、17(个人和社会团体的努力)、18(政府的努力)、24(关键事件之二)、

25(高潮之一)、26(对学术界的影响)、35(确立纲要)、43(高潮之二)、44(全球性)

三、环境伦理学:

7(萌芽)、28(正式产生)、29(高涨)、40(成熟)、45(全球性)

四、环境心理学:

6(萌芽)、21(正式产生)、27(高涨)、38(成熟)、46(全球性)

五、环境美学:

12(萌芽)、34(正式产生)、39(高涨)、47(成熟)

六、生态建筑学:

5(萌芽)、19(正式产生)、32(第一个焦点)、41(焦点的转变)、48(全球性)

七、注重环境的其他建筑学派:

20(建筑现象学产生)、22(建筑行为学产生)、33(从新陈代谢到共生论)

八、注重环境的艺术流派:

8、(环境艺术诞生)、11(公共艺术最早的国家支持)、13(高潮期)、14(贫穷艺术诞生)、

15(大地艺术诞生)、16("物派"艺术诞生)、42(国际共识)

九、环境设计:

2(诞生)、9(初期的发展)、23(转折点)、30(生态主义的高潮期)、

31(提出定义)、36(提出纲领)、37(寻求转向)、49(多元化)

19 世纪～20 世纪初

1. 新的立场与主张(哲学界、社会学界)：20 世纪是"全球规模环境破坏的世纪"。马克思主义中本来就包括环境保护的思想，在 1848 年就前瞻的预言：人类社会面临着"两大变革"，那就是"人同自然的和解以及人同本身的和解"(《马克思恩格斯全集》第 1 卷，第 603 页)。如今,环境问题是 20 世纪后半叶突现出来的新问题,成为一种普遍的看法。

2. 环境设计（诞生）：1857 年奥姆斯特德和弗克斯对纽约中央公园的设计掀起了美国城市公园运动热潮，使城市公园从私家庄园成为大众可共享的城市环境，为城市自身与城市文明的需要开创了新纪元,也拉开了西方现代环境设计的序幕。

3. 新的立场与主张（艺术界）：西方 20 世纪以来占主导地位的现代艺术和 19 世纪 80 年代兴起、20 世纪初达到顶峰的"新艺术运动"促成了审美和形态的空前变革。

4. 新的立场与主张(建筑界)：1919 年，包豪斯成立。在宣言中提出，"让我们一起展望设想和创造出建筑、雕塑、绘画结合一体的未来新大厦。"首次提出通过整体的环境设计，把建筑与艺术结合起来。"包豪斯运动"使现代设计得到了空前的发展，作为现代设计的"环境设计"也以此为发展的基础。

20 世纪中叶之前

5. 生态建筑学（萌芽）：20 世纪 30 年代，美国建筑师兼发明家 B. 富勒（R•Buckminiser Fuller)将人类的发展目标、需求与全球资源、科技结合起来，用逐渐减少资源来满足不断增长的人口的生存需要，并第一个提出"少费而多用"(More with Less)，即对有限的物质资源进行最充分和最合宜的设计和利用。

6. 环境心理学（萌芽）：1947 年，美国心理学家 R. 巴克尔（R.Barker）和 H.赖特（H. Wright)对自然定居点中居民日常生活行为的研究，如上班上学、购物、交谈、社交等行为如何受到各种人造环境的影响。1955 年，美国 R.索默(R.Sommer)和 H.罗斯(H.Ross)对老年人的生活环境进行心理与社会研究，这是从文化人类学角度对个体使用空间的研究。1960 年，美国城市规划师凯文•林奇关注于城市表象和环境认知的研究，并出版论著《城市意象》，阐述了人们在穿梭于城市中时，如何对城市空间信息进行解读和组织。以上的研究成果是环境心理学成为独立学科之前的 3 个有益研究。

7. 环境伦理学(萌芽):1949 年,美国环境学家 A.利奥波德(A.Leopad)发表《原荒纪事》(一译《沙乡的沉思》)一书,从多个角度阐述了人与自然的关系,提出作为"新伦理学"的"大地伦理(Land Ethic)",标志着环境伦理学的萌芽。书中运用生态学和伦理学综合知识研究人类与自然环境系统互动关系的道德本质及其规律,探索人们对待自然环境系统的行为准则和规范。

8. 注重环境的艺术流派(环境艺术诞生):1959 年,"偶发艺术"(Happening)的创立者阿伦•卡普罗(Allan Kaprow)在美国纽约进行了《6 个部分中的 18 个偶发事件》的行为表演。阿纳森(H.H.Arnason)在 1986 年出版的巨著《西方现代艺术史——绘画、雕塑、建筑》的最后一章《20 世纪 60 年代和 70 年代的新动向》中特别提到"Art of Environment",并把偶发艺术的创立者阿伦•卡普罗同时称为"环境艺术"的创立者。阿纳森还把善于幻想的建筑师基斯勒(Frederick Kiesler)的雕塑展览《最后的审判》(用稀奇的雕塑造型将展室渲染出阴沉恐怖的教堂气氛)作为对"环境艺术"有贡献的代表作品。20 世纪 60 年代以来,"环境艺术"(把建筑物及整个环境作为作品的艺术)在美国等地流行。

9. 环境设计(初期的发展):19 世纪 50 ~ 60 年代,西方环境设计迅速发展,各个国家形成了不同的流派和风格,但都集中表现为"现代主义"倾向的反传统、强调空间和功能的理性设计。

20 世纪 60 年代

10. 环境保护思潮(关键事件之一):1962 年,美国著名学者 R•卡逊的《寂静的春天》出版,立刻在美国甚至全世界掀起了轩然大波,向人类敲响了生态危机的警钟,被称为当代环境科学的开山之作。此书的出版对环境伦理学、生态建筑学等学科的形成都起到了关键作用。

11. 注重环境的艺术流派(公共艺术最早的国家支持):20 世纪 60 年代:后现代主义文化应运而生。它给西方艺术带来了转折性的变化,直接催生出了当代意义上的"公共艺术"(Public Art)。最早支持公共艺术的国家是美国。1965 年,美国"国家艺术基金会"正式成立。第一年预算 240 万美金。国家艺术基金会的宗旨是"向美国民众普及艺术"。按照美国法律,任何新建或翻新的建筑项目,不论政府建筑还是私人建筑,其总投资的 1% 必须用于购买雕塑或进行艺术装饰,这便是有名的"艺术百分比条例"。

12. **环境美学(萌芽)**:西方环境美学起源于赫伯恩(Ronald W. Heplurn)对"美学是艺术哲学"的命题发难。1966 年,赫伯恩发表了一篇题为《当代美学及对自然美的遗忘》的文章,对分析美学对自然美学的轻视予以抨击,提出"自然美学"的重要命题,极力恢复自然生态在美学中的地位,从而导致了环境美学的兴起与兴盛。

13. **注重环境的艺术流派(高潮期)**:具备敏锐嗅觉的艺术家率先留意到环境问题的重要性,纷纷把环境意识运用到自身的创作之中,并以此引起政治界、学术界与普通大众的关注与思考。1967 ～ 1968 年,环境艺术诸多流派纷纷出现。以下仅以意大利的"贫穷艺术"、首先出现在美国的"大地艺术"和日本的"物派"艺术为例。另外,声势浩大的环境保护运动(条目 16)也在此时出现。

14. **注重环境的艺术流派(贫穷艺术诞生)**:"贫穷艺术"(Arte Povera)是 20 世纪 60 年代在意大利出现的一种新的艺术运动。1967 年,"贫穷艺术"的概念由意大利艺术评论家切兰(Germano Celant)提出,以概括和描述这种艺术风格和观念。"贫穷艺术"主要指艺术家选用废旧品和日常材料或被忽视的材料作为表现媒介,旨在摆脱和冲破传统的"高雅"艺术的束缚,并重新界定艺术的语言和观念。其代表人物是意大利艺术家雅尼斯•库奈里斯。

15. **注重环境的艺术流派(大地艺术诞生)**:1968 年,首次"大地作品艺术展"在美国纽约的德万博物馆举行,1969 年康奈尔大学举办 Earth Art 展,由此宣告了一种新的现代艺术形态——"大地艺术"(Land Art)的出现。"大地艺术"是以大自然作为创造媒体,把艺术与大自然有机结合创出的一种富有艺术整体性情景的视觉化艺术形式,以定居美国的保加利亚人克里斯托(J. Christo)和美国的罗伯特•史密森(R. Smithson)等最为著名。

16. **注重环境的艺术流派("物派"艺术诞生)**:1968 年,在日本神户须磨离公园举办的第一届现代雕塑展上,关根伸夫推出作品"位相——大地",表述了艺术家"世界有着世界本身的存在,尽可能在真实的世界中提示自然本身的存在,并将此鲜明地呈现出来,除此以外没有别的选择"的主张，标志着日本"物派"艺术的诞生。"物派"艺术是唯一一个被写入西方现当代艺术史的亚洲艺术流派。其中心人物是关根伸夫、菅木志雄、成田克彦、小清水渐和李禹焕。

17. 环境保护思潮（个人和社会团体的努力）：20世纪60年代后期至70年代，在欧美国家出现了声势浩大的学生造反运动、和平运动、环境保护运动。在此基础上，"自然之友"、"峰峦俱乐部"、"绿色和平组织"、"世界卫士"、"布仑特兰委员会"等非政府组织蓬勃发展，推动着作为国际社会市民运动的"绿色政治运动"的发展，其影响日益深入，并渗透至社会的每一角落，形成所谓"绿色政治化"的局面。

18. 环境保护思潮（政府的努力）：作为政府行为，环境保护开始较早的仍是美国。1969年，美国国会批准了《国家环境政策法》，明确规定联邦政府的相关事业都要履行环境影响评价的义务。这是世界上首次将环境影响评价制度化。随后的二十年间，又有数百个环境法规出台。

19. 生态建筑学（正式产生）：20世纪60年代，美籍意大利建筑师保罗·索勒瑞（Paola Soleri）把生态学（Ecology）和建筑学（Architecture）两词合并为"Arology"，提出"生态建筑学"的新理念。阿科桑底（Arcosanti）是他进行"生态建筑学"探索的一个实例，该项工程位于凤凰城（Phoenix）北70英里处一块860英亩的土地上。1969年，美国著名风景建筑师麦克哈格（Lan L.McHarg）所著的《设计结合自然》一书的出版，标志着生态建筑学的正式诞生。芒福德（Lewis Mumford）称其为"自希波克拉底（Hippocrates）的名著《空气、水和场地》问世后，少数重要书籍中又一本杰出的著作。"

20. 注重环境的其他建筑学派（建筑现象学产生）：20世纪初由德国哲学家胡塞尔创立的，并由海德格尔发扬光大的现象学，在此时实现了与建筑学的有机结合。挪威建筑历史和理论学家诺伯格·舒尔茨（Christian Norberg-Schulz）在胡塞尔和海德格尔思想的基础上，运用现象学方法对人类生存的居住环境进行研究，进而创立了建筑现象学。建筑现象学不仅重视建筑的物质属性，而且重视建筑的文化与精神作用，重视生活环境的"场所精神"（Spirit of Place）。建筑现象学一经出现便在建筑界引起了极大轰动。

21. 环境心理学（正式产生）：1961年和1966年，美国犹他大学举行了最初的两次环境心理学会议。1968 年，代表美国研究潮流的环境行为学术组织"环境设计研究学会"（EDRA）建立，这个学会每年都举行年会。同年，纽约市大学建立了第一个环境心理学博士点。之后，世界各国的环境心理学学会相继成立。1969 年，美国的《环境与行为》创刊，这是环境心理学领域最著名的杂志，标志着环境行为学成为一门独立学科。同年，英国学术刊物《建筑心理学通讯》出版。

22. 注重环境的其他建筑学派（建筑行为学产生）：在环境心理学家对环境真实环境场所如何影响人的行为的诸多研究，并提出物质环境布局对人的行为有明显影响的观点的基础上，20 世纪 60 年代后期，建筑学家也加入这一研究领域，逐步建立了以建筑学为主体的综合性新学科——行为建筑学（也称建筑环境心理学）。行为建筑学的主要贡献之一就是使越来越多的建筑师认识到环境对心理与行为的深刻影响，并产生了世界性的影响。

23. 环境设计（转折点）：20 世纪 60 年代是现代环境设计的转折点，环境设计从现代主义转向后现代主义，从功能至上转为生态性超越功能性，"生态主义"成为环境设计领域贯穿 20 世纪 60～70 年代的主潮。并且此时的环境设计更注重设计的艺术性，风格也趋向多元化。

20 世纪 70 年代

24. 环境保护思潮（关键事件之二）：1972 年，意大利的罗马俱乐部（以丹尼尔·米都斯为首，由多国科学家组成的非政府组织）发表了一份振聋发聩的研究报告《增长的极限——罗马俱乐部关于人类困境的研究报告》，向全人类宣告了能源与环境问题对人类社会与延续的终极制约，极大地影响了各国的经济生产方式、社会生活模式乃至政治发展内涵。它是有关环境问题最畅销的出版物之一，在全世界挑起了一场持续至今的全球环境问题大辩论。

25. 环境保护思潮（高潮之一）：现代环境保护意识得到世界公认的第一次高潮是 1972 年 6 月 5 日联合国在瑞典首都斯德哥尔摩召开的第一次联合国人类环境会议。《人类环境宣言》是这次会议的主要成果，阐述了"保护和改善人类环境是关系到全世界各国人民的幸福和经济发展的重要问题"等观点，"在人们面前打开了一个在过去实际上被人们搁置一边的生死攸关问题的重大领域"。作为世界性环境保护与环境改善的指导，《报告》在世界各地引起了巨大的反响。

26. **环境保护思潮（对学术界的影响）：** 在高涨的环境保护思潮影响下，20世纪70年代学术界各个学科领域相继进行了"环境转向"，环境生物学、环境物理学、环境伦理学、环境心理学、环境美学等环境学科纷纷涌现，生态学思维范式取代了机械论思维范式，一场深刻的思想变革全面展开。

27. **环境心理学（高涨）：** 20世纪70年代，在早期的三个研究（条目6），最初的讨论、核心学会和刊物创办（条目21）的基础上，加上当时环境恶化、自然资源减少等现实困境，心理学领域的专家纷纷转向环境心理学有关课题的研究。1970年，代表欧洲研究潮流的"国际建筑心理学会"在英国金斯顿（Kingston）成立。1970年，美国伊特尔森（W.Ittelson）和普罗夏斯基等人合编的《环境心理学》正式出版。1971年，美国建筑学会费城分会等团体组织了"为人的行为而设计"讨论会。1973年，英国萨里大学开始把环境心理学作为其研究生的课程。1975年，有了第一个环境心理学的博士。

28. **环境伦理学（正式产生）：** 不过总的来说，《原荒纪事》（条目7）和《寂静的春天》（条目10）基本还只是着重从个人行为上去研究人与生存环境的关系，而没有上升到环境道德的更高层次去观察和思考问题。开始讨论环境伦理学的契机主要是20世纪70年代美国环境保护运动的高涨、美国生物学家埃利希与康芒纳关于环境污染主要原因的争论和1972年罗马俱乐部的报告《增长的极限》的发表。一般认为，环境伦理学形成于20世纪70年代，并逐渐得到发展。1971年，美国乔治亚大学哲学教授布莱克斯通（W.Black Stone）在该校组织了关于环境问题的第一次哲学会议，成为"发展一种环境伦理的哲学序幕"。

29. **环境伦理学（高涨）：** 1975年，霍尔姆斯·罗尔斯顿在国际主流学术期刊《伦理学》上发表"存在着生态理论吗？"在文中区分了本质意义上的环境伦理和派生意义上的环境伦理，该文成为环境伦理学的鼎力之作。随后对环境伦理学问题的讨论迅速变热，1979年，著名的《环境伦理学》（Environment Ethics）杂志在美国新墨西哥大学创刊（1981年迁往乔治亚大学，1990年再迁至北德克萨斯大学）。

30. **环境设计（生态主义的高潮期）：** 20世纪70年代，环境设计界依然在生态主义的主潮下发展。美国建筑师麦克哈格1969年出版的著作《设计结合自然》和生态建筑学的诞生

(条目 19)对环境设计界影响巨大，实际上麦克哈格的生态主义思想是整个西方设计环境保护运动在环境设计中的折射。另外，环境设计竞赛日益高涨。1971 年，美国在全国范围内征集华盛顿市越战纪念碑的设计作品，标志着全国性环境设计竞赛出现。1979 年，德国慕尼黑奥林匹克广场的设计在世界范围内征集方案，把环境设计竞赛扩展到国际领域。

31. 环境设计(提出定义)：1975 年，美国"八卷环境艺术丛书"主编多伯提出"环境艺术"的定义："环境艺术也被称为环境设计。环境艺术作为一种艺术，它比建筑艺术更巨大，比城市规划更广泛，比工程更富有感情，这是一个重实效的艺术。环境艺术实践与人影响环境的能力，赋予环境视觉次序的努力，以及提高环境质量和装饰水平的能力是密切相关的。"

32. 生态建筑学(第一个焦点)：20 世纪 70 年代，随着世界性石油危机、能源使用和能源供应相关的问题成为生态建筑学关注的主要因素，世界各地纷纷开展了被动式太阳能建筑的研究，并在建筑物的保温隔热方面做了大量工作。1976 年，生态建筑运动的先驱 A. 施耐德在西德成立了建筑生物与生态学会（Institute for Building Biology and Ecology），强调使用天然的建筑材料利用自然通风、采光和取暖，倡导一种有利于人类健康和生态效益的温和建筑艺术。

33. 注重环境的其他建筑学派（从新陈代谢到共生论）：在建筑与环境和谐相处方面，日本建筑师黑川纪章的新陈代谢论将生物学的进化论和再生过程引入城市设计和建筑设计，使技术、自然、人三者和谐地发展。20 世纪 70 中期之后，黑川纪章逐渐将其思想发展为更成熟的"共生城市"理论。"共生城市"理论是基于"生命原理"的一种城市观和建筑观，涉及的重要概念有新陈代谢、循环、信息、生态学、可持续发展、共生(Symbiosis)和遗传基因(Gene)。

34. 环境美学(正式产生)：经过 20 世纪 60 年代的酝酿，西方环境美学在 70 年代后期至 80 年代正式产生，并逐渐得到发展。其研究领域涉及声学、色彩学、化学、生理学、心理学、生态学、造林与园艺、建筑学及城乡规划等许多学科。最主要的代表人物是芬兰的约·瑟帕玛(Yrjö Sepanmana)、加拿大的艾伦·卡尔松(Allen Carlson)和美国的柏林特(Arnold Berleant)。而其中卡尔松是当今国际上著名的环境美学理论家，瑟帕玛就曾在他手下学习过环境美学。从这个角度来说，卡尔松可以说是西方环境美学的奠基人之一。1977 年，卡尔松发表了《论量化景观美的可能性》，这是他关于环境美学的第一篇重要论文。1979年，卡尔松的《欣赏与自然环境》标志着早期环境美学的正式建立。

20世纪80年代

35. 环境保护思潮(确立纲要)：各种国际纲要纷纷出台。1980年，《世界自然资源保护大纲》发布，之后世界各国很快根据各国国情制定本国的自然保护纲要。1982年10月28日，《世界大自然宪章》颁布。1992年巴西里约热内卢的第一次"地球高峰会议"通过的《里约环境与发展宣言》和《21世纪议程》是两个全世界进行环境保护的纲领性文件。

36. 环境设计(提出纲领)：1981年，国际建筑师协会第十四届世界会议顺应20世纪70～80年代对环境问题普遍重视的历史潮流，把主题定为"建筑·人·环境"，并通过了《华沙宣言》。《华沙宣言》在沿用《马丘比丘宪章》观点的基础上，提高了环境的重要性。在强调人和社会的发展以及规划和建筑学科作用和职责的同时，尤为关注环境的建设和发展，强调对城市综合环境的认识，并且将环境意识视为考虑人和建筑的一项重要的因素。

37. 环境设计(转向)：80年代早期，理查德·福尔曼(Richard Forman)和米切尔·戈登(Michel Godron)合作完成了《景观生态学》(Landscape Ecology)，对环境设计界影响巨大。卡尔·斯坦尼兹称环境设计界的"整个80年代是生物学家、地理学家和规划设计师紧密合作的年代"。但是环境设计界也注意到片面强调科学的局限性，生态设计向艺术回归的呼声日益高涨。

38. 环境心理学(成熟)：1981年，《环境心理学杂志》在英国出版，它与1969年于美国创刊的《环境与行为》杂志(条目15)一起，成为这一研究领域的两种权威学术研究期刊。1981年《人类行为与环境：理论和研究进展》这套系列丛书出版是环境心理学领域的又一个具有重大意义的里程碑事件。1982年，日本"人间"环境学会成立，专事环境行为关系的研究。在1987年的后期，又有另一套题为《环境、行为与设计心理学》的丛书出版。由斯陶克(Stokols)和奥曼(Altman)主编的《环境心理学手册》也在1987年面世。

39. 环境美学(高涨)：20世纪80年代以来，环境美学发展迅速。70和80年代组织的美学会议——尤其是1984年在蒙特利尔的会议，其中的一个主题就是"环境美学"。从将利奥波德的"生态整体观"作为环境美学的重要原则，以及将生态现象学引进环境美学，"参与美学"的提出及其对康德"静观美学"的颠覆，环境美学越走越远，成为美学领域的一场重要革命。

40. 环境伦理学（成熟）：1988年，被誉为"环境伦理学之父"的西方环境伦理学的代表人物，美国科罗拉多州立大学教授罗尔斯顿（Holmes Rolston）的《环境伦理学：大自然的价值以及人对大自然的义务》出版，试图从价值观和伦理信念的角度为人们解决环境保护问题提供价值指导。

41. 生态建筑学（焦点的转变）：进入20世纪80年代，大范围的环境污染和破坏已殃及世界各地，环境和生态保护成为生态建筑学讨论和关注的焦点。

42. 注重环境的艺术流派（国际共识）：德国的公共艺术办法于1978年9月通过，条例具有相当的强制性，比如任何公共建筑，包括景观、地下工程等需预留一定比例的公共艺术经费。除建筑物的百分比经费外，政府每年也需拨一笔基金供"都市空间艺术经费"，与公共艺术委员会共同决定公共艺术的设置点，目标任务以及施行办法等。20世纪80年代的英国，在城市和乡镇重建和社会环境改造过程中，一些从事公共艺术的机构应运而生，出现了诸如"公共艺术发展信托机构"，"艺术天使信托机构"等等，进行公共艺术的代理和相关活动。日本在20世纪80年代中期开始立法，将建筑预算的1%作为景观艺术的建设费用。在城市公共艺术的设立和社会公共环境的管理方面，还有非常详细的规定。至1989年，美国"国家艺术基金会"的预算达到1.69亿，23年中增长了70倍。

20世纪90年代

43. 环境保护思潮（高潮之二）：1992年，里约热内卢举行的联合国环境与发展会议，标志着世界环境保护运动进入了一个新的阶段。178个国家代表团、118位政府首脑出席，是联合国成立以来规模最大、级别最高、人数最多、影响深远的一次空前的国际性盛会。会议通过了《地球宪章》、《21世纪议程》、《气候变化公约》和《保护生物多样性公约》四个重要文件，成为新时代举世瞩目的事件。联合国的行动标志着环境保护成为国际社会的中心议题和世界性主题，全球一致行动保护环境成为世界性潮流。

44. 环境保护思潮(全球性)：据统计，至 1992 年，美国已有大约 1 万多个各种各样的非政府环境保护组织，其中 10 个最大的组织的成员已从 1965 年的 50 万人增至 1990 年的 720 万人。更重要的是，"环境保护主义"已经成为一个广为接受的社会思潮，而不单单是一个口号了。

45. 环境伦理学(全球性)：1990 年，威斯特拉与罗尔斯顿等人成立国际环境伦理学学会，对环境伦理学研究产生较大影响。1992 年《环境价值》在英国创刊，成为继《环境伦理学》之后的第二家按专家审查制度运作的学术刊物。拓展环境伦理学领域成为 20 世纪 90 年代以来环境伦理学的一个重要特征。另外，环境问题的全球性质也决定了环境伦理学的研究必然成为全球行动。

46. 环境心理学 (全球性)：荷兰心理学家 Charles Vlek 总结了当前世界范围内环境心理学的主要研究课题：1. 人对环境的知觉、认识和评价；2. 环境危险知觉、压力和生活质量；3. 环境研究中的认知、动机和社会因素；4. 可持续发展行为、生活方式和组织文化；5. 改变非可持续发展行为模式的方式和方法；6. 支持环境政策的形成和做出决策。

47. 环境美学 (成熟)：环境美学领域的诸多重要专著都集中在 20 世纪 90 年代出版。1992 年，柏林特所著的《环境美学》出版，其主编的《环境与艺术：环境美学的多维视角》于 2002 年出版。1993 年，瑟帕玛写于 1986 年的主要著作《环境之美》出版。艾伦·卡尔松所写的《环境美学》于 1998 年出版。环境美学的理论日益丰满与成熟，被西方学术界承认是与艺术美学、日常生活美学相并立的当代三大美学维度之重要一维。

48. 生态建筑学(全球性)：20 世纪 90 年代，美国建筑界的环境意识越来越强烈，产生了强调建筑应该具有包含自然环境生态功能的所谓"环境派"，比较典型和突出的环境派建筑设计集团是美国的"赛特(Site)设计事务所"，还有一些西方建筑家在设计上非常注重资源材料的使用，以保证生态环境的净化。美国建筑家彼得·福布斯(Peter Forbes)等人就是这个流派的代表，这批人也是环境派的重要组成部分之一，具有越来越大的影响。另外，20 世纪 90 年代之后，全方位解决环境生态问题的"可持续发展"理论成为全球共识，环境、生态、资源共同成为世界各界关注的焦点。进入 21 世纪，人、社会、建筑、自然和谐共生与协同发展成为生态建筑学致力的目标。

49. **环境设计（多元化）**：由马里奥·谢赫楠设计，1993年建成的霍奇米尔科公园的岛屿保护工程，是此时生态主义环境设计的代表作品。但是20世纪90年代之后，生态主义并不占统治地位，此时的环境设计呈多元化发展，大致可分为两条线索，受理性抽象艺术影响的野兽主义、立体主义和构成派、未来主义、极简主义等，以及受非理性抽象艺术影响的表现主义、超现实主义、波普主义等。

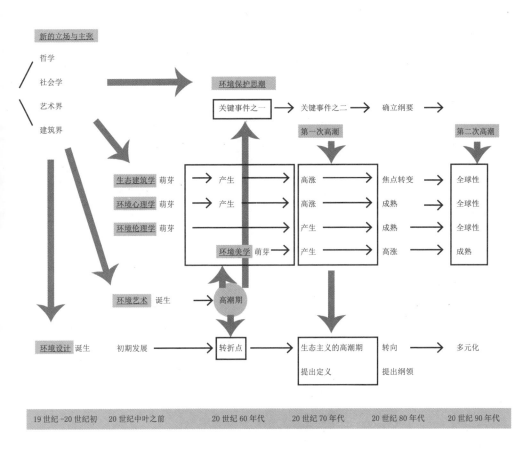

表2-01　国际"环艺"思潮的兴起脉络示意图表

图 2-01　中国环境艺术研究的先锋阵地——《环境艺术》丛书，以汉斯·霍莱因（Hans Hollein）的
作品 Christa Metek 服装店（1967 年）作为创刊号（1988 年）的封面。在 49 ～ 54 页还详细展示了他的
另外两个作品——瑞特狄蜡烛馆（1965 年）和蒙澄拉德巴赫市立美术馆。可见霍莱因对当时中国环
艺界的巨大影响。（图片来自网络）

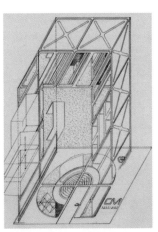

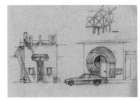

汉斯•霍莱因 (1934-)

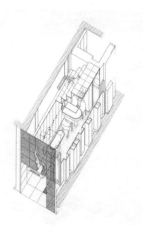

图 2-02 《环境艺术》丛书第二期《商业环境创造》（1991 年）的封面依然是霍莱因的作品——

Schullin 珠宝店(1974 年)。

图 2-03 阿伦·卡普罗（Allan Kaprow）(1927 ～ 2006 年)

阿纳森（H.H.Arnason）称阿伦·卡普罗为"环境艺术"（Art of Environment）的创立者，1986 年。

图 2-04 阿伦•卡普罗的部分"环境艺术"作品。

Yard, 1961 年(左页)

Fluids, 1967 年(左上)

Yard, 1967 年(右上)

Transfer, 1968 年(右下)

Yard, 2009 年(左下)

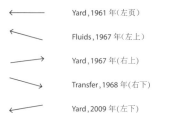

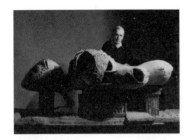

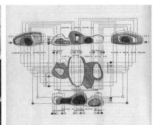

图 2-05　阿纳森把善于幻想的建筑师基斯勒(Frederick Kiesler)(1890 ～ 1965 年)的雕塑展览《最后的审判》(用

稀奇的雕塑造型将展室渲染出阴沉恐怖的教堂)作为对"环境艺术"有贡献的代表作品。图为基斯勒的部分作品。

← Ascending and Descending，1960 年

→ Waterfall，1961 年

图 2-06 于正伦的著作《城市环境艺术》（1990 年），在扉页中大幅展示了埃舍尔
（M.C.Escher）的作品。埃舍尔矛盾空间的理论哲学，以其严谨的逻辑构思与多元的创作
空间，对当时的环艺界产生了深刻的影响。

M.C.Escher（1898 ～ 1972 年）

127

图2-07（a） M.威廉姆斯（Michael Willams）对希区柯克（Alfred Hitchcock）的

《惊魂记》（Psycho，1960年）经典情节"浴室凶杀"进行的建筑性分析。

图 2-07(b)　1988 年，《环境艺术》创刊号上发表的 D. 道兹（Dariel Doz ），M. 威廉姆斯与张永和对于虚拟环境的研究成果——《电影与建筑》，如今看来仍具有先锋性。

← 《惊魂记》，Psycho，1960 年

← 《闪灵》，The Shining，1980 年

← 《电话谋杀案》，Dial M for Murder，1954 年

图 2-08 乔•伯科威茨（Joe Berkowitzd），*The Architecture of Filmmaking* 的

部分插图——为电影中的经典场景绘制的平面图。

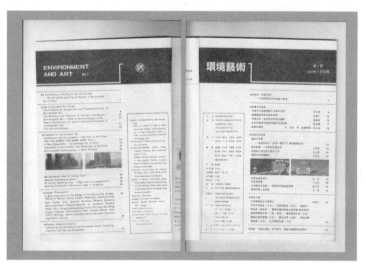

图 2-09（a） 1988 年 6 月,综合性学术丛刊《环境艺术》创刊,成为环境艺术研究的先锋阵地。(详见大事记 2,条目 12)

图为《环境艺术》的封面和目录页。

图 2-09（b）《环境艺术》的封面、目录页和部分内页。

大事记 2

– 中国"环艺"发展脉络 –

64 则

□ 图 / 文 高珊珊

词条检索：

一、中国的环境保护运动

1(开始形成)、15(颁布法规)、32(制定国策)、33(民间的回应)、35(环保主义者的艺术尝试)、40(政府的积极努力)、50(民间组织的蓬勃发展)、54(环保与艺术结盟)、63(环保与艺术更深入的结合)

二、环境思想与学科的引入与发展

5(环境心理学引入)、9(生态建筑学引入)、29(环境美学引入)、30(环境心理学高涨)、31(环境伦理学高涨)、37(环境美学高涨)、38(生态建筑学高涨)

三、85 美术运动(1985 ～ 1989 年)

2(萌芽)、7(开端)、16(高潮与截止)、20(后续说明)

四、促进环境意识的社会事件

3(首都机场人体壁画事件)、18(亚运会)、19(圆明园艺术家村)、24(南方谈话)、34(红伞事件)、36(国家大剧院方案征集风波)、39(798 艺术区)、42(圆明园铺膜事件)、43(吉化苯污染事件)、48(长城脚下的公社)、51(北京奥运会)、55(上海世博会)、58(PM2.5 事件)、59(王澍获奖事件)

五、环境艺术思潮(1985 ～ 1991 年)

4(萌芽)、8(开端)、10(讨论与传播的高潮期)、12(两个重要会议)、13(建立核心阵地与学术组织)、17(影响力持续扩大)、21(后期的动态)、22(衰落与终结)、23(后续关于"山水城市"的讨论)

六、"环境艺术设计"

6(萌芽)、11(提出申请)、14(成为专业)、25(偏离轨迹的发展)、26(成立组织)、27(理论著作的简要说明)、41(环艺界参加国际性展览)、45(环境意识的复苏)、47(由环艺主导整体设计)、49(迅速扩大的规模与热烈的评选活动)、52(反思与突破)、53(开始出现艺术性的实践)、57(更名与持续膨胀)、60(成为研究对象)、62(新探索的展开)、64(成为文献)

七、当代艺术中的环境实践

28(环境意识的传承)、44(个案 1)、45(个案 2)、54(环保与艺术结盟)、56(文献价值)、61(持续的高涨)、63(环保与艺术更深入的结合)

1985 年之前

1. <u>中国的环境保护运动（开始形成）</u>：中国的现代环境保护意识的形成源于20世纪60～70年代西方环境保护思想的启蒙（大事记1，条目10、17、18、24、25、26、35、43、44）。1972年中国参与联合国斯德哥尔摩环境会议（大事记1，条目25），其主要成果《人类环境宣言》在世界各地引起了巨大的反响。1979年 9月，第五届全国人大常委会第十一次会议通过了《中华人民共和国环境保护法（试行）》。其中规定：国务院设立环境保护机构，各省、自治区、直辖市设立环境保护局。市、自治州、县、自治县根据需要设立环境保护机构。1982年，在城乡建设环境保护部设立环境保护局，同年颁布了《中华人民共和国文物保护法》。

2. <u>85 美术运动(萌芽)</u>：1979 年，星星美展之后，西方现代主义艺术思潮开始深刻影响中国的艺术家。年轻一代的艺术家，经历过"文革"，又受过专业的学院教育，逐渐对当时流行的陈旧写实主义路线和艺术与政治"关系暧昧"感到不满，开始"冲破社会现实主义几十年的束缚，重塑自身的艺术"，同时也对官僚的美展机制提出了挑战。另外一个85美术运动的"导火线"是 1984 年为庆祝新中国成立 35 周年举办的"第六届全国美展"，这是当时有史以来国内最大的美展，也是一个开放的标志。伴随着保守的社会风气松动，一场先锋的美术运动在不断酝酿中。

3. <u>促进环境意识的社会事件(首都机场人体壁画事件)</u>：1979 年，首都国际机场(即现在的 1 号航站楼)的一幅名为《泼水节——生命的赞歌》壁画引起轩然大波。壁画是当代艺术和空间环境相结合的最直接的方式，在长约 27 米，宽约 3.4 米的墙上赫然出现了两个裸女，这是中国艺术界第一次在公共场合里出现人体。非议之下，《泼水节》被用三合板做的一堵假墙体遮得严严实实，直到 1990 年才意外"重见天日"。

4. <u>环境艺术思潮（萌芽）</u>：1981 年 5 月，《世界建筑》刊载了国际建筑师协会第十四届世界会议上的《华沙宣言》(大事记 1，条目 36)。中国建筑界开始意识到环境问题的重要性。1983 年，钱学森发表了园林艺术是我国创立的独立部门，奠定了中国园林在世界艺术中的地位。1984 年，贝聿铭设计的北京香山饭店完成，引起国内外的广泛关注和讨论，对建筑中如何体现环境意识以及环境哲学理念在建筑设计中的具体运用起到了示范作用。

5. 环境思想与学科的引入与发展（环境心理学引入）：1983 年 3 月，《世界建筑》发表胡正凡的《环境心理学与环境行为研究》，阐述了环境心理学在建筑学中的运用，把环境心理学（大事记 1，条目 6、21、27、38、46）的理论引入中国。此后，中国开始出现一些关于环境心理学的初步研究，但一直到 90 年代初，该领域的书籍和文章都很少。

6. "环境艺术设计"（萌芽）：1982 年中央工艺美术学院的奚小彭教授在室内设计专业讲授《公共建筑室内装修设计》课程时明确指出："要用发展的眼光看，我主张从现在起我们这个专业就应该着手准备向环境艺术这个方向发展。"首次提出室内设计系应该向环境艺术方向发展。

1985 年

7. 85美术运动（开端）：1985年是85美术运动的开端，这是中国现代艺术史中第一次全国规模的前卫艺术运动，对中国当代艺术影响深远。1985～1989年，这一后来被称作"85新潮"的时期，标志着中国当代艺术的诞生和文化转型的开始，是中国艺术史上的一次创作高潮和重要转折点，一批具有世界影响力的作品和艺术家纷纷涌现，从此影响和改变了中国艺术的走向和格局及其与世界艺术的关系。"85新潮"是由当时中国艺术研究院美术研究所的一些批评家命名的，这些批评家以美研所主办的《中国美术报》为主要阵地，在1985～1989年的四年间，不断介绍欧美现代艺术，并在头版头条上介绍年轻一代的前卫艺术。除了《中国美术报》，还有一些具有前卫意识的学术报刊，如《美术思潮》、《画家》等应运而生，而资格更老一些的学术刊物，如《美术》、《江苏画刊》、《美术研究》等则开辟了相当多的版面关注新潮美术，这在新中国的历史上绝无仅有。严格地说，"85新潮"并非一个艺术流派，主要是一场艺术运动。这个运动实际上也是在20世纪80年代精英文化运动的社会大潮的一个支流。

8. 环境艺术思潮（开端）：这一年，环境艺术思潮跟随着 85 美术运动的脚步热烈展开。1985 年创刊，作为 85 美术运动主要阵地的《中国美术报》，辟有"环境艺术"专版，为研讨与宣传环境艺术提供了平台，团结了一批有志于环境艺术理论和实践的各界人士。10 月12 日，《中国美术报》发表了一组关于环境艺术的文章，编者按："最广泛地与人民接触的莫过于环境艺术"。同年 12 月，《中国美术报》还专门发布了"环境艺术专号"，编者按："艺术最深刻的变革之一，就是它不再是艺术家'沙龙'中的宠物。"由此掀起了艺术界对环境艺术研讨的热潮。建筑界方面，中国建筑学会在北京召开了"中青年建筑师座谈会"，对于"建筑师华沙宣言"有了更为深刻的认识，建筑作为环境艺术的性质在会上引起广泛重视。

9. 环境思想与学科的引入与发展（生态建筑学引入）：20世纪80年代，顾孟潮在国内首先提出"未来是生态建筑学时代"的观点。1985年，高亦兰首次介绍了保罗·索勒瑞及其生态建筑学理论（大事记1，条目5、19、32、41、48），把生态建筑学引入中国，并指导学生以荒漠地区为例，进行了对建筑形式与气候关系的研究。

1986 年

10. 环境艺术思潮（讨论与传播的高潮期）：1986年是环境艺术思潮高涨的一年，不仅各个领域内部对环境艺术的研究与讨论更加深入与广泛，而且还实现了跨界的讨论与大众的传播。在1986年年初，《中国美术报》首当其冲，组织了建筑与美术界部分学者的座谈会，首次实现了环境艺术在艺术界和建筑界的跨界讨论。美术界方面，同年3月，《美术》杂志继《中国美术报》之后，发布环境艺术专号。此后，美术界许多重要刊物相继推出环境艺术专号，对环境艺术的讨论热烈展开。建筑界方面，6月，《建筑学报》组织了环境设计专刊。之后，研究环境艺术的热潮在建筑界兴起。8月22日，在顾孟潮和王明贤的推动下，"中国当代建筑文化沙龙"成立，并开始把"环境"问题深化、理论化。这个全国性建筑理论民间学术组织凝聚了一批对于当代中国建筑文化有责任心的同仁（包括建筑师、美术家、哲学家、媒体工作者等），以"新时期、环境、后现代"主题为学术活动的重点。另外，在1986年年底，电视系列片《环境艺术》（共六集）开始陆续播出，受到建筑界、美术界、电视界的关注，使深奥的理论问题与大众有了见面机会。

11. "环境艺术设计"（提出申请）：1986年，作为中国环境艺术设计专业的创建人及学术带头人的张绮曼教授根据中国建设发展的需要，向教育部提出建立中国环境艺术设计专业的申请。

1987 年

12. 环境艺术思潮（两个重要会议）：1987年，环境艺术领域举办了两个重要会议。第一个是1987年2月12日，由《中国美术报》主办，在北京召开的"环境艺术讨论会"。这是我国第一次专门的环境艺术学术讨论会。在会上，专家指出开创中国现代环境艺术体系的任务迫在眉睫，呼吁设置文化环境的管理机构，建立相应的法规制度，组成更强有力的横向联合体。第二个是 1987 年 6 月，在天津举行的"城市环境美的创造"学术研讨会。这次会议吸引了各地建筑、美术、文化和社会科学等各个领域专家和工作者 70 余人出席，共同讨论环境艺术问题，它也是国内首次以一个大城市建设为背景的高层次、多视角的学术讨论会。会后，将会上 35 篇论文汇集成《城市环境美的创造》一书，作为美学丛书的一册，1989年 7 月由中国社会科学院出版社出版。

1988 年

13. 环境艺术思潮（建立核心阵地与学术组织）：1988 年 6 月，综合性学术丛刊《环境艺术》创刊，发布笔谈会——《中国环境艺术的崛起与展望》，成为环境艺术研究的先锋阵地。该刊以城市环境艺术与功能研究为重点，由建设部城市建设研究院主办、中国城市经济出版社出版。并且，仍是在 6 月，在各位专家的呼吁声中（条目 11），中国环境艺术学会（筹）宣告成立。另外，建筑界研究环境艺术的重要组织"中国当代建筑文化沙龙"（条目 9）于 1988 年开始与美术界建立直接联系。

14. "环境艺术设计"（成为专业）：1988 年，教育部正式批准在中国高校专业目录中增设"环境艺术设计"专业。中央工艺美术学院"室内设计系"率先扩大专业，改名为"环境艺术设计系"。4 月，中央工艺美术学院环境艺术研究设计所成立。随后，全国各地相关院校相继设立了环艺专业，招生人数不断扩大。国家也顺势调整普通高等学校专业目录，环境艺术设计成为二级学科艺术设计之下的专业方向。

1989 年

15. 中国的环境保护运动（颁布法规）：1989 年 12 月 26 日，《中华人民共和国环境保护法》颁布，对中国的环境保护运动的开展与环境意识的推广起到了重要的作用。

16. 85 美术运动（高潮与截止）：1989 年 2 月在中国美术馆举办的"中国现代艺术展"展出了"中国第一代当代艺术家最重要的代表作"，把 85 美术运动推向了高潮，并以当时尚是浙江美术学院学生的女艺术家肖鲁的开枪作品事件收场。

17. **环境艺术思潮(影响力持续扩大)：** 1989 年 6 月 23 日，由中国艺术研究院、中国当代建筑文化沙龙、中国环境艺术学会(筹)举办的"中国 80 年代建筑艺术优秀作品评选"结果揭晓，中国国际展览中心等 10 项入选，在海内外引起很大反响。10 月中旬，中国城市科学研究会召开了"全国城市环境美学问题学术研讨会"，这次会议从多学科角度探讨了城市环境美学问题。1989 年年末，关于"环境艺术"的学术研讨会扩展到环境保护系统。另一个重要事件是同济大学的冯纪忠教授在杭州做了名为《人与自然：从比较园林史看建筑发展趋势》的演讲，从哲学的高度把中外的园林做了比较。《当代建筑文化与美学》和《中国建筑评叙与展望》均在 1989 年出版。

1990 ～ 2000 年

18. **促进环境意识的社会事件（亚运会）：** 第 11 届亚运会于 1990 年 9 月 22 日～ 10 月 7 日在中国北京举行。这是中国举办的第一次综合性的国际体育大赛，来自亚奥理事会成员的 37 个国家和地区的体育代表团的 6578 人参加了这届亚运会。亚运会的承办和历时 4 年、投资 20 多个亿建设亚运村和相关城市改造，使北京城市环境得到大幅度的提高。

19. **促进环境意识的社会事件（圆明园艺术家村）：** 80 年代末，先后毕业于北京一些艺术院校的华庆、张大力、牟森、高波、张念、康木等人，主动放弃国家的分配，以"盲流"身份寄住在圆明园附近的娄斗桥一带，成了京城较早的一拨流浪艺术家。1990 年，曾经参与报道京城流浪艺术家的《中国美术报》原工作人员田彬、丁方等人，因其报社解体，也都纷纷撤退出来，与同方力钧、伊灵等艺术家一起迁到了福缘门村画画，从而形成了一个艺术家聚集的中心，拉开了"圆明园艺术家村"的历史序幕。圆明园艺术家村的兴起为之后各个艺术基地的建立和对于环境问题的关注埋下了伏笔。1995 年，圆明园艺术家村被取缔。

20. **85 美术运动(后续说明)：** 进入 20 世纪 90 年代之后，现代艺术一度变成边缘化、地下化的运动，官方的美术馆、艺术杂志、美术学院基本上不接受前卫艺术，尤其是像装置、行为艺术等。直到 2000 年的上海双年展才又开始一定程度地接受各种新艺术形式。这些形式像装置、行为艺术、观念艺术实际上在国外也早就不"新"了。

21. **环境艺术思潮(后期的动态)：** 1990 年，中国建设文化艺术协会环境艺术委员会成立。会长周干峙，副会长顾孟潮、张绮曼、马国馨，秘书长王明贤。曾多次组织环境艺术的艺术活动,特别是"90年代中国环境艺术优秀作品评选"影响较大。6月,于正伦的著作《城市环境艺术——景观与设施》出版,对于环境艺术的观念、构成、分类、相关理论、设计手法、发展趋势等问题进行了系统的论述。同年7月31日,钱学森致吴良镛信,提出创立"山水城市"概念,这是关于"山水城市"的最早构想。

22. 环境艺术思潮(衰落与终结):在改革开放的影响下,在建设高峰期的巨大需求中,与设计相结合的环境艺术跟建设捆绑过度紧密,转变成为务实的设计活动,投入机会主义的实践之中。1991年9月,环境艺术丛书第二册《商业环境创造》出版之后停刊,标志着环境艺术作为文化思潮的衰落与终结。但其传播的具有当代性的环境意识,对建筑界和美术学之后的设计与创作产生了深远的影响,并激发了中国环境伦理学、环境心理学、环境美学等相关文化学科的发展与高涨。高名潞在同年编写的《中国当代美术史:1985-1986》中指出,中国的环境艺术是中国现代文化的产物,与反艺术思想有一定联系,是现代美学视野扩张的一种表现。在艺术理论界,环境艺术思潮被视为85美术运动的成果之一。2008年1月,由高名潞、周彦、王小箭、舒群、王明贤、童滇编著的《85美术运动》,在第六章"80年代的建筑思潮"中的第二节,专门谈到"现代环境艺术观念的兴起"专题。

23. 环境艺术思潮(后续关于"山水城市"的讨论):20世纪90年代之后,钱学森提出的"山水城市"概念成为环境艺术领域关于21世纪社会主义中国城市发展模式讨论中的最强音。1992年10月2日,钱学森致顾孟潮信,提出"把整个城市建成一座超大型园林即山水城市的问题"。1993年2月27日,钱学森在山水城市座谈会上,做了"社会主义中国应该建山水城市"为题的书面发言。1996年6月,钱学森会见建筑界人士,提出把建筑科学作为现代科学技术体系的第十一个大部门列入,并强调"建筑科学的关键在环境"。山水城市的相关的著作是《杰出科学家钱学森论城市学与山水城市》和《杰出科学家钱学森论山水城市学与建筑科学》两本书。前者1994年9月初版,1996年5月增订版;后者1999年6月出版。2001年6月,又出版了《论宏观建筑与微观建筑》一书,此书仅收入钱老的有关城市与建筑的论著,并辅以必要的注释。2009年5月,《钱学森建筑科学思想探微》出版。

24. 促进环境意识的社会事件(南方谈话):1992年1月20日,在国贸顶楼的旋转餐厅,88岁的邓小平发表了著名的南方谈话,"改革开放胆子要大一些,敢于试验,不能像小脚女人一样。看准了的,就大胆地试,大胆地闯。深圳的重要经验就是敢闯。没有一点闯的精神,没有一点'冒'的精神,没有一股气呀、劲呀,就走不出一条好路,走不出一条新路,就干不出新的事业。不冒点风险,办什么事情都有百分之百的把握,万无一失,谁敢说这样的话?一开始就自以为是,认为百分之百正确,没那么回事,我就从来没有那么认为。不搞争论,是我的一个发明。不争论,是为了争取时间干。一争论就复杂了,把时间都争掉了,什么也干不成。不争论,大胆地试,大胆地闯。"

25. <u>"环境艺术设计"(偏离轨迹的发展)</u>:20 世纪 90 年代,环境艺术设计领域涌现出大批设计项目与作品。但这些务实的设计实践基本扬弃了 80 年代后期轰轰烈烈地环境艺术思潮的初衷,其中的环境意识与艺术气质是非常薄弱的。

26. <u>"环境艺术设计"(成立组织)</u>:1992 年 10 月 8 日,中国建设文化艺术协会环境艺术委员会注册成立(民政部《社证字第 4112-8 号》),标志着我国环境艺术行业开始在全国有组织、有计划地开展环境艺术的研究和实践工作。1994 年,环境艺术委员会举办了"中国当代环境艺术评选活动"。评选出 1984 ~ 1994 年中国环境艺术优秀项目 10 个、提名奖 11 个。

27. <u>"环境艺术设计"(理论著作的简要说明)</u>:1991 年 6 月,由张绮曼和郑曙旸主编的《室内设计资料集》出版,成为环艺设计的师生和从业人员非常重要的参考资料。1995 年至今,以《环境艺术设计》为名的著作与教材前后出版了十多本,如邓庆尧(1995 年)、王朋(1998 年)、张朝军(2001 年)、张绮曼(1996、2003 年)、李砚祖(2005 年)、郑曙旸(2007 年)等等,不同作者所述内容差异巨大。在 1997 年和 2000 年,还分别出版了两册《环境艺术设计资料集》。以上各个出版物重点基本都在于梳理与总结,但是至今,"环境艺术设计"也没有形成统一明确的定义和完善的理论系统。"环境艺术设计"领域在 20 世纪 90 年代对环境意识的探讨与研究基本处于停滞状态。

28. <u>当代艺术中的环境实践(环境意识的传承)</u>:20 世纪 90 年代,越来越多的艺术家介入关注环境的创作,尝试在艺术创造中进行环境意识的探讨。此时作为环境艺术思潮的精神所在,具有当代性与先锋性的环境意识,主要通过当代艺术中的环境实践传承下来。最著名的是 1995 年,一群来自北京"东村"的艺术家(王世华、苍鑫、高炀、左小祖咒、马宗垠、张洹、马六明、张彬彬、朱冥、段英梅)共同创作的作品《为无名山增高一米》。它营造了一个诡异而又充满辩证张力的"场所",传达出人与自然、当代艺术与中国社会的关系,成为中国当代艺术在 20 世纪 90 年代的代表作之一而蜚声海外。此外还有 1994 年,艺术家陈强到青海以独特的艺术方式策划的大型观念艺术作品《黄河的渡过》,1995 年在成都举办的标举环保意识的行为艺术活动《水的保护者》,舒勇在 1998 年的作品《地球在流血》等等。

29. <u>环境思想与学科的引入与发展（环境美学引入）</u>：环境美学最早被介绍到中国源于 1992 年,《国外社会科学》第 11、12 期刊发俄国学者曼科夫斯卡亚的文章《国外生态美学》,对西方环境美学理论的介绍。对我国生态美学的提出产生了一定影响。环境美学真正加快在中国传播的步伐是在进入新世纪以后。

30. <u>环境思想与学科的引入与发展（环境心理学高涨）</u>：1993 年是中国环境心理学领域很重要的一年。6 月,常怀生教授等人联名在上海《大众心理学》杂志上发表名为《关于促进建筑环境心理学学科发展的倡议书》,促进了环境心理学学科的发展。4 月,英国著名环境心理学家戴维·坎特（David Canter）应邀来中国讲学。7 月,第一次"建筑学与心理学"学术研讨在吉林市召开。12 月,《建筑师》杂志第 55 期专门为这次会议出版了一期专刊。1993 年之后,中国环境心理学的研究开始加快了步伐。1995 年,第二次"建筑与心理学"学术会议在大连召开,会上正式成立了"中国建筑环境心理学学会"（2000 年更名为"中国环境行为学会"）。此后基本上每两年在各地轮流召开一次学术研讨会。科研论文的定期交流和环境心理学基本知识在高校的系统传授,促进了此学科在中国的发展。

31. <u>环境思想与学科的引入与发展（环境伦理学高涨）</u>：1994 年,在中国伦理学会下成立了环境伦理学专业委员会,而 1998 年中国自然辩证法研究会下环境哲学专业委员会的成立,则表明了这一领域研究队伍的壮大,研究范围和目标的进一步拓展。

32. <u>中国的环境保护运动（制定国策）</u>：1992 年,联合国环境与发展会议通过了《地球宪章》、《环境与发展宣言》、《21 世纪议程》等纲领性文件,达成《气候变化框架公约》、《生物多样性保护公约》等框架公约（大事记 1,条目 43）。中国作为与会国,率先制定了《21 世纪议程》并将可持续发展和科教兴国确定为我国的基本国策。

33. <u>中国的环境保护运动（民间的回应）</u>：1993 年 6 月 5 日,围绕第 20 个世界环境日,一批青年环境工作者发起了"中国青年环境论坛"。在首届学术年会上发表了《中国青年绿色宣言》,其核心思想是"人类需要对其思想和行为发动一场深刻变革,并建立新的技术体系、新的生产体系,将漠视自然的传统文明形态转变为以尊重自然和保护自然为重要特征的新文明形态。"1994 年，中国最早的民间环保团体"自然之友"成立。不少国际民间环保团体也在中国设立了分支机构，比如绿色和平组织。1990～1995 年，在北京、上海、天津、吉林和四川等地成立了中国大学校园里最早的一批学生环境保护社团。1995 年底至 1996 年，第一届大学生绿色营围绕滇金丝猴的保护展开。跨校际的大学生绿色论坛成立。

34. 促进环境意识的社会事件(红伞事件)：1994 年底，发生在天津的游客偷抢装置在公园等处的"红伞事件"轰动一时。由上万把红伞装置在公园等处的"红伞景观"，是一件鲜活的大地艺术作品，游客对于放置于公共环境中的艺术作品的态度，引发社会对公共道德的思考。

35. 中国的环境保护运动（环保主义者的艺术尝试）：20 世纪 90 年代末期，环境保护者们开始探索环境保护的创新形式，此时出现的环保主义者的行为艺术作品，虽然略显粗糙，但却是环保与艺术相结合的开端，也可以称为环境艺术的新探索。1998 年 8 月 14 日，美国水的保护者、环境科学教育家贝西•达蒙女士来到中国，与中国环境科教工作者携手展开了水质保护的科教活动。期间，他们围绕一些被污染的河流的治理工程，举行了一系列别具一格的"环保科教行为活动"。他们通过把绿色的颜料刷在自己的赤脚上，沿石梯而下，使自己绿色的脚印印在河堤上，借此告诉人们：只有大家共同来保护这些河流的水资源，使水早日由浊变清，人们才可以重新回到清爽的水中自由游玩。贝西还和中国的环境科学教育工作者们把一盆盆盛满被污染河流河水的盆子放在大街旁，备上白毛巾和香皂，请路人洗脸。他们的行为既是带有艺术性质的环保行为活动，亦是带有科学性质的行为艺术活动。

2000～2010 年

36. 促进环境意识的社会事件(国家大剧院方案征集风波)：1998 年 4 月，国家大剧院开始国际招标。1999 年 8 月，法国建筑师安德鲁领导的巴黎机场公司与清华大学合作获选为建设方案。2000 年 4 月 1 日，国家大剧院破土动工，但因有反对意见存在，开工仪式最后一分钟被取消。2000 年 6 月 10 日，在北京召开两院院士大会期间，何祚庥、吴良镛等 49 名两院院士严厉批评并反对国家大剧院建设方案，认为这项工程存在许多严重缺陷，建议中央缓建国家大剧院，并对设计方案展开公开讨论。2000 年 7 月，大剧院"停工待命"，应专家们的要求进行"重新论证"，反对者参与研讨。2001 年 12 月 13 日，经过三年半的争议和修改,国家大剧院设计方案经国家计划委员会批准后正式开工。

37. 环境思想与学科的引入与发展（环境美学高涨）：2004 年是中国环境美学领域很重要的一年。"美与当代生活方式研讨会"在武汉大学召开,著名环境美学家柏林特、瑟帕玛和数十位不同领域的环境美学研究者参加了会议,开始了西方环境美学和中国生态美学的对话。同年,张敏、赵红梅和张文涛分别述评了柏林特、拉尔松和瑟帕玛的环境美学思想。彭锋的论文《环境美学的兴起于自然美的难题》《环境美学的审美模式分析》介绍了作为环境美学焦点问题之一的自然鉴赏模式问题,并提出自己的观点。陈望衡在 2006 ～ 2007 年接连发表了《自然与文化的统一——环境美学的新视界》《环境伦理与环境美学》《环境美学的兴起》等文章,提出一些有价值的观点,可以视为西方环境美学推动下的中国环境美学研究。之后,国内对于环境美学的研究越来越多,逐渐丰满与成熟。

38. 环境思想与学科的引入与发展（生态建筑学高涨）：2000 年前后生态建筑逐渐成为讨论热点。相关专家在北方严寒地带节能研究、广州人工湿地试点研究、海口热带滨海城市塑造、西北地区窑洞的改造以及生态城市的规划、夏热冬冷地带建筑节能、掩土建筑、太阳房等方面的研究,显示了我国在生态建筑研究上付出的努力。此外诸如"2009 国际生态城市建设论坛"、"2009 国际宜居城市暨生态建筑技术研讨会"等的召开,推动了生态建筑学领域的技术交流。

39. 促进环境意识的社会事件（798 艺术区）：2000 年 12 月,北京原 700 厂、706 厂、707 厂、718 厂、797 厂、798 厂等六家单位整合重组为北京七星华电科技集团有限责任公司。七星集团将这些厂房陆续进行了出租。2002 年 2 月,美国人罗伯特租下了这里 120 平方米的回民食堂,改造成前店后公司的模样。罗伯特是做中国艺术网站的,一些经常与他交往的人也先后看中了这里宽敞的空间和低廉的租金,纷纷租下一些厂房作为工作室或展示空间。"798"艺术家群体的"雪球"就这样滚了起来。由于部分厂房属于典型的现代主义包豪斯风格,整个厂区规划有序,建筑风格独特,吸引了许多艺术家前来工作定居,慢慢形成了今天的 798 艺术区。在这里,空间环境成为个人表达的手段。

40. 中国的环境保护运动（政府的积极努力）：2002 年,十六大提出科学发展观,具体要求如下:可持续发展能力不断增强,生态环境得到改善,资源利用效率显著提高,促进人与自然的和谐,推动社会走上生产发展、生活富裕、生态良好的文明发展道路。2005 年,国家出台了《可再生能源法》。同年,建设部提出建设节能、节材、节水、节地住宅,并出台《公共建筑节能设计标准》。2007 年 6 月,中国公布《中国应对气候变化国家方案》。2008 年,十一届全国人大正式批准在原国家环境保护总局的基础上,成立中华人民共和国环境保护部。

41. **"环境艺术设计"(环艺界参加国际性展览):** 2003 年,苏丹受中国文化部委托携作品"北京渡过"赴巴西圣保罗,参加"第五届巴西圣保罗国际建筑双年展"。在双年展论坛上发表"都市化与非都市化"演讲。中国的环艺界开始参加国际性展览。

42. **促进环境意识的社会事件(圆明园铺膜事件):** 2005 年 2 月圆明园湖底防渗工程开工。3 月 22 日,在北京开会的兰州大学客座教授张正春在圆明园游览时,发现了圆明园的湖底都铺上了防渗膜,他认为该工程会破坏圆明园的生态环境。3 月 30 日各大媒体纷纷报道"圆明园防渗工程"事件。3 月 31 日国家环保总局叫停该项目,责令其依法补办环境影响评价审批手续。4 月初环保总局叫停"圆明园防渗工程"。4 月 13 日国家环保总局召开听证会,要求圆明园管理处补交环评报告。5 月 9 日国家环保总局发最后通牒,限圆明园管理处 40 天内上交环评报告。5 月 13 日国家环保总局点名批评北京师范大学下属环评机构拒绝委托。5 月 17 日清华大学接手圆明园环评工作。6 月 30 日圆明园管理处递交环评报告。

43. **促进环境意识的社会事件(吉化苯污染事件):** 2005 年 11 月 13 日,中石油吉林石化公司双苯厂苯胺车间意外发生爆炸事故,大量苯类污染物流入松花江,给居民的生活带来了严重的影响。尽管中方在此污染事件上采取了及时有效的措施,但中俄双方还是存在着很大的分歧。目前还没有相关的国际公约能够准确地应用到中俄之间的跨国污染问题上。这件事很有可能依赖外交手段得以解决。它涉及国际法上跨国界污染的诸多问题,如跨国界污染的事实及构成要件、国际环境责任主体的认定、责任的形式和原则的适用,环境标准问题等等,引发了对跨界污染的新思考。

44. **当代艺术中的环境实践(个案 1):** 此条目和下一条目以艺术家苍鑫和蔡国强的环境实践为例,从纵向角度简要说明艺术家对环境意识的表达。《为无名山增高一米》的参与者之一苍鑫,是一个非常具有环境意识的当代艺术家,他创作的诸多行为艺术作品都和环境关系十分紧密。比较著名的有从 20 世纪 90 年代中晚期开始实施的,俗称为"舔"的作品《交流计划》(1996 ~ 2005 年)。21 世纪之后,苍鑫在《交流计划》的基础上,进一步完成了《天人合一》(2003 ~ 2006 年)和《融合》(2004 年)等画面开阔、场面宏大、境界中和、意蕴深远的作品,用东方宇宙观和生命哲学探讨人与自然的关系。

45. **当代艺术中的环境实践(个案 2)**:艺术家蔡国强擅长在大型环境空间中的火药和爆破。1991 年初在东京举行的《原初火球》展成就了他的大爆炸,1996 年蔡国强在美国核试验基地开始点燃了他扬名国际的代表作《有蘑菇云的世纪——为二十世纪作的计划》,之后,从 2005 年在西班牙做的《黑彩虹》,2006 年在大都会博物馆晴空中的《晴天黑云》,一直到 2008 年在北京中轴线上空绽放“大脚印”,《历史足迹:为 2008 年北京奥运会开幕式作的焰火计划》,蔡国强的大型爆破作品一直跟环境密切相关,可以说环境是他作品不可或缺的一部分。他自己也评价奥运会的“这次大型的焰火表演让这个开幕式成为一个全体市民可以欣赏的环境艺术作品。”蔡国强在 2013 年 11 月 23 日 ~ 2014 年 5 月 11 日在澳大利亚昆士兰美术馆举办的个展《归去来兮》中,放弃了火药爆破的创作,但依然保持了常惯的环境意识,表达了环境问题的困扰。

46. **“环境艺术设计”(环境意识的复苏)**:21 世纪以来,“生态”与“绿色”等理念成为世界发展的主流,中国的环境保护运动和环境伦理学、环境心理学、环境美学等环境相关学科蓬勃发展,再加上建筑界和艺术界日益增多与成熟的环境实践,设计实践领域的环境意识开始复苏。唐山南湖公园的设计是一个得到国际认可的环境实践。唐山从 1996 年开始,用 7 年时间对南部采煤下沉区实施可持续发展的生态环境治理,形成独具特色的南湖公园,成为新唐山的“城市之肺”,并被建设部批准为“国家城市湿地公园”。其宜居的环境引起世界的瞩目与认可,2004 年 7 月,荣获“迪拜国际改善居住环境最佳范例奖”,表明了中国的环境设计实践与国际的接轨。其他还有俞孔坚赞美农业文明的作品沈阳建筑大学稻田校园,王向荣向野口勇致敬的作品厦门海湾公园,朱育帆对工业废弃地桃花源式的改造、上海辰山植物园矿坑花园,庞伟以桑基鱼塘为灵感的对生态思考的作品美的总部大楼景观等,都是比较有代表性的环境艺术的设计实践。

47. **“环境艺术设计”(由环艺主导的整体设计)**:2007 年,集美组的作品“北湖九号”建成。“北湖九号”是北京五环内的一个高尔夫球会所,它是一个由环艺设计师主导的整体设计作品,环艺设计师从策划入手,到建筑规划,再到建筑设计、室内设计,直至其 VI 设计,进行了一系列完整深入的设计工作。

48. "环境艺术设计"（长城脚下的公社）：长城脚下的公社坐落在长城脚下的 8 平方公里的美丽山谷，由 12 名亚洲杰出建筑师设计建造的私人收藏的当代建筑艺术作品，是中国第一个被威尼斯双年展邀请参展并荣获"建筑艺术推动大奖"的建筑作品，同时，用木材和硬纸板制作的参展模型也被法国巴黎的蓬皮杜艺术中心收藏，这是蓬皮杜艺术中心收藏的第一件来自中国的永久性收藏艺术作品。2005 年被美国《商业周刊》评为"中国 10 大新建筑奇迹"之一。在此，建筑成为环境中的一个元素。

49. "环境艺术设计"（迅速扩大的规模与热烈的评选活动）：2005 年 1 月 30 日，中国建设文化艺术协会环境艺术委员会在北京召开了换届大会。建设部批准由环境艺术委员会组织《现代环境艺术体系框架研究》科技项目，在全国范围实施"中国环境艺术示范工程"。同年，首届中国建设环境艺术高峰论坛在北京举办。2008 年，我国环境艺术最高奖项和年度大奖——首届（2008）中国环境艺术奖启动。此时，全国各类高校艺术设计专业中开设环境艺术设计专业方向的超过 500 所。2009 年，第二届（2009）中国环境艺术奖，历时半年评选出 23 个最佳范例奖、35 个最佳奖、13 个杰出贡献奖，获奖人员 485 人次，获奖单位 45 个。同年 12 月，中国环境艺术师（China Environment Art Designer，简称 CEAD）诞生，为我国环境艺术产业化发展奠定了主体。2010 年，首届全国百名优秀环境艺术师评选活动正式开展，187 名环境艺术师荣获优秀艺术师被授予优秀环境艺术师荣誉称号。截至 2011 年 12 月，共有四批 1100 余名环境艺术专业人才取得了环境艺术师称号和《环境艺术师艺术等级证书》。

50. 中国的环境保护运动（民间组织的蓬勃发展）：截至 2007 年，中国有约 2000 个民间的环保组织（NGO）登记注册。大学生环境保护社团从 1997 年的 22 个扩展到 2001 年的 184 个，并进入成熟、科学、理性的阶段。虽然目前中国民间环保运动发展相对比较薄弱，还有来自多方的阻力，但是中国环保运动目前已经取得相当大的成就，而且中国政府的态度也比较明确，认识到环境保护的迫切性，所以民间力量仍然会是推动中国环保的中坚。

51. 促进环境意识的社会事件（北京奥运会）：2008 年北京奥运会（第 29 届夏季奥林匹克运动会）于 2008 年 8 月 8 日 20 时在北京国家体育场——鸟巢开幕，于 2008 年 8 月 24日闭幕。中国政府对北京奥运会的总投资为 351 亿美元，超过了过去 108 年所有奥运会投资的总和。奥运会掀起了比 18 年前的亚运会更大规模的城市建设，使得北京的环境污染防治、生态环境建设、城市交通建设和管理、信息通信建设等方面也借机得到大幅度提高。

52. "环境艺术设计"（反思与突破）：作为美术学院教学与研究方向之一的"环境艺术设计"在经过 20 多年的发展后，培养了一大批环境艺术设计毕业生与从业者（条目 38），但这些数量庞大的执行者普遍存在环境意识薄弱甚至缺失的问题。教学与研究者们出于责任感与使命感，以及对"环境艺术设计"现状的不满和未来的担忧，开始了对"环境艺术设计"的反思与未来发展方向的探讨。以清华大学美术学院环境艺术设计系两届前系主任的努力为例。郑曙旸教授着力于环境艺术设计理论体系的建立，从环境伦理学、环境美学、环境心理学等环境相关学科中吸取养料，把这些相关学科的认知高度和知识构架引入到环境艺术设计当中。郑曙旸教授从业至今，一直致力于环境艺术设计专业的教学、研究与设计，在 2000 年之后，把研究方向定为在可持续发展的概念上。苏丹教授则积极同当代艺术界、同国际环境艺术领域建立联系与交流，探寻环境艺术的先锋精神与本质。

53. "环境艺术设计"（开始出现艺术性的实践）：从 2007 年开始至 2010 年，由北京市文化局和赫尔辛基文化局牵头，清华大学美术学院苏丹教授和赫尔辛基艺术与设计大学哈库里教授一道组织策划"中欧艺术家交流计划"，这个项目是环境艺术领域的艺术实践，先后共有来自中国、芬兰、瑞典、爱沙尼亚、中国台湾的近二十位艺术家参与。这也是一次对中国环艺设计中"去艺术化"思想负面性影响的思考。

54. 中国的环境保护运动 / 当代艺术中的环境实践（环保与艺术结盟）：21 世纪以来，随着艺术家的加入，环保与艺术的结合越来越紧密，作品也趋于成熟。2009 年，北京天安时间当代艺术中心举办了跟生态环境密切相关的"山水：综合艺术视界中的自然生态"首展，涉及物种灭绝、气候变化、环保政治、绿植产业等多个主题。在同期的首场论坛会中，参展艺术家、音乐家、建筑师和环保领域的科学家以及其他不同行业的专业人士共同对话，引起强烈反响。2010 年的第 29 个世界环境日，19 名志愿者在海拔 6000 多米的生命禁区，把象征联合国所有成员国的 192 张婴儿床放置在了长江源头——正在消逝的唐古拉山主峰各拉丹东脚下的姜古迪如冰川前，在近 1000 平方米的冰面（空地）上进行整齐的排列。这个名为《姜古迪如》的环境艺术作品，由中国艺术家艾松创作，环保 NGO 绿色江河"长江源冰川考察队"队员和当地牧民具体实施，是艺术界和环保界的又一次完美的跨界合作。

2010 年至今

55. 促进环境意识的社会事件（上海世博会）：2010 年 5 月 1 日至 10 月 31 日，2010 年上

146

海世界博览会(Expo 2010)，即第 41 届世界博览会在上海举行。此次世博会也是由中国举办的首届世界博览会。以"城市，让生活更美好"(Better City, Better Life)为主题，中国政府总投资为 317.01 亿人民币(世博会运营支出 119.64 亿元，世博会园区主体建设支出 197.37 亿元)，创造了世界博览会史上最大规模纪录。同时 7308 万的参观人数也创下了历届世博之最。

56. 当代艺术中的环境实践（文献价值）：2011 年 1 月 8 日，"漆山文献展——朱青生 22 年漆山档案"在 798 红石广场第零空间开幕。"漆山计划"始于 1988 年，朱青生在北大的一个小院里，在树上绑上许多漆红的瓶子，然后用数年时间种植藤蔓，让枯树带着红瓶长回到自然里去。1997 年，他在怀柔山中又将一块石头漆红。1998 年，他向桂林政府提出申请，计划将一块不在重要风景区内的山石漆红，但最终却未能实现。文献展近五十幅照片和大量的文字档案回顾了朱青生这 22 年的"漆山计划"。

57. "环境艺术设计"（更名与持续膨胀）：教育部取消了"环境艺术设计"专业的科目设置。"环境艺术设计"更名为"环境设计"。至 2010 年，全国开设艺术设计专业的高等院校为 1280 所。其中教育部确定的独立设置的本科艺术院校 31 所，教育部批准的参照独立设置本科艺术院校招生的高校 13 所，教育部直属的设有艺术类专业的院校 65 所。地方高校方面，北京 42 所、陕西 45 所、浙江 39 所、安徽 32 所、天津 21 所、河南 41 所、河北 41 所、山东 50 所、山西 22 所、辽宁 45 所、黑龙江 28 所、吉林 28 所、上海 22 所、重庆 17 所、江苏 51 所、江西 34 所、湖北 56 所、湖南 40 所、广东 48 所、广西 23 所、贵州 19 所、海南 6 所、福建 23 所、四川 34 所、云南 21 所、内蒙古 13 所、甘肃 15 所、宁夏 4 所、青海 2 所、新疆 7 所、西藏 1 所，共计 870 所艺术类院校。这些艺术类院校中大部分都设有环艺专业。从 2008 年的超过 500 所(见大事记 2，条目 48)，到 2010 年的 1280 所，短短两年时间扩大了一倍。

58. 促进环境意识的社会事件（PM2.5 事件）：2012 年，PM2.5 防治首次写入政府工作报告。根据国务院最新修订的《环境空气质量标准》，PM2.5 和臭氧 8 小时浓度首次列入国标，限值监测的新标准将分阶段实施，并于 2016 年 1 月 1 日起覆盖全国。2013 年 6 月，在第五届阿拉善 SEE 生态奖颁奖会上，潘石屹因推动我国 PM2.5 空气质量标准公开获得了评委会特别奖。获奖原因是，在 2011 年底开始的 PM2.5 民间环保运动中，拥有 1000 多万粉丝的潘石屹，持续播报北京空气质量，推动并加快了中国 PM2.5 空气质量标准的出台。

59. 促进环境意识的社会事件（王澍获奖事件）：王澍获得2012年普利兹克建筑奖。王澍获奖是个带有强烈文化含义和业界共识导向的事件。普利兹克建筑奖暨凯悦基金会主席汤姆士·普利兹克这样评价王澍："王澍证明了中国文化土壤孕育了非凡的创意，几百年来中国文化一直与自然和谐共融。"

60. "环境艺术设计"（成为研究对象）：2012年10月，作为本课题研究成果的环艺文献展和研讨会同期举办，成为苏丹领导其研究团队对"环境艺术设计"反思与探讨的初步成果。环艺第一次被作为文献，进行整理、研究、展示与讨论。

61. 当代艺术中的环境实践（持续的高涨）：2013年3月26日，艺术家孔宁身穿白色防尘衣、戴着口罩，并携带她的油画作品《雾霾娃娃》在北京朝阳区大望路路口向行人发放口罩，表达其对现实生态环境的思考和责任感。2014年2月25日，20名艺术家自发在天坛祈年殿前以特有的方式提倡保护环境，呼吁大家关注空气污染，引起公众的强烈争议。参与此次活动的艺术家们表示，行动不需要有多艺术，这只是一次艺术家关注环境的行为。

62. "环境艺术设计"（新探索的展开）：对环境艺术设计的新探索已经从多个学科角度展开，以下以社会生物学视角的新探索为例。在2013年上海艺术设计展中，清华大学美术学院与米兰新美术学院（NABA）以"都市丛林计划"为题，进行了深入的WORKSHOP交流与设计展览活动。副院长苏丹和米兰新美术学院教授伊塔洛·罗塔（Italo Rota）共同策划，第一次试图从社会生物学——社会行为的生物学理论为视角进行环境艺术设计的研究，寻找现代都市环境中基因的道德，以及它们对当今城市的新适应机制与矛盾残存。展览获得了展览组委会的高度认可，并获得了"最佳策展团队奖"。

63. 中国的环境保护运动 / 当代艺术中的环境实践（环保与艺术更深入的结合）：2014年6月8日，侨福集团旗下的艺术机构，由黄建华先生创始的侨福艺动在国际环保组织——野生救援的全程协助下，在摩纳哥海洋博物馆呈现其以"鲨鱼与人类"为主题的艺术展览。此展由黄笃主持策划，作为摩纳哥海洋博物馆"鲨鱼计划"的一部分，是一场有着环保与人文意义的首届跨界艺术展览，将巡回至另一个国际城市，并最终在北京收官。

64. "环境艺术设计"（成为文献）：2014年，《迷途知返——中国环艺发展史掠影》出版，成为记录中国环艺发展的重要文献。

– 中国"环艺"重要文献甄选（包泡提供）–

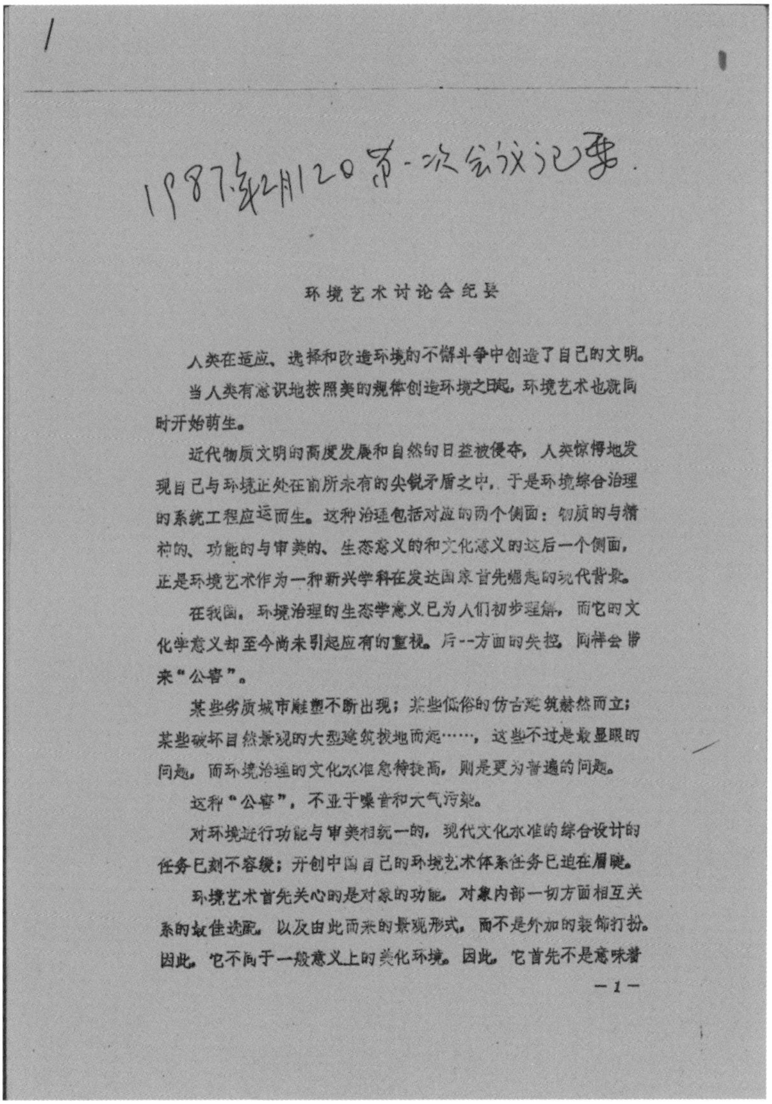

1987年2月12日第一次会议记要.

环境艺术讨论会纪要

人类在适应、选择和改造环境的不懈斗争中创造了自己的文明。

当人类有意识地按照美的规律创造环境之日起，环境艺术也就同时开始萌生。

近代物质文明的高度发展和自然的日益被侵夺，人类惊愕地发现自己与环境正处在前所未有的尖锐矛盾之中，于是环境综合治理的系统工程应运而生。这种治理包括对应的两个侧面：物质的与精神的、功能的与审美的、生态意义的和文化意义的这后一个侧面，正是环境艺术作为一种新兴学科在发达国家首先燃起的现代背景。

在我国，环境治理的生态学意义已为人们初步理解，而它的文化学意义却至今尚未引起应有的重视。后一方面的失控，同样会带来"公害"。

某些劣质城市雕塑不断出现；某些低俗的仿古建筑巍然而立；某些破坏自然景观的大型建筑拔地而起……，这些不过是最显眼的问题，而环境治理的文化水准急待提高，则是更为普遍的问题。

这种"公害"，不亚于噪音和大气污染。

对环境进行功能与审美相统一的、现代文化水准的综合设计的任务已刻不容缓；开创中国自己的环境艺术体系的任务已迫在眉睫。

环境艺术首先关心的是对象的功能，对象内部一切方面相互关系的最佳选配，以及由此而来的景观形式，而不是外加的装饰打扮。因此，它不同于一般意义上的美化环境。因此，它首先不是意味着

—1—

图2-10　1987年2月12日，第一次环境艺术讨论会纪要（一）。相关阅读：大事记2-No.12

更大金额的投资，而是意味着更加经济、更加合理地利用资金，更加积极地避免"文化公害"带来的巨额浪费。

不论是否意识到，环境景观以最直观的形式体现着一个国家、一个区域的文明程度。环境艺术是时代精神和民族精神最鲜明的标志和最强有力的体现。因此，环境艺术的创立既关系到我国的物质文明建设，又关系到我国的精神文明建设。

没有高水平的环境艺术创造，不足以称之为高度文明的现代化国家，也就不足以自豪地比肩于世界民族文化之林。

人类活动的全部环境都在环境艺术的视野之内，直至服装、器皿和自然景观。但作为一种宏观艺术，它不可避免地将城乡环境设计；大型建筑群、园林、室内空间设计；大型工业产品设计；大型城雕和壁画设计等作为自己首先关注的对象。环境艺术并不是原有相关分支的机械相加，而是一个新兴的、边缘的综合艺术和系统工程。

为了推进中国社会主义环境艺术体系的创立，1987年2月12日，《中国美术报》促成了中国首次"环境艺术讨论会"，三十多位建筑师、城市规划师、园林设计师、雕塑家、壁画家、工艺美术家、艺术理论家参加了座谈。与会者强烈希望：

设置文化环境的管理机构，建立相应的法规制度，支持、鼓励保护优秀的环境艺术设计的实施，抵制低劣作品的继续出现，尽量避免发达国家曾经走过的弯路。

建立环境艺术的设计中心、研究中心、艺术院校，积极培养相关的理论人才、设计人才、管理人才。

— 2 —

图 2-11 　1987 年 2 月 12 日，第一次环境艺术讨论会纪要（二）。相关阅读：大事记 2-No. 12

与会者充分肯定了这次会议的重大意义。倡议有关专家组成更强有力的横向联合体，创立"环境艺术研究会"，希望在不太长的时期内召开第一次全国性的环境艺术学术讨论会。

为创立中国社会主义的环境艺术体系，联合起来，共同奋斗！

— 3 —

图 2-12　1987 年 2 月 12 日，第一次环境艺术讨论会纪要(三)。相关阅读：大事记 2-No.12

1988年文件

21

中国艺术研究院

包泡同志：

近年来，环境艺术已日益成为各相关门类艺术家的关注中心。环境艺术家们组织起来，建立全国性的环境艺术学会，已成为迫切的需要。

经过我们年余来的努力，筹建学会的工作已初见成效。文化部中国艺术研究院已於88年6月3日决定同意为学会挂靠单位。6月6日，我们在京举行了扩大联络会议，决定6月15日邀请城规、建筑、园林、室内外环境设计、雕塑、绘画、工艺和其它相关艺术门类的专家学者在北京举行学会成立筹备会议，拟讨论以下议题：

1、中国环境艺术学会章程草案；

2、确定成立大会（同时为第一次全国环境艺术讨论会）的有关事项；

3、酝酿学会组织机构人选；

图2-13　1988年6月3日，中国艺术研究院同意中国环境艺术学会挂靠的文件（一）。相关阅读：大事记2-No. 14

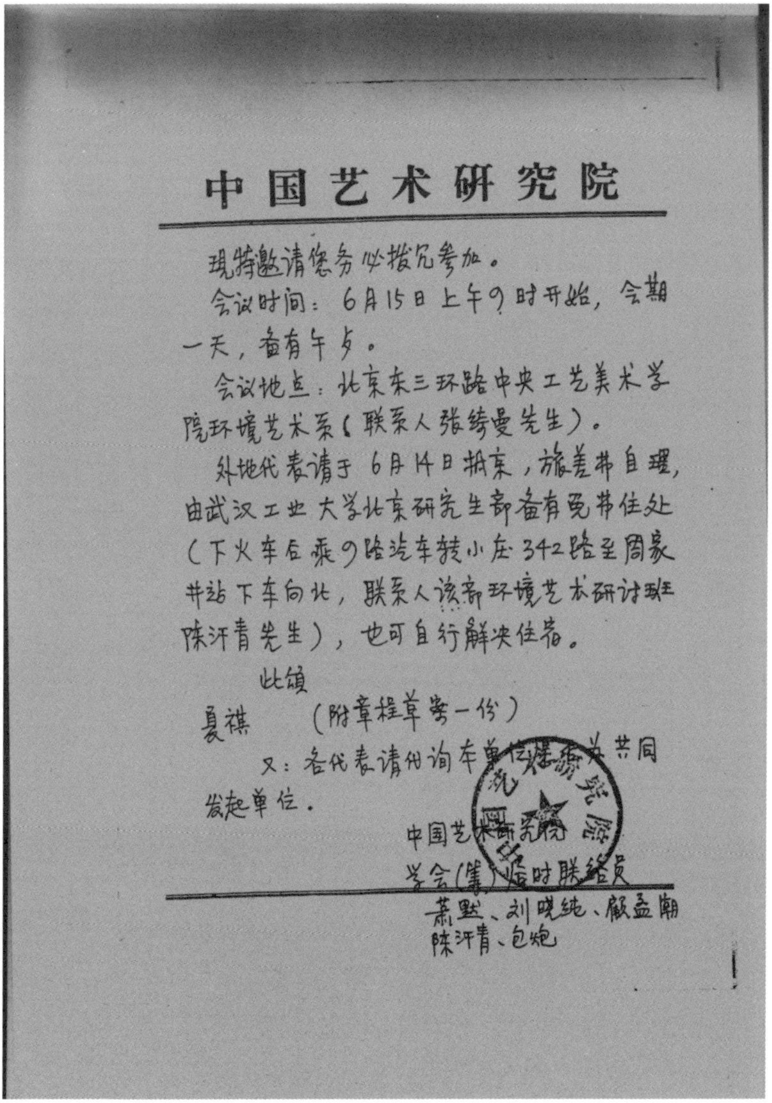

中国艺术研究院

现特邀请您务必拨冗参加。

会议时间：6月15日上午9时开始，会期一天，备有午夕。

会议地点：北京东三环路中央工艺美术学院环境艺术系（联系人张绮曼先生）。

外地代表请于6月14日抵京，旅差费自理，由武汉工业大学北京研究生部备有免费住处（下火车后乘9路汽车转小车342路至周家井站下车向北，联系人该部环境艺术研讨班陈汗青先生），也可自行解决住宿。

此颂

夏祺　（附章程草案一份）

又：各代表请咨询本单位作为关共同发起单位。

中国艺术研究院

学会（第一届时期筹委会）

萧默、刘晓纯、顾益期

陈汗青、包泡

图 2-14　1988 年 6 月 3 日，中国艺术研究院同意中国环境艺术学会挂靠的文件（二）。相关阅读：大事记 2-No.14

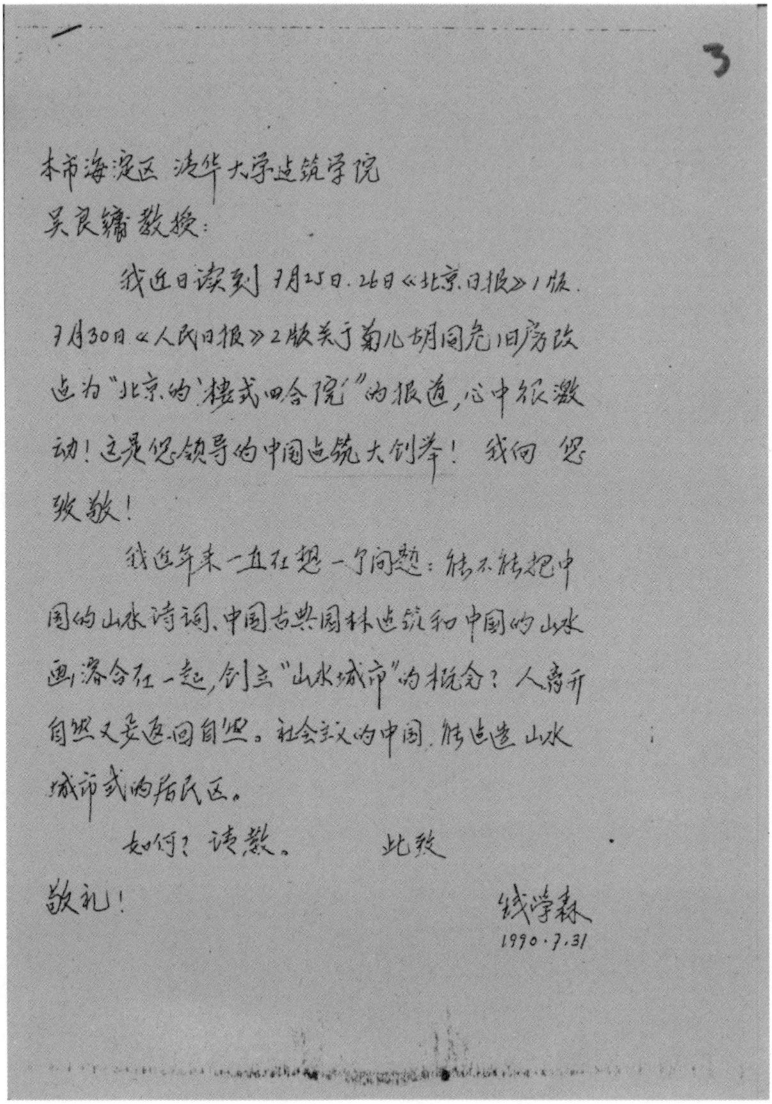

本市海淀区 清华大学建筑学院

吴良镛教授：

我近日读到 3月25日、26日《北京日报》1版、3月30日《人民日报》2版关于菊儿胡同危旧房改造为"北京的'模式四合院'"的报道，心中很激动！这是您领导的中国建筑大创举！我向 您致敬！

我近年来一直在想一个问题：能不能把中国的山水诗词、中国古典园林建筑和中国的山水画融合在一起，创立"山水城市"的概念？人离开自然又要返回自然。社会主义的中国，能建造山水城市式的居民区。

如何？请教。   此致

敬礼！

钱学森
1990.7.31

图 2-15   1990 年 3 月 31 日，钱学森写给吴良镛的信件。

154

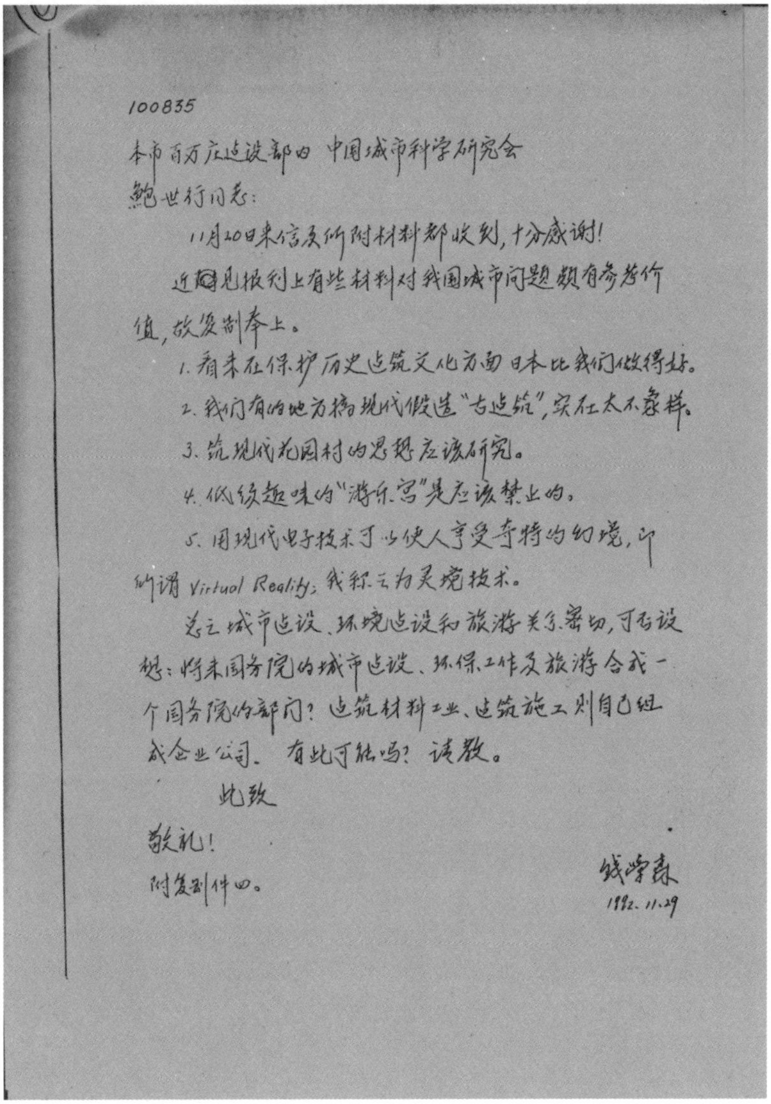

100835

本市百万庄建设部四 中国城市科学研究会

鲍世行同志：

11月20日来信及所附材料都收到，十分感谢！

近期见报刊上有些材料对我国城市问题颇有参考价值，故复制奉上。

1. 看来在保护历史建筑文化方面日本比我们做得好。

2. 我们有的地方搞现代假造"古建筑"，实在太不象样。

3. 筑现代花园村的思想应该研究。

4. 低级趣味的"游乐宫"是应该禁止的。

5. 用现代电子技术可以使人享受奇特的幻境，即所谓 Virtual Reality，我称之为灵境技术。

总之城市建设、环境建设和旅游关系密切，可否设想：将来国务院的城市建设、环保工作及旅游合成一个国务院的部门？建筑材料工业、建筑施工则自己组成企业公司。有此可能吗？请教。

此致

敬礼！

附复制件四。

钱学森
1992. 11. 29

图 2-16　1992 年 11 月 29 日，钱学森写给鲍世行的信件。

155

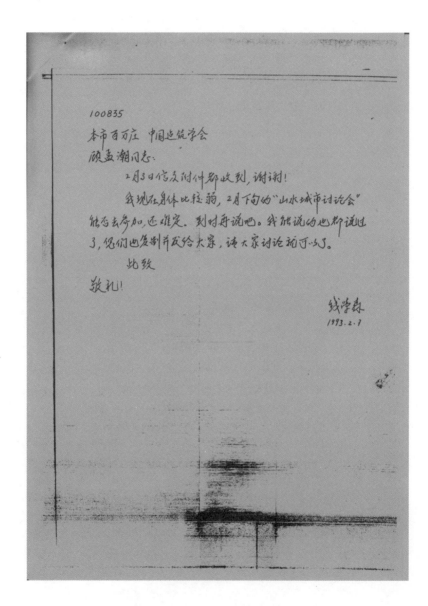

100835

本市百万庄 中国建筑学会

顾孟潮同志:

2月3日信及附件都收到,谢谢!

我现在身体比较弱,2月下旬的"山水城市讨论会"能否去参加,还难定。到时再说吧。我能说的也都说过了,您们也复制并发给大家,请大家讨论就可以了。

此致

敬礼!

钱学森
1993.2.7

图 2-17　1993 年 2 月 7 日,钱学森写给顾孟潮的信件。

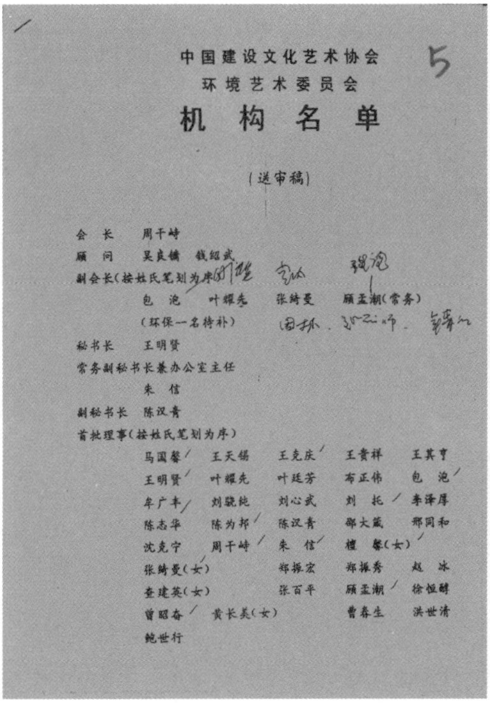

中国建设文化艺术协会
环境艺术委员会

机 构 名 单

（送审稿）

会 长 周干峙
顾 问 吴良镛 戴绍武
副会长（按姓氏笔划为序）
包 泡 叶耀先 张绮曼 顾孟潮（常务）
（环保一名待补）
秘书长 王明贤
常务副秘书长兼办公室主任
朱 信
副秘书长 陈汉青
首批理事（按姓氏笔划为序）

马国馨	王天锡	王克庆	王贵祥	王其亨
王明贤	叶耀先	叶廷芳	布正伟	包泡
牟广丰	刘骏纯	刘心武	刘托	李泽厚
陈志华	陈为邦	陈汉青	郝大鹏	郝同和
沈克宁	周干峙	朱信	檀馨（女）	
张绮曼（女）	郑振宏	郑务务	赵冰	
查建英（女）	张百平	顾孟潮	徐恒醇	
曾昭奋	黄长美（女）	曹春生	洪世清	
鲍世行				

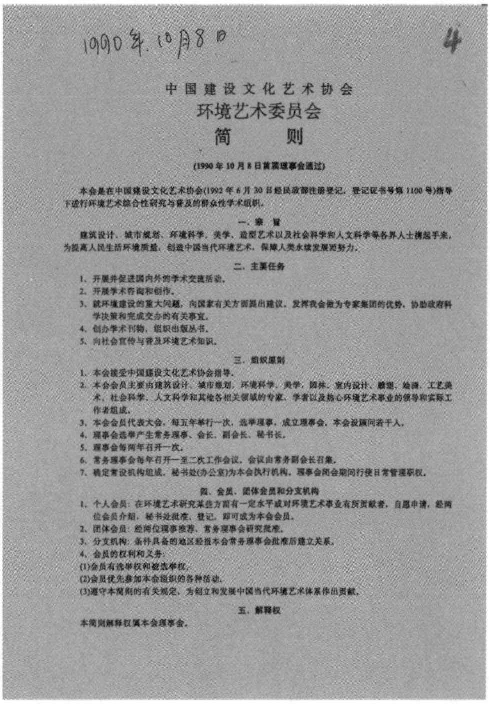

1990年10月8日

中国建设文化艺术协会
环境艺术委员会
简 则

（1990年10月8日首届理事会通过）

本会是在中国建设文化艺术协会（1992年6月30日经民政部注册性登记，登记证书号第1100号）指导下进行环境艺术综合性研究与普及的群众性学术组织。

一、宗旨
建筑设计、城市规划、环境科学、美学、造型艺术以及社会科学和人文科学等各界人士携起手来，为提高人民生活环境质量，创造中国当代环境艺术，保障人类永续发展努力。

二、主要任务
1. 开展并促进国内外的学术交流推动。
2. 开展学术活动和创作。
3. 就环境建设的重大问题，向国家有关方面提出建议，发挥我会做为专家集团的优势，协助政府科学决策完成成立办的有关事宜。
4. 创办学术刊物，组织出版丛书。
5. 向社会普及与普及环境艺术知识。

三、组织原则
1. 本会接受中国建设文化艺术协会指导。
2. 本会会员主要由建筑设计、城市规划、环境科学、美学、室内设计、雕塑、绘画、工艺美术、社会科学、人文科学和其他各类相关领域的专家、学者以及热心环境艺术事业的领导和实际工作者组成。
3. 本会会员代表大会，每五年举行一次，选举理事，成立理事会，本会设顾问若干人。
4. 理事会选举产生常务理事、会长、副会长、秘书长。
5. 理事会每年开一次。
6. 常务理事会每年开不少于二次工作会议，会议由常务副会长召集。
7. 确定常设机构组织，秘书处（办公室）为本会执行机构，理事会同意后使日常管理职权。

四、会员、团体会员及分支机构
1. 个人会员：在环境艺术研究单位方面有一定水平或对环境艺术事业有贡献者，自愿申请，经两位会员介绍，秘书处批准，即可成为本会会员。
2. 团体会员：经同位理事推荐，常务理事会研究批准。
3. 分支机构：本村具有的特定地区经报本会常务理事会批准后建立关系。
4. 会员的权利和义务：
（1）会员有选举权和被选举权。
（2）会员有优先参加本会组织的各种活动。
（3）通过本简则的有关规定，为创立和发展中国当代环境艺术体系作出贡献。

五、解释权
本简则的解释权属本会原委会。

图2-18 1990年10月8日，环境艺术委员会机构名单（送审稿）。（左）

图2-19 环境艺术委员会简则（理事会通过）。（右）

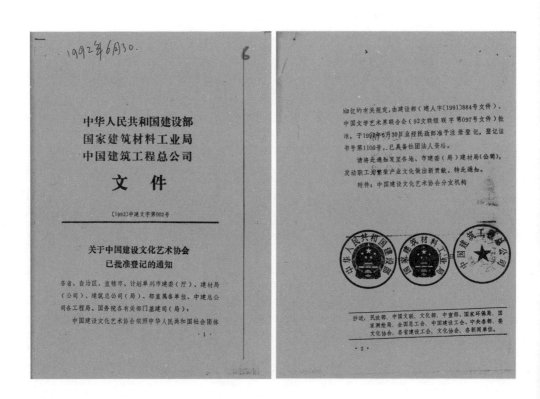

图2-20 1992年6月30日,中国建设文化艺术协会批准登记的通知(一)。(左)

图2-21 1992年6月30日,中国建设文化艺术协会批准登记的通知(二)。(右)

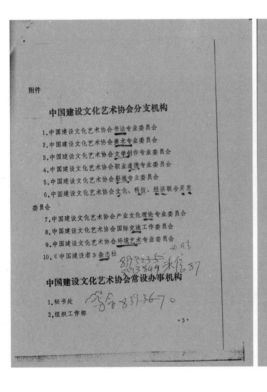

附件

中国建设文化艺术协会分支机构

1. 中国建设文化艺术协会书法专业委员会
2. 中国建设文化艺术协会美术专业委员会
3. 中国建设文化艺术协会文学创作专业委员会
4. 中国建设文化艺术协会职业道德专业委员会
5. 中国建设文化艺术协会影视专业委员会
6. 中国建设文化艺术协会文化、科技、经济联合开发委员会
7. 中国建设文化艺术协会产业文化理论专业委员会
8. 中国建设文化艺术协会国际交流工作委员会
9. 中国建设文化艺术协会环境艺术专业委员会
10.《中国建设者》杂志社

中国建设文化艺术协会常设办事机构

1. 秘书处
2. 组织工作部

·3·

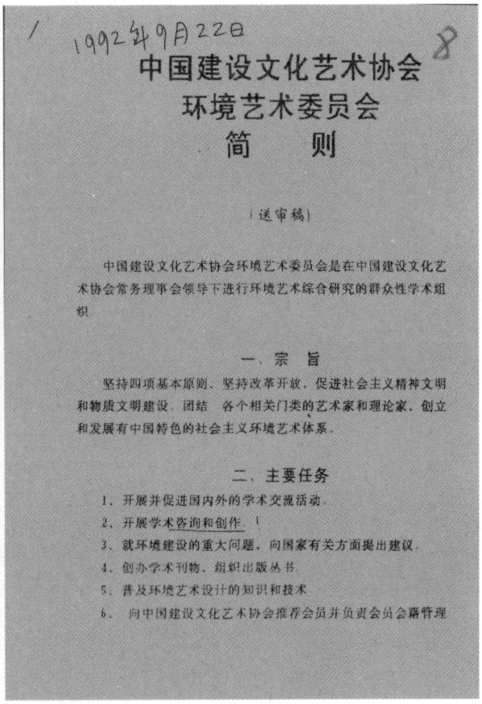

1992年9月22日

中国建设文化艺术协会
环境艺术委员会
简　则

(送审稿)

中国建设文化艺术协会环境艺术委员会是在中国建设文化艺术协会常务理事会领导下进行环境艺术综合研究的群众性学术组织

一、宗　旨

坚持四项基本原则，坚持改革开放，促进社会主义精神文明和物质文明建设，团结各个相关门类的艺术家和理论家，创立和发展有中国特色的社会主义环境艺术体系。

二、主要任务

1. 开展并促进国内外的学术交流活动。
2. 开展学术咨询和创作。
3. 就环境建设的重大问题，向国家有关方面提出建议。
4. 创办学术刊物，组织出版丛书。
5. 普及环境艺术设计的知识和技术。
6. 向中国建设文化艺术协会推荐会员并负责会员会籍管理

图 2-22　1992 年 6 月 30 日，中国建设文化艺术协会批准登记的通知(三)。(左)

图 2-23　1992 年 9 月 22 日，环境艺术委员会简则(送审稿)。(右)

一 1992年10月8日会议记要.

9

中建文协环境艺术委员会文件

环委字(92)第1号

中国建设文化艺术协会环境艺术专业委员会理事会暨成立会纪要

中国建设文化艺术协会环境艺术专业委员会理事会暨成立会于1992年10月8日在建设部301会议室召开，同时正式宣布在北京成立。出席会议的有17名理事。建设部副部长周干峙为会议题辞："建筑设计、城市规划、环境科学、美学、造型艺术、社会科学、人文科学等各界人士携起手来，为提高人民生活环境质量，创造中国当代环境艺术，保障人类身心健康永续发展而努力！"

整个会议自始至终在团结民主的气氛中进行。周干峙副部长出席了会议并就中国城市发展中的环境艺术问题作了重要讲话。本次会议讨论了中国建设文化艺术协会环境艺术委员会简则，根据理事们提出的重要意见修改后予以通过。会议还选举了委员会领导机构，经到会理事投票以及请假未到会的理事通信投票，选举周干峙同志为中国建设文化艺术协会环境艺术专业委员会会长，选举马国馨、叶耀先、包泡、张绮曼、顾孟潮、檀馨同志为常务副会长，(排名按姓氏笔划为序，环保系统一名待补，顾孟潮为常务副会长)，王明贤为秘书长。与会理事经过讨论，明确了办会的指导思想，认识到委员会工作的现实性与重要性，对今后搞好工作充满信心。

与会理事还对当前环境艺术的一些重要问题作了讨论。

图 2-24　1992 年 10 月 8 日，环委字(92)第 1 号文件——环境艺术委员会理事会暨成立会纪要(一)。相关阅读：大事记 2-No26

理事们认为：中国城市发展中的环境艺术问题已经初露端倪。十四大前夕成立的环境艺术委员会，是很及时很重要的。目前，房地产、城市规划、城市建设等方面的形势是很好的，特别是房地产的迅猛发展，推动了整个城市的发展。但是，在大发展的形势下，人们往往偏重经济利益和眼前利益。城市规划和城市环境质量面临许多问题。有的城市，特别是有的历史文化名城，不重视提高城市环境艺术水平，甚至只顾眼前，盲目修建高层建筑和提高建筑容积率，随意破坏风景、文物。这类现象还有蔓延的趋势，因此必须重视城市环境艺术，及时解决这些问题，才不会做出遗恨子孙后代的事情。

中国建设文化艺术协会副秘书长王大恒同志代表中建文协出席了会议并作了情况介绍。

到会的中央各大新闻单位记者对中国建设文化艺术协会环境艺术委员会的成立表示祝贺，并希望与环境艺术委员会的专家多联系，让专家们的意见为社会公众所知晓。《中国建设者》、《新建筑》等杂志还将开设"环境艺术"专栏，邀请环境艺术委员会的专家撰写专稿。

环境艺术委员会秘书处

1992年11月6日

主送：环境艺术委员会各位理事
抄送：中建文协各位理事

图 2-25　1992 年 10 月 8 日，环委字(92)第 1 号文件——环境艺术委员会理事会暨成立会纪要(二)。相关阅读：大事记 2-No26

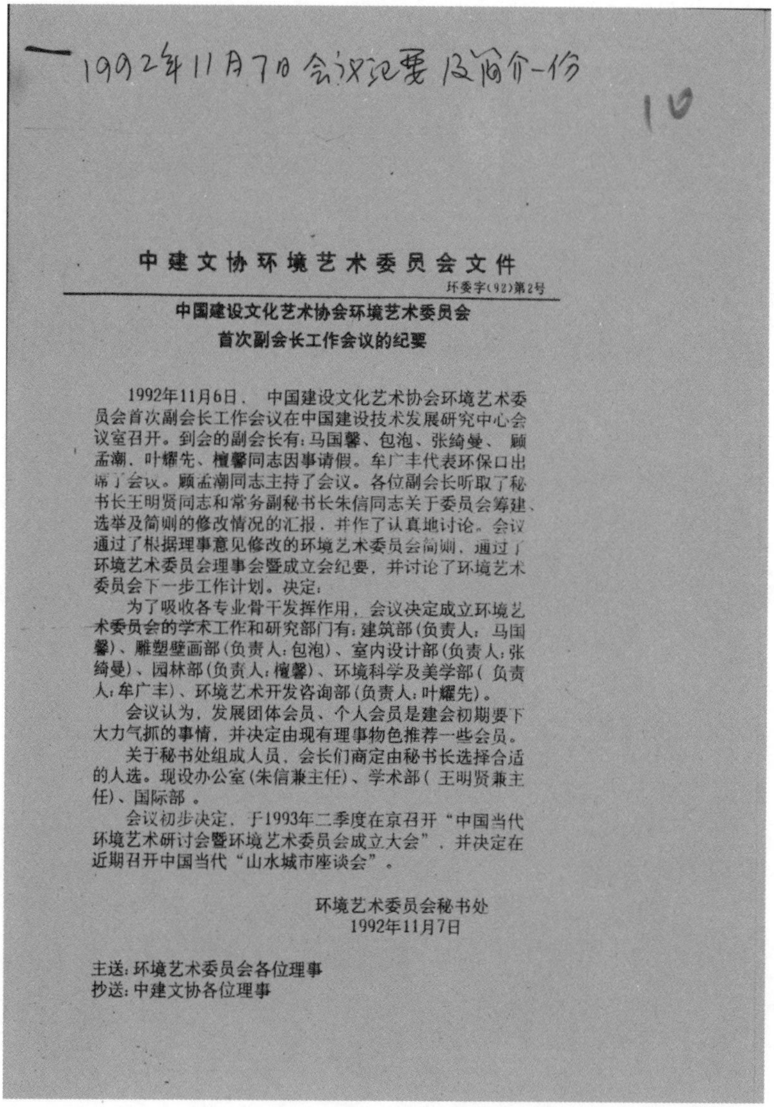

—1992年11月7日会议纪要及简介一份

10

中建文协环境艺术委员会文件

环委字(92)第2号

中国建设文化艺术协会环境艺术委员会
首次副会长工作会议的纪要

1992年11月6日，中国建设文化艺术协会环境艺术委员会首次副会长工作会议在中国建设技术发展研究中心会议室召开。到会的副会长有：马国馨、包泡、张绮曼、顾孟潮，叶耀先、檀馨同志因事请假。牟广丰代表环保口出席了会议。顾孟潮同志主持了会议。各位副会长听取了秘书长王明贤同志和常务副秘书长朱信同志关于委员会筹建、选举及简则的修改情况的汇报，并作了认真地讨论。会议通过了根据理事意见修改的环境艺术委员会简则，通过了环境艺术委员会理事会暨成立会纪要，并讨论了环境艺术委员会下一步工作计划。决定：

为了吸收各专业骨干发挥作用，会议决定成立环境艺术委员会的学术工作和研究部门有：建筑部(负责人：马国馨)、雕塑壁画部(负责人：包泡)、室内设计部(负责人：张绮曼)、园林部(负责人：檀馨)、环境科学及美学部(负责人：牟广丰)、环境艺术开发咨询部(负责人：叶耀先)。

会议认为，发展团体会员、个人会员是建会初期要下大力气抓的事情，并决定由现有理事物色推荐一些会员。

关于秘书处组成人员，会长们商定由秘书长选择合适的人选。现设办公室(朱信兼主任)、学术部(王明贤兼主任)、国际部。

会议初步决定，于1993年二季度在京召开“中国当代环境艺术研讨会暨环境艺术委员会成立大会”，并决定在近期召开中国当代“山水城市座谈会”。

环境艺术委员会秘书处
1992年11月7日

主送：环境艺术委员会各位理事
抄送：中建文协各位理事

图 2-26　1992 年 11 月 7 日，环委字(92)第 2 号文件——环境艺术委员会首次副会长工作会议的纪要。

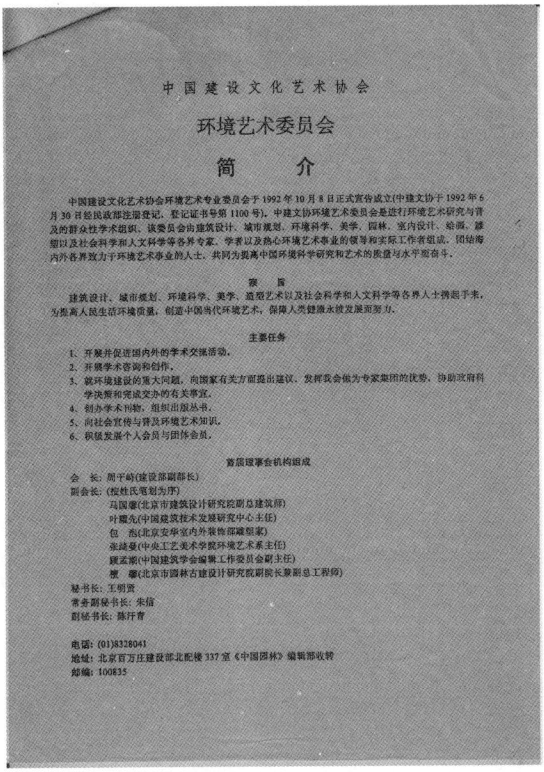

中 国 建 设 文 化 艺 术 协 会

环境艺术委员会

简 介

中国建设文化艺术协会环境艺术专业委员会于 1992 年 10 月 8 日正式宣告成立(中建文协字 1992 年 6 月 30 日经民政部注册登记，登记证书号第 1100 号)，中建文协环境艺术委员会是进行环境艺术研究与普及的群众性学术组织。该委员会由建筑设计、城市规划、环境科学、美学、园林、室内设计、绘画、雕塑以及社会科学和人文科学等各界专家、学者以及热心环境艺术事业的领导和实际工作者组成，团结海内外各界致力于环境艺术事业的人士，共同为提高中国环境科学研究和艺术的质量与水平而奋斗。

宗 旨

建筑设计、城市规划、环境科学、美学、造型艺术以及社会科学和人文科学等各界人士携起手来，为提高人民生活环境质量，创造中国当代环境艺术，保障人类健康永续发展而努力。

主要任务

1. 开展并促进国内外的学术交流活动。
2. 开展学术咨询和创作。
3. 就环境建设的重大问题，向国家有关部门提出建议，发挥我会作为专家集团的优势，协助政府科学决策和完成交办的有关事宜。
4. 创办学术刊物，组织出版丛书。
5. 向社会宣传与普及环境艺术知识。
6. 积极发展个人会员与团体会员。

首届理事会机构组成

会　长：周干峙(建设部副部长)
副会长：(按姓氏笔划为序)
　　　　马国馨(北京市建筑设计研究院副总建筑师)
　　　　叶耀先(中国建筑技术发展研究中心主任)
　　　　包　泡(北京安华室内外装饰雕塑家)
　　　　张绮曼(中央工艺美术学院环境艺术系主任)
　　　　顾孟潮(中国建筑学会编辑工作委员会副主任)
　　　　檀　馨(北京市园林古建设计研究院副院长兼副总工程师)

秘书长：王绍贤
常务副秘书长：朱信
副秘书长：陈汗青

电话：(01)8328041
地址：北京百万庄建设部北配楼 337 室《中国园林》编辑部收转
邮编：100835

图 2-27　　环境艺术委员会简介。

163

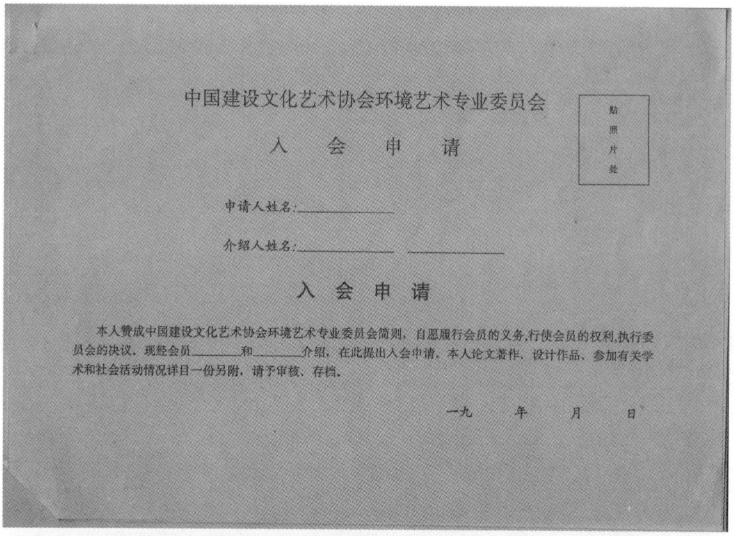

中国建设文化艺术协会环境艺术专业委员会

入 会 申 请

贴照片处

申请人姓名:____________

介绍人姓名:____________ ____________

入 会 申 请

本人赞成中国建设文化艺术协会环境艺术专业委员会简则，自愿履行会员的义务,行使会员的权利,执行委员会的决议。现经会员________和________介绍，在此提出入会申请。本人论文著作、设计作品、参加有关学术和社会活动情况详目一份另附，请予审核、存档。

一九 年 月 日

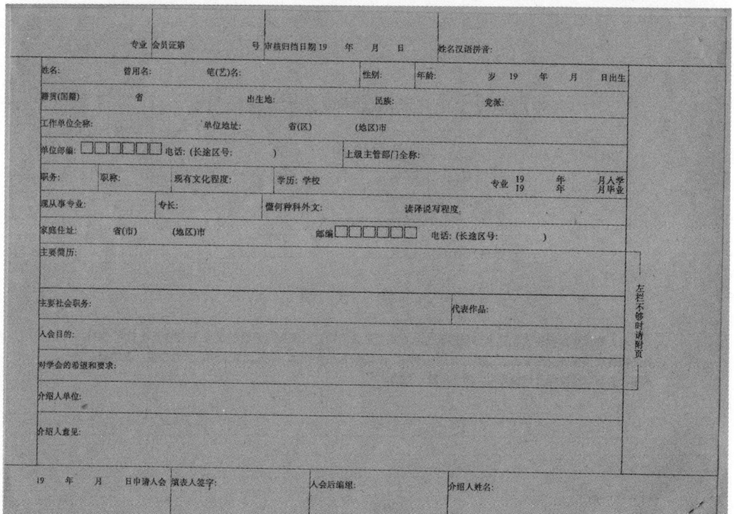

专业 会员证第 号 审核归档日期19 年 月 日 姓名汉语拼音:

姓名: 曾用名: 笔(艺)名: 性别: 年龄: 岁 19 年 月 日出生

籍贯(国籍) 省 出生地: 民族: 党派:

工作单位全称: 单位地址: 省(区) (地区)市

单位邮编:□□□□□□ 电话:(长途区号:) 上级主管部门全称:

职务: 职称: 现有文化程度: 学历:学校 专业 19 年 月入学 19 年 月毕业

现从事专业: 专长: 懂何种科外文: 读译说写程度:

家庭住址: 省(市) (地区)市 邮编□□□□□□ 电话:(长途区号:)

主要简历:

主要社会职务: 代表作品:

入会目的:

对学会的希望和要求:

介绍人单位:

介绍人意见:

左栏不够时请附页

19 年 月 日申请入会 填表人签字: 入会后编组: 介绍人姓名:

图 2-28 环境艺术委员会入会申请表(一)。(上)

图 2-29 环境艺术委员会入会申请表(二)。(下)

–"环艺"支撑体系的国际比较–

□ 图/文 石俊峰

一、环境艺术国际对比的目的与策略

1. 环境艺术国际对比的目的

环境艺术是文化、科技与艺术的结合，不同文化和历史背景下的环境艺术具有不同的特征和发展策略，随着人们对自身生活环境的不断关注，环境艺术这一概念逐渐被整合和重视。将具有典型代表特征的不同国家的环境艺术发展进行对比的目的，是希望从中探讨环境艺术的发展规律和主客观需求，并梳理环境艺术发展的区域脉络，为中国的环境艺术发展提供可参考的宏观依据。

2. 国际对比的策略

（1）对比国家与地区的选取

参与对比的国家必须是在环境艺术相关领域有所研究和实践的，拥有一定代表性并且具有自身发展特点和优势的，依据此原则，本文选取的参与对比的国家有: 中国、美国、芬兰和日本。

（2）对比客观性声明

在进行各个国家横向比较的同时，为了能更加清晰地了解不同国家环艺发展的差异和特点，本文将用图表形式量化评价体系，该量化并不能完全反映所表达国家环艺的实际发展情况，图表的客观程度仅用来揭示不同国家之间存在的差异及其大致的程度，不

能成为依据，仅为参考。

二、环境艺术国际对比的内容

1. 环境艺术的空间基础

　　环境艺术的建立和发展需要完备的基础物质条件和人文历史积淀，它们统称为空间基础，主要包括以下几个方面：环境资源、文化思想、环境科技、城市进程。其中，环境资源评价的是一个国家整体所拥有环境元素，如：森林、湖泊、植物、动物、自然风光等的丰富程度；文化思想评价的是文脉体系中对于自然的认知程度；环境科技评价的是与环境开发和保护有关的科学技术先进程度；城市进程评价的是该国家目前的城市化进程。

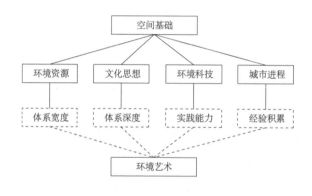

表2-02　空间基础类别细分

　　如图所示，以上四个方面作为空间基础出现所决定的内容亦有所不同：环境资源决定了一个国家环境艺术所能建立的体系宽度——缺乏海洋元素导致环艺体系中对于海洋的认知和实践经验相对缺乏；文化思想决定了一个国家环境艺术所能建立的体系深度——缺乏对自然文化认知则无法在更深层次系统讨论环境艺术话题；环境科技决定了一个国家实践环境艺术策略的可能性——缺乏处理水体污染净化技术导致在面对水系景观时会受到一定的限制；城市进程决定了处理环境问题时的经验丰富程度——城市化进程中与环境产生的对立关系刺激了环境艺术体系的建立。

2. 环境艺术的助力条件

　　环境艺术的建立和发展同样也需要强大的实体和虚体助力推动，他们统称为助力条

166

件，主要包括：环境法规、经济助力、环境教育等。其中，环境法规评价的是一个国家有关环境开发和保护的法律基础和政策扶持程度；经济助力评价的是一个国家有关环境艺术相关内容的资金投入力度；环境教育评价的是一个国家与环境知识相关的教育投入力度。

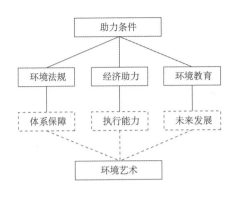

表2-03　助力条件类别细分

如图所示，以上三方面亦在环境艺术体系建立中发挥不同的作用：法律法规助力于体系的完善，经济助力致力于体系从理论到实践的快速转化，环境教育助力于体系的普及和未来的发展。

三、环境艺术的国际对比

1. 中国

（1）总述

环境艺术近几年在中国的发展突飞猛进，这依赖于中国的基础条件和文化思想，然而快速却激进的发展同时形成了不成熟的体系，缺乏宏观的把控让环境艺术在发展中无法得到系统性的支持，较多的短板让环境艺术的快速发展缺乏质量。

（2）空间基础

环境资源：中国总人口 13.5 亿，是世界上人口最多的国家。平均人口密度为每平方公里 139 人，森林覆盖率 15%，人均 GDP 全球第 106 位。人均能源消耗每年 1.31 吨油当量（数据来源：国家统计局，2011 年）。中国幅员辽阔，气候特征显著，环境资源丰富，动植物种类繁多，景观类型丰富。

文化思想：中华文化是世界上最古老的文明之一，有超过 5000 年的历史，也是世界上持续时间最长的文明。中国文化自成一体，有较大的独立性和稳定性。中国文化根植于农耕文明，信仰天人合一，对大自然抱有敬畏与崇敬之心。但是1990年以后，随着中国一些地区的人员向各个主要城市的迁移和城市化的发展，人们逐渐忽视了对环境的认知和爱护。

环境科技：中国有关环境的科学技术尚需完善，从目前来看，对环境的修复和污染的控制是中国环境科技的主要发力点。比如：中国的沙漠化治理技术全球领先，然而随着中国的快速发展，整体环境污染严重，许多与此相关的保护与治理技术尚有待提高。

城市进程：改革开放以来，中国城市化进程加快。城市人口占总人口51.27%（数据来源：国家统计局，2011年）。中国大城市的规模明显低于世界水平，尤其低于发达国家的水平，导致了像上海、北京这样全国最大的城市，所产出的国民财富比重远远低于世界其他大城市的水平。尽管私家车占有量正在迅速增长，骑车或步行仍是目前绝大多数中国人的通勤方式，尽管如此，城市化带来的环境问题仍然十分严重。

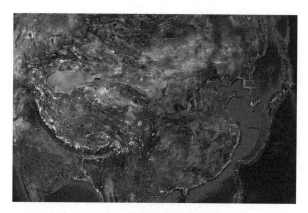

图2-30　中华人民共和国地理信息图

（3）助力条件

环境法规：1973年，中国国务院召开了第一次全国环境保护会议，1978年首次将环境保护列入宪法。自1979年底一个环境法试运行之后，有关环境的法律法规体系越来越完善，但是由于惩罚力度不足以及监管制度不完善，我国相关法律执行情况并不乐观。法律法规对于环境概念的传播和维护尚未起到应有的重要作用。

经济助力：中国成为第二大经济体，国际社会节能减排防止地球变暖要求中国承担更多责任，国内工业化、城镇化快速发展的产业型环保压力，13多亿人为生活便利而产生大量的生活型污染的压力，我们尽管提出工程项目与环境保护同时设计、同时施工、同时验收的"三同时"要求，但普遍执行得不够好。全国 70% 的江河水系受到污染，3 亿农民无法喝到安全的饮用水，工业固体废物量达到 10 年前的 2 倍，1/5 的城市空气污染严重（尤其是 2013 年初纵贯中国南北的大面积空气重度污染事件令人震惊），1/3 国土面积受到酸雨的影响。水土流失面积超过国土面积的 1/3，沙化土地面积接近国土总面积的 1/5，90% 以上的天然草场退化，生物多样性减少，环境问题已经成为我们持续发展的瓶颈，也是经济助力发力明显不足的症结所在。

环境教育：中国的人均公共教育支出为 42 美元，教育支出所占 GDP 的比重为 4%。中国并没有针对环境认知而开设的课程，甚至本专业的大学生亦对环境艺术设计的概念模糊不清。同时，在中国的艺术教育体系中，行政体系居于绝对主导的地位，教师和学生则相对边缘化；技能训练始终是必须的，而艺术观念的拓展则相对较少。

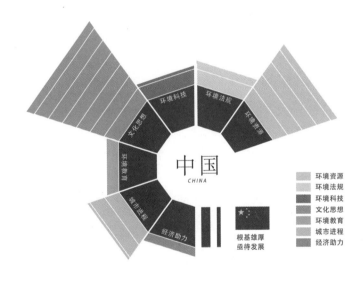

图 2-31 中国各项量化对比图

2. 美国

（1）总述

美国是资本主义大国，城市化较为完整且相对充分，优越的物质条件让人们对于生活的质量极度关注从而引发了人们对环境的思考，经历了城市化之后的美国更愿意且有能力从国家政策和财政方面支持环境艺术体系的建立和发展。对自由的信仰和向往给艺术发展提供了肥沃的土壤，美国的环境艺术观念较具普遍性，整个体系也相对完整，同时美国也具有很好的环境艺术发展基础和空间，整体来说，美国的环境艺术建立体系完善，虽说并没有非常突出的优势，但也没有劣势。

（2）空间基础

环境资源：总人口 3.11 亿，是世界第三人口大国，平均人口密度为每平方公里 27 人。森林覆盖率 33%。人均 GDP 全球第 15 位。人均能源消耗每年 7.9 吨油当量。美国幅员辽阔，地形多样，各地气候差异较大，环境与景观资源丰富。森林面积广阔，动植物物种丰富，美国拥有全世界 10% 的森林，5% 的原始森林。（数据来源：维基百科，2011 年）

文化思想：美国人认为无论在哪个地方，只要有人类，就会有环境与之关联，人们需要了解地球环境状况，了解其中的变化，但美国国家地理学会2008年5月7日公布了首份全球民众对消费和环境态度的调查报告。结果显示，巴西和印度人的生活方式对环境而言最具可持续发展性，中国人紧随其后，而美国人在所有重要指标上都得分最低，在调查国家中排名垫底。美国的宗教没有直接与自然环境有关的价值观，印第安人曾经崇拜自然，但是殖民化之后这种文化逐渐消失。

环境科技：美国针对环境的科技从监测、控制到补救，每个环节都非常全面，其中美国的环境监测与评估技术，补救与恢复技术，污染控制和弊害技术全世界领先，这为环境艺术设计提供了更多的操作空间和可能性，也增进了大众对环境的认知。

城市进程：美国城市化进程发展迅速，实现了其高度城市化。城市人口占总人口比重 82%（数据来源：维基百科，2011 年）。美国人最不可能搭乘大众交通工具、步行或骑脚踏车前往目的地，不过这一切随着城市化的逐渐稳定正在慢慢改变，美国人开始注重提高生活的健康指数，并且重视环境作为整体概念与生活的联系。

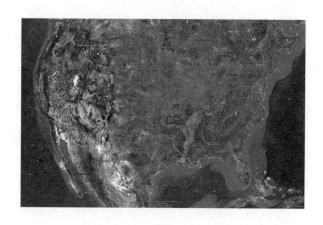

图 2-32　美国地理信息图

（3）助力条件

　　环境法规：1970 年，美国总统尼克松签署了《国家环境政策法》，确定了国家环境保护目标，要求政府所有部门的工作都要考虑环境因素，成为美国最早确立的整体环境政策，也为创立美国环保署奠定了法律基础。此后，《洁净空气法》修正案、《洁净水源法》修正案等旨在保护环境和生态多样性的法律法规陆续出台，环境的重要性被不断凸显。

　　经济助力：美国是世界上最大的经济体。进入 21 世纪，新能源产业和绿色经济已成为美国发展的重点。奥巴马上台后，作为其"新政"重要内容之一的数千亿美元刺激经济计划中，有很大一部分都涉及能源产业。经济的支持与保障有力地促进了环境的整体建设。

　　环境教育：美国的人均公共教育支出为 2684 美元，教育支出所占 GDP 的比重为5.7%（数据来源：维基百科，2011 年）。美国是世界上教育事业最发达的国家之一。美国是景观教育学的起源地，大学中基本都是建筑学、景观设计（风景园林）和城市规划设计三者并立，这帮助构架了完善的环艺知识体系。其课程安排促使各个学科广泛接触，设计院校之间亦有紧密的联系。在美国的美术学院里，技能不再被教授。学生一上来就被看作是艺术家，教师在那里只是帮助学生实现他们的创意。

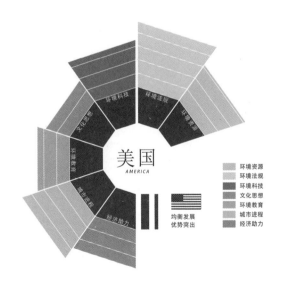

图 2-33　美国各项量化对比图

图 2-34 芬兰地理信息图

3. 芬兰

（1）总述

芬兰是世界上高度发达国家之一，人均产出远高于欧盟平均水平，国民享有极高标准的生活品质。芬兰总面积共 338,000 平方公里，是欧洲第七大国。南北最长距离达 1,157 公里，东西最宽为 542 公里。芬兰被誉为"千岛之国"与"千湖之国"，地势北高南低，内陆水域面积占全国面积的 10%，有岛屿约 17.9 万个，湖泊约 18.8 万个。除了湖泊之外，全国为大片森林覆盖，占总面积的 66.7%，以松和云杉为主。可耕种面积较少，仅占 8%，芬兰自然资源丰富性不足，但是芬兰人非常重视环境建设并形成了自己的明显优势。

（2）空间基础

环境资源：总人口约 540 万人，芬兰的平均人口密度为每平方公里 17 人。森林覆盖率高达 66.7%。人均 GDP 全球第 11 位。人均能源消耗每年 7.3 吨油当量（数据来源：维基百科，2011 年）。芬兰环境资源有限，可耕地面积少，季节性环境景观明显，动植物资源亦比较有限。尽管有"千湖之国"的美誉，但是其生态的多样性有所不足。

文化思想：芬兰人性格内敛，行事低调，但实际上内心充满民族自豪感，在全球化的今天并不随波逐流，而是坚定地维护着自己的传统文化。出自芬兰设计大师之手的作品大都以简洁实用的设计风格、优质的材料和精美的做工而享誉世界。同时，芬兰人十分注重节俭，这体现了芬兰人对环境的珍惜。

环境科技：芬兰注重能源与环境的关系，可持续发展的理念深植于心。芬兰的清洁能源技术，垃圾回收再利用和建筑节能技术全球领先。这些技术帮助芬兰更加主动地协调人与环境的关系（芬兰每年的创新费用中 40% 用于清洁技术研发）。

城市进程：芬兰并没有经历短期内快速膨胀式发展的城市化，而一向注重整体环境的芬兰亦没有太多遗留的环境问题，人口与资源相对平衡，城市与自然和谐统一。

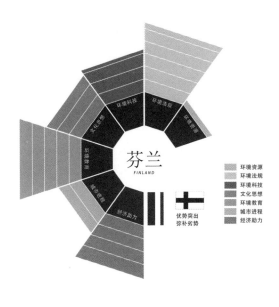

图 2-35　芬兰各项量化对比图

（3）助力条件

　　环境法规：芬兰是最早制定环保法的国家。2000年开始实施新的《环境保护法》将防止空气污染、消除噪声和环保许可证制度等有关法规汇总在一起，加强了对环境的预防性保护。新的《环境保护法》还要求工厂企业采取有效措施节约能源，使用最新技术减少排放物，并明确规定了公民在环保方面应承担的义务。与法规相辅相成的还有一套行之有效的监督管理机制。芬兰环境部自1995年将过去相互分离的水源保护和空气保护双重环保机构精简合并组成了13个地区环保中心，同时成立由专家组成的芬兰国家环保中心负责监测全国环境状况，提供环保信息，进行环保科研、宣传和咨询。芬兰健全的环境法规为环境艺术的成长提供了良好的支持和保护。

　　经济助力：政府在投入大量资金用于环保技术研发和对企业控制污染进行补贴的同时，也以征收环保税的方式约束生产者和消费者，将各种有害物质对环境造成的危害降到最低限度。芬兰自20世纪90年代初开始征收二氧化碳税，是世界上第一个根据矿物燃料中的碳含量征收能源税的国家。近年来，政府又根据环保规划指标，逐步调整和提高了与环保有关的收费和税率，其中包括能源税、燃料税、机动车辆税、饮料的一次性软包装税，以及废油、农药和水源保护费等。所征税款用于节能和环保工作。为进一步节约能源和利用可再生能源，芬兰政府于2002年决定，增加对环保类能源项目的资金支持，当年用于这方面的资金达到 1500 万欧元，用以推动风能、太阳能、生物气体等能源的开发，进一步引导能源生产朝着有利于环保的方向发展。循环发展的经济投入策略成为芬兰整体建设环境的有力保证。

环境教育：教育支出所占 GDP 比重为 6.4%。教育事业发达，教育方式先进且灵活，注重培养实践精神和核心竞争力。在芬兰，环保教育已被列入基础教育和高中教育的教学大纲。相关的职业和高等教育更是少不了环保内容。农林部也向全国农民发放有关指南，介绍如何使用农药和化肥，怎样采用科学的耕作方法保护农村环境。近几年，芬兰全国各地还建立起了许多环保志愿工作者协会和组织。在民间，自发的或被动的节能教育屡见不鲜。

4. 日本

（1）总述

日本是东北亚一个由本州、四国、九州、北海道四个大岛及 3900 多个小岛组成的群岛国家。日本人口超过 1.2 亿，以单一的大和民族为主。日本的科学研发能力居世界前列，国民拥有很高的生活质量，是全球最富裕、经济最发达的国家之一。日本的环境艺术体系起源于日本的快速城市化和不平衡的人口密度，其所引发的问题促使日本努力寻找人与环境新的和谐关系。

（2）空间基础

环境资源：总人口 1.28 亿。平均人口密度为每平方公里 338 人。森林覆盖率高达66%。日本城市房屋土地供面积十分有限 ，同时缺乏天然资源，因此注重能源的高效利用。人均 GDP 全球第 23 位。人均能源消耗每年 4.07 吨油当量（数据来源：维基百科，2011 年）。虽然日本自然灾害频发，但是因为日本纬度跨度较大，海洋资源和森林资源丰富，国内的环境整体资源还是比较丰富的。

文化思想：日本国民深知自己国土狭小，资源缺乏，有着强烈的忧患意识和长远打算，日本国民的环保理念和环保意识，来源于日本国民崇尚自然、遵守规则的国民性格，来源于从娃娃抓起的教育培养，因此是发自内心的，也是根深蒂固的。

环境科技：日本在有限的自然资源之中寻求技术突破口，其中日本的新型材料技术，建筑抗震技术，新能源利用技术都在全球领先位置，这很大程度上取决于日本的环境资源条件。因此，这些技术有助于为环境建设提供可靠有力的保障。

城市进程：日本是高度城市化的国家，在人均国土资源极为有限的条件下，日本在较短时间内达到了与美国相当的工业化、城市化水平，同时付出了较小的用地代价。据估计，日本的城市人口占总人口的 95% 以上。高到几乎全面的城市化为日本带来了巨大的环境问题，据统计，日本四个核心城市中几乎拥有全国五分之三的人口。同时，交通压力、用地压力和环境恶化促使日本宏观的考虑环境问题。也就是在日本快速城市化的时期中，环境艺术的思想迅速成长。

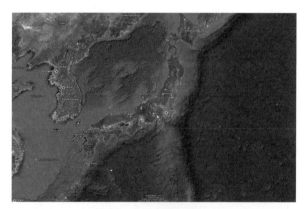

图 2-36　日本地理信息图

（3）助力条件

环境法规：进入21世纪，日本提出环境立国。日本政府非常重视制定完善配套的环保法制体系。目前，日本形成了五个层次相对完善的环境立法：一是在宪法基础上制定的环境基本法，最初称作《污染对策基本法》（1976年），随后修订成为今天的《环境基本法》（1993年）；二是综合性法律，主要有《大气污染防治法》、《水污染防治法》、《湖沼水质保护特别措施法》等；三是建设计划、规划类法律，如《城市规划法》、《环境影响评价法》等；四是工业等专项法律如《关于在特定工厂建立污染防治组织的法律》，《劳动安全卫生法》等；五是经济责任等其他相关法律，如《企业负担污染防事业费法》、《污染防治国家财政特别措施法》等。

经济助力：日本政府高度重视发展环保产业，在环保上舍得投入。各级政府通过设立生态园区、产业园区，提供政策扶持，促进环保产业迅速发展。产业园区有几十种物品都实现了有效的回收利用，形成了庞大的产业链条。部分建筑使用节能技术和新能源技术不但实现能源自给，余下的能源并网出售给电力公司。政府积极推广，凡是使用这项技术的都会得到政府一半以上的补贴。在日本，很多企业开始做环保是被动的，现在做大了，不论是转让技术，还是提供产品，都有非常好的经济效益。日本经验表明，开展环境保护，不但没有影响经济发展，反而促进了环保产业的兴起。

环境教育: 教育支出所占GDP的比重为3.6%。从小学就开始注重培养孩子们的环境意识,并积极通过学生将环境理论和知识扩展到普通民众之中。但是批判性思考不是日本教育制度中最重要的概念。学生一般要求背诵测验内容,所以学生高分的原因并不能反映他们的真实水平,有天资的学生会被忽略,但是日本教学条件先进。

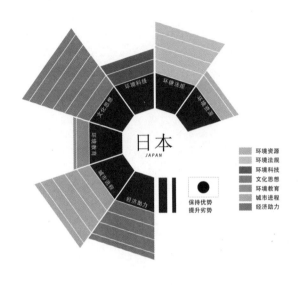

图 2-37 日本各项量化对比图

四、总结与启示

在城市化的中后期,可持续发展理念和新能源技术以及第三次工业革命主宰人类生存环境未来变革和发展的今天,环境艺术的思想正逐渐开始发挥价值,它帮助我们从更加宏观的角度,结合艺术与科学的方式重新思考我们与生存空间的关系、城市与自然的关系,不同的国家和地区因为其历史基础不尽相同而拥有属于自己的特殊的环境艺术发展之路。国家与国家的横向对比帮助我们了解环境艺术所需要的良好的发展环境,并根据自身的特点探索属于我国的环境艺术发展之路。

从对比中可以看出,美国拥有最完善的环境艺术体系,各个方面发展相对均衡,同时美国在环境科技和环境法规方面比较领先,这体现了美国从大的政策和宏观角度上给予环艺体系建立提供支持;日本利用其自身的优势提升弱势领域,弥补短板;芬兰的优

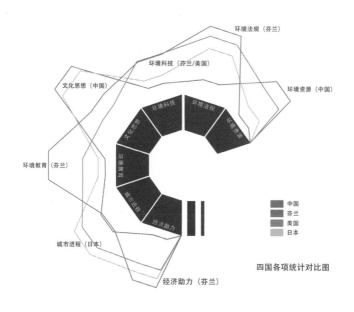

环境法规（芬兰）

环境科技（芬兰/美国）

环境资源（中国）

文化思想（中国）

环境教育（芬兰）

城市进程（日本）

经济助力（芬兰）

中国
芬兰
美国
日本

四国各项统计对比图

图 2-38　四国对比折线图

势十分突出，尤其是环境教育、经济助力和环境法规等方面，而这些内容占据领先地位带动环境艺术体系全面发展正体现了芬兰国家和政府对于环境艺术体系的建立和发展的大力支持；中国拥有很好的机遇和潜力，拥有很深的文化根基和丰富的环境资源，但是其他方面都亟待发展。

我们的环境艺术体系建立可以参考不同国家已有的战略布局：比如，从基础条件来看，我国和日本的情况十分类似，都拥有深厚的与环境相关的文化根基，日本在此基础之上，通过在高速且大力的城市化进程中积累经验帮助寻找合适的环境艺术体系发展，同时政府通过立法和制定宏观发展政策给予系统保护和支持。目前的中国正在经历高速的城市化阶段，过程中也必定会积累大量的经验和教训，这些内容都是建立完善的环境艺术体系的珍贵财富，在此基础之上，完善中国相关法律的执行能力和惩罚力度以建立政策保护和支持，最后优势带动劣势发展，完善的体系即可建立。这种发展策略，可以说是在错误中寻找方向的方式，在经验的积累过程中建立自己的环境艺术体系。

芬兰的发展模式并不十分适合中国，因为通过分析，可以发现芬兰的优势大都需要政府大量的财力和经历投入：资金、教育、法律等。而对于中国目前的情况，政府无法像芬兰政府那样在该方面投入巨大的人力和物力。不过此种方式发展建立的体系最为完善，可以形成良性的系统循环。是长远的发展之计。

美国目前的状况更像是建立了完善系统之后的阶段，更多的因素和内容是在对体系进行维护：缩小优势和劣势的距离，让各方面的运作实现效率最大化。在此阶段，在各方面因素的推进下，新的文化思想正在成形——美国人现在越来越关注人与环境的文化联系。促进文化的生成是建立系统的最终目的。

个案 1

- 环境艺术路上三十年 -

□ 图 / 文 包泡

1. 1980 年底，奚聘白几位同学到东直门后永康 7 号邀我去工艺美院讲座《我们的传统与西方现代》。这篇同学的记录，理性的认识是我三十年实践的轨迹。办学、筹备学会、做室内设计、建筑文化研究、公园的设计实践、策划山林雕塑公园、艺术家村、介入房地产文化批评，最后又回到城市文化，再一次思考"环境"二字，古人虽有这个词，多为地域概念。当前环境一词应是西方文化观念，带有客观性。中国传统文化和哲学强调人与自然的一致性和整体性，如中医、太极、山水画、古代园林、泰山、黄山、武当山……古代雕塑等。中西文化在认识论方法论上的不同，年前给你们的文章是我三十年来实践"环境"的归宿、结果。

2. 1983 年深秋，北师大李金凯(黎锦熙的研究生)到东扬威 18 号给我看陆定一题"中华信息公司"的墨字，邀我与他一起办电脑公司。这样，在新街口新开胡同租了三间房子，天冷，我把破墙都挂满了布，算是第一次装修吧。

3. 1984 年，为部标准所设计门头沟龙泉宾馆，我做了建筑山墙汉白玉装饰图案、大厅浮雕，一件天然石料稍加雕刻，挣了第一笔钱，筹备在河北办环境艺术学校。侯一民先生叫钱绍武给我做名誉校长，雕塑系代我招生。1984 年全国城市雕塑会上我讲办学，宣祥鎏说大家支持，这样学生来源有来自云南、贵州、新疆、山东、河北、河南、内蒙古、湖北、北京等地，共 16 人。

图 2-39 1986 年,《中国美术报》第 35 期,《曲阳乌托邦》,栗宪庭（胡村）文。参考：个案 1,条目 4。(上左)

图 2-40 1986 年 12 月,《河北日报》,《包泡办学》。参考：个案 1,条目 4。(下左)

图 2-41 1988 年 7 月 5 日,《中国青年报》,新闻摄影,中关村北大南门对面电脑公司裸体男人环境雕塑。参考：个案 1,条目 7。(上右)

4. 1985年,河北曲阳环境艺术学校成立,做泥塑、打石头、做小稿,学校学生自力更生,做村落院落环境研究,审美和心理精神的探讨,还有面对蜡烛的光亮静坐,冥想体验。到北京燕山石化凤凰岭做园林设计、卢沟桥抗日战争纪念馆浮雕创作。栗宪庭先生到曲阳探访,写了一篇《曲阳乌托邦》。同学到北京建筑设计院参观马国馨做亚运村运动场馆总体的四轮方案设计。

5. 1987年2月,在北京文研院肖默家里,刘小纯和我们研究召开环境艺术研讨会。在东四八条,我的学生给大家煮的饺子,来了几十人。大家倡议筹备环境艺术协会并做了会议纪要。

6. 1988年6月6日,联络会决定15日召开筹备会讨论会议章程及第一次全国会议。1988年10月20日,筹备会发出延期通知,盖中国艺术研究院章(代章)。

7. 这期间我给中华信息公司做环境艺术设计,在北大南门斜对面,三米裸体男人雕塑在二楼窗口(隋建国雕塑),海淀区领导发现了,说有碍观瞻,要求立即拆除。后来两家报纸发表、祥云公司又拍了宣传片,不了了之。在室内我用非金属集成块、鹅卵石做家具设计。

8. 在北三环安华里24号地下室开过几次环境艺术的研讨会,光明日报、科技日报记者有所报道,顾孟潮写过文章,十几位艺术家住在地下室,办过几次展览。

9. 1987～1988年间,北京的康华公司下面成立了康华环境艺术公司,我把一些建筑师、艺术家拉了进来。

10. 1990年7月31日,钱学森给吴良镛教授、顾孟潮先生写了关于山水城市的信件,顾孟潮先生将信复印件给我。

11. 1993年前后,又想到郊区寻找风景好的地方居住,先后到门头沟、大觉寺、凤凰岭、遵化,请栗宪庭、王广义等到神堂峪五道河,后来他们到了宋庄,我到了交界河。我帮钱绍武、隋建国、王明贤、朱青生、时间、周国平、李西安、卞祖善等十几人在村里买了房子,还有两位德国人。

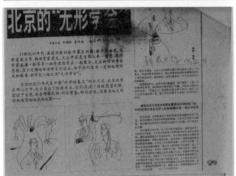

图 2-42 1994 年 1 月,《华声报》照片, 中华民族风情园西大门建筑。这是包泡第一件建筑作品, 长 82 米, 高 20 米, 当时是作为美术馆功能而设计的。参考: 个案 1, 条目 4。(上右)

图 2-43 1994 年 2 月 13 日,《科技日报》发表文章《地下室里的新思想》。参考: 个案 1, 条目 8。(上左)

图 2-44 1995 年 4 月,《科技日报》发表文章《北京的无形学会》。参考: 个案 1, 条目 8。(中左)

图 2-45 1996 年,《北京晚报》发表文章《北京有个交界河——一个兴起中的艺术家村》。参考: 个案 1, 条目 11。(下左)

12. 1996年，怀柔交界河雕塑公园正式成立，会场在山西合办，两百多位来宾艺术家就地而坐，只有张仃等四位老人有椅子，讲话者站在水中石头上，水中石头上坐着两位女音乐家古琴演奏，尔后是现代舞舞蹈家文慧女士同中外七人作水中舞蹈。两年时间先后举办了四次国内外艺术家现代环境艺术活动，德国艺术家做了两次集体活动。顾振清先生在这里策划了他的七人行为艺术创作。还召开了一次大型德国获得诺贝尔文学奖作家亨利伯尔国际学术研讨会（我向怀柔领导汇报）。朱青生先生的第一次山水书法创作是在音乐家舞蹈家现场配合下创作的。房地产商潘石屹请王达明设计苏州民居，结果我和王明贤同他们吵了一架，结果张永和把给他找的那块地给了潘石屹，盖了"山语涧"，后来又为他规划了长城公社。

13. 我还为自己在山头前盖了一个石头房子，没有院墙，一心想融入大自然，结果被村干部在院内修了养鱼池，房子融没了。

14. 1994年，上海同济大学戴复东先生规划北四环中华民族风情园，西大门设计给了我。拿石膏模型放大一座大楼（长85米，高20米）当美术馆用。

15. 1994年，张永和回国，在他家的聚会，王明贤请了宋东、赵冰、隋建国等二十几人，这是国内第一次现代建筑与现代艺术交流活动。尔后张永和与王明贤合作在中国美术馆作纪念梁思成建筑艺术展。

16. 之后，到2005年前后，我一直做环境艺术文化批评、现代艺术。奥运会前，鸟巢等几个奥运场馆方案通过定案后，在西三环主题工作室，开了一次关于鸟巢、国家大剧院、中央电视台建筑的学术会议。之后又在这召开了上海北京当代文化的全天会议，这是民间有关当代文化艺术的各方面的重要的艺术家学者的会议。八年前马岩松回国，对MAD的关注至今，关于环境艺术的观念，从理性到实践又到理性认识，走向山水城市。

个案2

– 布正伟手稿 1986 ～ 1987 年(布正伟提供)–

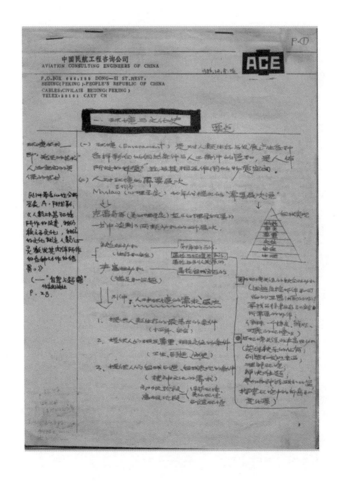

图2-46 "环境与文化史",手稿之一,1986年12月18日。

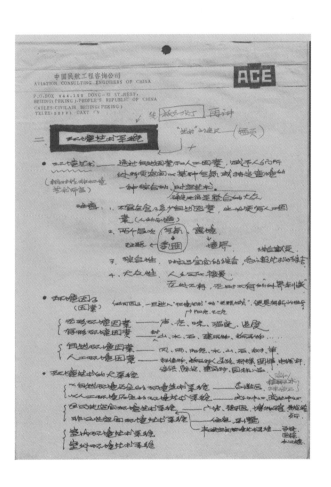

図2-47 "环境艺术系统"，手稿之二，1986年12月18日。

185

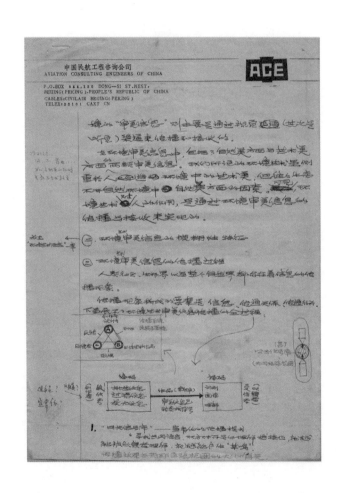

图2-48 "环境审美信息的传播",手稿之三,1986年12月18日。

186

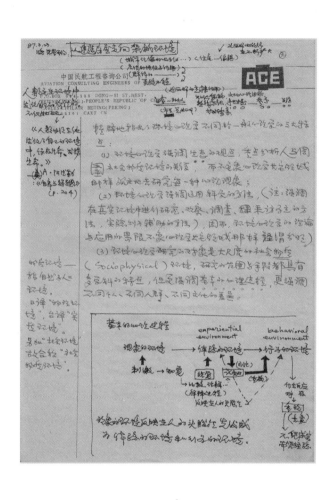

图2-49　"环境艺术的心理学原理"，手稿之四，1987年3月13日。

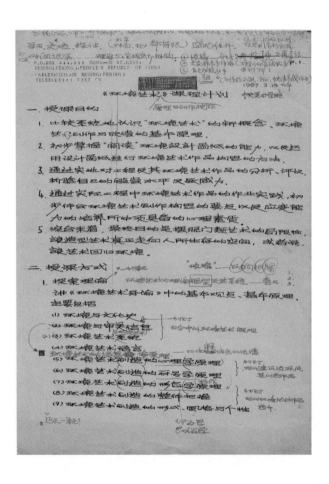

图2-50 《环境艺术原理与创作技能》课程计划，手稿之五，1987年3月13日。

□ 苏丹

　　本章首先为我们罗列出一份长长的历史清单，在这份清单中我们清晰地看到了中国环艺在当代所走的道路，同时也看到了世界范围内所发生的和环艺相关的各类重要事件。大事记年表就是对历史演进过程中节点的梳理与展现，这些事件表面看去发生在不同的领域、不同的时空，但将它们串联在一起，你就会看到一幕精彩纷呈，高潮迭起的历史画面。它们共同推动的时代波澜冲击着历史坚硬的岩壁，造成宏大的回响并留下新的印记。

　　层出不穷的大事反映出人类认识的发展状况，在这些事件之中，我们既看到了思想的光芒，也听到了传播者的呐喊。不同身份的先驱者共同推动了环境艺术历史的发展。艺术家在这个历史中扮演着双重的角色，他们一面充当着实践者，用行动阐释着哲学家的推论，一面又作为思想的检验者，在行动中思考不断留下质疑的声音和思想的碎片。那些思想家是高度理性的，他们是先知先觉者，是伟大的预言家。他们首先是一些悲观主义者，总能看到世界未来灰暗的侧面，最后他们显现出了乐观精神，他们为未来的世界制定着法律、规则、伦理、道德，以此构成人类社会大厦的结构。在我们所罗列的事件之中，活跃着众多艺术家的身影，罗伯特•史密斯、理查德•朗、克里斯托和珍妮、戈兹•沃西、关根伸夫，以及中国的蔡国强、苍鑫等等。他们是一群集智慧与"鲁莽"于一身的特殊人类，他们的思考响应了思想家们的推测和预言，但又坚定保持着独立性，他们不仅使用头脑更擅于使用身体去感受和认识世界。实践是他们的责任，而且艺术家的实践就是人类社会空间中最独特的风景，他们的表演获得了社会民众的关注，他们总能把思想化作夜空中燃烧和耀眼的火花。

在环境艺术发展的历史上，设计师的作用也是显而易见的，他们是另一种类型的传播者。设计师之所以能够发挥重要的作用，是特定历史阶段的一个必然的状况，因为在人类社会现代化的过程中，设计，尤其是建筑师扮演了极为重要的角色。城市化的浪潮席卷全球，城市化无论从本质还是表象都和现代化密切相关着，它标志着人类存在方式和生产方式的巨大转变。建造的专业性使得建筑师执掌了人工环境的生杀予夺的权力，也控制了人工和自然协调发展的步伐。令人庆幸的是，在中国的改革开放早期，建筑界有所觉醒。建筑理论界和设计界的精英密切地与美学、艺术构筑了互动平台，推进了环境意识在设计界的普及速度。时至今日，中国的现代化仍然处在一个高速发展的状态之中，我们刚刚经历了快速城市化的过程，现在又迎来了小城镇建设的浪潮。毫无疑问的是，中国的环境在今后的几十年里仍然会处在一个巨变的状态中。规划师、建筑师、景观设计师秉承的观念对未来中国的生存环境影响深刻，他们除了自身要树立良好的环境观念之外，还承载着向大众传播积极环境意识的历史重任。因此这个世界首先需要一种策略，循序渐进地逐步解决我们面对的危机。中国的环境艺术大事记明确地为我们展现出，在中国环境艺术设计快速发展的二十多年时间里各方面的成就，也清晰地勾勒出我们行进的路径。依据与此对照一下中国环境变化的结果，我们不难看到问题的症结所在。显而易见的是，西方在有关环境艺术方面思考的准备是非常充分的，法律法规和制度的完善为这些伟大思想的实施提供了保障，相关社会组织的各种活动担当了思想传播的途径。这些都是生存环境良性发展的先决条件，令我们深受启发。

本章中展示的珍贵文献使得我们对历史的证明更加有力，它们是证据，也是线索。包泡先生提供的文献，既为我们勾勒出历史曲折的走势，也为我们描绘出生动的图景。在1982年2月12日整理的环境艺术讨论会第一次纪要中，我惊喜的看到第一句话就是："人类在适应、选择和改造环境的不懈斗争中创造了自己的文明"。这句话表面看去像是一句套话，但若还原到改革开放之初的社会文化和物质条件构成的背景中去解读，则是一句高度概括了人类对环境认识深度的话语。同时，在这个纪要中我们亦可感受到当时的文化精英们，对中国即将到来的发展所怀的忧虑。这些忧虑不仅针对环境中的文化系统，还指向了未来的生态系统。在1990年钱学森先生给吴良镛先生的书信中，我激动地看到了"山水城市"概念产生的原委。这个惊世骇俗的构想竟然始于菊儿胡同的改造项目之启发，立足于传统文化的人居环境建构牵引出来了一个更加宏伟的构想，这足以说明从环境的角度思考会超越专业领域的局限。如此，思想真的就如同生长了翅膀一般，同时学科交叉也是产生新思想的途径。从文献中我们看到关于"山水城市"的讨论一直持续到1993年，但事实上山水城市的构想在实践方面遭遇了惨败，这是非常令人遗憾的事情。究其原因，我个人认为是它很快就遭遇了急切的城市化进程所致，特有的行政评价体系也是扼杀这个理想的元凶之一。只能以一个词概括这个理想和现实的结局之间的关系——生不逢时！

包泡先生提供的文献时间起于20世纪80年代初，止于20世纪80年代末，共计十年。这个中断的缘故我们只能猜想，我觉得原因是复杂的。首先是一个大的历史和文化背景变化的缘故，20世纪80年代是中国的思想解放的黄金时期。而到了20世纪90年代，诸多的原因形成了注重实践的趋势。这种实践沿着两条道路在迅猛发展着，一条道路是被动性的应对市场的需求性质的实践。经济的诱惑产生了一定程度的效应，由于设计的实践意味着丰厚的物质回报，设计群体和个人都在寻找一种更加通用且有效的方式去应对市场的需求。另一条道路就是通过行政的程序使得环境艺术取得合法化的身份，这一方面主要是环境艺术设计在高等教育和行业协会领域的渗透直至最终确立。在这样一个实用主义盛行的历史时期，原本呈现勃勃生机的中国环境艺术事业的思想几乎是处于一个冬眠状态。这一时期具有标志性的一项成果就是《室内设计资料集》的出版，这是一本以资料和知识集成为主的工具书性质的出版物，时任中央工艺美术学院环境艺术设计系主任的张绮曼先生和郑曙旸先生，组织全系的师生耗时两年的时间完成了这一项对中国环境艺术设计影响深远的巨著。这本书出版之后就受到超出预计的市场热烈追捧，时至今日仍然在被不断再版。如此，本工具书在二十多年的时间里占据着如此多读者是设计类图书出版界的幸事，但我们若换一个角度去看待这一现象，也不难发现这个提倡实用的时代需要的不是思想和认识，而是知识和方法。于是我们也就可以接受这样一个事实，即20世纪90年代至21世纪初的十余年里，环境艺术的思想领域所取得的成就几乎是一片空白。

本章的第二个部分是关于世界范围内环境艺术发展状态的横向比较研究，它的目的是建立一个参照体系，以便我们更加准确地了解自身的位置，同时寻找到可以借鉴的经验。这是我的硕士研究生石俊峰撰写的一篇分析报告，内容主要是抽取四个代表性的国家的样本，通过分析和比较来研究对环境艺术支撑作用的系统建设情况。我们可以看出，不同的国家不同的地域之中，环境艺术建立的空间基础是相差甚远的，因此每一个国家都要发展和完善环境艺术的助力条件。

应当说该报告中对中国、美国、芬兰、日本四个国家的选择别有用意，首先选择的范围涉及亚洲、欧洲和北美洲。在亚洲作者选择了自然条件和中国相似的日本，对其环境资源、文化思想、环境科技以及城市化进程进行了描述。也对其环境方面的政策法规、环保产业的经济状况进行了分析。通过这个比较，使我们能够清楚地看到自己的不足之处，也能够认识到产生差距的根源。众所周知，美国和芬兰的环境状况是全世界优秀的楷模，这两个

APPROPRIATE TECHNOLOGY

JU'ER HUTONG PROJECT
BEIJING, CHINA
Institute of Architectural and Urban Studies
Tsinghua University

CONSTRUCTION TECHNOLOGY (Photo 8)

Project Technology:
Construction technology, brick concrete mixed structure, brick foundation, brick wall, concrete floor and roof (partly prefabricate, partly site concrete), and traditional tiles.

Appropriate technology has been used and can be carried out by the local builders without heavy machinery.

Materials:
No imported materials have been used, and most of them are locally supplied.

Exterior walls: brick work for the ground floor with clean finishing; and cement rendering with white paint finishing for the first and second floors.
Interior walls: white plaster.
Floors: concrete, later covered with various materials by the owners or tenants.
Ceilings: white plaster.

图2-51 《室内设计资料集》封面及内页（上左），

图2-52 菊儿胡同的刊物报道（上右）、

设计手稿（下左）和老照片（下右）。

菊儿胡同相关文献由姚立新提供。

菊儿胡同是一次对构建人居环境的实验。

实验者试图在文化、社会、经济、美学之

间形成平衡。这是一种理想性模式。

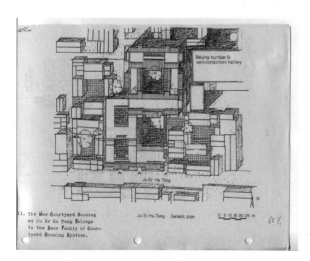

国家多次位于世界可持续发展潜力评估的前两位。这不仅在于它们都拥有得天独厚的资源条件，还在于它们已经逐步建立了完善的环境法律和制度。并且，在该项分析中，研究者把环境教育置于增强环境艺术教育助力条件的重要地位。环境的教育应当被置于国民普及性教育的位置，这也是一条奠定国民环保思想基础的国策。许多发达国家在这方面为我国做出了良好的示范，报告中图表的设计和制作也很精彩。

纵向梳理和横向比较是宏观思考的两个维度，在全球化的时代里，每每谈及中国的发展就必须思考世界的状况。这也是一种环境思维，因为中国的发展变化除了为了解决自身的问题，还必须环视周边世界的政治、经济的格局，文化的差别，然后再制定我们的发展策略。还有一点也是非常重要的，那就是经过几十年的改革开放，中国已经成为世界强国和文化大国，而作为一个大国我们要承担世界发展必要的责任和义务。通过纵向的梳理，我们还可以认识到在人类社会的发展过程中，环境艺术的发展也不是一项孤立的事件。哲学性的思考首先突破了传统观念的制衡，现实中世界性的环境危机进一步督促社会动用越来越多的手段去解决我们面临的环境问题。新的法律的颁布，新制度的诞生不断引发更多的问题，牵动更多的利益诉求。于是对问题的思考逐渐进入一个深层次的状态之中，理论界的研究继续拓展着其所涉及学科的边界。环境的研究者不仅对环境的科学性进行了定量的分析，还主动进入历史的演进过程中重新判断所有过程中折射出的现象，试图寻找到规律。

对于日常生活而言，环境意识的启蒙和培育显得极为重要，因为今天所面临的问题更大程度是由人类活动对自然的影响所导致的。人类不会也不可能在短期内终止干预自然的步伐，相信这是一个暂时无解的问题，但可以肯定的一点是，通过精英的努力所产生的影响却可能使干预以温和的方式进行。环境伦理和美学的作用就是在这方面所扮演的不同角色，伦理的规范作用和美学的诱导作用对人类的行为会产生积极的影响。环境艺术在这段历史中不仅功不可没，而且任重道远。在我们心中它如此重要，首先在于艺术创作本身实乃是一种新思想的模型形态化的方式和过程。环境艺术史上的那些先驱们就是这样，他们在大地上激昂地书写，沉重地塑造，这些非常性的举动和非常性的视觉紧密相关，构成了一个把问题物质化和视觉化的环节。毫无疑问的是，这些思想的形态化表现方式会更加直接性地在社会层面引起反响，不论中外环境艺术家的作品都产生了这样的作用。因此我们看到了环境艺术家的历史作用，他们建构的语言系统是图像化的，产生的作用既是潜意识层面的又是意识层面的。好的环境艺术家都是集思想与实践于一身的巨匠，他们总是深刻反思，气势磅礴般表达。

而作为环境艺术体系中的另一支脉，环境艺术设计作用更是生活化的。它以人为本，又服务于社会，在今天还要担当环保的重任。从本章书写的当代进程来看，很明显的是：中国的环境艺术设计发展虽然成绩斐然并继续被鼓动着。环境艺术设计的领域从室内拓展到了室外空间，设计规模由私人化的空间领域逐渐渗透到公共领地，必要时开始紧密配合城市规划的工作展开。环境艺术设计的社会组织机构也有很大的发展，建设部、轻工部、中国美术家协会都建立了下属的专业组织，频繁地开展工作，举办活动。这些活动的模式也是多元化的，有一些是强调学术性的组织，有一些关注于对社会的影响，还有的结合商业推广协助相关产业的发展。

在教育领域，这种专业的普及更为明显，自 1988 年中央工艺美术学院建立中国第一个环境艺术设计学科起，至今，这个学科的数量有了惊人的变化，并且这个数字每年都在变化，以至于专业研究人员也很难搞清楚最为准确的"当下"数字。庞大的教育体系，每年都为中国提供着源源不断的建设所需的人才，这个持续发展的态势和中国社会发展状况是高度吻合的。

然而过快的发展的确也带来了许多问题，那就是重形式轻内容，思想贫乏，样式张扬等等，更为重要的是，设计界整体崇尚的和世界所提倡的生态文明之间出现了裂痕。这会根本上影响中国的文化形象，也会给社会发展的可持续性埋下隐患，因此对其发展的态势需要适度的控制。因为我们从历史的轨迹中看到，解除了理性控制的设计也会像脱缰之野马一般在物欲的道路上狂奔。因此，中国环境艺术设计应当适度地调整已经固化的思维模式，建构新的理论框架，在服务于社会建设的过程中维护人类社会文明的良好声誉。

〈3〉

第三部分

描述

- 15 个访谈录 -

访谈纲要：

※ 您当初是怎样走上环境艺术设计这条道路的？

※ 当时环境艺术领域的发展状况和所呈现出的面貌是怎样的？

　　您心目中那个年代在此领域中的先锋人物还有谁？

※ 您个人认为环境艺术设计未来的发展方向将会怎样？

※ 最后，请用一两句话简要概括什么是环境艺术设计。

（中国描述者部分按年龄排序）

萧默

（以下简称"萧"），

生于 1937 年，

2013 年 1 月 8 日逝世。

文化部中国艺术研究院研究员，建筑艺术研究前所所长，

主要从事建筑艺术历史与理论研究。

环境艺术思潮的重要推动者。

CICA：萧默老师您好，您当初是怎么走上环艺这条道路的，请讲一讲您个人的学术经历。

萧： 环艺是后来出现的一个新的学科。我是搞建筑的，原来在大学里就是学建筑的，建筑设计，清华大学就是建筑师的摇篮，它就是培养建筑师的，搞设计，不搞研究。但是我这个人喜欢动脑子，不满足于光动手，爱想为什么，就爱搞点建筑理论、美学理论、建筑文化这一类比较宏观的问题。不仅仅是对建筑自身的研究，后来我就搞上建筑历史了，在敦煌待了 15 年，研究敦煌壁画里面的建筑历史，因为敦煌壁画里有很多建筑的画面，唐代和唐代以前的，而中国（现存的）的唐代和唐代以前的建筑实物很少很少，敦煌壁画里有很多，再根据文献进行比较。横向的，西边到印度，东边到日本；纵向的，上到秦汉，下到明清，系统地整理资料，进行研究，当然也是文化大革命耽误了很多时间，但是最后终于还是出了一本《敦煌建筑研究》。离开敦煌以后，学术得到了扩展，主要是从微观史学向宏观史学发展。其实敦煌壁画的研究里面已经有宏观史学的影子了，可能你还不太明白微观史学和宏观史学，微观史学就是就建筑研究建筑。比如说太和殿，研究柱子的粗细、斗栱的穿插，绘出它的结构图，顶多就是用太和殿和明代建筑斗栱的形加以比较，构件和构件之间加以比较，就建筑来讲建筑。我这个宏观史学，把研究范围扩大，不是研究建筑本身构件和构件之间的关系，也不完全止于研究建筑和建筑之间群体构图的关系，而是研究建筑与社会文化之间的关系，比如说唐代建筑为什么是那样的风格，宋代建筑有什么发

197

展，社会状况有什么变化，影响到人们对建筑需要有什么变化，人们对建筑的审美观有什么变化，以及建筑技术宋代比唐代有什么发展，发展的原因是什么……比较宏观的，放在一个大环境里来研究。我举一个例子，比如说北京，北方的一些宝塔，很雄伟、庄严、庄重，令人起敬，上海、江南水乡的一座塔，玲珑小巧，很秀丽，很可爱。一个令人起敬，一个乖巧可爱，那肯定它的风格不一样，风格不一样什么原因？华北的文化气氛，氛围是什么氛围，民族是什么民族，江南是什么氛围，就大环境来影响建筑的历史，朝向这个方面研究，然后下一阶段就是把视觉向世界展开，写了一部世界建筑艺术史，那就把所有国家都包括进去了。

CICA：也就是说您先是从对建筑的喜爱起步，逐渐往更大的范畴里扩展。

萧：对，最后一步就是向建筑评论、理论方面发展了，一直到退休以后又搞了几年，之后精力不行了，身体也不好了，最后一个阶段就退出了。至于环艺，在我几个阶段中穿插出现，没有专门研究过环艺。

CICA：那我想向您了解一下，在您当时做研究的那个年代里面，环境艺术的发展状况和所呈现的面貌是怎么样的？

萧：我初步接触环艺还是在你们学校，中央工艺美术学院里有一个环艺系，那是第一次听说环境艺术这个词，后来了解一下，环艺和我们当年在学校学习的室内设计基本上是一回事。我们在清华建筑系也学习室内设计，我之前也搞搞，小到灯具的设计，吊灯的设计，都自己搞。还有一个装饰纹样的设计，和整个大厅要协调。清华大学主楼，进去之后第一个门厅，里面的吊灯就是我设计的。后面的楼梯间大吊灯，水晶大吊灯，也是我设计的，不过那个太贵了，后来没有做。门厅的吊灯是做了，门厅比较低，高度和长度相比比较低，吊灯就不能太大太高，我最后做了一个圆盘，圆盘和周围有一些灯，这样它的面积很大，但是高度不高。像这种东西就是要和环境协调，灯具和大厅的环境要协调起来，不能大厅是大厅，吊灯是吊灯。我理解的，它就是一个协调问题，室内设计问题。

CICA：也就是说在当时那个年代里，环艺更多的指室内设计和建筑装饰。

萧：室内设计以及室内所使用的灯具、家具设计，甚至包括用具，比如地毯这些东西。但是我也看到过国外一些文章，也是有环艺，但是和我们中国完全不一样，好像是一种大地景观。

CICA：大地艺术？

萧：嗯，一个新潮流派，新潮的美术流派，跟我们讲的环艺毫无关系，那我们就甩开国外的，研究我们中国的东西吧。后来听说，环境艺术不仅仅只是室内设计，也应该包括景观。

CICA： 之前看过您的一些文章，说您认为环艺不仅仅只是建筑，不仅仅只是室内，还应该包括景观，它是一个更大范畴的综合的概念。而且您认为建筑是其中一个重要的组成部分，好像这么看来，这个概念和您刚所描述的那个年代的环艺设计还是有很大区别的。

萧： 对对。

CICA： 那您是否了解，它的发展过程是怎样的，从当初的一个室内概念一直发展到今天，成为一个更大的范畴。

萧： 我也不知道发展过程，因为我本身就不是环艺的，我写文章基本都是凭感觉，跟着感觉走，不过往往这个感觉……对了。我还是从建筑方面来讲吧，比如说紫禁城，就是故宫啊，你要研究它，有很多种方法，很多人都在研究紫禁城，有的就是微观，一座建筑一座建筑地去研究，画测绘图，但是没有一个总的概念。有的眼光放大一些，从群体构图上来分析。我呢，从艺术的构图上来分析，比如说它像交响乐一样的，分三大乐章，从大清门到天安门、到端门、到午门，这是宫前部分，第一乐章。第一乐章有几个段落，分三个段落：天安门广场、端门广场、午门广场。段落里面有高潮，高潮就是午门广场；第二乐章就是前朝三大殿、后寝三大宫及御花园，前朝为高潮，高潮里又有最高潮，那就是太和殿；这两大乐章以后还有一个乐章就是尾声，第三段由神武门至景山，长 300 米，是全体的收束。整个序列的安排，肯定不是建筑师（的安排），也不是哪一个木工，工匠（的安排），肯定不是他想出来的，而是一个总体的环境艺术设计在安排。只有宏观的考虑，才能配合得这么好。

CICA： 您心目中觉得在环艺刚在中国开始发展的那个年代里，有谁算是先锋人物？

萧： 不太清楚，我那个时候在中国艺术研究院工作，那个时候没有建筑艺术研究所，来中国艺术研究院的时候，没有一个是搞建筑的，我是第一个，我来了之后还引起了很多人的意见："你是学工的，怎么跑到我们这儿来了？"我说，"我是学建筑的。""建筑不就是盖房子么？我们这是艺术研究院。"我说，"对不起，建筑也是一种艺术。""啊？建筑也是一种艺术？没听说过！"

后来我办了个《中国美术报》，后来停办了。《中国美术报》有那么几期专门谈环境艺术，我们组的稿子，登出来以后就叫环境艺术，谈了一些概念，几个例子，开了几次会，引起了一些人的兴趣。以后的情况就不太知道了。张绮曼也参加了，还有中央工艺美院的几个朋友，建筑界的几个朋友，筹备环境艺术学会，不知道挂号到哪里，也不知道办什么手续，这个任务交给我，我向文化部申报过，文化部给我回信，

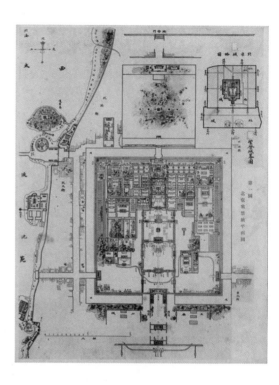

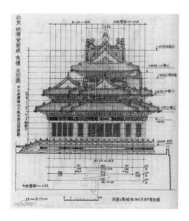

图3-01 故宫鸟瞰和平面图。

故宫角楼立面图。（图片来自《中国古代城市规划建筑群

布局及建筑设计方法研究》，傅熹年著）

图 3-02 《中国美术报》是中国现代美术专业报纸。1985 年 7 月 5 日创刊于北京，由中国艺术研究院美

术研究所主办。为四开四版、彩色胶印的周报。该报及时报道国内外美术界的最新动态、思潮变化、学术

争鸣和艺术探索，并适当介绍美术知识，其范围涉及整个美术领域。该报在读者层次上以提高为主，兼

及普及；在内容上以探索、争鸣为主，兼及较有定评的事物。该报于 1990 年 1 月 1 日停刊。

图为《中国美术报》1985 年第 14 期。

没同意,这个事我就放下了。后来其他几个人就在建筑学会里活动,成立了环境艺术学会,他那个学会我知道,但我没有参加,搞的活动我一次也没参加过。

CICA：当时文化部不同意这件事的原因是什么呢？

萧　：他不一定要说明原因,原话怎么说的我就不知道了,"经研究未予同意",他不一定讲原因的。

CICA：您这里还有当时的信件资料么？

萧　：早就没有了。我还记得当时写完以后还找到了李希凡院长盖了中国艺术研究院的章,因为我只是建筑艺术研究所,直接给文化部写报告还不合适,中国艺术研究院盖的章,文化部回函也是盖的文化部的章,就是未予通过。

CICA：我之前看您的资料的时候,发现您有几个比较喜欢的环境艺术的案例,比如说南京大屠杀遇难同胞纪念馆,您能不能讲一讲您为什么对那个作品比较喜欢呢？

萧　：以前一般的纪念馆都是很庄重的、对称的一座大楼,前面有些甬道,后面有些树,然后里面就是展厅,不能充分展现南京同胞、遇难这几个主题。好像你把这个展览馆改名叫工业展览馆也可以,别的什么农业展览馆也可以。南京大屠杀遇难同胞纪念馆要体现什么氛围,一般的展览馆模式已经不适宜了。南京大屠杀遇难同胞纪念馆你去过没有？

CICA：去过。

萧　：它打破了这个格局,充分运用环境艺术的手法里面搭配了鹅卵石,沿着道路周边有一点草,建筑并不突出,上去是个平台,入口就是遇难者300000这赫然几个大字,给人心以震撼,上去平台看整个场地,非常荒凉、恐怖、凄厉的氛围,沿着周边走一圈,经过几个断墙,转个弯,好像进入墓道一样,进入展厅。整个展厅氛围的营造都围绕着遇难同胞这个主题,不是由建筑来说话,而是由整个的环境,许多的元素来做。

CICA：您觉得中国的环艺未来的发展方向和前景是怎样的？

萧　：我可以这么说吧,中国古代相对于世界上别的国家,是最最重视环境艺术的,世界上没有任何一个国家的人像中国人这么重视环境艺术！这个我们可以毫无愧怍地说,是用作品来说话的。

　　我刚才提到的故宫,紫禁城等,你到西方去,和故宫相当的,像法国巴黎的卢浮宫,那无非就是一座大楼而已,大楼是转折的,两个转折撇开一点,现在中间加了贝聿铭的金字塔,没有那个金字塔那就是一个大楼,没有什么像我们紫禁城有前导、有高潮、有结尾。前导就是序曲,序曲里面也有几个分段,非常细致,起承转合非常

图3-03　南京大屠杀遇难同胞纪念馆入口和万人坑。

强大。卢浮宫很简单，大厅里面是非常豪华的，但是它的环境艺术谈不上。法国的凡尔赛宫也是这样，它比卢浮宫后面多了个花园，但是宫殿就在前面，沿着放射性的三条大路，中间一条线通向巴黎，它在巴黎的西边，另外两条放射线通向另外两个宫殿，这就是凡尔赛，后面的花园，花园就是花园，和宫殿没有关系，也谈不到它们有什么有机的关系，进到宫里面，就是进到房间里面，出了宫就是花园，这个花园一览无余，不含蓄，虽说空气很好，树很多，也有很多水，水都是几何形的。

所以中国人很了不起，中国人最重视环境艺术，可以举出无数的例子，不只是紫禁城。再说个环境艺术的极品，颐和园就是环境艺术极品，若要分析也是很值得写的。中国远古人选址，先是从实用的方面，便于渔猎、便于取水、便于排洪、不要太潮湿，还有从守卫方面，从这个方面来选址，然后再加进了审美的考虑，从那个时候环境艺术已经萌芽了。中国人很善于体会构图，和西方建筑不同的，西方建筑材料用的是石头，可以砌得很结实，古希腊还比较简单，古罗马已经有拱券了，再加上哥特式的结构大发展，可以把房子造得很高很大。中国是木结构，无论怎么造都有个限制，单体建筑不会像西方那么大，但是我们很善于群体构图，正好回避了弱势。而且中国人的审美观点，认为造得大而无道并不好，他不希望，也不需要楼那么大，太和殿那么大也就够了。建筑要形成氛围，一座建筑不够，就用很多建筑，把他们围成一个群，用群体构图来达到自己的艺术目的。所以你到紫禁城里去不仅仅是欣赏太和殿，不是哪一座建筑，而是整体的布局。这个建筑的整体布局已经与环境艺术差不多了，本身就是环境艺术。无非环境艺术出了建筑之外加上了其他因素：雕塑、环境绘画、植物、文学这些因素。

CICA：那您觉得未来会怎样呢？

萧：   觉得未来就是加强对传统的学习，中国人还是加强对中国人的学习，对历史的学习。

CICA：就像您说的，我们的祖先很擅长运用环境艺术的知识。

萧：   虽然有很多东西都不存在了，但间接资料还有，我们可以去总结。宋以后的东西就比较多了。比方说谈到中国的寺院，光入口就可以写一本书。比如说卧佛寺，离寺院大约还有两公里地的地方有一条甬道，甬道两边是墙，中间是一条道路，墙和道路中间种着树，这就是环境艺术，它叫你到达寺院前经过两公里长的情绪酝酿，如果没有这条甬道，没有这些树，而是杂乱无章，周围都是摆小摊的，嘈嘈嚷嚷，玩杂耍的，那就完全没有那个氛围。那里安静极了，大约一两公里长。这种例子太多了，就像天安门前面有一条甬道一样，天安门前面不是像现在这样有一个开阔的广场，也是一条甬道。

CICA：结合您刚所说的遇难同胞纪念馆，我觉得环境艺术可能需要更多地用环境语言去影响和感染人的感情。

萧　：对，整体氛围，这是很重要的。以前把环艺局限为室内设计或者是家具，太狭隘了。我当时就不太理解，现在也这么认为，那个样子就不应该叫环境艺术设计系，干脆叫室内设计系，家具设计系。环境艺术是一个比建筑艺术还要大的范围，而室内只是建筑设计的一部分，建筑设计比室内考虑的问题要多得多啊，环境艺术比建筑设计考虑的问题还要多啊。一个是很大的概念，一个是很小的概念，怎么能弄到一起呢？所以室内设计系就是室内设计系，不是环境艺术设计系，分工应该是这么分。实际上有很多建筑师不会搞建筑设计，不会搞环境艺术设计。但我认为，好的建筑师就应该也是一个好的环境艺术设计师。不够格的建筑师就只会盖房子。现在建筑艺术的内容就很少，环境艺术就更少了，包括外国也是这样。我是坚决反对国家大剧院的，国家大剧院有什么环境艺术？他和环境有什么关系？他和北京整体的城市协调么？他和中国文化协调么？环境有小有大，都要协调。它只是一个房子，而不是环境艺术。有人的看法和我不一样，有很多同志的看法和我不一样，但也有很多人的看法和我一样。

CICA：最后请您用一两句话概括一下什么是环境艺术设计？

萧　：环境艺术设计，我想，就是在进行设计的时候，综合考虑到人文的、历史的、现实的各种因素具体的设计，考虑到物质的、精神的各种元素加以综合取舍，以取得良好的艺术氛围，这就叫做环境艺术。我想它不在于具体的什么花纹，而是整体的宏观的氛围，在这个氛围里应该有起伏、有顿挫，就像写文章一样，还有就是像绘画、电影和其他艺术一样，主题要鲜明，还要有主角有配角，各就其位。

（采访与文字整理：石俊峰）

（校对：高珊珊）

布正伟

（以下简称"布"），

生于 1939 年。

教授级高级建筑师，建筑理论家。

环境艺术思潮的重要推动者。

╱

1. 在访谈开始时，我想首先应当从本质上把"环境艺术"的内涵说清楚，以免我们陷入"只见树木不见森林"的狭隘概念中。

　　20 世纪 80 年代下半叶，在国内环境艺术思潮开始兴起的时候，我从系统论的观点，对"各门类艺术"与"各种生活环境"之间的联系，作了一番考察，并参考国外《艺术形态学》和《西方现代艺术史》等文献，就新生艺术形态——"环境艺术"的本质进行了探索，由此而将其概念确立如下："环境艺术是指在一定的时空范围内，积极调动和综合发挥各自艺术手段与技术手段，使包围人们生活的物质环境具有一定的艺术气氛乃至艺术意境的大众艺术"，说得简单一点，"环境艺术就是介于底层实用艺术与上层纯粹艺术之间的综合性艺术" 同时也可以理解为，"是创造环境艺术气氛乃至环境艺术意境的各系统工程的整合艺术"。这个概念涉及的面和因素很广，为此，我曾特意画了"现代环境艺术的构成系统"示意图来加以表达。之所以强调这个本质概念，就是想让大家不要把"环境艺术"只理解成 20 世纪 60 年代以来，在欧美城市迅速发展起来的"公共艺术"(Public Art)或"街道艺术"(Street Art)，更不要理解为是孤立的环境雕塑或环境绘画之类的美术作品。换而言之，由于环境无处不在，因而环境艺术便有"宏观、中观、微观"不同层次之分，应该全面去看，切不可以偏概全。说清楚这个大前提，我们就好继续往下谈了。

2. "建筑"本来就包含了"环境"的涵义，作为建筑师，我对"环境艺术"的深层领悟，是老老实实从学习和研究室内设计开始的。

　　20 世纪 70 年代末，我国旅游事业刚刚起步，急需兴建宾馆、酒店。那时，我在中南建

图3-04　亨利·摩尔(上)和亚历山大·卡尔德（下右）的环境雕塑作品。

图3-05　安德烈·凯尔泰斯（André Kertész），《亚历山大·卡尔德与马戏团的像》，黑白照片，18×24厘米，1929年（下左）。

筑设计院作宜昌桃岭宾馆设计，从设计构思，到施工设计，都与室内环境的创造有密切联系。本来，建筑师就应该懂室内设计，但上大学时没有学习过，所以我决心补上。先是把北京市建筑设计院作的室内装修系统详图，如吊顶、隔断、门窗贴脸、暖气罩等，收集整理，通通细心地描绘了一遍。此后，在加强室内环境设计构思与表现能力的同时，开始对公共厅室的室内环境设计规律进行研究。

1985 年，在北京全国室内设计学术会议上，我宣读了自己独立完成的第一篇有关环境设计的论文《公共厅室的空间构成》。在这次会议上，当时是同济大学建筑系研究生的王小惠认识了我，在后来她撰写有关环境设计论文的过程中，一直与我联系，听取我的意见。在她定居德国成为著名的摄影艺术家之后，仍保持着对环境艺术的眷恋之情。2000 年，百花文艺出版社（天津）出版了她的学术专著《建筑文化·艺术及其传播——室内外视觉环境设计》。她特意请我为该书写《序》，我在序文中指出："处于信息时代的发达国家，近几十年来设计观念最本质的变化，乃是对环境设计与环境艺术的普遍认同。"

3. 20 世纪 80 年代，我在最初亲自做的建筑环境设计中，就已体验到"环境艺术"的魅力不是靠金钱财富就能赋予的。

20 世纪 80 年代初，进入中国民航机场设计院，独立主持工程设计，使建筑的室内与室外环境设计一竿子到底。那时，做环境设计真是不敢大手大脚，而是恨不得把一分钱掰成两分钱来花。像以海带草装饰顶棚、手工抹面浮雕、白色颗粒喷涂等为设计元素的"独一居"酒家改建，就是按"三低"（低材料、低技术、低成本）而"不俗"的路子去做的。工程虽小，却让我看到了能给日常生活带来审美愉悦的"环境艺术"，并非金钱财富所能起决定性作用的。这一点，也同样体现在我做的青岛第二啤酒厂厂前区环境设计中，作为画龙点睛之笔的《鸡尾酒会》彩色钢雕群，既渲染了"酒文化"主题的欢愉氛围，同时，这组色彩艳丽、造型轻快的钢雕作品又与啤酒厂容器罐灰暗背景相映成趣，取得了意想不到的环境艺术效果，但取材和加工都是相当简便可行的。

4. 摩尔和卡尔德的环境雕塑艺术魅力深深地打动了我，贝聿铭和他们的不解之缘使我深受感染和启发。

还是作学生看国外建筑资料的时候，联合国教科文组织办公大楼前那个圆浑敦实的横躺着的人体雕塑，就给我留下了难忘的印象。20 世纪 80 年代初，我从《世界建筑》上，看到了坐落在芝加哥联邦中心广场上的"火烈鸟"钢雕，我一下子就被它巨大的尺度、火红的色彩和夸张的造型深深地打动了。我从阅读中知道，贝聿铭曾特别留意这两位艺术家的作品，并主动找到他们，在印第安纳州哥伦布城图书馆和华盛顿国家美术馆东馆的设计中，与他们曾有过精诚合作的经历。贝聿铭用建筑专业的眼光去关注和留心周围的姐妹艺术，这样的举动，深深地感染了我，同时也使我顿时领悟到，"建筑艺术"就是"环境艺术"，建筑创作需要建筑师具有敏锐的艺术家头脑和眼光！

从阅读中，我还了解到，摩尔为了把握巴黎联合国教科文组织办公大楼前那座雕塑尺寸和建筑物尺度的关系，曾经用模型放大的足尺照片树立在大楼前面进行推敲、研究。我在国外各地的旅游和考察中，身临其境地体验到了摩尔、卡尔德作品与其特定环境相互交融的那种艺术意境和审美愉悦。所有这些，都加深了我对环境艺术所具有的那种"实在性"和"超越性"的认识。我先后撰写了《现代建筑需要 H. 摩尔和 A. 卡尔德》、《H. 摩尔的环境雕塑语言艺术》、《钢雕与现代环境艺术》。可以说，作为建筑师，我对姐妹艺术中的雕塑艺术和绘画艺术是情有独钟的。

5. 与艺术家们的精诚合作和互动交流，使"架上艺术"，走出了"象牙之塔"，进入了"环境艺术创造"的新领域。

20 世纪 80 年代初期和中期，正是环境艺术概念在北京广泛传播的时候，也是我在建筑创作中与北京少壮派艺术家广泛交流、合作的时候，曾先后与肖惠祥、朱理存、马振声、包泡、韩宁、张绮曼、庄寿红等合作，为重庆白市驿机场航站楼、天津中国民航训练中心、重庆江北机场航站楼、烟台莱山机场航站楼，分别创作了《螺旋》、《太空》不锈钢钢雕、巨幅抽象彩色蜡染、《飞天》青石浮雕、《蓝色天使》彩色钢雕、巨幅《山花》系列彩旗、《水波》系列彩色蜡染、《阳光之歌》巨型叠构彩色挂雕、《海·天·岛》系列水墨绘画等。这些作品，都是出自建筑特定环境创造的需要，是建筑创作的一个有机组成部分。其中的每一次合作，都有一个难忘的故事。在重庆白市驿机场航站楼改建工程完成后，我特意写了《建筑师与艺术家的合作关系》一文，其中提到"艺术家的创作不能代替建筑师的意匠经营"，"在环境艺术上要取得共同语言"，"探索与创新是合作的生命力所在"，"只有切实提高艺术素养才能成为艺术家的知音"，"要努力争取有效合作的外部条件"（原载《新建筑》1984 年第 1 期）。

6. 应邀在中央工艺美术学院和中央美术学院作学术讲座和设计教学，还差一点在中央美术学院创办环境艺术系。

20 世纪 80 年代，应中央工艺美院室内设计系何镇强主任的邀请，曾给学生们作过学术讲座。那时候，室内设计还没有摆脱"室内装饰"的概念，当时，中央工艺美院有一本在全国发行的著名刊物就叫《装饰》。所以，我去讲"环境艺术"，大家听起来就有新鲜感。张绮曼继任系领导后，环境艺术的概念已普及，我也曾应张绮曼主任的邀请，去带过课程设计（包括研究生），其中成绩优秀的学生（如黄钢），给我留下了很好的印象。

1987年正当我主持设计重庆江北机场航站楼的时候，中央美术学院壁画系的领导请我为他们高班学生讲几周课，并带两个课程设计。我拟定了一个是室外实地的环境设计（含现场设计构思交流），一个是我正设计的重庆江北机场航站楼中央大厅开有水波形采光口（防西晒）主墙面的艺术处理。在对学生们设计作业的讲评中，我把设计思路及其要点，还有材料运用、构造结点上容易出现的问题，都很自然地融进去了。大家反映与一般教学不一样，印象很深，收获很大。这一时期在高等院校的学术讲座和设计指导活动，给我职业生涯中传播环境艺术留下了十分温馨的宝贵记忆。

还有一件事，差一点改变了我后半生的职业生涯。20世纪80年代末，雕塑艺术家包泡先生极力推荐我到中央美术学院（当时还坐落在王府井帅府园），去创办国内第一个环境艺术系。为此，当时靳尚谊院长专门约我谈话，告诉我，虽然学院缺师资，缺经费，但可以给我很宽松的政策，全力支持把这个系办好。经过再三考虑，我还是不想离开建筑设计系统。为了响应建设部关于设计体制改革作试点的号召，我于1989年申请调离中国民航机场设计院，和另外两位建筑师创办了建设部直属（甲级）中房集团建筑设计事务所，我任总建筑师，后来是法人、总经理兼总建筑师。

7. 我在《美术》上呼吁创立"现代环境艺术"新学科，未完成《环境艺术概论》撰写计划，但相继提出了基本理论思想。

20世纪80年代，环境艺术观念的兴起和传播，报纸杂志等媒体起了很重要的作用。1985年，《美术》杂志向我约稿，让我写一写大家所关注的环境艺术。这就是后来在那一年第11期上发表的，我以《现代环境艺术将在观念更新中崛起》为题，呼吁创立"现代环境艺术"学科的文章。这篇文章重点论述了环境艺术的文化内涵，以及它在各门类艺术中的地位与作用。这是我经过认真的理论学习和考察研究之后，才慎重提出来的。大概是由于这个原因吧，有人说，是我最早在国内重要媒体上正式提出"环境艺术"这个学科称谓的，但我自己没有做过考证。

在后来的学习、思考和研究过程中，我曾计划撰写《环境艺术概论》一书，其主要内容包括：（1）环境与文化的相互关系；（2）环境艺术的表现层次与表现系统；（3）环境艺术与审美信息的传播；（4）环境艺术与人的心理行为；（5）环境艺术与符号学；（6）环境艺术与民俗学；（7）环境艺术的形态构成；（8）环境艺术的整体把握；（9）环境艺术的欣赏与评价；（10）环境艺术的未来。当时如果真能完成并出版的话，那就是国内最早问世的第一部有关"环境艺术"的学术著作了。

尽管由于建筑设计工作繁忙,《环境艺术概论》出版计划未实现,但我仍然挤出了不少精力和时间,相继完成了以下有关环境艺术和环境设计基本理论的研究:《环境艺术的表现层次与基本形态》(《环境艺术》第 1 期)、《现代环境艺术与未来建筑师》(《建筑师》第 33 期)、《文化视角与未来环境的创造》等(与马国馨的一次探索性对话,载《中国建筑评析与展望》一书)。在 1999 年出版的学术专著《自在生成论——走出风格与流派的困惑》一书中,我还专门写了《空间与环境——自在生成的艺术论》这一章,系统地论述了"从空间艺术到环境艺术"、"全境界的建筑艺术创造"、"空间与环境的合二而一"等问题,并由此而引证出建筑及其环境"自在生成"艺术原理的思维图式。

以上这些理论思想和基本观点,都是相互关联而自成系统的,几十年来一直影响着自己的设计实践,直到我的职业生涯走向"环境·建筑·城市"三位一体设计的大舞台。

8. 广义环境艺术学观念推动我不断拓展设计视野,从单体建筑与环境走向群体建筑与环境,从城市节点走向城市重要片区。

自 20 世纪 80 年代以来,随着环境艺术观念及其理论在自己头脑里的生根,自己的设计胆识越来越大,主持的设计任务也越来越重。最初多为公共与民用建筑单体和环境,后来规模扩展到了一组团(如北戴河林海度假村后续工程)、一条街(如长达 300 米的烟台美食城),一个高校园区(如东营职业学院新校区)等。90 年代中期,开始进入城市节点的建筑与环境设计,如东营市东城市政中心广场及其建筑群,包括行政办公大楼、检察院、法院、审判庭、新世纪纪念门等。作为黄河三角洲中心城市的一个重要空间节点,其建筑与环境设计的理念与创意,自然就与该城市的历史文脉、地域文化有着更为紧密的联系。2000年后的社会机遇,让我走上了涉及更大空间环境范围的城市设计舞台,如:广饶城市核心区调整设计(方案)、临沂市北城新区核心区及其中轴线城市设计、滨州市滨城区综合开发及管理中心城市设计、哈尔滨市哈南工业新城核心区(一期)城市设计、沧州市东光城市核心区设计(方案)等。

城市设计包含了更高层次上的环境艺术设计,它要求我们去综合分析和考量城市性质、建设规模、自然条件、生态环境、历史文脉、风俗民情以及经济状况、未来发展等诸多因素。直白一点说,城市设计就是从宏观和中观上,去把握城市空间中生态环境、交通环境与建筑环境之间和谐统一的复杂关系,在贯彻正确设计理念的运筹帷幄中,赋予城市设计所关联的城市形态以生活美、艺术美和形式美。从另一个角度来讲,城市设计也可以看作是"环境艺术"创造在城市特定空间环境范围中的"放大",是规划师、建筑师、环境设计师、环境艺术家共同为之梦想的广阔创作天地。我之所以将"环境•建筑•城市"三位一体设计,看成是建筑师的最大设计舞台,最高设计境界,其原因就在这里。

9. 我将环境艺术观念与技能看作是建构现代建筑创作平台的必要条件之一,缺少了这个条件,就不可能成为大建筑师。

  1965年研究生毕业以来至今,我一直从事建筑设计、环境设计,直到城市设计,1999年退休之后也未停歇。接近半个世纪来的设计实践与磨炼告诉我,现代建筑创作平台的建构,不是一朝一夕之功就可以竖起来的。在我看来,得有"四大支柱"的支撑才可:1.文化研析的历练;2.体验城市的阅历;3.环境艺术的悟性;4.职业修炼的功底。2005年出版了我的470页的文集,书名是《创作视界论——现代建筑创作平台建构的理念与实践》。书中收集的都是自己在长期设计实践中总结、提炼出来的经验或理论,其具体内容恰恰就是按照上述"四大支柱"去分类编辑的。这四个方面,也可以说是我们应该具有的"创作视界"。现在国内高等建筑院校一般都设有环境艺术系或环境艺术专业,但就建筑学专业而言,系统而有效地进行环境艺术理论与环境艺术设计的教育,则有给力不足之感。许多建筑学毕业生走上设计岗位之后,画起图来,往往连一般的公共厅室或室内外庭院环境设计都拿捏不准,难以到位。这不能不说是当今建筑教育还远未让环境艺术意识及其设计技能在每个学生的设计基本功中得以生根的表现所在。

10. 20世纪80年代改革开放以来,到20世纪末,我们在环境艺术领域经历了"混乱、迷茫"和"反思、求实"的发展阶段。

  改革开放初期,大家对什么都感到新鲜。那时市面上的时尚,就是手上拿着粗黑的"大哥大"(最原始的手机)展示"雄风",或者,一边走路一边手提着录放机听流行音乐。墨镜加喇叭裤,再加上满街道跑的"小蝗虫"(10块钱到哪儿都行的"面的"),还有商场店面上盖满了的红色广告标语等,构成了那时中国城市人文景观中特有的一道风景线。与之相呼应的,是城市建筑兴起的模仿欧洲古典建筑和西方后现代建筑的风潮,而旅游景点都少不了一些瞎花钱却不讨好的各种人造景观。至于美术界,那就更是开放、活跃了,连用铺天盖地的"避孕套"做的"装置",都可以登上中国美术馆的大雅之堂!由此可想而知,那个时期"环境艺术"的混沌面貌,真的是可以用"饥不择食"、"各行其是"、"五花八门"来概括了。

  20世纪90年代中后期,许多人进入了比较冷静的"反思"阶段——在引进和吸收国外建筑设计、环境设计理论与理念的同时,也开始在思考,如何立足我们自己的本土,去创造能适应我们物质与精神需求的生活环境问题;去探索在全球化、信息化条件下,怎样才能将"设计所应具有的特色"与"可持续发展要求"结合起来的问题。从总体上看，正是在这样的前提下，国内环境艺术在教育、研究、设计与实施等各个方面，进入了相对有序的发展阶段，那些无舆论监督的"大轰大嗡"、"大拆大建"、"胡吹蛮干"之类的现象，确实是有所收敛，有所减少了。

11. 进入新世纪以来，我国环境艺术领域的基础建设进步显著，特别是国际性重要庆典事件的登场起到了巨大的推动作用。

从宏观上讲，环境艺术领域的发展离不开城市，更离不开城市环境的基础建设——这也就是环境艺术领域的基础建设。进入新世纪以来，在这方面取得的进步是值得肯定的：一是城市生态环境课题已普遍提到城市规划、城市设计的日程上来了，这乃是城市环境艺术创造中的重中之重；二是城市的新城区，包括核心区、居住区、研发区、绿色景观区等的规划、设计，开始摆脱形式主义的诱惑，而注意把环境质量和低碳目标结合起来考虑；三是历史文化古都风貌保护，注意到了瞎折腾所造成的无可挽回的损失，减少了主观主义瞎指挥的干扰；四是各城市中改旧、利旧的建筑与环境工程出现了不少有水准有影响的范例，取得了良好的社会效益；五是国内涌现出了一些有朝气、有才干、有水平的环境艺术设计人才和团队，他们在务实、创新的设计实践中，赢得了业主和业内同行的尊敬。

这里，我们还要提到，环境艺术发展过程中的大飞跃，总是和发达城市的国际性重要庆典事件的登场紧密联系在一起的。2008年北京奥运会的申办成功，极大地带动了北京城市中轴线向北端的延伸，而其概念性总体规划与城市设计、环境设计，乃至后续的建筑设计，都从根本上改变了人们对北京的印象，使北京当代环境艺术的典型形象，像城市名片一样，在国内外得以流传。北京奥运会之后，相继而来的上海世博会、广州亚运会、西安园艺会等，这些重大的国际庆典事件，给城市化进程中环境艺术的长远发展，产生了深远的影响；极大地开拓了环境艺术创造的视野，让我们感受到了宏观意义上的环境艺术是什么；看到了创造宏观意义上的环境艺术所要面对的复杂性与艰巨性；领会到了各门类设计师、艺术家在这样的宏观环境艺术创造中，该如何各司其职、通力合作。同时，国内这些重大的国际庆典事件给城市环境艺术创造所带来的清新之风，也让广大民众大开眼界，切身体会到：什么是高品位的"环境艺术"，什么是"乌拉稀"的"环境垃圾"，进而为二、三线城市环境艺术的大普及、大提高，起到潜移默化的推动作用。

12. 我们与环境艺术创造的世界水平还有很大差距，更应当对照未来环境艺术发展的方向，努力探索，认真实践。

有一个基本的事实：我国建筑艺术领域所呈现的总体水平，对环境艺术创造的面貌有着深刻的影响。改革开放 30 余年了，我们虽然经历了"饥不择食""各行其是"的建筑式样、建筑风格大混乱时期，但是，时至今日，还远未走出"跟风、攀比、张扬、造势、挥霍"的阴影，许多所谓的"特色"，都成了套在"假、大、空"时弊上的光环。这些不良风气，也正是我们所面临的环境艺术创造中的观念性障碍所在。不论是城市空间环境，还是建筑的室内外环境，我们在艺术创作中所要解决的那些积重难返的问题，恰恰就是我们所应当特别关注的环境艺术未来发展方向的问题，主要内容包括：（1）环境艺术的生态设计走向，（2）环境艺术的低碳设计走向，（3）环境艺术的高科技设计走向，（4）环境艺术的人性化设计走向，（5）环境艺术的场所性设计走向,(6)环境艺术的多元化设计走向。

（采访：顾琰）

（文字整理：李双）

（校对：高珊珊）

顾孟潮

（以下简称"顾"），

生于 1939 年，

建筑师、建筑评论家，《建筑学报》原主编。

环境艺术思潮的重要推动者。

/

顾： 我考虑了一下，根据你提出的四个问题，我想讲一讲，从 80 年代开始，这三十年，环境艺术理论的研究状况，这是我要讲的第一点。我想讲一下环境艺术理论的研究值得记入大事记的线索，大概有二三十个，然后我再回答你们的四个问题，因为第四个问题要简要回答。我把背景介绍了以后就不需要再说得太清楚。

我是怎么算的这三十年呢，就是从 1982 年开始，到现在（采访时是 2012 年）整整三十年。已经过了三十年了，确实应该好好的总结一下。苏先生给我打电话说你们搞这个环艺文献展，我觉得你们这个思路啊，应该说是别具慧眼，我们已经搞了很多环境艺术作品展了，都是花花绿绿的，深入不进去，上升不起来，所以我总的观点呢，是必须把这三十年的回顾和总结，提高到一个哲学的层次来看，才能看清楚。所以从文献的角度来做是很好的，往往我们做设计的人重视图，重视操作，不重视理论研究，而这个问题的理论研究是个哲学的研究。我刚从外地回来，很多文献没来得及查阅，但是我给你们提供一个线索，你们再去细化。为什么从 1982 年开始呢，因为 1981 年在华沙，世界建协开了第十次代表大会，有一个华沙宣言，叫建筑师的华沙宣言，华沙宣言就明确的提出，建筑学是为人类建立生存环境的综合艺术和科学。这时候才给我们带来了明确地环境艺术或环境科学的概念。所以应该从我们理解经典性的文件开始，把这一点作为起点。有很多的环境艺术研究根本就没有提到这一点，这一点是非常关键的，就是我们怎样引进国外的先进理念。然后环境艺术在中国崛起，1981 年开的会，1982 年才逐渐渗透，才逐渐起作用，这三十年呢是以此为起点走过来的。

关于文献我有这么一点看法，要查字典，这个大家都很清楚。作为文献，是有历史价值和参考价值的图书资料，或者说是相关的理论研究的结论。作为环境艺术文献展要很重视文字的理论研究的成果。所以是这次展览非常有特殊意义的，作品也好、图画也好、照片也好，它是多义性的，不像文字，文字是定格的，而同一张图像，有不同的评价，不同的趋向，抄人外国的，却没把好的精华抄到。文献和图像不同，所以我们不能只重视图像，要注重文字的记载，注意理论的研究成果，所以说我很欣赏苏丹先生搞的这个文献展，可以说这三十年来，我们建筑界、规划界、环境艺术界很少做文献展，基本都是图片展、设计展、作品展，顶多就是有一点图片的说明，或者有个前言后语，没有这么重视文献的。我想这次应该是开了一个很好的先例，在图像时代，很多人说这是图像时代，好像图像能解决一切问题，其实不是这样的。

另外从哲学的角度来看，文献是什么呢？文献是历史的足迹，是巨人的肩膀，是失败之母的成果，是成功之母的失败。在这里有大量的成功和失败的经验值得吸取，我们常常说站到巨人的肩膀上，牛顿说的。怎么站到巨人的肩膀上，不是从艺术作品上站，是从作品的理念、手法上，必须把它提炼出来，有明确的说法，才能站到巨人的肩膀上，文献在其中的作用非常重要。所以我很期望我们这次文献展能取得异常的成功。

中国当代环境艺术的理论与实践成败得失，从文献的角度介入能看得非常清楚。文献的角度应当具有哲学的高度、理论的高度，而不是说废话，或者仅是过眼烟云。很多图片展或者作品展都是过眼烟云，看着非常热闹，后来仔细想，没什么新东西，就是换点花样，换点色彩。所以，从哲学的角度来看，对于华沙宣言应该有一个很正确的评价，我们从这里起步，实际上就是从巨人的肩膀上起步的。华沙的宣言最重要的就是"环境"两个字，它让我们把艺术和环境联系起来，把科学和环境联系起来，把作品的质量、设计的水平，用环境效益、环境价值、环境品位来评价，跟过去不一样的。过去我们只是从视觉艺术，或者美术、或者工艺，都是从这个角度来评价作品的。而现在是全新的角度，新就新在"环境"这两个字上。但是我不满意的是，就像苏先生电话里跟我说的，80年代环境艺术的思想非常活跃，也出现了很多思想，但是后来停滞了。忙于操作，或者是忙于挣钱了，结果我们并没有多少提高，而是沿着惯性的，沿着原来工艺美术的路，视觉艺术的路，或者建筑设计的路来继续往前走，没有很大的成果，设计了很多，怎么说，丑陋建筑，完成了许多环境艺术的败笔。最近我到东北去了三周，看到了太多的浪费，那叫什么雕塑啊，还叫环境雕塑呢，简

图3-06　入选中国十大丑陋建筑的部分作品：河北燕郊北京天子大酒店、
重庆忠县黄金镇政府办公楼和四川宜宾五粮液酒瓶楼。

直就是垃圾,铝合金的垃圾。各种各样的,而且占了非常重要的位置,根本没有环境艺术的概念。这样的失败教训太多了,确实需要总结了。所以说华沙宣言从建筑学的角度看,它给我们新的建筑哲学观念,新的环境艺术哲学的观念,开辟了一个新时代。但新时代开始前三十年以来真正前进不是太多。现在这个展览是个总结和研讨的机会,做得好了我们将会有比较大、比较宽的进步。

第二个要说的是环境艺术的理念。这个在电视里面讲了,也引用了美国八卷环境艺术丛书的主编——多伯(Richard P. Dober)的话,大概你们都知道,这句话是我翻译的,但是别人都不说出处,而且到现在环境艺术八卷我没见到原书,我只见到盗版书的局部,这是很可惜的。我们这么重视环境艺术,没人去探讨这个原作,这个文献。多伯的话说得非常到位,我就不再重复了。

CICA:顾老师还是请您解说一下。我觉得这个概念是很重要的。

顾: 对,这个非常重要。"环境艺术也被称为环境设计。环境艺术作为一种艺术,它比建筑艺术更巨大,比城市规划更广泛,比工程更富有感情,这是一个重实效的艺术。环境艺术的水平与人影响环境的能力,赋予环境视觉刺激的能力以及提高环境质量与装饰水平的能力是密切相关的。"既讲理论又解决了实际操作的问题,多伯讲的是非常好的,所以我把这个作为环境艺术的定义。用这个来衡量当代的环境艺术,它是自人类出现以来就开始做环境设计。血祭冶畜也好,筑木为巢也好,以致钻山洞以及后来的各种时代的建筑,六千年有文明有文字记载的历史表明人都在敬畏环境,利用环境,适应环境以及改造环境而建立人居环境,所以整个的人跟环境是互相影响互相磨合的。直到后来,我们现在火箭可以上天上月球了,人改造环境的能力更大了,自我感觉过于良好了。所以这个华沙宣言提出环境建筑学的观念,环境艺术的观念是非常好的,让我们意识到我们不能跟环境为敌,随便来处理环境,我们设计就是来处理人跟环境的关系的。所以现在看,我们远远没达到多伯的定义的水平,是沿着建筑设计、规划,以及原来的工艺美术、视觉艺术的角度来做环境设计的。我们设计师有很多不够格的环境艺术作品,包括建筑设计,我们有多少垃圾建筑啊!我们评了两次丑陋建筑,全国各地的丑陋建筑不计其数,花了不知道多少钱,完全没有环境质量、环境效益,还乱花钱,占了重要的位置,而且把很有价值的传统建筑给拆掉了,这是让人很伤心的。从人跟环境的关系看,环境是你没有出生它已经有了的,所以不是从零开始的,而我们的设计常常是从零开始,这就是错误的。做环境设计是要从哪开始? 从保存保护开始,然后才是设计建设,是一个这样的链条。环境设计、建筑、规划都是这样的,接着原来的设计、接着原来的环境来做,

217

保存好的、有价值的,再增加我们自己的贡献,而不是从头说起的事情。我们现在老是把环境艺术设计当成从头开始的事情。我本事很大,你那个不行,我再来个新方案,完全是从头开始,这是不行的。所以坚持这个观念,遵循这个文献是很有价值的,就是说我们的思路应该从哪开始,构思从哪开始。比如说,7月21号你在北京吗?

CICA:7月21号在,特大暴雨。

顾: 是啊,北京有特大暴雨,给我们的印象太深了。作为一个老北京,我就非常怀念老北京,老北京的护城河、水系和那么多湖泊,如果这些都保存好了,不会有特大的水灾,不会有这么大的雨灾。我们古代的北京是世界古代城市设计杰作。我们这些不肖子孙就乱拆乱改。本来北京已形成很好的生态环境了,生态平衡的环境,人与自然和谐的环境,每一个四合院都是小的生态球。结果拆得一塌糊涂,什么京港澳的公路就修在河道里头,那怎么不遭难?甭说死多少人了,淹的汽车就几万辆。这个灾害说明什么?我们没有环境概念,没有环境设计概念,没有环境规划概念,没有用环境质量、环境效益来衡量我们的设计,而只顾视觉、养眼、美观,这是不行的,远远没到位。只是借助艺术,而且是老的艺术,片面的艺术。另外我们的园林,被称作世界园林之母。我们从古代就有很高的园林设计水平。苏州园林,这你们都去看过的,北京的皇家园林,都显示了我们中国的环境艺术水平的高超,尽管没有环境艺术这个词儿。所以不只是当代环境艺术这三十年,实际上自古以来,五六千年来,人们始终在做环境设计,在做环境艺术,而且达到了很高的水平。像《园冶》这本书你们见过吗?

CICA:读过的。

顾: 去年是《园冶》这本书现存第380年,今年是作者诞辰430年。很多人都不认识这本书,我们很多搞环境艺术的都不知道《园冶》,很多建筑师都不知道《园冶》是本什么书,写成我们现在念的"园治"。我们的园林都是冶炼出来的,提炼出来的,诗在画中有,人在画中游。而且《园冶》是世界上第一部园林艺术理论的著作,或者是环境艺术理论的著作。我们中国环境艺术的根还是很深的,所以不要只讲这三十年,这个时候,我不得不提到我们要重视文献,不单要看三十年,肯定得提到我们老祖宗的文献,特别是《园冶》这本书应该是突出的位置。我写了一系列的文字希望引起人们的重视。

接下来,我来回答你提出的四个问题。

第一个问题:您当初是怎样走上环境艺术设计这条道路的?

这是个个人问题，实际上可能跟别人差不多吧。我小时候在青岛呆过，后来在北京一直就待下来了。青岛优美的环境和北京这种有文化有水平的环境对我影响很大。我喜欢环境，而且小学喜欢摆积木，我就喜欢摆这个建筑积木。后来发现建筑师这个职业不错，所以我就选择建筑师了，当时小学就画什么两万五千里长征啊，就像个人画展一样的，有一个很好的美术老师，后来中学的美术老师都是齐白石的弟子，这都给了我很好的熏陶，所以说喜欢环境是无意识的。我在北京八中毕业，八中的校舍设计得很好，我考大学的时候，要考一个建筑画，我就把它背着画下来了，是八中的校园入口。后来到建筑系就学专业课了，还是没有环境概念，一直到1978年，华沙宣言等于是把我们敲醒了，建筑到底是什么？说这说那，说建筑是凝固的音乐，建筑是……说了半天都不到位，就是环境的科学和艺术，一下子点到穴位上去了。所以这样来说我有意识地向环境艺术迈进，向环境艺术追求，是从1981年或者20世纪80年代初开始的。过去是无意识的，懵懵懂懂的。我们专业教材的水平也很差，只讲细节，讲什么建筑构造、建筑手法、构图手法，或者画渲染图，都是这样的，而没有讲环境质量的问题、环境科学的问题，更没有建立环境艺术概念了，园林艺术倒是有，但是没把园林还原到哲学的程度。这就是环境吗？园林就是个环境吗？衣服就是个环境吗？我在天津发言的时候大家都同意，我说衣服就是环境，我要改善环境，天热了我就脱了，天冷了我就穿厚点，所以人周围都是环境，围绕你的都是环境。所以这样就认识清楚了，才开始逐渐有环境艺术和环境设计。那个时候还没有封锁进口外文书呢，我就在王府井外文书店买的盗版书，然后看到多伯的定义，使我更加震惊，这是引荐的定义。可是后来我问我美国的朋友，他还没找到这本书，如果找到那本书，研究环境艺术理论的，把那本书翻译过来就是一大贡献，八卷啊不是一卷啊，我只是一卷的盗版，所以我没有看到原书。这就是我对第一个问题的回答了。我是从上大学到工作以后才逐渐认识到究竟。所以现在到哪我都注意看那些广场，东北那些广场，最好的广场是哪？俄罗斯赤塔的一百多年的小车站。你看我们的站台广场多乱，是案发地，是脏乱差，是各种乱七八糟最多的地方。人家的一百多年了，他就是连续地做，好的地方保持，然后不断地改善。我们要建设，拆了，第二代建设，再拆了换第三代，一代不如一代，好的都溜达了，新的都没建起来。我说的环境没有零起点，就是这个意思。我们必须从保存和保护开始，哪些需要保存，哪些需要保护，哪些需要改进，这才是我们设计的切入点，这才是正确的环境艺术思路。

第二个问题，在我的那个年代，这个领域里的精英是谁。

图3-07　1991年北京亚运会标志物熊猫盼盼。

在我们看到的，20世纪60、70年代，对于城市建筑环境的设计仍然停留在形式样式风格这种美术观念上，基本上把建筑师当艺术家，或者也就是环境设计师当艺术家，这是不对的。他不但是艺术家，他还是环境科学家，还应该是有生态知识的。好像艺术家很高，不是这样的，环境艺术家是有环境意识的，有环境知识的，那才叫环境艺术家。你只会画画，只能是做得很细致的表现图，或者工艺，选择材料都能处理得不错，那你还不够格。所以这是一个很高的标准。一个好的建筑师、规划师、环境设计师是有很高的标准的，所以60、70年代我们基本上是艺术建筑学的观念，从哲学上讲，比实用建筑学，比维特鲁威只前进了一步，基本上还是文艺复兴水平，那会儿是画家做建筑，雕塑家做建筑，可再往后，到现在以后是机器建筑学时代，住宅是居住的机器，它用机器的概念，就强调功能了，这已经进了一步了，到了后来又是空间建筑阶段，建筑要处理好空间，可是到了1981年，世界第一流的建筑师认识到，这是环境建筑学时代了。现在呢，现在是生态建筑学时代。环境、生态，我们必须有这个知识才能做出当代最高水平的设计来。生态不是种几棵树的问题，所以这样看，我们环境艺术的发展状况仍然是在十字路口，还没有上正路，更没有自己的理论和主张，还是沿着过去工艺美术、视觉艺术，或者建筑设计、城市规划的思路往前滑行。摸索着往前滑行，反正有的重视一点调查研究，文化层次高一点的，他就做得好一点，真正建立了环境艺术体系以后，他才能做出更高的水平。我觉得这时候比起成都会的时候没有多少前进，当时看了成都会上展示的作品，以及看了成都的城市建设以后，也有这样的问题，发现了我们的环境艺术设计水平还是让人很不满意的。你展览些图没什么意思，环境是要进入的，我终归是要探讨环境，我这眼睛看的不是环境，那是环境的造像，仍然要付出很大的努力，才能够入界。现在还没入界呢，沿着十字路口徘徊呢，瞎猫碰上死耗子，有些好的，真正好的难得。

第三个问题：你个人认为环境艺术设计的未来发展方向。

我提出四个加强。第一要加强理论研究，所以我特别欣赏这个文献展的切入，文献展同时开研讨会的做法，这是加强理论研究。不但是这个会期研究，要真正建立起研究队伍。工艺美术也好，你们清华美术学院也好，建筑系也好，现在普遍都是重操作，轻研究。什么是科学发展观？这是理论，这是哲学，没有哲学没有理论的事就要犯错，就会花很多钱，办很多差事，所以第一个就是加强环境艺术理论的研究。第二个是加强跨界的合作。建筑师在工艺和细致的东西上没有你们美术学院做得好，视觉艺术的感觉没有你们好，而建筑师有宏观思路，他对于城市，对于建筑有更大的理论。那次我们筹备会上，袁运甫他就说了，建筑师是牵头的，他是总指挥，我是拉小提琴的。他给自己一个定位。我这壁画首先搁在哪面墙上，多大，朝哪，以及跟建筑什么关系，这是要合作的，不是说你听了建筑师的话你就低了，不是这样子的，是互补，双赢。所以要加强跨界合作，比如有些有思想的，让美学家给评论一下，这也是合作。不是动手的合作，常常都是动手的看不起不动手的，不动手的看不起动手的。你不就是动动手画画你的图吗？这是不行的。互相都有优势，你有思想，我有能力，把它变成现实，就成了大事了。第三个就是要加强作品评论。对于作品评论我刚刚也说了，图上的，现实的，不同的感受不同的意思，常常是不到位的，是多义性的，我们大量的进口外国的杂志，可常常抄的都是那些失败的作品，并不是那些成功的。现在全国鸟巢热，我一看沈阳做的体育馆都奔着鸟巢去的，这叫什么呀，这不叫设计，这叫抄袭，这叫伪劣假冒。所以加强评论是很重要的，一种评论是哲学思想和价值判断与你的具体的效果结合起来的，能互相提高。你提高他的眼力，他提高你的思路。第四个就是加强环境和生态意识，及有关的知识的学习。我讲这四个加强，我们环境艺术的设计水平才能有很大的提高，没有这四个加强我觉得还在十字路口上徘徊。

第四个问题：用一两句话简要的概括什么是环境艺术设计。

多伯他从多方面说的，用一两句话我已经在电视上说过了，不知道你们注意没注意。环境艺术要用一句话来说就是，环境的艺术化和艺术的环境化，就是这两个化。环境把它艺术化了呢，这是你的水平，把你的艺术能够环境化，跟环境融合了，这也是你的水平。就这两化的水平，是最能说明环境艺术的特点。所以就这四个字，加一个化字，就解决问题了。但是我要说明的是，这不是环境的艺术化和艺术的环境化吗，绝不能把艺术只理解成"Art"。这是不对的，"Art"是美术，是工艺，而环境艺术就是环境艺术，是"Environment Art"，我是指的环境艺术的环境化，然后你所做的环境艺术作品要环境化，真正能够跟这个环境融到一起的，而不是自我感觉不错。

比如说我们现在很多雕塑，只是把室内的雕塑搬到室外去了，这是不行的，搬到室外那尺度不行了。再一个，坚固程度，风吹雨淋太阳晒经不住这就不行，材料要换，石膏就不行，起码要涉铜涉铝。另外要考虑朝北朝南，我去兰州车站我就特别批评他们几个作品，他们就把那个马踏飞燕无限地放大，放大到几十米高，马踏飞燕本来是一个很小的文物，这完全没有尺度感，在那看马屁股，这里看马尾巴，那里看马蹄子，完全没有美感，所以它就没有环境化，不考虑视觉环境，不考虑跟人的关系。我去满洲里车站，在满洲里车站中心找了个雕塑，然后周围还有什么城市尺度的浮雕。你说这算什么？车站注重的是效率，来和去方便，广场要让人休息，你这还用来教育的，这显然就是文不对题。车站设计得非常简陋，那个雕塑设计，我一看那个骨头架放到广场中间简直是不堪入目，这叫环境设计吗？他赚了钱走了，几万几十万块钱。这环境设计就是要环境化，什么环境需要什么样的雕塑。我说这两个化，包括艺术不要片面地理解为"Art"，要理解成环境艺术、环境科学、环境生态这样的艺术，不是原来的视觉艺术，架上艺术、墙上艺术都不行的。包括动画片，亚运会就是一个很突出的例子，亚运会原来的馆做了个熊的很真实的雕塑，在钉子口上，非常突出，很庞大。那还是重庆的一个雕塑家做的，做的不成功，非常的失败。那个熊一放大简直跟魔鬼一样。而亚运会的"盼盼"，就把它艺术化了，一个动画形象放得很大没关系，因为动画是抽象化了的，跟人的尺度容易协调，人还在那照相留影，它成了一个照相的位置。这说明我们的设计的成功。它成了亚运会的一个标志，这是雕塑环境化的一个具体的例子。这两化是比较重要的，需要有环境艺术、环境科学、环境生态的深刻的含义。

CICA：还有一个问题就是，您介绍一下先锋的人物或者起引导作用的人物。

顾：这个我为什么没说，你们一查资料这个都有。这些作品得奖的，十大建筑得奖的，这些组织和评委，环境艺术组织的领导人，这里面都有，数不胜数。你们查了以后再说，这里头有好几个，像郑先生你们访问过吗？郑先生这个奖我还翻了翻，他讲了历史环境的变迁，从农业环境到工业环境，到后工业时代的环境以后，艺术的观念有所变化，这个环境艺术实际上随着环境而变化。主人的需要不同了，后工业时代的人，主人翁意思比较强，不是敬神的时代了，过去把工业当现代化的标志，现在光工业不行，还是要多样化，人的生活各有所好。林子大了什么鸟都有，所以环境艺术不应该做得千篇一律，建筑设计也是，包括住宅，我们住宅不满意就是因为设计按模式、无血无肉的标准去做。这个人我就不说了，因为人太多，我刚才提了提，已经在其中了，我列了这个没列那个不好。一会儿我把书拿出来给你们看一下，刚才提了很多线索，每个线索在书里面都有相应的。

　　贝聿铭的香山饭店是带领我们进入环境艺术的很重要的作品。他去现场勘察之后决定香山饭店应该搁在哪，他是怎样得了普利兹克建筑奖的？你可以看看这个，美国电视台讲的那个光盘。

（采访与文字整理：张俊超）

（校对：高珊珊）

包泡

（以下简称"包"），

生于 1940 年，

清华大学美术学院副院长。

雕塑家、艺术批评家。

环境艺术思潮的重要推动者。

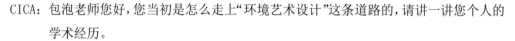

CICA：包泡老师您好，您当初是怎么走上"环境艺术设计"这条道路的，请讲一讲您个人的学术经历。

包　：怎样走上"环境艺术设计"之路？它太强调设计了，这个词不确切，这是个技术性的词，应该说"环境艺术"这个文化之路。这样讲比较宽泛一点。一提设计就完全是个技术的词，这个词提得是不确切的。

CICA：那您觉得设计和文化是分开的吗？

包　：设计更偏重技术，而文化呢，我认为政治包含在文化里面，并且是文化的一个存在的前提。我们往往把文化当成政治的工具，实际在国家几千年的民族历史积淀下才有这样的政治出现。比如欧洲有君主制、立宪制，它是有历史的发展延续的，是文化正常的发展过程。所以现在我们往往把文化当成政治发展的工具，是一种很错误的观点。文化有自身的一种发展轨迹，政治是一阶段性的，文化的历史更长一点。所以，"环境艺术设计"我更看重"环境艺术"这个词。"环境艺术"怎么发展？如果强调设计就是偏实用更多一些。现在越分越细，分到逻辑已经完全不顺了。环境是一个大的问题，环境艺术就是人在环境里的一种精神状态。一个家庭有个环境，一个城市也有，街道也有，如果把它当成一个学科的话，在教学当中我不希望给青年人的一切观念只是"环境设计"，这么局限就不好了。说一个特别近的事，昨天在华侨饭店跟他们聊，最近举重的那位说没感觉，游泳的叶诗文也谈感觉，毛主席、邓小平也说到过感觉。我和马岩松也谈到感觉不光是艺术家的思维。栗宪庭说过一句话我到处给他重复，"感觉的独立性是创作的前提、是发现的前提。"我用了创作的前提，发现的前提，感觉的独立性。这个感觉是别人没有的，突然感觉出来了。你要提设计的前缘，可以提建筑，可以提环境艺术，不要提及设计。设计是更具体一点的。而感觉对于任何人都是一辈子的事。搞对象也是这样，我就看着他（她）对眼。所以人的感觉不管是对科学家、政治家都很重要，对艺术更是如此。完全纯逻辑思维的、纯理性思维的人，发现也是要靠感觉。这种感觉在人类的思维领域里使人类能有所创造有所发现，而且感觉还不是重复别人的，重复别人的感觉是没有意义的。现代艺术好多手法我们大家都在用，这个已经毫无意义了。中国制造就是把人家的感觉发明创造，我们来生产，这个没有意义。我们现在常说的最恶俗的一个词："创意"。创意不是发现，是衍生产。市场上，常说一个人有很多创意，张艺谋有很多创意，赵本山有很多创意，赵本山的戏台已经到天安门广场了，已经变成主流了。这是文化倒退的一个现象。比如说千手观音，这都属于创意。西方也经历过这一段，17、18世纪。中国鸟巢通过的时候开了一个会请各单位来，我说不管怎么样中国总算结束了从梁思成到吴良镛20世纪80年代以来折中主义的历史。大屋顶在北京已经多少年了，国家从这三个建筑结束这段历史，但是在居住领域欧陆风情还是挺重要的，这都属于创意。环境设计这个概念如果没有文化的概念支撑那"环境艺术设计"要改了。从1988年建立环境艺术设计系到今天，我想走到一个确切的观点是环境体现人和自然的关系。从对自然的一种敬畏到迷信、到崇拜、到征服，这是5000年历史的一个变化。工业革命之后，1958年我们的口号是人定胜天，狄更斯小说伦敦雾就是当时的场景。到处是垃圾，疾病泛滥。后现代文明人类重新回到自然的怀抱。我不用生态文明这个词，现在大量谈生态建筑，它更具有技术性，我想用回到自然的怀抱这个词，在自然面前人类变得谦虚了。回到自然的怀抱使整个后现代文明人类到了一个新的历史阶段。这个历史阶段不光是政治、自然科学、艺术的阶段，城市文明更应当走进这个阶段。上个历史阶段（工业文明）的典型代表是工业文明资本权利财富的象征——曼哈顿。我把马岩松的浮游之岛看作是对工业文明曼哈顿岛的挑战。在那个建筑上马岩松是用一个写意的语言，不是扎哈的。网上、杂志上讲马岩松是中国版的扎哈，这个是误导，扎哈没有对社会的强烈关注。建筑界因为受到的是技术教育，看到马岩松的曲线跟扎哈的曲线相似就认为受扎哈的影响，这是完全不对的。扎哈没有像马岩松那样对社会的关注，对人性的关注。后现代文明如果把这个概念扩大一点是人重新回到自然的怀抱。西方关于生态城市、生态环境的概念不是中国人的概念。山水的概念才是中国人的人文概念。风景的概念是近大远小，西方透视学的概念，中国山水画家是用山水寄托人的情感，风景是写实的，透视的，这是

图3-08　马岩松作品《浮游之岛——重建纽约世界贸易中心》，2002年。

两个概念。后现代文明人回到自然的怀抱，中国人照样重新认识我们文化里优秀的部分。科学家钱学森很早就提出了"山水城市"，"山水城市"的概念不是生态城市的概念。清华大学有个杂志《生态建筑》，它更多的讲建筑里的生态节能，更技术层面些。钱学森讲的"山水城市"是一个景观情感的东西。像苏州园林有石头，有草，有梅兰竹菊，表达的是人的情感。马岩松梦露大厦的要害不是它的曲线，是曲线背后所隐含的一种人性的美。大小是不重要的，金字塔——帝王的崇拜，故宫——帝王的崇拜，科隆大教堂、巴黎圣母院——宗教的崇拜，曼哈顿——资本权利的象征，古代这些大型建筑无不是对帝王宗教权利的崇拜。后现代文明在营造的这样一个环境下是人性的尊严。西方媒体所赞扬的梦露大厦人性的美是跟加拿大那个城市周围建筑的反差。人性的柔美是未来城市建筑的趋势，城市文明包含了环境艺术当中的人的情感、人的尊严、人性的美。这个是我们应该探讨的。欧洲人、美国人在建筑领域没有接触这个问题。这一次再谈鸟巢是个钢铁技术的呈现，中央电视台更是一种技术的建筑，这个还是一种西方的思想。谈环境我们不得不谈大的东西，不得不谈城市。城市文明是人类文明最大的载体，我们中国目前的状态是什么状态？我们目前再克隆复制曼哈顿、维多利亚港，大小城市要做摩天楼，我们是在很短的时间，30年，从农耕到工业到现代，高度的概括。我们没有经历工业革命大机器大生产社会秩序的关键积累，所以我们双黄线等于没有一样。我们还带有工业革命早期掠夺的性质。国家发改委统计的中华民族复兴任务已完成百分之六十二，这些都属于钱，不是文化。不管怎么说，有总结就是好，但是能深入多少？在国际面前我认为同步是不行的，我们可能会跨越。在经济领域上我们发财了，但是在普遍的文化领域上我们是滞后的，如果不滞后为什么大伙都要去美国留学呀？外国人都要来中国留学那才是中国真正的崛起了。MAD 的工作室大部分是外国人，年龄大的、年龄小的，十几个国家的都有，到中国一个小房子里工作，这就是它的影响。它们如果都能像这样，中国就走出去了。在当代城市文明领域内，我不用环境艺术这个词，这个词稍微小一点，我们现在分得很细。但是一个学生到了一个具体的工作单位什么都不是，既不能做园林，也不能做雕塑，也不能做建筑。目前我认为这个学科已经有问题了，如果这些学科都学，建筑也不懂得艺术，园林也不懂得艺术，室内也不懂得艺术，那最后什么都没有了。比如俞孔坚从国外过来做景观的，实际他们还是技术层面，包括美国有几个景观大师，日本有几个建筑大师，我在 20 世纪 80 年代就关注了他们。现在学校，包括清华，清华美院也好，建筑学院也好，我感到现在都在做体制内的大量的活儿，纯学术的探讨恐怕难。现在中国有钱，开国际会议肯定没问题，

图3-09　徐冰作品《何处惹尘埃》，2004年。

有自己真正的思想,而且对国外的东西能看透,这是重点。我们对扎哈、盖里这些国际大师的看法就是我们要走出去,这个走出去包括对自然的关注、对人性的关注,另外我们的语言和他们不一样。

CICA：您觉得怎么把艺术和环境艺术设计教学融合起来呢？

包： 艺术的修养不是一天两天能形成的。

CICA：那这可能不是在教育体质里完成的问题,是吗？

包： 应该在教育体制里,老师有这个意识培养这个。中国有这么多建筑大师,年轻的建筑师,几十个。但是这个太重要了,谁现在能拿出一个对后现代对未来建筑的宣言？鲜明的提出来走向未来？我提出这样一个观点：所有的帝王的、宗教的、资本的历史建筑无一不是对人性的压抑,未来的建筑就是表达人的情感和人性的尊严,回到自然的怀抱。这是一个历史阶段,我明确提出！马岩松梦露大厦、浮游之岛、北部湾一号、鄂尔多斯都是写意。我把他的浮游之岛跟徐冰的"何处惹尘埃"归一类。9•11的时候不知道你们是一个什么情感？

CICA：9•11的那会我还在上初中。

包： 上初中？社会什么反响？

CICA：有看笑话的,也有表示怜悯的。

包： 那天我正在林业大学,后来潘石屹打过电话来说,"老包,过来吧,晚上有个活动。"我一过去,夫妻俩在那插玫瑰插蜡烛呢。对待这样一个政治事件,民族的矛盾、宗教的矛盾、社会的矛盾、人类互相之间的矛盾。艺术是要画一个图来说明这件事,但艺术家不是这样,徐冰的作品"何处惹尘埃",弹指一挥间。马岩松把这瞬间的一个形态凝固在空中,飘浮在空中。因为这个位置你不可能回避,就是被炸双塔的位置。但是这个塔里头写意的手法,对社会的关注,对空中水和绿化的情感都有了。所以这个作品引起我的注意。我第一次见到他,他正在扫马路,穿着牛仔裤十个脚指头都在拖鞋前头,好像搞现代艺术的青年,不像建筑师,那是他做完这个方案回到北京的时候。我更把他这个作品看作是现代派历史结束的象征。应该从中国开始对人性的关注。曼哈顿就是资本和权力,我们现代的城市也是资本和权力。但是这样一个青年不是,他的泡泡、梦露大厦,泡泡总共才花了20万元。这个是我从1985年到现在的结论,走出去！

CICA：我的感觉在您心中建筑跟环艺是没有太大的区别,或者是关联的 ,您不会考虑这个,您在意的是它有没有用一个艺术的手法跟眼光去处理这个事物？

包： 我认为真正的建筑师是一个大艺术家、大思想家,而不是一个手艺人,这样才能推动历史。如果是个技术层面的建筑师，永远只是技术层面上的，不可能上升到精神的高度。金銮殿从永定门开始为什么要做这么多层？它要达到一种精神状态，你对它的膜拜。中国的宗教建筑也是这样一种状态。建筑和环境是要达到一定精神的。我们跟西方不同的一点，从传统角度来说，巴黎的凡尔赛把树冠做成规规矩矩的几何形态，中国的故宫、太庙、天坛的松树都挂牌了，有标号的。因为它的社会属性是第一位的，自然属性是第二位的。法国球形的树冠矩形的篱笆是人的意识强加给它的。中国跟西方对待这件事物是不一样的，他们把它看作是客体，中国看作是主客体的一致，这在哲学上是完全不同的两个概念。我们看到的维纳斯，肌肉解剖、比例那种和谐的美，汉俑有吗？女性美的最丰满的臀部变成喇叭状了，衣服和肉体都是精神的，没有衣服之说了，这是两个不同的哲学，维纳斯只能看她比例、和谐之美。玉器的美用手感到温润、洁白、有暇不能遮，声音的清脆悦耳，是人的道德的最高境界，是所有感官都能感受到的，不光是眼睛。西方的奥林匹克运动，单项运动，是速度跟力量的追求，但是太极拳不一样，太极拳是借力。所以我们现在的游戏规则，科学这两个字是西方的，现代艺术教育也是西方的，下乡体验生活，是假的。感受就是感受，有就是有没有就是没有，假装模样是不对的。我们有好多思维方法是西方的，徐悲鸿的思维方法是西方的，教育方法也是，不是传统的。在这个问题上呢，我把环境的概念已经上升到整个城市文明、人和自然的关系上的概念，如果没有这样一个层面，那么环境是抽象的。我们海外留学回来的是把西方现代园林的技术搬过来了，叫生态。俞孔坚用白石头仔铺水池，还得定期清洗。他不懂艺术，只是技术。景观是什么？古人的，一个白墙，一丛竹子，一块石头，表示自己的心情跟高尚的境界，这是景观。铺花石头这是图案。我们常用一个词叫"小品"，一听多恶心，点呗，可有可无的。当然我也看到极少数的人走在前头，我希望我们这个谈话会跟你们老师那个展（环艺文献展）是有更高的眼光看到未来，看到当前在国际上走动的先锋力量。

CICA：请您用一句话概括下"环境艺术"。

包：　就是人和自然的关系，和谐的，回到自然的怀抱。这是人类社会最根本的。

（采访与文字整理：石俊峰）

（校对：高珊珊）

张绮曼

（以下简称"张"），

生于 1941 年，

中央美术学院建筑学院教授，

1988～1999 年任中央工艺美术学院环境艺术设计系系主任。

环境艺术思潮的重要推动者，

中国环境艺术设计专业的创建人及学术带头人。

/

CICA：您当初是怎样走上环境艺术设计这条道路的？

张：　实际上就是当时考大学考过来的，从上海考过来的。我小学、初中、高中都在上海。高中不是要全国统考么，就要选志愿。因为我从小喜欢画画，不管是小学、初中、高中，我都要画黑板报，全校的黑板报都是我画，每个礼拜都要画，一大排的黑板报，从这头画到那边，给它做装饰，写标题，文章是全校征集的文章，所以是从画黑板报开始的，自己从小就喜欢拿笔画点东西。在高中的时候，就在那个南洋模范中学，是个女生班，老画美人，画电影明星。画了以后呢，我们女生班再上一点彩色铅笔，我画的那个小纸片，上边在上课，下边就传来传去的大家看。有的同学还要来做纪念什么的。反正就那么画，手也不停地画。但是高考选志愿的时候一看，有中央工艺美院，就看到这个了，是在统考之前，还是提前招生看到了，系叫建筑装饰系，但介绍是室内装饰。我想我对室内很喜欢嘛，我想还有这么个专业，就报名了。我同时报了上海戏剧学院的舞美，舞台美术系。

　　实际上之前就是画单线的东西比较多，没有画过素描色彩。那么怎么能考上呢？临时抱佛脚。因为考上海戏剧学院的舞美的时候说要考素描、色彩，不考图案。中央工艺美院公布的要考图案。素描、色彩都没有画过，考工艺美院的素描可以说是我的第一张素描。考试的时候，哇，就这样上了。那会儿没有像你们后来这样考试之前会有学习的。当时素描、色彩我都是第一次画。图案我考得挺好，让做一个封面设计。我上面画了一只开屏的孔雀，底下有书的标题。孔雀装饰性很强，挺符合工艺美院的路子的。考上海戏剧学院的时候呢，我那个素描怎么考呢？都是立个架子画石膏或者画个人。我就参考旁边同学的画法画，但是我画出来可以啊，哈哈，临摹的能力超强。角度有点不一样，但我看他的画法、大概画到什么深度启发了我。确实是这样考上来的，后来我就因为发通知的时候没有按时拿到艺术类的通知，就写了封信给工艺美院招生办。我就说为什么我的通知没有收到，因为我很愿意上工艺美院，很盼望能到北京上你们的学校，教务处回了信，当时教务处长叫杨子美，他说听说你已经被上海戏剧学院舞美录取了，你应该到那边念书去，那边比我们提前录取。如果确实像你所说的（想来我们学校读书），你就要跟那边协调好，不能占两个名额。后来我赶快表态了，我要到工艺美院来。这样我就来了，我拿的那个通知都不是正式通知，是一封信，教务处的信。带着教务处长签了字盖了章的信来报道的。

那是我第一次离开上海到北京。我们那时候到北京来的时候还带着铺盖卷呢。因为以前的学生都是要提个铺盖卷、带个小箱子坐火车过来的，你知道吗？我们当年到了工艺美院以后，特别喜欢北京。工艺美院的学术氛围特别好，现在已不是那样，那会儿人单纯，老师也单纯、学生也单纯。我们生活都特别简朴，一个月生活费就十几块钱，包括饭费，所有的都包括在里头了。而且我们的穿戴都特别朴素，没有化妆的。那个时候时代就是那样，特别朴素。老师对我们也特别好，因为那时候人特别少，教师也少，学生也少，对我们就非常好。我们班里一共有五个女生，后来从二年级蹲班了一个以后我们才六个女生，五个女生都是北京的，就我一个是上海过来的。实际上我学习比她们努力，她们礼拜五、礼拜六下午就回家了，家里生活很好。我呢礼拜五礼拜六都是学习的时间，所以特别用功。而且中国工艺美术艺术设计的第一代大师当时都在工艺美院。包括张光宇、张仃、雷圭元、梅建英、陈尚仁、柴飞等，那时候常沙娜还是小姑娘呢，很秀气的。那些第一代的大师们都在，所以我们是第一代大师直接给上课的。我们系的系主任叫徐振鹏，徐振鹏是我们第一代系主任。吴小彭就比他们年纪还小一些。刚才我说的那都是老先生们，他们在中国美术史上都榜上有名的，经常有他们的学术活动。像徐振鹏先生还专门开图案课，开明代家具设计课。经历了半个多世纪了，中国明代家具现在的研究成果并没有超过当时徐先生研究的结果。但徐振鹏先生身体不好，后来就过早去世了。他是我们系的第一任系主任，他开办这个专业的，确实是个年长的学者，他讲课也非常的言简意赅，给我们印象特别深特别好，而且有非常高的艺术修养，用他言传身教感染我们。

第一代大师们，那个时候像雷先生也是讲大课，那时候院里面组织一系列大课，就是叫讲座。现在院里面组织一系列大课，也可以叫讲座。那时候的讲座，各系的年轻教师都会去的，就在原来的教学楼，现在已经拆了，门口、走廊里都坐满人的。各个系的主要的教师都陆续开大课。而且我们当时还可以到别的地儿去上选修课。选修课的话，去听就行了，只要你有时间去听。比如说装饰绘画系的重彩课，我那时候喜欢画画嘛，喜欢画美女嘛，那时候画唐代人物，临摹，我就跟他们上课。下午有点时间我就跟他们学生一起做作业。下午教室里都是人，不像后来教室里没有人了，没有课就没人了。下午都是在那做作业，那个学习氛围特别好。所以呢，我进了校以后进步特别快。我进去的时候因为只画了第一张素描嘛，我们班可有几个是附中上来的，他们学过美术的，一看他们画得那么好，羡慕极了。但是我们有几个从高中毕业出来的，大概第二年就能跟他们平了，第三年就超过了他们，学习努力就能这样。到毕业的时候我们就遥遥领先了。大概是这样。有空的时候不是临摹，就是画，有时背着架子出去画，寒、暑假都是。寒假要回家，暑假都是背着画夹到风景好的地方写生。那时候水彩我们都画，素描画到大卫、维纳斯。素描课也特别长，速写课也特别长，而且画全裸，有裸体绘画课程。那会儿中国的大师都会到我们院里来。包括以前美协的那些著名的画家们，都来过。所以我就觉得我是承上启下的一代，第一代大师们都教过我。而现在我的学生们都挑大梁了，都是学术带头人。所以确实我是承上启下的这么一个人。

我是 1959 年考进来的，1964 年毕业的，那会儿是五年的学制。奚小鹏先生带的我们班，我们是第三届，第一届的人很少，大概只有六七个，第二届人可能是 8 个，第三届我们是 18 个，当时 15 ~ 18 个人是标准班级。当时我们班有进修生进来，有代培生进来，给其他院校培养师资派过来学习的叫代培生。这些代培生后来有的他们单位不要了、放掉了，后来给转成本科生了。我们毕业的时候是 22 个人。

奚小彭先生很严格。奚小彭先生在这个专业里头是挑大梁的，因为他创建了中国室内设计，而且他的起点非常高。因为我学习努力，奚先生对我特别器重，经常带着。他做十大建筑的时候，不管到哪，他还给我们一边参观一边讲，真好。所以说是手把着手教。比如说后来我跟着他做西藏厅，就是奚先生带着我去做的，我那会儿还到西藏去考察。奚先生没去，我们几个去的，我们几个学生中，最后盯到底的就是我。我们做设计的时候有时候没有地方加班，就在他家里加班，为了赶方案通宵加班。后来做人大会堂其他厅的时候，北京市政府就拨出招待所，我们几个学生，做工程的，就住到招待所。我们在招待所可有意思了，我们有时候要加班，提神就喝那个茶叶，茶叶一杯，泡了水，都浓浓的。那会儿还没有喝咖啡呢，没有听说谁喝咖啡呢，那会儿都土死了。喝了茶晚上就不睡觉了。经常一抬头，天亮了。嗯，反正我身体好，没问题。因为以前喜欢体育，上次在院里我就说了，我在上海集训的时候，在淮海体育场，我在高三的时候抽出半年是去体育集训的，从淮海体育场跑到龙华 5000 米，再从龙华跑回来，这是预备动作，1 万米。集训早晨的锻炼就是要跑 1 万米，天天早晨跑，1 万米，所以我身体非常好。我就后来给他们说，身体要好，要不然到后来，等你什么都有了，有了地位、有了钱了、有了资历了，没有身体了，什么都没有了。而且你身体好的话，你在年富力强的时候集中精力可以出成果。出成果不是为自己，而是为国家，为建设。所以年富力强的时候要多干点，我一直是这么给学生说的。

工作之后，因为"文化大革命"之后，中国缺少人才，招研究生，我就又考过来。听说要招生，我就找奚先生，奚先生给我说，难考，你不要报，这个研究生很难考。后来我想了想，我还得报。实际考下来成绩第一就是我。而且我们考试时住在那个楼上住七天。考一个设计题要考七天，不让回家，吃饭是打了饭盒就回来，还不许瞎串联，不许作弊看什么。因为当年我们做一个题，题也出得比较大，就要搞一个礼拜，我们画一张特别大的渲染图全部用手绘的，水彩加水粉，一个礼拜，那就算快的。画得慢的话还要两个礼拜、三个礼拜呢。当时我们要去投标，做什么事，全靠手画。我们后来手绘效果图也画得很好。直线的部分用界尺，用界尺来画，加一个尺子，拿支笔就可以画。其他地方都是手画。我们那时候在奚先生指导下做方案，效果图什么都画。而且画的时候还有创造，画出不同风格来。

CICA：张老师，您还记得您当年的考试题目是什么吗？

张： 考试题目是做一个接待厅，小型接待厅。这个接待厅和现在不一样，它是一个带有文化交流活动的地方。不大不小的一个中型厅。还可以打开门走到室外，还有点活动场所的。我当时做的时候，就在端头的墙上做了一个泉口，有泉水下来。在房间的沿檐框部分做了一点水槽，最后水还流到室外。

CICA：您当时就那么浪漫。

张： 哈哈。平面、立面、效果图什么都画，反正后来分数打下来，他们说综合分数给我得最高了。因为过去确实一直很努力，没有什么休息时间，要不然就是体育活动，要不然就是到外地去写生、考察。我觉得挺好的。你是学生嘛，你干什么呢？学生不就是学习么。那么多大师都在旁边，而且学校里的资料外头都是看不到的。那些老先生们都很注意收集资料，学术资料很多。工艺美院教到现在的明代家具的资料都是当时老先生们搜集来的。一个真正的明代家具，五块钱，到市面上去买一件完完整整的好的明代家具，黄花梨的，五块钱。当时五块钱就很贵，谁当时注重这些文物啊，要什么买不着啊。上次李绵璐跟我说，那会儿文物到处都有，民间艺术品，但是我们没有钱买。后来有钱了，没有东西了。后来再过了多少年，想买点东西都没有了，掏空了。再到后来，又买不起了，现在太贵了。

实际上院里头那些大师们，那些中国第一批的艺术大师们，他们虽然有大部分是留法的、留美的、留日的，但是我觉得工艺美院的学术方向由他们制定的。一个很重要的，就是"立足传统"，然后，再加上"关注"，或者叫"立足"民间艺术。一个是传统的、主流的，一个是民间的、很生动活泼的。工艺美院的学术方向，正是立足在这两点上才立于不败之地，这和其他工科院校都不一样。工艺美院学生的艺术修养比较高，拿出东西来趣味比较高。主流的传统精神的好的东西，去临摹啊、学习啊、参观啊；民间艺术品呢，去采风，生动活泼的这些都可以掌握到，得到很多的启发。所以我一直坚持这两个立足点，即使是毕业了以后，也是两个基础：一个中国传统，一个民间艺术。

我们那些老师们都是从国外回来的，另外又在 20 世纪 60 年代回来了一大批到东欧留学的学生，我们到"文化大革命"以后是第三批了，我们到美国、日本、欧洲这些，实际上也带回来了很多新的观念。像雷先生，是留法回来的，庞先生也是留法的，常莎娜是从美国回来的，好多，像柴飞等等都是留法的。有很多西方的设计理念，都是会带进来的。

所以工艺美院合并掉是挺可惜的。多么好一个院校啊！但是希望到清华以后，继续发挥作用吧。清华美院现在好像还是在摸索啊，还没有把这个学术定位弄好，好像去弄美育了，要弄美育就可惜了。我上次就建议他们，还是要发展艺术设计。现在名称变成美术学院，又设了绘画专业什么的，那应该要有很长的路要走吧。但是艺术设计，本来在全国就是走在最前头的，现在我怎么觉得有点化整为零了？现在力量分散了。是社会不同了，还是没有有效地把大家组织在一起，做点特别好的有影响力的项目？都不太了解你们那儿了。

奚先生一直是认为环境艺术的成才之路一定要进设计院一段，他就主动地动员我到设计院，我分到建设部设计院。后来林彪的一号命令把北京的设计院都撤销以后，我就下放到湖南。文化大革命结束了以后，重点工程国宾馆要建设，北京饭店要建设，把我抽回来，我很幸运，因为我这个特殊专业被抽回来。

在湖南省建筑设计院下放的时候很惨，去了以后那边又不需要，当时我过去就是因为毛主席的故乡是湘潭，觉得那美术活动多，所在的那个设计院也参加了湘江大桥桥立面的设计，还有些其他的，政府楼啊什么的设计。后来就很快回来了。我到

图3-10　人民大会堂(1981～1983年)江西厅和内蒙古厅，吴印咸摄（上）。

吴印咸："北京饭店"和"人民大会堂"展览招贴，2009年11月14日～2010年1月30日，北京草场地泰康空间（下）。

建筑设计院跟着他们画建筑。奚先生的意思就是,你到了建筑设计院之后,和建筑、室内相关的知识一定要掌握,我们到那以后,实际上什么都画,甚至施工图都画,节点什么的,帮着建筑师出施工图。后来呢,就是刚好有援外工程要做室内,我们就开始有室内可做了,只有援外工程有。我在设计院的时候在五室,五室就有一个家具组,有些去援助非洲的项目,我配合了好几个。所以后来呢,在这个设计院工作了好多年,下放之后又回来以后,也是活动了活动,就到了北京市建筑设计院。到了七室,七室也是专门做援外的。后来在那边做了一些也门使馆什么的,叙利亚啊,那些国家的大使馆。后来也做了大会堂,援外工程的,援助非洲国家的大会堂,室内啊、装饰啊,都帮着做。那会儿还评上建筑师了呢。但是我们没有去取这个建筑证。第一次评建筑师的时候评上建筑师了,后来我考研又考回来了就不要了。

有了这个经历以后,后来在系做室内,系里老师他们不会画施工图,我就带着大家。我画的施工图特别标准,让大家都看看。原来系里,我去之前,何镇强他们也做过一些室内项目,但他们就只出造型,没有人画过施工图。我去了以后,我们不仅做方案,接了项目以后,我们连施工图也出。后来都是整套图的。我带着系里做了很多工程。实际上在系里很有收获的,教了很多届学生,现在系里留下的大部分老师都是我留的。我当系主任当了十三年半,后来要走的时候是我主动要走。十三年半每年都留人,有好几次是留两个,所以系里十好几个教师都留下来了。后来到中央美院之后,不是培养他们硕士生,就培养他们博士生,到现在都在给他们做贡献。

CICA: 这个传统一直延续到现在,苏老师也是这样,对学生很关照。

张: 苏老师也是,对学生很好。对,护犊子,到了美院也护犊子。但是我们不是一味地迁就,我们还是有严格的要求。

不管是什么硕士生、博士生,都把丑话给他们说前头。比如硕士生,你的水平达不到本科,你就别想毕业,在我这门儿都没有。博士生也是先敲打他们,你可是博士生,你的水平要在硕士之上。你别糊里糊涂混混混,到最后连硕士生的论文水平都达不到,你还是早早退学吧,他们都被吓住了。所以我的学生都特别努力,你看我要去上课,没有人敢迟到的,大家特别给面子。我不管是什么时候上课学生都坐好了,八点或是八点半到,我到的时候都已坐好了,学生都特别好。我们系里老师也是从来不打架。对,老师也挺好。不会为了一点钱计较,因为在外面做工程嘛,学生帮着做,拿了稿费学生该发就一定发到。你看到现在我们这本书(指的是《室内设计资料集》)每年还有几万块钱,就是把它按每个人的页码分了。分给他们,一直到现在拿了五十几次的钱了。我们这本书给建工出版社挣了两千多万。我们的稿费总的几百

图3-11 中央工艺美术学院(1956～1999年)入口大
门、图书馆内景和建院40年作品展开幕式。

万。每次都分，每次几万块。多的十几万，少的几万块。所以大家都说这是个摇钱树。没有钱了，摇一摇，过年都等着发钱，好多年都是这样。那时实际上在系里出了很多的书，也做了很多的工程，而且我也带着他们到全世界各国去考察。当年的气氛和现在的气氛不一样。

后来我走了，主要是因为我也不太适应清华的那个办法，成天填表、量化，你说这个搞专业的怎么量化。他们就提出这个量化、那个量化，我就烦。当时提出坚决要走，那个时候张凤昌说什么也不放。后来我也就摆下脸来，说必须得放我走，因为靳尚谊现在在美院。我在日本留学的时候，在东京艺术大学，凡是中国来的文化的代表团来了，都让我参加帮着接待，靳先生来的时候就跟我说，张绮曼你以后回来要来我们这儿。靳先生，我多少年前就认识他，就像他学生似的。他说你得过来。我说我不敢过去，我是工艺美院派出来的，回去怎么给常院长交代啊。后来还是回了工艺美院。再后来合并了以后，系主任也不当了，年龄也快到了。我将近60岁那年才调到美院那边去的，现在算起来已经调去13年了。

你的第二个问题是什么？

CICA：在80年代，您认为环境艺术设计这个领域是怎样一种面貌呢？先锋人物有谁？

张：我给你的文章里面有，环境设计之路里面有。当时写这个也是很快就写完了，很小的文章。实际上，我们为什么要把室内设计改成环境艺术设计专业？因为我留学在日本，我到日本之后，实际上室内设计专业在东京艺术大学，在好几个有名的艺术大学里面没有这个专业，它包含在环境艺术里头。他们的 Design 就是叫艺术设计，包含在里头。但是有室内设计这个课程。而且我到日本那会儿是 1983 年。他们已经把重点放在外部环境，外部环境是更多人要使用的地方，等于是老百姓都要使用到的公共社会的地方，比一个室内小空间的利用率更高。人们更关注它，它是人们在城市里，或者一个地区的福利空间，也是公共空间。一个城市、一个国家、一个地区的形象都能反映在公共环境上。所以当城市化发展过程中，必然会重视环境，包括外部环境。而当时我们中国没有，我们中国一直是做室内，没有人提到过外部。出去以后就觉得这个反差很大。跟着他们上课，日本对我也特别好。因为当时是政府特派研究员出去的。我是公费，像其他人都是进修生，我算是研究员出去的，访问学者。而且除了教育部给的每个月的进修费，实际上那会儿进修费很少，日本文部省给我拨的经费比国内的还多。我在那儿方便，可以去世界各国跑跑。就是他在我们那一批到日本留学的学生里头选出来了 71 个高级访问学者，艺术类的就我一个。因为我的简历上有做过人大会堂。做人大会堂，你一个年轻教师，什么地儿轮得到你，哪个国家都轮不到你。我的导师都奇怪，他都没有这种经历。他还是设计学会会长，都不可能做国会的建筑。所以我有这个经历，他们觉得很奇怪。选高级访问学者的时候是文部省和教育部一起选的，因为相当于要日本掏钱。他们又拿了一批经费给我，所以我在日本是双倍经费，而且当时到日本各地考察，到美国考察都很方便。在日本也可以到处参观，日本到处都是设计，你到哪都可以学习，基本上把日本跑遍了。所以这种情况下就觉得外部空间比内部空间更重要，并且感觉到中国的建设必然也要把重点逐步移向室外。我回来以后，就在系里把我们这些观点都和大家沟通了之后，打了个报告。报告虽是我个人打的，但是根据规定报告不能一个人打，后来就又加了几个老师的名字。到院里头，把它申报成"环境艺术设计"。你叫"环境设计"也可以，但是由于我们报专业报的是艺术类，因为Design是艺术的设计，创意的设计，不是那种工程，那种工科的路轨设计。这符合中国国情，在中国你只有加一个艺术，人家才知道它是个什么类型的设计，你不加，大家就以为环保呢，以为环境工程呢。去报了以后，很快就同意了，院里很支持。常沙娜那会儿当院长了，很快签了字，正好赶上那会儿要修改学科，就顺利通过了。通过以后我们就很快就改成环境艺术设计系，环境艺术设计专业了。之后全国跟着改了。

当时工艺美院真是全国带头的，所以工艺美院没有了真是好可惜啊。现在都分散了，如今各个院校都在抢，都要当这个学科的带头人。那么改名之后，我们的专业建设要跟上。我们立足在室内，室内我们又把家具设计当作看家本领。我们有家具工作室，有很多的家具设计课。专业基础里还有一个是平面的图案设计，图案设计也是看家本领。图案你要画好，要掌握很多东西，特别是中国传统的东西，很多是集中在图案里头的。那么一个是家具设计，我们家具设计不仅要做家具，设计图纸，还要去做模型，我们有自己的木工坊。罗先生带我们上课，到北京家具厂，我们在那要做一个礼拜、两个礼拜呢，就是一个小碗柜，我们也要把它解剖开，断面、零件，包括五金件都要画出来。还能在工厂里看他们生产线，所以我们对于家具，上了这单元的课就滚瓜烂熟了，基本上就知道一个家具是怎么回事了。另外一个呢，是顾横老师，老先生给我们上建筑基础画的课程，一个小二层楼，把这个二层楼就解剖了，我们要画每一个节点。这个楼怎么搭的，房脊怎么做的，地板怎么铺的，屋顶怎么才能盖出来。那么这个图画出来之后，就基本上懂了建筑的结构，因为建筑是我们的基础嘛。当时有几个建筑的老师，虽然当时课程名字听着都是很基本那种。分析小碗柜干什么？通过小碗柜的那个结构，怎么生成的，怎么用材料的，什么工艺，什么过程，全都清楚了。那个建筑虽然是个小二层，但是分析完都会了。学生又都努力，所以这些课记忆很深。我们的图案课就是系主任徐振鹏先生上的。建筑课还有梁诗音，潘昌候是后来来的，他在建筑设计院当建筑师，徐先生把他请来的。所以我们的课都很扎实。老先生告诉我们就是要有修养，艺术修养好的，以后设计才能上去。眼高才能手高，眼低绝对不可能手高。所以当时我们见到什么就学什么，都很听老先生话，要充实自己。别的专业也学。那会儿我也喜欢临摹一些图案，什么资料都临摹，一本本的，现在都找不着了。那会儿学生真用功，不像现在电脑画的图啊，都贴来贴去的，那时我们都是手画。

改名以后就开始发展外部环境设计。但是我们看家本领是室内，室内到现在仍然是我们强项。因为工艺美院的传统就是室内。我们自己也是从学室内出来的，后来走向室外的课程到现在没有补清楚，没有补够。

张月上次来了，他们要搞什么大型活动，从"环境艺术"改成"环境设计"。你再改"环境设计"也跳不出这个"环境艺术"，你从艺术落到了技术了。你叫"环境设计"应该是技术层面，"环境艺术"才是艺术层面，这都搞不清楚。他们过几天要搞一个大型活动，就是要研讨出怎样从"环境艺术"到"环境设计"。后来那天他们给常沙娜送去请帖，常沙娜给我打电话说"他们那胡搞什么啊，说你搞'环境设计'就是搞环境工程、环境保护了，你跑到那个清华大学环境保护系环境工程学院去好了。你在美术学院待着干什么？"那天在文化部开会，鲁晓波进门看我已经先到了，就跟我说："张月跟我汇报说他们要开个大会"，我一看那个通知我就说，"'走向环境的设计' 不对了"。我说张月给我请帖的时候我已经说了，"这句话我看不懂"。我跟张月说，"我们已经在环境中，我们已经在搞环境艺术设计了，什么叫'走向环境的设计'啊？搞错了吧！"。他们现在积极准备着。后来鲁晓波说，"让他们搞吧，他们已经都印了请帖。张月还是想干点事。"后来我就建议他，环境艺术设计的基础的课程还没有弄完。他现在还是个副教授啊，他还没解决职称呢。"你做实事，先把这个课程解决。我们当年开了好多新课呢，得把课程补齐了，然后出点学术建设的成果。搞这个名堂有什么意思啊。"现在的年轻人就喜欢今天搞个新名字，明天有个新提法，搞其他的新的理论，没有意思的。你提个理论你得有基础。你自己还不清楚呢，你知道是怎么把这个学科建设起来啊？后来我说："我无所谓，'环境艺术'是我去申报的，你改成什么都可以，反正你离不开环境，还是在空间里头搞。"而且你看，我的文章里也有这个。在美协的那个组织，我们刚建立的时候就叫"中国艺术家美学家协会环境艺术设计艺术委员会"。艺术委员会是有二十几个，版画艺术委员会、国画艺术委员会、平面设计艺术委员会等等。我说我们不能叫"环境艺术设计艺术委员会"，我说两个"艺术"太重复了，我就把前面那个"艺术"去掉了，改成"环境设计艺术委员会"，我早就这么叫了。但实际上，我们搞环境艺术，我们一定不会离开艺术层面。他们这个没搞清楚。

CICA：您个人认为环境艺术设计未来的发展方向将会怎样？

张：　要讲今后的发展，我觉得还要先看当年。你看当年我们出了这么多本书，我们在全国给专业做贡献打基础。我们也有书是介绍我们的作品，我们的作品当时都影响全国，我们的做法很快就被别人借鉴到了。我们就是在打这个基础。把这些基础工作做好。然后我还领导他们一起拍了好几部电视专题片。特别是"环境艺术"，在中央台全国播放了六次呢。"工业设计"的也播了，就播了我们这两个专业的。影响都特别大。我们在中央台、北京台拍了好多次电视。文章也发表了不少。

我国"环境艺术设计"这个专业，有 1277 所院校设立了这个专业，不一定准确，差不多 1200 多所。最近教育部系统掌握的是 1800 多所院校设"环境艺术设计"专业。所以估计设计师数量，现在全国大概是 100 多万人，加上在校师生更多。在校学生更多，每年有多少万人走向社会呀！在中国是个很大的专业。张月跟我说，可能"环境艺术设计"将成为全国的第二支柱产业，因为"环境艺术设计"包括室内、室外、城市建设、区域规划。室内是多大的工程啊，它能带动建材，带动陈设艺术品，带动很多东西，是个综合艺术。所以这个行业非常大，我们还是要不断提高水平。

按道理这个方向应该走绿色之路，走低碳减排之路。世界各国把重心都放在保护地球，要不然地球都有了问题，生态都出现了危机，你再来干什么都没有用了。就像我们没有了身体，本都没有了，我们还搞什么，什么都没有了。刚才要说今后怎么办？今后我觉得我们还是要走生态之路，绿色之路。这个一定是世界尖端设计师关注的点，谁先攻破，谁就占据制高点。我早就强调这个了。学生要去挣钱养家，要养自己，但是得多关注这一方面。

现在的设计都是进入市场之后被市场终端控制、甲方控制。甲方要你弄什么就弄，再恶心、再奢侈，你也弄。实际上中国还是个发展中国家，所以我为什么要组织生土窑洞项目，四校联合"为农民做设计"？我们的项目是个公益活动，我们已经从 2004 年搞到现在了，而且我们这次也在境外得奖了。12 月（指 2012 年 12 月）我就会去参加颁奖仪式。带领着四校的师生，我们一起给农民做窑洞无偿设计，为什么？做这个项目以后，我们看到中国的国情。中国的农民多苦啊，富豪上千万的住宅都买得起，农民 10 万元的住宅都买不起，他们还生活在原始状态下。还有几千万农民在西部。去了以后就可以知道，中国是个底子很薄的国家，发展中国家，我们一

图3-12 第四届全国环境艺术设计大展暨论坛"为中国而设计——为农民而设计"选址于张绮曼主持的生土窑洞项目所在地陕西省山原县。图为活动现场。（图片由马克辛提供）

定不要搞那么多过度装饰，一定不要搞得太奢侈！培养的设计师一定要有良心！我们应该有良心，有社会责任感。农民不会拿钱出来请人做设计，我们主动为他们送货上门。我们要改造他们的生活环境，看看怎样让他们的生活质量提高一点。现在我们要从窑洞内部走向窑洞环境，让外部环境也有好的改善。另外呢，生土是一个生态手段。一旦钻进去之后，会非常喜欢。生土是大有前途的，现在很多国外的建筑师，他们的大型城市建筑，都有一部分是用生土手段综合手段建成的，冬暖夏凉，节省资源，还可以回收。这些土它可回到大地，它还是土，所以是个很好的方向，我们还要做下去。这次学术会上也是做了报告，就是关于联合生土窑洞改造设计的一个报告，上面有很多论文。

我们每两年一次的大展活动"为中国而设计"，我是在2004年就提出了的，"为中国而设计"。在2003年的时候，我就在中国提出了"绿色、多元、创新"的口号。我们在美术馆搞了一个展览，就是按照这个口号来搞的。在2004年，我们第一次搞全国大展的时候，就提出了"为中国而设计"的口号。现在搞了五届了。每次都要出两本图书，一个论文集，一个作品集。我们每年还出一本年鉴，我们还有一个环境设计网。中国环境设计网经常报道我们这些委员的学术动态。我们这个学会，环境艺术艺委会不同于其他协会，我们就是要打造第一学术平台，不是采取一种赚钱的手法，我们还往里搭钱呢，就是想在专业上有所建树，既然专业发展很快，就要用专业学识为国家做点贡献。人活着，既然学了这个专业，喜欢这个专业，还是要做点有意义的事。

你刚才还问我，在心目中还有哪些先锋人物，在此领域中的？

我觉得我们这个专业走过来，像徐振鹏，我们第一任的主任，他担任家居设计课、图案设计课讲师，把这两个课程变成了我们室内设计最早起步的两个课程，而且长期地维持下来。我觉得徐振鹏先生的学术思想特别明确、特别早。他是第一任系主任。后来呢，我觉得奚小彭先生，他是中国室内设计的开创者。因为你问我还有哪些先锋人物，我觉得这些都是先锋人物。

CICA：那么跟您同时代的环艺先锋人物呢？

张： 还有像我们第一届委员里面，马国馨、顾孟潮，还有王明贤啊等等，这些我们很早就在一起组织环境艺术学术活动，成立环境艺术的委员。周干峙，原建设部副部长，他是我们的会长，我们都是副会长。我们那会儿已经开展了一系列学术活动。你是讲这个层面的是吧？包括我们的老师吴良镛先生，我们都很尊敬他，如果不是局限在环艺设计这个层面里。我们系来讲，奚小彭先生是内部空间室内设计的开创者，他确实是中国室内设计的创建人，把这个学术推向前进的这么一个领军人物。他后来生病了，我们都是他的学生，我们都继续工作。到我，把它和室外再整体考虑起来。你看苏丹老师，虽然是我的学生辈，他是把当代艺术的观念带入环境艺术的人，有开创的意义，这个绝对是跨界的。通俗的话，是跨界的，这个不可能关着门，室内就室内，室外就室外。对于艺术史，特别是在观念上，是要融合的，要借鉴的。苏丹有这个作用。他一直在搞当代艺术的研究。还有呢，比如说我们何镇强老师，他也有贡献，他把装饰画画法和建筑画画法结合起来。你想想看，是不是这个作用啊。

CICA: 从您的话里能听出您对老师特别尊重。

张： 是的，对老先生们非常尊重，知识都是从他们那里来的。老先生都对我特别好。还有你看，像家具课的老师，像胡文彦啊，他们到现在还在出书研究中国家具，这种精神真的很好，他们把家具都上升到了文化史的高度了。确实是，都是我的老师们。我提到的都是对我们专业发展有贡献的人。当然我们有这个系主任，那个系主任，这个教授，那个教授，要把他们的贡献都点出来太多了，一般的，我都没有提了。像苏丹，为什么要提？他年轻嘛，他跨界了你知道吗，他把更新的观念注入这个专业中来。所以我觉得也很重要。

CICA: 最后请您用一句话总结一下，什么是环境艺术设计。

张： 我觉得环境艺术就是提高亿万群众生活环境质量的一个专业。应该是这样，通过设计以后肯定要提高质量，解决问题。过去我们的房间，水泥地。后来我们的房子，谁住水泥地啊？那个厕所，卫生间，就那么1平方米都不到，没有地方洗澡的。那通过设计，生活水平提高了。国家渐渐发展了，现在情况都不一样了。我再定义一句，就是环境艺术设计是使人民美好生活、美好工作的一个专业，我觉得是这样。你说人的生活的目标，别讲那么多空洞的，所有人类活动的目的、目标，就是为了生活得更美好。我弄火箭上天干嘛？我开发这个、开发那个是干嘛？都是为了生活美好。上天的话是一种科学，科学发达了以后，地球一旦毁灭还可以到别的星球，人要为未来长远考虑。所以很实际，我就是为了生活美好才去搞这个专业。

（采访：顾琰）

（文字整理：周芸、黄山）

（校对：高珊珊）

于正伦

生于 1948 年，

中国建筑设计研究院教授级高级建筑师，

环境艺术思潮的重要推动者。

/

CICA：您当初是怎样走上环境艺术设计这条道路的？

于： 我称自己为"跟潮人"。1984 年，我在中国建筑工业出版社编辑建筑杂志，曾帮助张
开济（张永和父亲）代笔建筑方面文章，两年之后，转行到建筑设计事务所后开始自
己写文章，并负责建筑环境设施和建筑小品。在中国《城乡建设》刊物十期，二十期
上发表关于"打破中间壁垒，互通起来，植入更多的环境设施，环境信息"的文章和
绘画。建筑出版社编《环境小品》一本书之后，扩大范围，关注小品之间的关系和联
系，环境设施有哪些内容等。在众多老先生的浪潮之上，逐步走入环境艺术设计。
1986 年、1987 年以后，注意系统外环境设计，写了一些文章，关于"如何把建筑纳入
环境中去"。1988 年，在天津做了学术汇报，通过建筑方面的文章，添加自己的理论、
理念。调到建设部城市建设研究院之前，编辑《环境艺术》杂志丛刊，同时编辑画册。
联合程里尧做主编，建筑师郭保宁和建筑评论王明贤做助手，自己做副主编。编书
后，遇到一定困难，当时 3000 册仅卖出一半，后期被书商一次全部买走。之后出第
二期，找到天津科技出版社，要求名字改变为《商业环境创造》。第三期、第四期由于
很多原因，没有继续出。我在城市建设研究院时，在安徽，做城市规划项目，在承德，
做城市景观设计，国内最早的环境、景观设计项目。自此，完全转为设计。预出版第
三期《环境艺术》丛刊，但遇到经费、制版等问题，没有继续出版。1989 年，出书，主
张景观设计和环境相结合，进行设计理念的整合，提出建筑的整体环境设计，以建

246

筑为核心，让设计向室内和室外发展，使设计不单纯是一个建筑的躯壳或空间，而是把空间和躯壳纳入到更小的室内环境和更大的外景环境中，使建筑成为更有机的建筑。1992年、1993年成立环境艺术研究所。起初，进入一些学生，与学生一起做建筑设计、环境设计、城市道路景观改造等项目。

CICA：在那个年代环境艺术领域的发展状况和所呈现出的面貌是怎样的？

于：　过去建筑只看建筑，不看周边环境，只玩弄形式，不能满足现在更复杂的城市环境和更广大的空间。

CICA：您心目中那个年代在此领域中的先锋人物还有谁？

于：　程里尧是早先清华大学建筑系毕业的，从国外翻译引进了几本书，如《城市设计》。布正伟，在《美术》报纸上发表文章，介绍国外雕塑、环境设计。顾孟潮，老天津大学毕业，1984、1985年发表文章。还有翁贤等人。他们是最早中国环境艺术设计的浪潮人。

CICA：您个人认为环境艺术设计未来的发展方向将会怎样？

于：　低调地做一些事情，严肃地做好每一件作品。退休后，继续做设计，做到不能做为止。有时间要经常去推敲积累形成的文化，到中国老村镇体验文化，到国外古城镇吸取文化的真谛，体验文化给人的力量，让老城镇的精神激励自己。

CICA：最后，请用一两句话简要概括什么是环境艺术设计。

于：　环境艺术将城市可见物，能看见的所有的东西，编织成一个自然生态的最精彩的剧目。城市中所有的有形物、可见物、构筑物、景观，通过创作，使其变为一场非常精彩的戏剧，将这个戏剧纳入到城市文化和历史中。环境艺术要求人的创造，是一个把环境变腐朽为神奇的过程。

（访谈与文字整理：顾琰）

（校对：高珊珊）

郑曙旸

（以下简称"郑"），

生于 1953 年，

清华大学美术学院原副院长，教授。

常年从事环境艺术设计的研究与教学。

／

CICA： 您当初是怎样走上环境艺术设计这条道路的？

郑： 其实我个人走上环境艺术设计这条道路纯属是一种偶然的因素吧，因为我们那个时候对上大学这件事已经完全是奢望了。我是 1966 小学毕业，小学毕业后，10 年文革基本上是在兰州度过。我中学毕业以后就在学校当美术老师了，当美术老师是在 1977 年的时候，正好就是邓小平拨乱反正，开始恢复招生的时候。因为我有 6 年的美术教学经历，当时是想考央美的，很可惜当年央美不在兰州招生，在兰州招生只有中央工艺美术学院。那个时候对什么是工艺美术，包括什么是设计，是一点都不知道。当时在兰州招生，只有 4 个名额，听跟美术沾边，又是美术老师嘛，机会也非常难得，就去考，就考上了。当时是叫工业美术系，叫家具设计专业。那个时候我对家具设计一点都不感兴趣，但是没办法。当时我还没有报这个专业，报的是染织，后来阴差阳错，招生老师就安到这边来了。

  被安排过来后，就继续上学了，反正有学上是非常好的一件事。然后顺理成章的，这 4 年学完，学完就留在这个学校了。留在这个学校后，当时我们学两个专业，工业设计和室内设计。在当时那种情况下，我们根本不看好室内设计，包括我们老师也觉得这个专业在当时的中国没有什么发展前途。但是从我个人来讲，对室内设计的兴趣要比工业设计大一点。因为那时候画画的那个心一直没有死掉，觉得工业设计就是和产品打交道，所以后来还是选了室内设计。我个人运气比较好，正好赶上毕业留校一年，系里接了外交部的一个工程，当时的联邦德国驻外使馆的室内设计。这个工程对我影响很大，因为德国的设计领域比较发达和先进，在那里学习很受影响。当时我们的教学非常讲究环境观念，上学的时候，室内设计就不是一个设计概念，而是一个环境概念。室内系在我们中央工艺美术学院只存在了4年，因为在80年代中期，室内有了前所未有的发展，有这么几个因素：一个是改革开放以后，大家对住的一种需求；再者就是港台的风潮影响，包括广州那边室内设计专业人物的一些推动；但是我后来觉得最关键的一点是因为我们的建筑学，在1952年院系分科以后划到工科，始终是个工程概念，它弱化了艺术概念。到了改革开放，需求强烈以后，似乎我们这几十年培养出来的建筑师在艺术方面就有所欠缺，所以室内设计才发展得如此迅猛。

1983、1984年，室内设计系在这样的背景下成立了。室内设计系成立完之后，我是当时在室内设计系的名头下去美国的年轻老师。当时系里把我作为独苗送修美国，在纽约室内设计学院进修了一年。在我进修的那一年，我接到系里来信，说当时正在成立环境艺术设计系，想改名。我们系成立是在1983～1984年这个时间，改名和建立专业是在1988年。当时还有个契机，就是张绮曼教授在1986年回来担任当时的室内设计系的系主任。在她之前张世礼是系主任，他也是从日本回来的。日本这个国家设计的环境意识很强，这一点也不奇怪。日本的国土面积较小，资源匮乏，精于计算很小的空间设计，他们细节考虑比较到位，环境意识显然是很强。所以张老师从那学完以后呢，这个概念也很强，再加上老一辈的奚小彭教授，他是我们国家第一代的室内设计师，因为他在新中国成立初期做北京展览馆，原来叫苏联展览馆，后来1954年做北京饭店，然后1974年做北京饭店的扩建工程，包括后来十大建筑人民大会堂，他都是起核心作用的。他大约也是在80年代的中期提出"室内设计系不能只守着这么一个摊子，应该把眼光放远点，扩展得更大一点，应该向环境艺术方向发展"。

后来我查过各种文件资料，真正说出"环境艺术"这四个字，这个方向的，最早的应该是奚小彭先生。那时候，张绮曼老师还在日本留学的时候，他就提到了。只是因为当时信息传输远不如今天，今天稍微有点事大家都知道，那个时代公开发表一个东西很不容易。他的这些讲话基本上是在一次课程上，所以后来大家都不知道，是过了若干年，整理他以前的资料才发现，其实这个是他最早说的，"环境艺术"，就是要往这个方向发展。关于这个概念呢，我也有从各个方面去了解，以上是我们中央工艺美术学院搞设计这一块的声音，同时在建筑界也有一些建筑师，有些人物比较关键，也提出了关于"环境艺术"的概念。

图3-13　北京饭店(1981-1983)宴会厅和大堂,吴印咸摄。（上、左下）

图3-14　《室内设计资料集》封面。（右下）

"环境艺术"这个概念严格来说是比较广义的概念。在这个节骨眼上，我1986年出国，1987年回国，这一年的工作呢，就是我刚刚讲的那几位在做，做完以后，同时觉得这是未来的一个发展，就把"环境艺术设计"这个名称给当时的国家教委，还不是教育部上报，说我们需要成立这样一个专业。1988年的时候，正好教委在重新审核专业目录，就把这个"环境艺术设计"正式定为国家的一个二级学科。也就是说，我一回国，这个事就正好办成，我们就开始正式按照"环境艺术"的概念来做。但是早期这十年（指的1988～1998年），我们意识到，提出一个概念来，真正意义上，要把它的理论体系，包括它的整个学术框架、学科的定位说清楚不容易。所以我们讲，是要从室内到室外，到一个整个环境的状态，就是以建筑为主的两个方面，一个是室内空间，一个是室外空间。但实际上，因为你长期就是做室内设计，一下弄到那一块不是太容易，再加上那十年也不像现在景观的概念这么清晰，景观的概念跟我们所说的环境的概念还是有所不同，它是另外一种概念。那么实际上，我是从设计的角度来谈，有人可能是从原来的风景园林来谈，从1988～1998年这10年，尽管我们叫了"环境艺术设计"，但实际上并没有真正意义上做到。

　　从1988年改名以后，我们马上编订了一本很重要的书，就是这本《室内设计资料集》。这个是当初建工出版社说要编一本"环境艺术设计"方面的资料集，但是我们觉得在当时那个情况下，马上编《环境艺术设计资料集》似乎各方面都不太成熟，所以不妨先从室内设计做起。我回国以后，张绮曼老师交给我的任务就是编这本书。我当时也很年轻，就开始弄了。但后来看起来，这件事对我进入这个领域，关系非常重大。因为等于是先有一次德国的实践经验，又到美国去学了室内设计。我去美国那一年实际上是把本科的4年重学一遍，主要是看他们那边教学方法跟我们这边有什么不同，并不是像有些人是在做研究生，这些对于后来我当老师很有益处。第一件事就是去德国，第二件事就是去美国，第三件事就是出这本书。因为编《室内设计资料集》这么一本书，你不先了解清楚是没法来操作的，所以后来就看了不少书，那自然你就得了解方方面面的东西。然后主持编写也牵扯精力，1988年开始，到1991年出版，那3年多的时间，我基本其他事情都没干，就一门心思编这本书了。当然，最后也不是我一个人的力量，是我们全系的力量，只是我在中间起协调组织的作用多一些。但是后来走到今天来看，这本书无论是对我个人的发展，还是对国家的整个事业的贡献，都是当时始料未及的。我回过头来想，假如没有前两次的铺垫，我也不可能编出这本书。这就是对我个人来讲比较重要的三件事。所以你问我是怎么走上这条道路的？就是这三件事，真正意义上促成我走上这条道路。实际你仔细想想，人呐，那个时候也是精力旺盛，1991 年，我才 30 多岁，后来也是有些事情跟不上，出成果还是得在年轻的时候。

CICA：在那个年代环境艺术领域的发展状况和所呈现出的面貌是怎样的？

郑：　实际上它是一个很混沌的状态，很不清晰。所以你看，接下来看，我们在 1988 年成立了"环境艺术设计"系以后，过了几年吧，过了 3、4 年，我们忽然想想，不行，我们还是应该回到之前，我们还是要叫室内设计。但是已经退不回去了。为什么退不回去呢？这与中国文化有关，这个名字很好听。很好听，"环境艺术设计"；还有一个呢，它大，中国人本来就是喜欢文化很大，无所不包的；还有一个，就是从中国哲学思想体系来讲，它是系统性的，所以一旦叫出来，大家就很认可，甭管最后干的是什么，至少这个名字大家都爱叫。所以呢，我认为大概还有相当长的一段混沌期。虽然大家都叫"环境艺术设计"，对它的理解其实是千差万别的。在相当长的一段时间，直到今天，我们很多老师愿意叫"环境艺术"，多对那个"设计"省略不提，于是这就种下一个伏笔，甚至是一个祸根。为什么呢？因为等我后来写书来澄清的时候，我发现有点晚，就是从一开始，大家都是以"环境艺术"来切入，而不是以"设计"切入。

　　你如果去看下美术史，你就会发现，"环境艺术"其实是另外一回事，它与"设计"是无关的。但是为什么"环境艺术"这个事情到后来没有在美术史上形成一个像类似印象派、立体派那么知名的流派呢？它只是一种理念，一种概念，并没有成为一种纯粹的派别。它是在若干派别里都有的这么一个理念。如果真的要给它归类呢，顶多就是美国在波普艺术之后的一支。所以现在去查一些字典、词典的时候，什么是"环境艺术"？就是美国 20 世纪 60 年代之后产生的一种理念。其实如果往前推的话，它和 20 世纪初，近现代美术史流派有直接的关系。其实在道理上很简单，它完全从以前的架上艺术、架上绘画那些走向了环境，走向了空间。我们现在还有一个词叫"公共艺术"，其实"公共艺术"这个词很含糊，严格说起来不到位。我的理解，现在的艺术中的"公共艺术"，完全是"环境艺术"下的一个分支，这才对。那么"环境艺术"的核心理念是什么？就是说这个艺术品不能光是靠一种感官来感受，绘画主要是靠视觉，但是"环境艺术"不能光靠视觉，它是能调动你全身心的一种感受，你所有感官都能感受到它，这才叫"环境艺术"。从这方面来讲，"公共艺术"也不一定全都能算"环境艺术"的概念。但是后来很遗憾，"公共艺术"越叫越响，甚至要叫过"环境艺术"这个概念。因为对于"环境艺术"，大家逐渐弄不清了，以为它是"设计"的分支，实际不是。

　　那当时为什么要叫"环境艺术设计"呢？为什么当时不能把艺术两个字去掉

呢？因为当时去掉很麻烦，因为我们还有一个环境工程方面的系统，就是"环境保护"，那个也可以叫"设计"。"设计"这个词，在中国其实是一种很尴尬的现象，它最初出现的时候不是一个艺术概念，它最初和艺术是没有关系的，都是机械设计啊，工业设计啊，建筑设计啊，当时建筑设计都被不认为是个艺术概念，所以"设计"这个词出现的时候，大家的理解是与艺术无关的。因此，如果你叫了一个"环境设计"，我是行内人，我觉的是"环境艺术"范畴的，但是拿到广义的社会上去理解，人们不会以为你是搞艺术设计的。

再加上后来，室内设计也没发展得很健康，室内设计成了室内装修了，装修的概念过分的强化。装修是建筑学里的一个概念，因为建筑做好了以后要装修，不装修没法住人。你查下老版的《建筑设计资料集》就知道了，老版的《建筑设计资料集》是"文革"出的，第一本、第二本都是建筑的，第三本就是讲了一件事——装修，但第三本是在"文革"后出来的，很晚才出来，是在70年代后期才出来，但是早就编完了，正因为"文革"卡了没出来。这就是当时的情况。所以装修是建筑学上的一个概念。后来室内设计弄出来以后，装修也不能直接和室内设计划等号，但由于我们发展太迅速，大家迅速地接受了装饰和装修的概念，把室内设计的本体又忽视掉了，所以室内设计以后也没得到很健康的发展。结果后来，大家以为装修就是室内设计的前身。发展到今天，又出来一个新概念叫"陈设"，以为陈设又是室内设计的另外一个转向，不是这样。室内设计应该是三部分：第一是要有空间概念，第二是要有装修概念，第三是要有陈设概念，这三个完整了才能到位。陈设就要有家具，家具是在一个空间里对人的行为的二次限定。第一限定是房间，限定你的行为，再来个家具，是进一步限定你的行为。但大家往往忽视了第一位的空间概念，所以室内设计也没发展得很健康。

所以我刚才讲，在这种背景下，我们呈现出的"环境艺术"的面貌，是一个很混沌的状态。虽然大家都叫这个词，大家想的事是不一样的。后来到了我们，既然是你成立的这个专业，你要说清楚啊！我们说着就很费劲，因为这个时候又出来了一个新的概念，关于可持续发展啊，绿色设计啊，人与环境的关系啊。我们后来发现，我们讲的这些"环境艺术设计"的观念，从宏观上来讲，与可持续发展这种观念完全吻合，但是从微观上讲，成为一个专业来操作，这个"环境艺术"具体是搞什么？你不能就这么简单一说，必须落到实处才行。后来慢慢慢慢，经过了若干年，我们鉴定它也不是无所不包，它又回到最早奚小彭先生的那句话，"要立足于微观的环境，而不是包打天下，我们什么都能弄。"所谓微观环境这就比较清楚了。从环境本体来说有三类，第一个就是自然环境，第二个人工环境，第三个社会环境。人工环境属于硬件，社会环境是软的，指的是人与人交往产生的一些事情。分为这三个环境的话，我们显然不是让你去改造自然，弄不好那反倒是"景观"的概念，往下走，我们借用"景观"这个词而已，这是后话，对此我还有个人的一些看法。然后呢，我们的环境实际上是要落在人工环境这个基础上。那么人工环境主体是什么呢？人工环境主体是建筑。你想想，人进入这个世界以后，正是他建了建筑才有房子住，有房子住又形成了它的内部空间与外部空间。所以我们是狭义的，而不是广义的"环境艺术设计"，其实就是以建筑为主体的内外两个空间。我们是这个微观环境，我们并不是想包打天下，那是不可能的，我们针对的就是建筑内外这样的两类环境，后来慢慢的就把室内设计和景观设计定为"环境艺术设计"系下面的两个方向。当然我们讲景观设计是我们借用了这个词，从我们国家的专业目录来说，景观设计到今天也没有进入国家正式的目录，我们还是叫风景园林，它们那个专业也有它们的发展过程。我个人对"景观"这个词的翻译也是有看法的，因为这个词的指向很不清晰。汉语"景观"的解释，不过就是看上去的一种风景，那谁都可以用，但是我们很多在设计层面的专业用语，都是从外来语翻译到汉语的，在翻译的时候出现问题，出现问题到时候就会在社会上出现一种误解。那我们当时在那样的环境下，室外应该叫什么呢？你总不能叫外部空间吧，你很难讲主体是什么。有一种讲法叫"内空间"和"外空间"，我也不太认同。其实我们仍然是具体落实在内部空间，就是"室内设计"，这个词很好，很清楚。那室外叫什么呢？你不能叫室外设计吧，这个词也讲不通啊，所以最后就借用了"景观"这个词。我是觉得从"环境艺术"和"环境设计"的角度出发，我们用"景观"这个词反倒是比较恰当，而现在所说的社会理解的"景观"，用到它那，就是"Landscape"用"景观"翻译过来，我觉得不太恰当，因为这东西看起来就是看景的事，所以我就理解为什么老一代的特别烦用这个词，一定要把它用在风景园林里，就是这个道理。所以后来延续下来，我们觉得也没有必要在这个名词上去打这个架，没必要打这个架，我们不妨说清楚就是了，我们"环境艺术设计"就是做两部分——建筑的内部空间和建筑的外部空间，目前就叫室内设计和景观设计，所以面貌是这么来的。

　　所以我在今天不愿意大家再叫这个专业为"环境艺术"，在最新一轮的，也就是上一轮的学科升级中，艺术学升为门类，设计学升为一级学科。然后我们来做下面的专业方向的时候，大家一致认为这个专业应该把"艺术"两个字去掉，就叫"环境设计"，因为我们所说的"设计"，它是包括两个内容的：一个是艺术的，一个是科学的。讲"设计"的时候，它绝对不是对半分的，它一定是融合了两种要素，一个是艺术要素，一个是科学要素，都要在里面。所以既然是这样，在大家现在已经逐渐认清这个概念的情况下，我们慢慢要恢复它的本来面貌。因为当时讲"艺术设计"这个词就很怪，那当然"环艺"和那情况可能还不太一样，我刚才已经讲了它的来龙去脉。所以今天，应该把它还原，就叫"环境设计"就完了。因为毕竟后来我们查了一下，在工科类的那个叫"环境工程"，它也不会用"环境设计"。你去看，我们的邻居，环境学院，它不叫"环境设计"，它叫"环境工程"，都是通过工程实现。因为毕竟工程和设计还是不一样的，实际上，严格意义上，从工科的角度讲设计，这个设计也包含艺术因素在内。只不过，以前我们对艺术的理解过于片面，就是光把艺术限定在一个所谓的，与这种意识形态相关的，与这种表达相关的，像绘画、雕塑这些领域里面，其实是把艺术的概念限定得过死。在今天中国这种状态，我觉得对"设计"的解释只有一个，它就是艺术与科学的统合的概念，而不是一个分立的概念，这是最关键的。

但是我刚才讲的这些未必在社会上大家都赞同，因为毕竟这个事，我说它是一个混沌状态，有各种各样的理解，我们在做各种各样的工作，所以它呈现的面貌就很简单、很混沌，并不清晰。建设部有一个建设文化委员会，下面有一个叫"环境艺术委员会"，从一开始我就对那个协会的工作不那么热衷的原因就在于我觉得用"环境艺术"这个词来定名是有问题的，它很不清晰。你加"设计"还行，如果不加"设计"，那你说他搞的到底是什么工作？而且完全按照社会上的职业划分的话，如果叫个"环境设计师"或叫"环境艺术设计师"，我觉得也不合适，因为这个专业它更多的是一种理念性的，你把它定名在一个做具体工作人员上，这反而不如就是"室内设计师"和"景观设计师"。因为在全世界，到目前为止，即便是日本，也没有以"环境艺术设计师"来作为一个职业的。职业和学科是两个概念，你说你给这个人定名叫"环境艺术设计师"，那他到底是搞什么的？

另外，我还有一种更新的看法，就是"环境设计"这个理念不光是针对我们这个专业，它应该是整个设计学科具有引领性的、代表一种发展方向的理念。因为环境意识，即使做工业设计你也要有，你要是没有的话，到最后就不是一个可持续发展的概念。所以我讲，这个面貌目前还很不清晰，是一种混沌状态。

CICA：您心目中那个年代在此领域中的先锋人物还有谁？

郑：　如果是说"环境艺术"这个理念，在那个年代，我认为它不是哪一个人。如果是在设计领域，那像奚小彭、潘昌侯先生，甚至张世礼先生，包括张绮曼，他们应该是比我早一代的前辈。他们又是两代人，你想，是奚小彭最早提出"环境艺术"这个概念，后来，张世礼、张绮曼他们那一代也赞同了这个，尤其是张绮曼老师，她自己也认为她是这方面的开拓者，我也认同是这样的，因为毕竟如果没在那个年代把"环境艺术设计"这个名字叫出来，这个专业也不可能有后面的发展，如果她没有从日本回来的那样一个背景，也不一定能够提出这个名称。建筑界中，我记得当时是布正伟，因为当时开会的时候，基本上都是他们几个人组织的，还有一两位我印象不深了。当时，在20世纪80～90年代，只出过一本书，叫做《环境艺术》，一个丛刊，当时雄心勃勃，他们是一开始就想成立中国环境艺术设计协会的，但是在当时那种历史条件下，那是不可能的一件事情，很难，包括杂志，那个《环境艺术》丛刊，也就只出过一本，但是那上面提出的一些理念，我认为到今天也不落后，有些理念还是很超前的，基本是这样。

CICA：您个人认为环境艺术设计未来的发展方向将会怎样？

郑：　我认为前途是非常光明的，因为它毕竟是代表了一种非常先进的理念，而且这种理念与中国传统文化的核心是不谋而合的。

　　　　中国的哲学体系不像西方，它从一开始就是一个大的系统，包裹中国的风水学，以前有一段被当作迷信，后来我们又把它捡回来，捡回来之后又发现，这个东西弄不好同样又会成为迷信。我注意到一个现象，风水学的研究在20世纪80年代和90年代比现在要健康，现在又受到一些商业的影响。我去看过几次，在90年代还能有些学术性的研究，在近几年几乎没有，反而又是一些从港台过来半吊子的一些人，又把老祖宗的东西翻出来，那个弄不好又会进入迷信，这绝对是这么回事。但是它的核心理念与我们讲的"环境艺术设计"是完全吻合的，我们今天要深入研究它内在的一些东西到底是怎么回事，所以我说文化传承创新，你得把我们老祖宗留下的东西真正研究透了，你不能把一些迷信的东西弄进来，这是两个概念。从我们的文化根基来看，它本来就是一个正本清源的事情。

　　　　再一个，从世界发展来看，你就会发现，工业文明是一个死胡同，至于为什么人会走到这一步，现在研究很多了，还按这条路走下去，人类会提早灭亡，这个大家现在已经看得很清楚。所以我们国家提出生态文明，你去查一查，全世界没有哪个国家提出这个概念，整个国家要走生态文明，作为一个国家意志提出来，包括美国在内，都不会提出这些东西，但是我们现在并不理解这一点，甚至认识不到这一点。包括讲科学发展观，中央提出来，具体到做事上面，好多都是违背的，不那么简单，在学术与思想上都认识不到，就很麻烦。我是从进入新世纪以后，把我的学术方向定位在可持续发展这个概念上的，在最开始觉得是个技术问题，当研究逐步深入以后，接触多了以后，就会发现不是技术问题，是人的观念问题，不能按照老的观念。因为我们现在无非还是按照工业文明的那样一个路在走，我们大的方向是在 21 世纪中叶实现中等发达国家的水平，无非就是要达到工业化的一个水平，但这条路全世界都没有一个具体的行动纲领和具体的方法，这是个太大的课题。但是我们讲的"环境意识"，或可持续发展的这个理念，就是"环境艺术"的基本理念，是与这个大的目标完全吻合的，它不太强调要把专业细分，系统分得很到位，实际上还是要回到老祖宗的那种，一个大的系统，只不过是职业分工不同，这都是连带的。所以从观念上讲，"环境"这个概念是一个系统化的概念。系统的概念，西方的科学发展到后期慢慢才有，而中国的哲学在最早就是这样，所以说中华文明是非常超前的。你也能想到为什么四大文明古国只有中国最后留下来，别的都断掉了？证明这个文化从一开始的生命力很强。

　　所以说"环境艺术"这个基本理念，无论从未来看，从历史看，它都是相符的，所以发展前途一定是光明的。只是现在还在这个专业的最初阶段，要经过相当一段时间的发展。所有的设计类的门类，最后只有大家都具备环境意识以后，它才能适应这个社会，不是那么简单的。这在一些工业产品中已经有所反映，比如"苹果"（指智能手机），很多东西是人文理念无法解释的，它为什么能那么成功？实际上它不是单一的一种理念。今天的世界完全是一种新的状态，这与信息时代的到来有关，我们对信息时代的到来都缺乏思想准备，而真正到来以后，只有"环境艺术"的理念真正能和它接轨，别的都接轨不了。所以这个专业，这个理念一定是前途光明的。

（采访与文字整理：张雪娟）

（校对：高珊珊）

王明贤

（以下简称"王"），

生于 1954 年，

中国艺术研究院建筑艺术研究所副所长，

对新中国美术史、建筑美学、中国当代建筑有专门的研究。

环境艺术思潮的重要推动者。

CICA：这个文献展的采访有四个问题。第一个问题是，您是怎样走上环境艺术设计这条道路的，或者谈谈您的学术经历。

王：　我不是做环境艺术设计的，我实际上在中国现代环境艺术设计这种环境中做了一些推动工作。你们可能也都知道，中国原来没有环境艺术这个学科的，那么就是做建筑的也会考虑到环境，美术界他们也考虑到环境，实际上呢，他们两个没有交叉起来，完全是一个很孤立的状态。我们 20 世纪 80 年代初看到这种状态很着急，所以当时我们跟建筑界、美术界的人共同呼吁，要建立中国的现代环境艺术设计学科。那具体地讲，80 年代初，包括建筑界就开始探讨人、建筑、环境之间的关系，然后美术界开始注意这个问题。到了 1985 年，在整个美术运动中，对于环境艺术的呼声也越来越大，当时《美术》杂志就做了两期环境艺术的专号。有一期是中央工艺美院的，有一些老先生还有其他一些专家写的环境艺术的文章，然后第二期他们组稿，有个编辑叫王晓健的来组稿，王晓健正好跟我认识，所以我就介绍了建筑界几个专家为他们发表环境艺术的论文，这里面就包括布正伟的论文。就呼吁现代环境艺术的崛起，还有马国馨、萧默他们都有这类的论文。当时也有一个叫《中国美术报》，也是当时非常前卫的报纸，他们也设立了一个环境艺术的专版，他们有环境艺术专号。当时有个编者按，编者按可能是李先林写的，他觉得对中国人来说，大到城市规划，小到居室的布置，甚至花瓶的设计都属于环境艺术的范畴，这跟现代艺术一样，关系到人的精神面貌等各方面的问题，所以 1985 年那段就开始有环境艺术的理论了。当时中央工艺美院有个室内设计系，室内设计系当时有奚小彭等一批老先生，有出国回来的张绮曼先生，当时就把室内设计系改成环境艺术设计系，实际上符合了现代学科发展的要求。然后这二十多年来吧，确实觉得这个改造是非常重要的。这是 1985 年，当时中国有这个现代文化运动，还有现代艺术运动。所以在这个时候，环境艺术作为一个新的学科出现了。

1986 年，我们还组织了一个中国当代建筑文化沙龙。这个沙龙是我跟顾孟潮先生我们两个来召集的，当时把中国中青年的建筑理论家邀请过来，把老一辈的，像陈志华、罗小未、刘开济先生邀请过来做我们沙龙的顾问。我们沙龙当然是探讨当代中国建筑文化问题，当时有几个比较重要的问题要探讨，其中一个就是环境艺术问题，也是作为我们沙龙的研究主题。所以我们在 80 年代下半叶做了很多环境艺术的探讨。

CICA：像这个沙龙持续和发展的状况是什么样的？

王：　这个沙龙最主要不是研究环境艺术，但是我们每年的讨论都把环境艺术作为一个命题，而且当时的建筑师就开始从原来孤立的建筑设计转到关注环境艺术设计，所以也都对这个问题很感兴趣。但是后来，1989 年以后，我们这个建筑文化沙龙就基本上没有活动了，后来就用另外一种新的方式，就是当时建设部有一个中国建设文化艺术协会，后来我们就在建设文化艺术协会下面申请成立了环境艺术专业委员会，然后这个专业委员会请建设部副部长也是城市规划专家周干峙先生，让他当会长，顾孟潮先生是这个环境艺术委员会的常务副会长，我是这个环境艺术委员会的秘书长，张绮曼先生也是这个环境艺术委员会的副会长，当时我们就开展了很多具体的关于环境艺术的讨论，另外举行了一次环境艺术的评选，当时评选出这十年来优秀的环境艺术作品。

CICA：第二个问题是环境艺术发展领域的一个状况和呈现的面貌。

王：　我觉得那个时代环境艺术几乎是一片空白。甚至有很多人都有点嘲笑，叫什么环境艺术啊？该做建筑做建筑，做室内做室内，还做什么环境艺术啊？但是 80 年代是一个思想解放的年代，也是文化发展的年代，当时大家对学术问题非常重视，讨论也非常热烈。不像现在的环境艺术设计可能基本上是以商业为主导，当时大家还是非常认真的，包括从理论上来探讨，包括国外的环境艺术状况怎么样，中国古代环境艺术怎么样，然后中国现代存在什么困境，当时讨论还是非常热烈和真诚的，所以也是奠定了中国环境艺术设计理论的基础。

CICA：那个状态大概是哪几年？

王：　我觉得应该是从 1985 年到 1993 年吧，这段时间大家非常认真地探讨，探讨得很有意思。但是后来中国在全球化背景下，整个商业冲击一切，所以很多环境艺术就变成了高级商城的装修、高级宾馆的装修，这点我们就觉得很可惜。我们在 80 年代提出来的那些，包括中国美术报编者按提出来的，其实都是普通人家里面的装修，甚至是花瓶的装饰，其实这就是环境艺术。我们就反对环境艺术像到处镶金牙一样，把最豪华的材料都贴上去，它恰恰就丧失了环境艺术真正的灵魂了。

CICA：其实现在的环境艺术概念没有总结清楚，建筑有建筑的理念，室内设计可能更清晰一点，然后景观设计可能也清晰一点，但是对于环境艺术的概念您认为跟这些之间有什么样的关系？

王：　我认为这是一个综合的概念，比较发展的概念，建筑和室内设计都是比较传统的概念，所以他们明确。当时我们为什么提出环境艺术呢，也就是希望建筑设计城市规划以及美术各方面把它综合起来。当时就是想提出一个综合的艺术，不是一个各自为战的艺术了。

CICA：那在那个时候肯定有一些先锋的人物，在您心目中那个年代的先锋人物是谁？

王：　就 80 年代中期以来的，就是那个现代艺术和现代环境艺术运动，当时最主要的积极推动的应该像布正伟，他是一个非常积极的建筑师，像张绮曼先生也踏踏实实地做了很多重要的工作，然后是包泡先生，他也是个非常积极的推动者，还有顾孟潮先生和马国馨先生做了非常重要的工作。而且当年也就四十多岁，是他们的黄金时代，当然他们的设计也到了一个黄金时代，他们的理论修养到了一个黄金时代。另外当时他们正是年富力强的时候，像布正伟当时就是大声呼喊，效果都非常好。

CICA：那通过这次访谈也想追溯一下那个年代的推动者，我们后来人失去了一些联系方式，可能梳理的线索会有遗漏，比如刚刚您说的马国馨老师。

王：　不过有点遗憾，他这两天刚去美国，要去很长时间呢，马国馨也是对推动中国环境艺术一个非常重要的人物，而且他本身的建筑造诣非常高，他是中国工程院的院士，所以中国很多重要的国家项目都是他主持的。比如说，亚运会的奥林匹克体育中心，还有后来的北京机场航站楼，第二个航站楼，不是现在这个 T3 航站楼。他设计了很多重要的工程，而且他这个人的思想非常活跃，他不像很多老先生，当时我跟他认识的时候也是四十岁左右，就是特喜欢聊天啊，而且知识非常渊博，他是到日本去做访问学者，在丹下健三工作室的，所以他对国外的研究也非常透，也很敢说话,特别有意思。这个是有点遗憾,而且前几天说他要去半年左右。我估计张绮曼先生和苏丹先生对马国馨肯定是非常尊重,因为他真是那一代人中最聪明、最实干、最有文化理想的一个建筑师。

CICA: 第三个问题,您个人认为环境艺术未来的发展方向将会是怎么样的?

王: 我是觉得,未来还是比较悲观的。虽然我们现在把现代环境艺术学科建设下来了,而且中国的环境跟你 20 年前 30 年前看到的不一样,已经是个现代环境了,所以现在来说是非常大的进步。而且像原来的建筑工程他们都没有经费去做室外,就是一栋建筑盖好了,最后外面的树什么的都没做。所以现在条件好多了。包括就像很多开发商的小区开发,都是房子还没盖就把整个环境做得像园林一样,很漂亮,然后就很好卖房子。所以现在对环境都很重视了。但在这个重视之余我也感到有点遗憾,就是虽然重视,但是完全从非常表面的地方重视,没有从专业的角度去重视。比如说那种高档住宅小区吧,房子的每一寸都是经过设计的,但是我就觉得一个人在那里生活就很不舒服,特别是小孩,他应该在很自然的环境中成长,在那个很奢华的设计环境中实际上对他们的成长是不利的。所以我觉得现在很自然的环境应该是最主要的,但是很遗憾,像中国目前这种城市里基本上没有这样的环境了。还有就是科学家钱学森他曾经提出了"山水城市"的想法,他就觉得现在中国搞的大楼这样都是像西方的城市,但实际上中国古代也有山水城市的理论,所以中国现在城市应该建设成山水城市。然后他提出来了,但是后来人们在实践中也没有很多人去做,所以我觉得很遗憾。其实这是对于世界发展一个很重要的理论,所以我觉得,现在山水城市和环境艺术应该还是我们思考的一个重点。

CICA: 您认为现在环境艺术发展都有哪方面的缺陷,或者说将来想要发展的好的话,应该补充哪方面的工作。

王: 我觉得现代不是技术问题。如果说像 20 年前,环境艺术在技术上应该是非常差,很落后的,在设计上来说很多遗憾。那么现在技术上已经完全没有问题了,包括经费上也都很好了,问题就是缺少一种文化,一种文化观念,这样导致了环境艺术完全丧失了它根本的东西。而且现在大家觉得设计 1 平方米多少钱就是非常高昂的代价,因为太多的钱,反而做不出好的设计来了。有一个建筑师叫董豫赣,他是北大建筑学艺术研究中心的教师。他最近做了一个园子,就在来广营东路那边的一号地,是个艺术区,他在那边设计了一个红砖美术馆,红砖美术馆后面 10 亩地左右做了一个庭园。那个庭园就用最普通的材料去做,但是做得非常有意思,那应该是环境艺术设计的一个经典制作,但是很少有人像他那样自己跑工地,坐着公共汽车去一

261

图3-15　红砖美术馆庭院和室内。

次次地督工，推敲着做出来。董豫赣本人研究中国古代园林研究了十年，年年都要去苏州和无锡，去朝圣和研究，所以他做出来的环境艺术有他比较深的内涵了。

CICA：像您刚才说的环境艺术的评价标准可能过于商业化，是从造价的多少，从项目多有名来评价的。但可能也有些另外的评价体系，咱们要做好的话，需要从文化或者某些学科来找一些评价体系，您认为应该从哪些方面来着手去发展？

王：我是觉得具体的评价标准要根据具体的项目，当然我觉得这还不是最主要的，现在的环境艺术最主要的是丧失了它最根本的东西！我觉得这可能是最要害的，现在要提出来这个问题。比如你看古代的艺术，其实你看风水理论就是中国古代的环境艺术理论。朱雀玄武，然后青龙白虎，藏风得水，其实这都关乎人跟自然环境的关系。英国有个科学史学家叫李约瑟，他在讨论中国科技史发展的时候，就提到了从来没有哪个国家像中国人那样有个伟大的设想，就是人不能离开自然的原则，然后不仅是在大都市中有很自然的建筑，甚至是在乡村中那些景色，都有一种宇宙图案的感觉，他说的也就是有关风水。中国古代做环境其实就在依据风水图案的这种感觉。那么我们现在就完全没有这种背后的理念了，没有这种背后的精神在里面了。

CICA：这是不是跟教育的体系也有关系？

王：那当然也有教育的关系，虽然现在表面上看是很现代很学科化，但是大家把最基本的原初的东西都忘记了。至于说中国的教育就更没有办法说了。前几天我们开个会，说国外的教育是把一些很普通的人，甚至很差的人培养成非常高水准的人。后来开玩笑说，比如说清华，它是把一些最好的人、考试分数最高的人才最后培养成最愚蠢的人才，呵呵。

CICA：现在的清华美院的前身是中央工艺美院，现在的环艺系其实就是以前张绮曼先生，包括您，还有一些老先生推动发展出来的环境艺术设计系。现在我们作为学生大都比较迷茫，找不到一个清晰的思路，搞不清跟建筑学院的关系，我们跟它的共同点和特色分别在哪？我们作为环境艺术系应该在教学上怎么走，或者学生应该怎么办？

王：我觉得这确实是一个问题，如果说 30 年前，建筑系有它的特点，然后室内设计系有它另外的特点。室内设计系当时都是画画出身的，都会画画，所以他就觉得跟建筑师比他们也有他们的优势，比如艺术上是他们的强项。后来环境艺术设计系的建立是希望有更综合的眼光来推动。但是没想到后来除了中央工艺美院环境艺术设计系以外，现在大概各地的美术学院也都建立了环境艺术设计系，就变成了鱼龙混杂。这点就是非常大的问题，环境艺术就变成了一个膏药一样到处贴，又没有建筑

263

方面的专业背景，这些人在艺术上也不大懂，就形成了很危险的一个局面了。如果弄不好的话，会被淘汰的，因为你只会做一点室外的或者室内的装修，做一点表皮的东西，没有真正技术的东西在支撑，我觉得是站不住的。所以我觉得环境艺术设计系有以下几点是要做的。第一，学科中真正技术上的很专业的东西一定要搞得很清楚。作为环境艺术系的学生应该学到特别专业的技术性的知识。第二条，对中国古代的环境艺术得有很深的了解。中国古代的环境艺术有非常精彩的东西，但是因为中国很长时间一直没有总结归纳，所以我觉得这点应该挖掘，比如我刚才说的风水理论，而且像你们在美术学院里面，那你们可以从美术的角度，从艺术史的角度考虑，那就会发现和建筑师理解的不一样的东西。第三个，我是觉得要综合起来发展。当时建立环境艺术系就是为了要综合起来，推动一个新的艺术的发展，所以不是单独地学一个建筑，单独地学一个室内，单独地学一个景观，要把它们综合起来，做成 21 世纪的当代的最优秀的东西，用现在最高科技的东西来构成你们的翅膀。比如现在的非线性，参数化设计，像扎哈•哈迪德做的设计，那是手工画不出来的。当年，弗兰克•盖里设计的毕尔巴鄂古根海姆美术馆的时候，他那个造型特别奇特，画图画不出来，建筑师原来都用方格纸画直线，那个图做不出来的，后来怎么办呢，他们使用那个做飞机设计的软件，最后把那个图画出来了，当然这个是很早，这个是 90 年代的时候。现在这种参数化非线性技术已经发展得非常完善了，所以我就觉得你们应该把这最先进的技术掌握好。一方面最高科技，一方面中国的风水，站在前人的肩膀上，比他们看得更远。

CICA：我们之前也接触过参数化，参数化有它的好处，但是也有它的弊端，就是被用来作秀，我不知道您对参数化有什么个人见解。

王： 我是觉得它是当代建筑包括环境艺术有各方面的发展趋势。一方面可以老老实实地做方盒子的东西，但一方面利用参数化的畅想也是非常必要的。

CICA：最后一个问题，需要您用简练的语言，一到两句话概括环境艺术。

王： 看一下我的这些书和资料吧，这些有关中国现代环境艺术发展的资料，我在里面都谈得很清楚了。比如像《中国当代美术史》这本书当中，其中环境艺术这部分就是我写的，我就谈了中国现代环境艺术发展的一个过程。然后这个《设计的开始》是王澍的作品，当然这套丛书是我主编的，这是十年前编的，当时王澍还只是个青年教师啊，但是现在他在环境艺术方面做了非常多的努力或者贡献。现在你们都知道他了，他是普利兹克奖的得主。这本书里就有现代环境艺术观念的截取，有我谈到1985 年那时关于环境艺术的争论。我们十年前编的书，建筑界丛书，五个人里有张

图3-16 古城阆中的风水分析和新疆八卦城特克斯俯瞰。

永和、王澍、崔愷、刘家琨、唐华,这是我编的。当时王澍写这本书的时候是中国美院环境艺术系的教师,我们十年前编这个书的时候,他们青年建筑师,都是默默无闻的,我们一开始还出不了,我还去拉赞助,他们赞助才把这书出了。但没想到现在这五个人,你看,王澍,不用说,是普利兹克奖的得主;张永和是普利兹克奖的评委;崔愷是中国工程院院士,等于中青年中第一个院士;刘家琨也是现在国际上有非常大的影响;唐华也是很不错的建筑师。这本书是后来王澍得奖之后出版社又重印的。这本是"文化大革命"的美术史,有关"文化大革命"的建筑和环境艺术。

(采访与文字整理:张俊超)

(校对:高珊珊)

林学明

（以下简称"林"），

生于 1954 年，

集美组总裁，设计总监。

CICA： 林老师您好，我们非常高兴能够邀请您来做这样一个访谈，我们想了解一下您当初
　　　　是怎样走上环境艺术设计这条道路的，并讲一下您个人的学术经历。

林： 1984 年到 1985 年期间，我当时在广州美术学院任教，当时的广州美术学院还是以
　　　　一个工艺美术系的背景下面去拓展现代设计教育的。当时环境艺术这个概念在高
　　　　校里面还没有正式的命名。那时候是张绮曼老师去日本留学回来在高校系统里面
　　　　通过比较艰难的争取才把环境艺术这个学科给定下来，比较晚，大概在 1987 年左
　　　　右。当时比较含糊。曾经有段时间我们自己叫室内设计的。当时广州美术学院在
　　　　1987 年招第一批室内设计的学生，那会儿我已经出国了。1984 年的时候我和另外
　　　　两个老师，一个陈向京、一个崔华锋，我们三个人向系里面提出申请说："我们作为
　　　　设计教育的一个单位，可是我们没有有关室内设计的资料，同时也没有教学方面的
　　　　大纲，更没有教学方面的经验，那么为了积累经验，我们能不能成立一个工作室或
　　　　者公司？"当时改革开放后公司法还是没有公布的，我们通过在工商局的注册成立
　　　　了一个叫"广州美术学院集美设计中心"这样一个单位，所以就开始了我的设计生
　　　　涯。那时候是一边教学，一边承接些社会的一些设计任务。当时的前进道路是非常
　　　　曲折也是非常艰难的，不像现在。当时的对外交往也比较少，信息非常闭塞。我记得
　　　　当时第一次对室内设计有个深刻的印象是白天鹅宾馆。1983 年广州白天鹅宾馆开
　　　　业，我第一次看到了室内设计。当时酒店的中庭还有一个主题叫"家乡水"。一个建
　　　　筑立面包容着这么大的一个环境、一个世界让我很吃惊。（当时）也是由于改革开
　　　　放，广州跟香港的往来比较密切，我们在那里（广州）取得一些来自香港的信息，也

图3-17　集美组工作环境；

中山清华坊住宅设计。

加深了我们对室内设计也叫环境设计专业的理解。我们从 1984 年开始就筹建了这样(广州美术学院集美设计中心)一个机构。有了这个机构以后,我们就有了一个比较合适的平台和渠道跟社会对接。所以说我的专业道路我认为是在实践中取得经验,有了这个经验,再在学校的教学里面反反复复开始的。到了 1987 年以后受到了一定的挫折,当时我便到海外去了。直到 1992 年邓小平南行的时候我再回来,再回到广州美术学院,一样在教学和社会实践这两边游走。我觉得我的个人专业道路的成长最大的特点是身兼两职,一方面有自己的平台有自己的公司面对社会,另一方面在学校里,我们利用设计平台积累的经验带到教学里面去。

CICA: 当时那个年代在环境艺术领域的发展状况和所呈现的面貌又是什么样的呢?

林: 当时的环境艺术随着改革开放一步步推进发展还是很迅猛的。1984 年我们刚开始介入这个领域的时候市场不是那么繁荣,机会也没有那么多。到了 1992 年以后,特别是 90 年代中期以后形势发生一个很大的变化,就是因为随着中国的改革开放的不断深入,还有一个城乡建设的高速发展,那时候的环境艺术得到了一个前所未有的发展。给我们的感觉就是中国各行各业的前景是有史以来从来没有过的历史机遇。特别是 2000 年以后我们国家的环境艺术设计领域发展特别大,特别宽。再加上 2008 年的奥运,以北京、上海、广州这几个中心城市的带动,跟国外设计师国际上的频繁交流,在这个行业上面我觉得有我们预估不到的发展。

CICA: 刚这样听您说您是特别注重理论结合实践的,从实践中获得一些经验,非常注重与社会的对接。那我想问一下您在短短十几年的环艺及相关事业的发展过程中,学校与社会之间的关系有什么变化吗?

林: 有很大的变化,我记得 1984 年那时候我们还是几个年轻的教师,有这种想法——想冲开学校的围墙走进社会的时候,并未得到学校的很大支持。大部分人是反对我们这样做的,我们一开始是偷偷摸摸的。广州画院的院长陈永昌当时说了一句话,他说:"林学明他们了不起,他们打破了广州美术学院的围墙。"我对学校的围墙是耿耿于怀的,那时候真是偷偷摸摸。到真正理解我们支持我们的时候是 1992 年以后了。我觉得在 80 年代末 90 年代初真正从事环境艺术专业的人在高校里面并没有得到很大的支持。老先生总是以为我们不务正业,他把社会实践认为是不务正业。

CICA: 那在您那个年代这个领域里您认为先锋人物主要是谁呢?

林: 在整个 80 年代初那个阶段从事这个领域工作的人也不是很多,我更多的是跟我们这个团队,比如陈向京,一同合作。他也是一个非常优秀的设计师。到了 90 年代初

图3-18　2012年度建筑界最高奖项普利兹克奖王澍的部分作品：艺术装饰

"衰变的穹顶"、中国美术学院象山新校区设计和宁波博物馆设计。

的时候，比如王澍，我们已经在关注了。那时候，90 年代初做的一些东西，跟最终现在获得国际上的认同，取得这样一个成就跟他十几年的努力是分不开的。

CICA：那您认为环艺设计未来的发展方向是怎样的呢？

林：　我觉得王澍拿奖就已经提出了未来方向性的思考了。特别是 2000 年以后国内的设计跟风的比较多，像扎哈、库哈斯，他们比较前卫的设计对国内设计冲击很大。但是怎么样能够寻找一条道路适合咱们中国发展中大国的情况，也符合我们中国人、中国的生存状态、中国的文化背景下的环境艺术设计的发展？我们需要重新再审视。集美组，包括我本人在 2000 年以后已经开始了一种新的思考。比如说我们怎么样在具体的社会服务中灌输给客户一种观念：要好好考虑中国经济发展的真实面。其实我们还是一个并不富裕的国家，我们不要奢华、不要浪费。还有一个是：我们能不能走出一条中国文化特色的人居关系，跟我们的环境、自然走出一条中国文化背景下的道路。我觉得王澍已经走出这样一条路子了，并且提出一种思考。当然我们的工作研究没有他深，但我们也做了不少类似的实践性设计，我们的设计已经不是仅仅停留在文化表象上面了，我们真的是在考虑我们的特定环境。所谓特定环境是我们的环境已经很脆弱，我们的环境已经受到一种很大的伤害。我们怎么通过设计去弥补它？另外一个是我们的设计怎么能够走更加节约、更加简约的一种路子，我们的设计怎么样更多地考虑中国人的人居特点，邻里关系。我们在中山清华坊的住宅设计里面已经考虑到这一点。第一，从建筑形式上面如何继承传统的形式，比如中国特有的一些院子，小巷，小街，外院。像那样的东西是有一种亲和的地方，这种村落的布局是对人居关系的和谐和睦能够起到一个很大的作用。在这些方面我们作了很多的思考。这几年我们主张去思考开发利用以农业景观为主题的休闲度假产品。因为我觉得，在中国未来的发展里面，对高尚的生活方式是提倡和推崇的，在里面可以走出一条可持续发展的道路。我们的目光不要仅仅盯在城市化进程、城市建设里头，我们边远地区有比较良好的农业景观，在农业主题的利用开发方面找到一些有价值的农业开发项目，这些项目对当地的经济发展是有帮助的。而且我觉得未来城市很大一部分的消费人群会往乡村、往自然环境比较好的地区回归，我们这样想的话会走在下一轮经济发展的前面。这些在西方已经做得很好了，比如在沙漠、田园，或者离城市更远的地方，他们已经做了很多这样的设计和探索，提供了一种新型生活方式。日本的一些学者提出来：21 世纪只有农业才能拯救地球。这个说得有些绝对，但是我们的确该考虑这些问题了，我们不要在拼命扩大的城市化里面做太多的东西，要转变我们的思维，有可能我们在懂得很少的时候才能体现我们设计的智慧。

CICA：也就是说您觉得环艺未来的发展最主要的动力是来自于生活方式的转变？

林： 我认为是这样的，这个是一个长久的可持续的话题。

CICA：那生活方式的转变动力又是什么呢？

林： 动力在于不断地经济发展的结果，物质累计的结果。

CICA：现在物质累计已经达到一定的程度，必然会产生生活方式的转变。

林： 是这样的，比如说我们原来居住条件很差，现在已经有了很大的改善。当然还有一部分人没有满足这方面要求，但是满足了这方面要求的人，他要寻找一种新的出路，所谓新的出路应该从生活方式中引导他们。

CICA：您刚刚有谈到文化方面的问题，因为您是跨越了教育与实践两方面的，我想向您了解一下文化这层面的东西如何在教育中，用教育的手段传递给下一代的学生。

林： 这个话题比较大。我觉得要把文化的东西传承下去最重要的是我们的态度。欧洲的文化传承做得要比我们中国好很多。到罗马你能看到一个从古罗马开始，到罗马帝国，到当今的一个完整的全过程，哪怕到雅典也能看到一些比较完整的雅典时期的建筑。我们中国恰恰不重视这样的保护。没有保护就没有传承。我们不断在摧毁曾经原有的东西。作为我本人，作为年轻人，我觉得要非常深刻地认识到这一点。当我们过去的片段不存在了也就没有文化的传承了，不管怎么样一定要保持一种文化的基因，文化基因是改变不了的，但是我们的种族是可以改良的。

CICA：现在谈到中国环艺，包括最近王澍获奖，我觉得更多的是一种建筑领域的东西。您刚刚也谈到环艺的发展是从室内设计的发展演化而来的，那关于建筑跟环艺之间的关系现在还有很大一部分人在争论，您觉得它们两者是一种什么样的关系呢？

林： 我觉得这种争论没有必要，它本身就是一种不可分割的组成部分。建筑和室内、建筑跟环境，脱掉了任何一个都是不存在的。建筑跟室内只是一种界面不同的分工，建筑跟环境也是这样的。所以环境在我看来它就是建筑的一个部分，建筑在我看来就是环境的一个部分，彼此互补，这种争论是没有必要的。

CICA：最后请您用一两句话简要的概括下什么是环境艺术设计。

林： 我觉得环境艺术设计是环境、建筑、室内以及公共艺术的总和，它的意义比较广泛，它最终是一个总和，是一个综合。

（采访与文字整理：石俊峰）

（校对：高珊珊）

翁建青

（以下简称"翁"），

生于 1957 年，

北京大学艺术学系教授。

学术研究方向为中外公共艺术理论与发展和中国传统装饰艺术历史与理论。

/

CICA：第一个问题，谈一下您是怎样走向环境艺术道路的，或者是您的学术道路。

翁：　我个人的学术道路不仅仅是围绕学术本身来展开的。在我学术领域的研究方面，我是根据以往的知识背景，另外一个是根据社会发展的需求，当然也包括我个人专业志趣综合形成的。我原来搞造型艺术，包括绘画、壁画、雕塑，也包括平面，这一类的艺术创作和设计的，所以我比较注意造型的问题，艺术的手法，艺术的表现，艺术的风格，艺术的审美价值。那么至于和环境艺术之间，和公共空间里面的艺术和美学的研究，我更多的，实际上，还是依据我刚才说的，依据我的个人志趣，知识结构，以及社会当下的需求。因为中国改革开放三十年来，中国原来的物质基础和原来城市的建设、城市的设计、城市的空间环境，包括我们生活的社区、我们生活空间的形态，从功能到美学，到与社会的参与度，都存在着各种各样的问题。

　　就我的个人研究来看，中国在三十年前的这种关于环境艺术的研究和发展，是随着国家的经济和社会，包括人的认识和变化而发展的。因为以前像清华美院，最早的中央工艺美院，它的环艺系实际上是从中央美院里面分解出来，从原来的建筑装饰（建筑空间室内外的装饰构建、纹样，和具有美学价值的纹样色彩或者造型，包括肌理和图案）发展而来的，实际上是更多的围绕建筑的美化。慢慢的，社会在发展，这个围绕着中观到微观的装饰和美化慢慢发展成了对新的建筑的规模、尺度、环境的整体空间的营造。从室内、从建筑的构建，建筑的局部的美化，慢慢的发展延伸到了建筑的外部、建筑的空间，以及建筑与建筑之间的广阔的地带，包括一些建构物，包括公共空间里的一些公共设施，包括景观环境的元素的考量和设计，所以景观和环境艺术的概念就出来了。所以环境艺术在中国，这个"Environmental Art"这个概念，它的内涵和外延还在不断地被解释和被修正，这个环境指的是什么？它围绕着建筑的空间，人居的空间，包括里面的建筑、公共设施、绿化园林、指示系统，包括路面的铺装、视觉的导视，一切能方便人生活的环境。无论从技术的角度，从美学的角度，从社会学的，以及人文的角度，方方面面考量，都会与我们的环境艺术产生关系。所以从这个角度来看，仅仅从工具化的、技术化的，或者是经验化的这种方式来进行环境艺术的设计或者对学科结构性的建构就显得不够了。

现在环境艺术这个学科的建构和学生学习它的内容的制定，慢慢地从工科的、技术的、材料的，或者定性定量的要求和设定，逐渐地和人的心理相关，和不同阶层的、不同使用者的文化的构成，以及他所受的教育、经济条件，以及生活方式，以及他对生活的精神性要求，产生更为广阔的关系。从这个意义上，显然有艺术学的，也有建筑学的，也有生态学的，也有经济学的，也有精神和美学的艺术学的知识构架在里面。谁来决定一个环境的品质，环境诸元素的形态，谁来决定环境的形态，谁来使用，谁来参与，这里面就有社会学的内容。所以真正做好一个具体的环境艺术的设计或者建构一个环境学科的知识架构的话，在当代来讲，它不再是一般的技术，也不能仅凭以往的经验，而是要根据社会的发展作出相应的努力。以往的设计主要是运用一些传统的套路和审美的观念，遵循一定的规范和经验，而如今一个搞环艺的人如果对规划不懂、对建筑不懂，或者说对一个区域的社会历史不了解，他就很难做好环境艺术的设计。因为艺术在发展，当代哲学在发展，这个学科也会在动态发展当中拓宽自己学科的视野，来重建自己的学科知识的内涵。对于公共空间，尤其对于城市的景观和环境的关注和研究，我的主张是交叉的、多元并构的，而且设计要为人，为具体的人而做出调整。我们往往总是在科学中寻求放之四海而皆准的法则，这是普遍价值，普遍意义，这是可以理解的，但是在全世界或者在中国环境艺术中不可能有一个唯一的设计方法的模式，不可能有放之四海而皆准的环境样式。这就需要我们更多的注重个案的研究，注重具体形态，具体环境里面具体人的需求的考量和研究，这样我们才能有相应的解决之道。

CICA：您刚刚不光是在回答怎么走上环艺这条路，还回答了环境艺术的概念范畴的延伸，您也归纳了它目前发展的一些状况。在这个基础上，您能不能再谈一下在这个领域里面的先锋人物。

翁： 这个领域其实目前来看是一个多元的状态，有些人从造型艺术这个角度作为起点，比如搞绘画、雕塑。也有建筑学为背景的，他们以功能上、技术上的一些问题，以他们的知识结构和学科背景为出发点。也有一些，他们是做创意的，关注区域的特性定位和梳理。也有搞历史学和文化学的，有从传播学这个角度切入的，也有从平面的角度，从工业设计的角度，从建筑学的角度切入到当下的环境艺术的设计这里面来的。所以我认为环境艺术设计是一个多元的队伍和结构，我个人就不太愿意说谁是这个领域的领头人物，或者谁是最优秀的。当然我们国内也不乏一些案例，一些成功的，或者一些可圈可点的项目工程，最后赢得比较好的社会效益、经济效益和口碑。我觉得中国这个阶段出来了很多优秀人才，尤其是中青年的，现在是四十岁到五十岁之间，或者更宽一些，从三十五岁左右到五十五岁左右这个年龄层里面。有一些从不同的背景、不同的学科范畴介入进来的设计团队和设计师，我觉得是很优秀的，但由于国内现在的市场经济、商业经济往往占了很大的优势，在国内还往往很少有艺术家和设计师能够比较独立地施展才华的空间和制度条件。现在正在摸索和完善当中，现在往往是长官意志和开发商的意志起到了很大的作用，再加上在环境艺术建构过程中还有很多配套因素还不太具备，比如人的环境意识、人的社会意识、人的审美意识这些方面还存在很多问题。但是即使这样，说起来还是有很多值得称道的环境艺术设计师。但是现在的环境艺术的外延和内涵发生了很大变化，所以我评价一个项目或者一个设计师的时候，我可能切入点和评判价值上会有很多差异性，甚至会产生很多歧义，所以这个不好评价。

CICA： 其实这个问题不是针对现在做实际项目的先锋人物，也针对对于环境艺术的学科和理论研究，比如能够引领设计实践方向这样的人，您认为有哪一些或者哪一个？您可以说您心中的。

翁： 那我觉得也是多方面的，我主要关注的是城市公共艺术的学术和理论研究，这个领域还是有一些比较有成就和贡献的人物，比如说深圳公共艺术院的院长孙振华先生，我觉得在这方面有他自己的理论，还有他做的一些项目，他主持下做的一些关于公共艺术的文化活动，取得了不错的社会效益，有他的价值。另外像上海的马庆忠，他也是搞公共艺术、城市视觉景观文化研究的。当然不光是年轻人，还有尤其我们注意到以往的、起到承上启下作用的人，现在已经是老先生了，比如说著名的公共艺术家袁运甫先生，他是属于师辈的，无论在倡导中国当代公共艺术的发展，还是促使设计文化从纯艺术到设计艺术，从纯粹的审美的文化到服务于日常生活的艺术文化的建设和教育方面，他都起到很重要的作用。还比如说苏丹老师，他作为年轻的有建筑学背景的清华教师，无论在对中国当代环境艺术设计理论研究，到一

图3-19 袁运甫部分公共艺术作品:

中华世纪坛世纪大厅壁画与环境总体设计、壁

画作品《泰山揽胜》、

桂林华夏之光文化广场石雕壁画与石鼎设计。

些实践的案例的批评和评价方面，还是他个人相关案例的实践方面，都是对这个领域有影响和贡献的。再一个，像北京大学的俞孔坚先生，还有北京大学艺术学院的朱青生先生，在这个领域，从景观学的角度，还有艺术学的角度，对于城市社会环境里面的价值判断和人文内涵以及价值趋向的研究方面，都有他们的作为，有他们的建树和观点，对中国的景观和环境艺术的发展起到了重要的作用。当然这样的学者中国还有很多。

CICA：请您在以上谈话的基础上，再总结一下如何看待环境艺术将来的走向的问题，如果环境艺术要走得好一些，需要作哪些方面的改进，以及将来会有什么样的发展方向？

翁：　我觉得中国环境艺术原来有点从属于规划学或着建筑学的范畴。实际上环境艺术有两种可能，从大的介入模式上，或者知识背景上来看，一个是以建筑学为主导，主要围绕建筑的空间环境的设计和应有的人文内涵的介入。另一个是艺术家为主导的。艺术家尽管不是工科学科背景出来的人，但是具有创造性的、跳跃性的思维，具有非常独到的，甚至突发奇想的创构能力，恰恰能够突破建筑学的一些纯粹技术化的，或者纯粹规范化的思路和创意，或者程序。艺术家的介入有助于产生中国环境艺术的建构。在建筑学的教育体系当中引入一种比较新颖的，乃至比较有突破性的新鲜的方法，可以产生优秀的环境设计，这样的成功的例子在世界上不在少数。

　　环境艺术设计师既要有科学的修养，对材料、对功能、对自然灾害的防御，对人的行为方式和交往活动这些方面都有一定的研究，从尺度、结构到形态的设计上符合合理性和科学性，另外一个方面，又要有社会学、文学、史学和哲学的涵养。环境艺术学科实际上和人文学科也是密切相关的，因为最后是要给人来使用的，如果不能够对一个聚落、对一个社会群体，或者一个特定的服务对象，对它的历史、行为方式和心理有一个理解，那就很难做出很好的环境艺术的作品，很难成就它。同时它又是艺术的，因为它是超越功能和审美的，或者说是前瞻性的，它要塑造一种更为精彩的，更具有个性的，具有活力的，具有美感的环境，更能激励人对美好生活、对于好的人际关系和好的理想状态的追求。因此，这里面仅仅满足功能性的条件是不够的，在物质层面满足的情况下，一定要能够体现人文历史，一种超越物质层面的文化追求，这里面没有很好的艺术介入，没有很好的能量储备是不行的。所以我就觉得，科学、艺术、人文，这三个方面都要结合。

　　作为公共艺术，我更关注谁来决定一个项目或者一个工程应该怎么来做。它的程序是怎样听取相关利益者的意见的，或者未来使用者的需求和意见怎么能吸纳，怎么被倾听？包括里面的决策权、否决权，包括空间体量和形式，资金的分配和使用由谁来决定都是我关心的内容。当然这里面的专家和行政管理人员起到很重要的作用，尤其是投资商，因为中国目前是一个经济至上，功能至上，理性泛滥的时代。那么就要确定这样一个环境在功能上、在人文上、美学上、生态上，还有从人与人的关系上怎样能给出一个更为有益的设定，给予一个更为合理的设定。显然，对于大学的一个学科也罢，或者对于一个项目的支撑也罢，这几个方面都是不可或缺的。

CICA：等于说从理念到学科建设各个方面都需要一个系统的体系，不光是设计实践。

翁：　学科的视野和研究方法，还有他关注的问题肯定要进行建设性的架构，要拓宽，要整体化。因为它和规划、建筑和一些公共艺术一样，从功能到形态，从视觉的到触觉的，到日常使用上的，这种把握都要求是整体的，另外也是仔细入微的。这个里面就需要综合他的知识，乃至在具体的项目和工程的运作过程当中，寻找一种团队的，跨学科的扩领域的介入。比如说一个广场、一个公园或者一个社区的中心，或者是一个车站码头、车站医院，这类空间的设计，往往就是要把规划师、设计师、艺术家、包括画家、雕塑家，搞人文学科的，包括史学家、批评家，原住民，就是未来的使用者，把他们都结合到班子里面来，对未来可能施行的项目进行甄别，进行讨论，进行投票，或者对下一轮或者上一轮的设计提出建议和意见，这样的话我们才能从学术问题落实到现实生活中。把不同学科的学养和手段综合起来，才能够为建构一个适合具体需要的环境来做很好的服务。

（采访与文字整理：张俊超）

（校对：高珊珊）

米俊仁

（以下简称"米"），

生于 1965 年，

北京市建筑设计研究院

教授级高级建筑师。

／

CICA：您当初是怎样走上环境艺术设计这条道路的？

米 ： 环境艺术这个概念实际是一个广义的概念，因为涵盖的内容应该比较多，我的专业是建筑学，建筑学的概念应该是涵在这个大概念里。其实我们那一代人从事建筑设计，有必然性也有偶然吧。必然性就是确实比较喜欢画画，喜欢有创意的东西，这应该是和必然有关联的。那么还有一个偶然，偶然是因为正好在我们毕业的时候，高中毕业时，了解到建筑设计专业。高考以后进大学要报专业，涉及选择专业的问题，在选择专业的时候发现，这是一个非常好的专业，设想一下我可能会喜欢这个专业。所以当时就是这么一个情况。走到专业这条路上来，从我个人的角度上来讲，应该有必然和偶然的因素在里头。就这个问题单独回答的话我觉得简单就这么几句话。那么从大学毕业进入这个行业，然后到现在为止，我是研究生毕业已经工作二十多年了，从事这个工作二十多年的感受是，眼看着中国从过去改革开放初期，我们刚上大学到现在，国家也经历了三十年的改革。我们也是看着这个专业，所谓环境艺术，整个大环境艺术这个概念也是有非常大的进步和发展。所以，第一个问题应该是这么一个基本的状态。

CICA：当时环境艺术领域的发展状况和所呈现出的面貌是怎样的？

米 ： 在我们上大学的时候，我是 1984 年上大学，正好 1982 年赶上中国改革开放的初期，那时各种思想在受了"文革"多年的禁锢之后开始解放，明显地感觉到各种思想啊、理论啊，包括中国创造力正在慢慢地萌动和复发。那么，很多设计类的行业，艺术类的行业开始展现出的它们的生命力。我们那个年代，当然从咱们国家来说，也不能说是没有吧，当时对环境艺术的概念比较模糊或者说是比较淡。建筑设计当然是有，规划也有，但是相对是比较割裂的，比较分散的一个状态，没有一个整合的概念，也没有在某一个方面，在世界的这个行业的前沿上，或者是这个专业的一个高度上去发展。当时发展的程度都比较低，大家认识也比较低。做建筑设计的大多数还从事着盖房子，一般性的住宅，基本上就是简易性的住宅，然后有一些公共建筑，但是是凤毛麟角的，非常少。

尤其到了"文革"后期，国力也不行，国家的发展、文化、事业个方面发展都比较单一化，也都比较僵化。所以在那个时代，感觉到在这个行业里，几乎是没有什么希望的。到了"文革"以后，改革开放初期，发展到这个阶段的时候就出现了，我们能够感觉到百花齐放、百家争鸣的这种思想状态。世界上一些先进的设计理论、理念，对于艺术的认识，对于居住环境的认识等各方面的认识就开始出现了。当时也有一些媒体，报纸杂志啊，当时的报纸杂志像这个《建筑学报》是比较正统的，走的是比较正统的路线。当时我记得还有一个《中国美术报》，你采访时应该会有人提到这个报纸，当时这个报纸具有先锋性，也能够反映出当时社会上比较自由的声音，有一段时期这个报纸还被封过。这个报纸的范围也是比较宽泛的，除了探讨一些社会问题，一些纯艺术性问题之外，可能还会涉及一些艺术类边缘性或者专业学科，比如环境艺术的问题。当时这张报纸上印的也有一些有关环境艺术的论述，也有一些百家争鸣的想法和看法。当然那个时候大家对环境艺术的认识都是比较粗浅的，或者比较启蒙的，当然也会有一些人研究国外的学术著作，或者国外的经验和实践。但当时中国的学者或工程技术员很少能走到国外去，那么就间接地通过一些报刊杂志、图片、文章获得一些认识。这些认识我觉得对中国的发展也起到了一定的作用。这就是 80 年代在中国的一个现状。我们当时想看一些书、资料都是很少的。尤其是，每次书店里出现专业的阐述建筑理论，环境理论方面的书（的时候），我们肯定是要去买的，当时是很饥渴的。不像你们现在，（处在）一个信息丰富的时代。（我们）求知欲望也很旺盛。我不能说当时所有的书，但是绝大部分这类（书），甚至是纯艺术理论的书，我们这些工科院校的学生都是要看的。都是如饥似渴地去看这些东西。

当时我们写论文的时候要选题，我是 1988 年本科毕业，然后读研究生，研究生是两年半的时间。我们（被）要求写一篇论文，我不记得当时的字数要求，但是我的（论文）在当时的论文里算是字数比较多的。我的论文题目是《建筑环境意象论》。为什么选这个选题呢，我觉得（是我）对建筑学本科学完以后，需要对建筑学所学的理论应该有一个更完整或更整体的认识。就是建筑究竟是什么？对建筑师来说，因为环境艺术的概念很大，做建筑设计的时候你应该关注到建筑最实质的东西。那么建筑最实质的东西是什么？我想在研究生这个环节把它搞清楚。那么选什么样的选题，也有很多同学选很具体的选题，比如说是规划方面的，城市设计方面的或者某一类的建筑类的，比如说对博物馆单独去研究的，我当时就想把（理论）搞透了以后出了校门参加实践以后，可能就有了一个理论基础。但当时做的时候我们学校的老师，也有很多教授，在这个方面非常有造诣的一些老师和教授发现我这个选题选得很大，他们说，你这是一篇博士论文的选题，这个选题非常大，要写起来可能很困难。但是我说总得有人去做这个事，我可以先提纲挈领地把大的骨架建起来，然后就本篇论文论述的东西，就一个我研究得比较透的环节（展开），所以我就把它定成建筑环境意象里的意象生发，就是人们怎样在审美过程中，尤其在建筑环境审美过程中的意象生发，意象捕捉，意象物化，这个把握住，可以指导进行中的建筑设计。那么在研究的时候牵扯的面也比较广，后来我就发现纯讨论建筑本身是不够的。举个例子，比如现在我们要设计一间酒店，酒店的大堂，那么过去的酒店大家都知道，是给客人使用的一个基本空间，满足他们旅途中的休息啊等一些基本功能。那么现在酒店，和我们宋朝的酒店，或者和欧洲的 17、18 世纪的酒店完全不一样。我们会在大堂里听到音乐，我们会听到溪流的声音，有水景。然后这个环境里还会有气味，环境的气味，植物的气味，或者专门营造的香料的气味。还有阳光的感受，阳光透过这个四季厅的顶照下来的这种感受。有绿色的植物，然后还有空间，建筑上基本的空间的概念。（空间）是围合的，开敞的，还有大的，小的，这些基本空间的概念。那么过去我们谈建筑谈的是基本空间的一个概念，建筑营造空间，实际上，建筑营造空间我觉得是一个最基本的东西。但是作为一个真正的建筑工作者，一个建筑师来说，你应对的不仅仅是简单的几个空间的问题，这几个抽象的问题。你会遇到物质的问题，比如我们选用什么样的沙发，什么面料，我的手触摸的这种触感，这个也是我们要考虑的一个因素。那么空气的湿度，物理（层面）的湿度、温度对我们也有作用，这个也是有影响的。音乐对我们的情绪也是有影响的，绿色的植物同样对我们也是有影响的。我们认为在研究环境问题（时），光是以建筑师的，或者是过去建筑概念的东西很难囊括进来。所以我说，必须把这个概念换掉。建筑意象，后来我就换成建筑环境意象，这个概念如果更大一点来说，可以拓展到现在的环境艺术这个更大的层面。但是我定的是建筑环境意象这么一个论述，而且我这个题目起得很大，"建筑环境意象论"，那么就是把它限定在一个建筑（层面）所能包罗的范围内。当然可能也包括建筑(层面)所控制的建筑外的广场,建筑和街道的关系,包括建筑的内部环境,控制在这几个方面。

这个论文的特点是它既有思辨性的特征,也有一些经验性的特征,实验性的特征。这篇论文从哲学的理论上来说,比较杂,很难用一种哲学方法,哲学基本理论所涵盖的。所以我们还涉及一些(方面),比如说建筑实验、建筑物理方面的一些实验内容,还有一些心理学方面的内容,很多,甚至还有刚才我提到的美学、哲学方面的(理论)。所以写的时候,可参照的东西少,多数确实是我发自内心的一些体验、体会,一些案例的分析。所以论文写得很晦涩,很多人看完以后看不懂,当时参考的书很多,相反,参考建筑方面的书反而少。因为当时的建筑理论就事论事,比如偏技术的,偏建筑实践这方面的书比较多。但建筑美学理论,心理学理论,哲学理论方面的书比较少。所以我觉得当时那个论文还有点意思,很多人对它比较感兴趣。

CICA: 您透过这个论文肯定对建筑环境的认识更加深刻。再者,您认为环境艺术设计未来的发展方向将会怎样?

米 : 环境艺术的未来发展方向,我认为只要人类社会存在,这个方向就存在。那么发展方向我觉得可能会从两个方向。一个是更宏观、更广阔、更广泛的方向,它的概念会涵盖得更多。婴儿待的那个保温床也是一个环境。这个概念也涵盖所有的交通工具,还有比如很多公路旁的自然景观很漂亮,那些自然景观是人类精心呵护的,不是简简单单纯自然的东西。我们现在理解了,那是大地景观,那是人类花费多少年去呵护它、整理它,然后才出现的一种很自然的(景观)!再比如说原始森林变成需要人去精心呵护的一个环境。所以我觉得它的(范围)更广阔了。这个概念甚至涵盖到太空,以后我们移居火星以后还要考虑火星(的环境),还要考虑月球。所以这个概念涵盖得非常广泛,这是从宏观角度来说。

另外一方面,它可能在另外一个层面,它更细致、更专项,就是说每一个专项需要一个专业(的人)去做。比如说你们做环艺的也知道,一把座椅,可能就是一个椅子,就够你研究一生的。某一个方向,都是够研究的。所以我觉得更专项,更专业,更科学化的研究,就是环境艺术这个概念可能我觉得慢慢要改一改。就是说,我觉得艺术这个概念也不够了,艺术也是一个比较狭隘的观念,我觉得可能就是环境学。那么,这个环境学,环境理论又分成两种,一种比如说我们要考虑纯物理的因素,纯化学的因素,纯数学的因素,然后还有一些其他方面的因素。比如说一把椅子我坐着舒服,这就是人体工学,那么它研究这个"舒服"研究的是哪些因素呢?首先这个得研究人体物理,还有生理学,你为什么这样躺着就舒服呢?因为它给你一个力,在哪个部位给你一个力，这需要数学的计算，工程学的设计。那么为什么靠完以后你的身体会觉得舒服呢，那就是又涉及你的生理学。（从）你的生理学（上来说）为什么会舒服，因为你的肌肉靠在这上面以后，你的大脑会有什么分泌物出现，控制你的中枢神经，然后你有了自由的感觉，有了舒适感。所以这些每一个方面的研究如果分化下去，就是我刚才说的更微观的，更细致的，甚至更科学的方向的发展。

现在一说"艺术"好像就所有都涵盖了，我觉得从某一方面讲，环境艺术因为有审美特征就叫艺术么？比如我靠在这个枕头上感觉很舒服，但我并没有看到这个"舒服"，那这个感受和艺术有没有关联呢？现在，要么我们把艺术的概念改掉，要么把常识里对艺术的狭隘认识再扩展，要么干脆不用"艺术"，艺术只是我们要做好一个环境的一个成分，就是它的审美成分，可能更偏重于看，但是现在也搅到一起了，觉得我听到音乐也是一种艺术，其实更往下追究的时候你会发现，你听到音乐为什么会愉悦呢，其实最终的解决这个问题的是一个生理学和心理学给的答案。所以我们认为，再往下走的环节一定是进入科学。所以我说，一个宏观的就是囊括，一个微观的就是研究。

我以前也和苏老师探讨，说咱们国家现在很多设计类学科开了以后，慢慢发现国外的学科里，重点都是放在人体工学，科学类的研究工作。我认为艺术是一种态度，而不是方法。但是我们认为在环境领域内，所有的研究方法，所有方法论的方面都应该是科学的。我觉得艺术类学科不应该搞得像目前这种过于人文的特征。哈佛是一种特人文的氛围，但是 MIT 你去了以后是一种更科学、更工程的感受。我觉得环境这个东西，可能两种我都需要，又需要人文的，又需要科学的精神和要素，尤其在中国我们更需要科学的要素。所以在这个领域谁更早地发现了科学这条道路，沿着科学的路往下走，谁就找对了路，找对了方向，不是简简单单地去谈文化，谈人文。现在很多中国设计类学科比较堪忧的就是，每天各种会议很多，各种展览也多，研讨也多，但是你会发现空的东西多。都能说，都能评论，都可以发表意见，但是让人信服的东西不多。现在北欧的一些家具设计特别好。它有很多板式家具，做得很极致，让人坐在这个环境里感觉很舒服。为什么呢？艺术的因素占得并不多，是科学的因素（主导的）。所以，科学是方法。

（采访：顾琰）

（文字整理：赵沸诺）

（校对：高珊珊）

王晖

（以下简称"王"），

出生于 1969 年，

建筑师。

/

CICA：王晖老师您好，首先我们想了解一下您当初是怎么走上环艺设计这条道路的，请讲
　　　一讲您个人的学术经历。

王：　其实特简单，这跟我母亲有关系，我小时候学画画，因为她觉得我应该学画画，她本
　　　身也是小学老师。那个时候学习建筑设计必须得会画画，不知道现在考这个（专业）
　　　的本科还是不是需要学画画？上中学的时候，她的一个同事的爱人是建筑师，是西
　　　北建筑设计研究院的设计师，就带我去他家玩，结果去看了之后挺震惊的，当时咱
　　　们脑子里所想的那个画，水彩、水粉、素描什么的，都要不然是人，要不然是树什么
　　　的，结果去了他家一看，都是楼。其实就是效果图，当时叫渲染图，我觉得挺逗的，房
　　　子还能画，就从那儿开始有兴趣了。等到考大学的时候，就觉得这比较有意思，那是
　　　1988 年那会，就决定上这个专业了，没有什么特别特殊的理由，就是觉得好像挺有
　　　意思的，看到别人画效果图之后觉得挺有意思，从中学的时候就开始注意这方面的
　　　东西。

CICA：没有什么特别的理由，就是自己感兴趣，从兴趣出发。

王：　对，就是感兴趣，没有那么那么刻意地去强调它。

CICA：在您刚所说的那个年代里，中国的环艺设计所呈现的面貌是怎样的。

王：　那个时候可能还谈不上所谓的环艺设计，那个时候就比较具体了，城市规划倒是有，
　　　城市规划也用前苏联的模式，其实到现在还存在，更多的是功能性，我说的功能不
　　　光是技术方面的功能，比如说，路有多宽啊这种，还可能是有政治功能，长安街很
　　　宽，某某广场很大，他还有很多其他的功能，这也是城市规划、建筑设计的一个很重

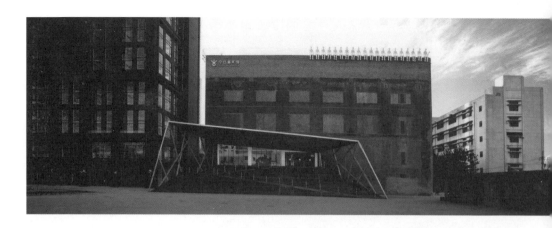

图3-20 王晖作品：今日美术馆和西藏阿里苹果小学。

要的部分，在那个年代体现得更充分一些，就是设计的目的性从来不光是为单单的好用好看。

CICA：不是这么简单的。

王：	因为在那个时代，你刚也问到在那个年代，它是有其他的特征或者需求的。

CICA：那您心目中觉得在那个年代的这个领域有谁算比较先锋的人物？

王：	那个时候没有先锋，还谈不上先锋，我理解你说的那个年代应该是在 70 ～ 80 年代，先锋这个词可能是在更以后了，那个时候跟设计有关的都是在完成某种特定的任务。

CICA：那会有像现在这样比较著名的大师么？

王：	大师有很多，特像现的院士那种，他们不先锋，只是在某个系统里完成他们的工作，更有质量的完成某种服务性的工作。

CICA：这些著名的专家里，有没有您比较敬佩的？

王：	张开济老先生，特别棒的一个大师，在那个时代，他工作的时间跨度更大，我觉得他最棒的一个设计就是天安门的观礼台，很多人不知道这是一个建筑大师的作品。他是在那样一个政治环境极其敏感的环境里要去完成一个比较具体的需求，国庆阅兵什么的，但是又不能破坏天安门的视觉特征，我觉得他做到了，而且做得非常好，每次去天安门我都会去看。

CICA：那他对您一定也有很大的影响。

王：	非常大的影响。

CICA：那您觉得我们国家未来的环艺是一个什么方向和状态？

王：	从我的角度来讲会越来越好，因为大家都关注这个。环艺的内容更庞杂一些，不像建筑、室内、园林或者景观什么的，它是一个更加区域性的更综合的范畴。咱们国家的设计，因地域性的发展有所不同，对环艺有很大的需求，从最初粗略的模仿，包括现在还有，抄了一个什么东西，一些小城市，包括一些大城市就弄出来一个类似的。

CICA：小白宫，小天安门之类的。

王：	对，小天安门，小凯旋门，这些都有。我觉得这是一个初级阶段，不过这个阶段很快会过去，慢慢地大家会逐渐地找到自己，找到自己所需要的环境的设计。环境脱离不了地域性，脱离不了地域性就脱离不了在这个地区生活的人，所以他就不可能和别的东西一样，你非要在哈尔滨弄一个三亚的景观设计，那做不出来的，不可能的，一个气候条件就不一样，就别说别的了。人也不一样，每一个地区的人的情感结构、价值观，所有跟审美有关系的，生活习惯有关系的内容都不一样，你就不可能完全地模仿。其实早期的模仿所暴露出的问题就是文化不自信，觉得自己的东西就是土的，我们也要住高楼，也要蓝玻璃白瓷砖，也要喷水的广场。他不觉得自己的东西是宝贝是需要重新利用的，他不认为有价值的东西是有生命的。逐渐的，越来越多的人认识到了这个问题。有些老百姓认为，这个东西能开发旅游，能带来钱他就是好的。那也行，暂时先认识到这儿，至少先不拆了。作为设计者来讲，应该通过各种方法来告诉老百姓，你的东西不仅能给你自己赚钱，还能给你的儿孙，世世代代赚钱。这对于很多更深层面的东西都会有很大的帮助。今天他看到多远没有关系，只要在这条线走着，就会有价值。就设计角度来讲，应该以这个为目标，而不是说，今天我做了一个很伟大的东西，神奇的简直不得了，一下把原来的环境全干掉了，你敢说你的东西十年以后还是一个好东西么？

CICA：也就是说您认为最终的目标还是要建立对自我文化的认同感。

王：　对，要从文化角度去看，刚你也用了一个词，叫先锋或者是前卫，这是两个方向：前卫是在前边还保卫着什么，先锋就是不考虑了，往前冲，像火箭一样，后面的配件全扔掉。词义不重要，重要的是你在前，在先，那么你到底是从哪过来的，如果你不知道你是从哪来的，这就可怕了，你也就不知道你该往哪去了。文化的脉络都是这样的，不可能平白无故地来一拨外星人来为我们设计东西。

CICA：那您能不能用一句话来概括您所理解的什么是环境艺术设计？

王：　环境艺术设计就是环境艺术设计，是艺术性的对环境做出设计，或者说艺术化的对环境做出设计。

（采访与文字整理：石俊峰）

（校对：高珊珊）

车飞

（以下简称"车"），

生于 20 世纪 70 年代末，

德国建筑学硕士。

建筑师，建筑理论作家。

CICA：您心目中在那个年代的先锋人物有谁？

车：　如果单纯从专业角度说，当时围绕着中央工艺美术学院有一批年轻的老师和老教
　　　授，他们形成了一股学科带动、学科发展的力量。从学校层面说，工美第一个发展出
　　　这个专业，但如何界定环境艺术的设计和方向，也和外界的理解有关。如果非常先
　　　锋的话，按照我现在对环艺的理解，如果仅仅将它理解为一种艺术设计的话，真正
　　　数得上的先锋是张大力。他是一个真正的自由艺术家，当时他的作品极具感染力，
　　　对人以及对如何理解互动中、环境中的艺术非常有震撼力。比如他非常有名的作品
　　　《对话》，人像与待拆的弃墙的无声对比，体现了艺术家与环境的关系，我个人认为
　　　这种思考在当时是非常先锋的。

CICA：那您是否认为环境艺术设计专业中艺术性是十分重要的？

车：　如果称之为环境艺术，那就是用环境定义艺术，即环境的艺术。单从字面上说，这当
　　　然就是一种艺术。

CICA：但也有人认为环境艺术设计中的"设计"是十分技术性的词汇，那您认为在环境艺
　　　术设计领域怎样做到环境性与技术性的结合？

车：　从环境本身来说，无论是艺术、设计或建筑，这几方面都和环境有关。但作为一个被
　　　提出来的学科，环境艺术或是环境设计、环境建筑，它应该不同于那些基本学科的
　　　特征。就我个人理解，环境艺术、环境设计或是环境建筑，它都是在处理、营造、创造
　　　一种环境。环境是什么？它其实是一种关系，一种物质与物质、人与人、物质与人的
　　　关系。处理这种关系，可以用很多方式，艺术的方式比如张大力，设计的方式比如家

287

图3-21　张大力，1998年作品《拆系列》之一

具设计、城市公共空间设计或者用建筑的方式，比如那些关注环境、人与人间的互动的开放空间建筑。其实这都取决于你对这个事情的理解。

CICA：那您觉得中国环境艺术设计未来发展方向是什么样的？

车： 未来发展方向，这是一个很重要的挑战。不管是环境艺术、环境设计还是环境建筑，这个环境都涉及多方面，比如社会理念、文化上的可持续性、生态性等，此外还有人类社会生活的可持续性。这些都需要我们去关注、思考、设计。不管用哪样方式，在中国 30 年的快速增长期，快速增生的城市还有许多地方没有进行细致的规划。并且环境实际上并不是简简单单的外部空间，也是一种内部空间。其实这也是学科受困扰的问题，到底我们该如何界定环境？是室内还是室外，还是建筑与建筑之间？但现在想来，它并不是个问题，环境其实是一种积极性、建设性的关系，通过这种关系来改变人的生活，提高生活质量，提高城市生活本身，所以这些才是环境要去做的，我们应该思考这些问题，在未来它是个比较严肃性的挑战。

CICA：概括来说，就是我们要继续去弥补之前遗留下来的未考虑全面的问题，是吗？

车： 也不是仅仅思考过去的问题，这也是对未来的思考。因为环境是种不断变动的东西，不是永久停止的。关系是在不断地转变，在不断转变中我们要有自己的立场、态度和介入的方式。如何去改变这种关系，我认为这是环境这整个学科未来发展的重要方向。

CICA：最后，请您用一两句话来概括您所理解的，什么是环境艺术设计？

车： 简短地说，环境就是如何建设性地、生态性地建构一种人和生活的关系，所以我觉得这可能就是环境设计最重要的起点。

（采访与文字整理：石俊峰）

（校对：高珊珊）

马里奥·泰勒兹(译文)

马里奥·泰勒兹(Mario Terzic),以下简称"M",

1945 年生于奥地利 Feldkirch,

欧洲著名的景观艺术设计教授,

现任维也纳国立应用艺术大学景观艺术设计学院教授和院长。

他首先在欧洲艺术大学开创了景观设计专业,

所以他被公认为欧洲目前近乎唯一带有艺术称号的景观设计学教授。

2012 年受邀前往清华大学发表讲座"Design Happens Naturally",

其独树一帜的艺术见解得到了广泛认同。

CICA： 很高兴见到你,马里奥·泰勒兹教授,感谢您接受我们的采访。我想问您几个问题。第一个问题是,您是怎么下定决心选择环境艺术设计这个专业呢?

M： 有趣的问题,但是我从来没有下定决心选择这个专业。我开始从事于工业设计,同时也非常热衷绘画。工业设计似乎更关注当代运动在艺术领域和绘画本身产生的问题。今天,我很高兴曾作出这样的选择,因为我们将被教导分析存在的问题,它的功能、材料学科的精神所在。这似乎对我很重要,让每一个艺术运动都严密地面对那些存在的问题和他的精神,尤其是精神这部分,会更加困难。我理解的环艺设计,它与其他的设计,比如舞台设计,甚至建筑这样的复杂设计都没有什么区别,它们的核心都是这种精神和解决问题的技巧。对我来说,在任一种形式的设计中,当你制造一个物品或诸如此类的事物时,你最好可以有一个非常明确的态度将之带入到你的人生态度之中,甚至你的整个生活之中,它可以是有关当代政治的,当代运动的或对于媒体,或与之类似的事物, 然后你会依照你个人对某个事物的分析和理解(去进行设计)。而如果你能找到某个明确的元素,比如说一个盒子和另一个盒子之间明确的距离,这里的距离是一个决定性的因素,之后你会找到一个很好的技术来处理这些要素,这样你会成为另一种(基于实际要素的)成功的设计师 。如

290

果你只是为了功成名就而以专业尽职的态度面对问题，那么我觉得背诵（重复已有的研究结果）将是一个简单有效的方式。在发展中国家，我开始做工业设计，但很快我发现我必须在准备好提供给其他人解决方案之前，处理很多其他的问题。

因此，我很高兴能够开始在维也纳主持画廊，这也给我提供了解决简单艺术问题的机会。很快，我就以在这个画廊工作为荣了。画廊为我提供了推进思想的动力，渐渐地，我开始面对一系列的诸如舞台设计、博物馆功能等问题。我们很高兴能与德国的博物馆合作，比如说法兰克福的历史博物馆，就曾经提供给我们设计庆典的机会，当时正值法兰克福历史博物馆建成 100 周年，他们希望我们可以用特殊的形式来展示。这对我来说是一个有意思的挑战，虽然仅仅是一个展览，但我从中学到很多东西，展示一个非常令人愉悦的对象，并将人们带入到对象的精神活动中，（通过这种方式）从对象本身获得灵感。第一次，就像读一本书，或者像跟一个设计任务，又像是一辆满载的客车，从某处出发，到达纪念碑或者别的地方，乘客们下车进行特定的活动，然后再次出发。我觉得这是我期待的东西。就像导游提供说明，乘客玩得满意，再次上车前往下一站。对我而言，这其中存在两个问题，第一，如何让游客成为愿意在一个地方表演的演员？第二，他们在哪里停留？这个停留的地方就是一个"舞台"。如果你仔细观察天安门广场的游客，你可以准确地辨认出谁是游客，谁是士兵，谁是摄影师，甚至谁是记者。基于此，我策划了一场到意大利的旅行，我很幸运地得到了旅行的各种提议和游客的支持，我们会停留在各地观看展览活动，整个旅行历时一年半。

但是，除了这些预想中的结果，它还给我带来了经验，同样的，我更靠近预想之中的花园（设计）。我采取了一些方法来处理的花园，我们很高兴真正在维也纳市中心构建了一个面积为 3000 平方公里的花园。在那，我们深入了第一个关于花园艺术性的问题。我们必须做很多（研究）才能够了解真正的花园，无论在意大利、法国、还是英国，通过对花园中地面的处理，或者当我被问到关于园林历史的发展问题，多世纪以来景观是如何发展的，我意识到某些内容是残缺的，不是对于我们，而是对于社会，对于花园的自身体系。今天，许多景观设计师和我们有不同的观点，景观从不是和景观建筑一起开始的。但对我来说它并没有问题，抛开这种现状，我能找到足够的挑战和委托，继续我对景观的态度。我有意见，我对某些号称是景观设计师的人在这些年的表现并不满意。这就是我所有的回答了。

CICA：好，下一个问题，在您所处的时代，环艺的发展状况是怎么样的？

M：   "环境艺术设计"，（听起来）有一点奇怪，好像为了满足中文翻译成英文。在文脉系

图 3-22（a） 马里奥•泰勒兹部分作品。

详见艺术家个人网站：

http://www.marioterzic.com/

统中，我们的命名是景观建筑，或者大地艺术、景观设计。现在，对于景观或花园有许多不同的学科和不同的方法，当我们开始在大学里进行专业教学工作，我们为自己命名，为我们的活动命名，我们会要求你做景观建筑，为什么你想学建筑，而不是希望进入艺术学院？它是一种艺术形式，和绘画的关系看起来没有那么紧密，然后我会思考，设计院的学生，他们是最有天赋的么？思维是最开放的么？当问题出现的时候，你有尝试过去挑战它或者拥有面对它的策略么？因为我坚信建筑师和景观建筑师之间存在着巨大的差异，这是思考与行动的核心差异么，或者形成了我们所说的"运动"么？景观出现于当你步行的时候，或者开车的时候，甚至乘坐飞机的时候，只有当你运动的过程中你才能关注到景观，或者说景观才会出现在你的脑海中，这就是为什么说花园不是一个物件，而是一个过程的原因。对我们来说，这就是解决方案，我们（最终）把他称为景观建筑。那些所谓的伟大的建筑师可能会有一些想法，但通常他们对景观和周边环境不感兴趣，当然，我们的生活行为和日升日落有关，或许这让我们看起来像个机器一样，但建筑通常是无聊的，对于场地、花园，甚至景观，除非你所期望的一切变化的事物，水、季节，甚至对象，放在里面。它们只有运动才有意义，甚至一尊雕像，一尊维纳斯。这意味着运动，历史的运动，把威尼斯暴露在雨中，潮湿，甚至是通过精神的运动。这里有一场运动，在我们的工作中我可以决定一些事情，因此我们选择景观，如同我们所谓的劳动者一样进行设计，设计也意味着发展理念的一种形式，你可以说设计对象、设计过程，因此，我们认为每一个给定的工作中景观设计是各方面都是合适的名字。

CICA：您能否谈谈在你看来，环境艺术设计领域的精英人物都有谁？

M：在我们所能了解的范围内，举个例子，我们发现我们的景观设计里，有一个艺术家叫做玛利亚，做他自己在苏格兰的花园，其中美国大地艺术的元素给我们真的留下了深刻的印象。我们都对那些所谓的景观建筑师所做的欧洲城市感到相当失望，在那个时候我们不能清晰地分辨哪个工作是由谁完成的。整个行业似乎很奇怪，对于艺术、对于挑战来说都是，现在我尊重景观理论。他于 2003 年去世。我们曾邀请他来参观我们的学院，以一名社会学家和景观理论家的身份，他愉快地接受了邀请，以一个客人的身份留在这里一个学期，成为我们的好朋友。之后，我们认识了许多国际景观建筑师。例如，一个雄心勃勃的英国景观设计师，和我的学生做了一次分析他的作品以及构思的展览，在 300 平方米的空间中，学生们做了展览，之后他邀请我们的学生去了英国。

CICA：第三个问题，环境艺术设计的未来是怎样的？

M: 你给了我一个很好的问题，我认为整个行业不是像这样的紧凑型行业，与其他艺术形式一样。都市景观和景观是一个整体，它是一个非常年轻的形式，如我们预期的艺术领域一样，所以我觉得整个行业，景观环境设计的激情将会受到个性非凡的设计师推动，我觉得我的大学毕业生将参加这方面的发展。我的一个学生来拜访我的时候说，在维也纳，他的学生或毕业生大约有一半受到环境（艺术）方面的影响，我感到非常自豪，这是我的未来发展方向。

CICA: 现在，最后一个问题，什么是环境艺术设计，你可以用简短的话谈谈你的观点。

M: 用简短的话来解释什么是环境艺术设计？生活在逐渐变得更开放，要小心每一个发展过程中的环境，并且参与到环境中。我们将会看到的未来会是什么。

（采访与翻译：石俊峰）

（校对：石俊峰、郑静）

图 3-22(b)　2014 年 11 月 14 日，苏丹和马里奥·泰勒兹在苏丹工作室合影。（图片由苏丹提供）

/

CICA: Nice to meet you, Professor Mario Terzic. Thank you for accepting our interview. And I will ask several questions. The first question is how did you make up your mind to choose the discipline of environmental art designs?

M: Because I never make up my mind to choose the discipline. Starting the industrial design and so I was enthusiastic in paint think. I choose industrial design it seems to be much more focused on problems of contemporary movements in arts and painting itself. Today I am very happy to choose this, because we will be taught to analyze the problems, to analyze discipline, its functions its materials and of its period. It seems important to me to every movement to tight to meet the problems and its period, and it's very hard too. And in my understanding of environmental art designs, it makes no difference to deal with these design or even if you deal with such a complex thing like architecture, and the core is always this spirit, and some techniques how to deal with the problems, and for me painting is a problem. For me every form of design if you make objects or something like this, if you have certain attitude to bring in your approach, your whole life, to contemporary politics, contemporary movements or media or something like this. Then you will follow your personal meaning of analyzing something, and if you will find the right distance like a box to the other, here the distance is a decisive element, if you deal with a good technique, and then you will be the other designer. If you simply for a fame, a professional attitude to a problem, if you simply to think something, then I think the recite would be a migure one. And in developing world, I start to do industrial design, but be soon I discover I have to solve many problems before I will be ready to offer to other people from the solutions.

Therefore, I was happy to be able to start leading the gallery in Vienna. The gallery gave me the chance to develop some ideas very simple artistic question, and very soon the gallery I was proud of being there, but very soon the white cube of the gallery seems for me a sort of white present for my pleasure moving ahead with some ideas. And step by step I was confronted with problems like stage design, like question of what is the function of a museum for instance, and they were happy to work with a museum in German. For instance the historical museum in Frankfurt, and they gave the chance to develop ideas on celebrations for instance, the Frankfurt museum celebrated its 100 anniversary, and they asked me exhibit an objective in a special way. And that was the challenge I was very interested in. and the result was simply a exhibition, but following my view I learn much about it.Exhibiting a very pleasured object and bring in its own object spirit movements which I expressed in the objects to get my idea. For the first time . like reading a book, like following an only design commission, I come near , like a bus full of tourists, normally a bus starts somewhere, and arrive at the monument or tourists take off the bus, for a while a certain movement, I think this is what I expect, the guide gave instructions, and tourists are satisfied, and enter the bus again, go to next stop. And the question for me are two questions. How are tourists are able to see themselves as actors, actors in a certain place, they hope forever display. And where do they stop, everywhere they stop, this is a stage. They move in a very special way. If you regard tourists in Tiananmen square. You can exactly see, this is tourist, this is solider, this is photographer, or this is a journalist. And in this way, I design journey ,up to Italy, and I was lucky to get about four things, proposal of the journey, and my design was first the consumes for the tourists, and then we would stop and watch the activity we were for on this site. This was the experience and one of the half year. And for the exhibition for the catalogue.

But besides this conventional results, it brought experience to me, and in the same way I came near to the aspect of garden. Of the garden history, and over the years, students of graphic arts. I developed methods to deal with the garden, we were happy to real garden that was 3,000 square kilometers in the center of Vienna. And there we developed the first question to the ground, question to artistry of the garden. We have to do many to see real garden in Italy, France and England, and by doing ground the garden, I was asking questions, to the development of garden history, how was the landscape developed over the centuries, we know that some points was lost , not for us but for certain community, for the garden community. Today I have the problem that many of the landscape architects fighting our ideas, and it never starts with landscape architectures, these are only artist. But it makes no problem to me, to leave this situation, as I find enough challenges and commissions, to go ahead with my attitude towards landscape, I got problems, I' m not satisfied with some people in these year as a landscape designer. That is the whole of it.

CICA: Ok, the next question, what was the situation of environmental art design in your times?

M: It is a little bit strange to meet the term environmental art design, it seems to me to meet the Chinese translation into English, we name our activity landscape design, in contextual , landscape architecture, or even land art, there are many different disciplines, different approaches, to landscape or the garden, when we started our professional work in universities, it was our choice to name us, to name our activity, we will ask are you doing landscape architecture, do you want to enter the xxx of architecture, rather not do you want to enter the art institute ? It is a form of art, don' t feel very next to painting, and then was the institute for design, then I thought students of the institute design, are they most gifted, or most open-minded, do you challenges or use strategies to meet the process like they come, because I insist great difference between architects and landscape architectures, is this the core of analysis or activities or we say movement?Landscape appears only if you move maybe on foot, by car or even by air, you recognize landscape or landscape came to your mind by moving, and this is called by a garden is not an object but a process.And for us this is the solution, feelings of great artists of my experience and this called selected landscape architecture, because architects may be some thinking, normally they are bored to ground, of course that we move as the sunlight may be the machine and so on, but architecture normally is bored to the ground, and the garden, and even the landscape, it is only there if you expected everything is moving, the water, the seasons, and the even object, put inside, they only have their meaning by movement, even there is a statue, for instance a statue of Venice, it means movement, movement of history, movement of exposing Venice to the rain, its wet, or even by mind. There is a movement, I got the decisive in our work, therefore we choose landscape, design as our labor so called, design is also meant to a form of developing concept, you can say design to an object, design to a process, and therefore we thought of every given aspect of work landscape design would be the right one.

CICA: Can you talk about who was the leader in the field of environmental art design in your view?

M: At the time we view, found our landscape design class, there is an artist who does his own garden in Scotland, we really were impressed by the elements of the American land art, for instance, Maria, and we were rather disappointed by so-called the landscape architects have done to European cities, and at that time we are not able to decide whose work is done by whom. The whole profession seems very strange to artistic to challenges, now I respect at first the landscape theory xxxx, it' s this man, he died in 2003, but we invited him to visit our academy and as his sociology and landscape theorist. He happily accept the invitation, came for a guest in semester, became one of our best friends. And later on, we gotta to know many international landscape architect designer for instance, we had this spring and ambitious, on the work of xxx, an English landscape designer, and my students did for once to analyze his work, conceiving the exhibition, find the space about 300 square meters, the students did the exhibition and came showed up, and we have comments from students who invite our students to come afar to England.

CICA: Now the third question, where is the environmental art design heading for?

M: A pretty good question to me, I think that the whole profession is not such a compact profession, Like other art forms. The discovering of urban landscape, and the discovering of landscape is a whole, it is a very young form, as we expected in the arts, and so I think the whole profession, and the passion for landscape environmental art, will be developed by extraordinary personalities, and I think some of my graduates will take part in this development, when came and visited us.He said to me, living in Vienna, about half of his students or graduates are influenced by the environmental aspects, I' m very proud of this, and this is my aspect for the future development.

CICA: Now this is the last question, what is the environment art design in brief words, you can talk about your position about it.

M: What is the environment art design in brief words? Living out in the open, be careful to its every development of environment, and take part in the environment . Then we will see what the future will be.

理查德·古德温(译文)

理查德·古德温(Richard Goodwin),以下简称"R",

1953 年生于澳大利亚悉尼。

知名的澳大利亚艺术家、建筑师。

现任新南威尔士大学美术学院教授,

2010 年被上海市东华大学聘为客座教授。

他的部分作品被收藏于悉尼南威尔士美术馆、维多利亚美术馆、纽伦堡博物馆。

CICA: 您当初是怎样走上环境艺术设计这条道路的?

R: 从一开始,我觉得应该说我没有选择环境艺术设计,而是它选择了我。我一直打算去一所艺术学校,我认为比起建筑师,我更像一个艺术家,但是最后我学了建筑。作为一个从业者,我的工作结合了艺术与建筑,并且我很珍惜这份职业。这个在艺术与建筑之间的结合最终让我从事于环境设计。最初我的建筑导师是提倡实用主义的现代主义。就是在后现代主义兴起之前,现代主义曾是我的核心专业。所以我的特长,应该是对于现代主义的训练,我真正懂它是怎么回事。这样的理解导致我渴望从现代主义诞生的早期颠覆它。我不相信实用主义给了我们足够的答案。我觉得它太多地基于乌托邦式的想法。然而,每一个这种乌托邦式的实验,比如勒·柯布西耶的高远蓝图,都失败了。我感兴趣的是那些艺术和建筑所填补的现代主义剩下的空白。这个设计领域是能够控制已经存在的,并且把它变成其他的,恰是艺术家所擅长的:怎样能让一个特定的材料变成一个完全不同的非同寻常的东西?这是我回答的第一个问题。

CICA: 当时环境艺术领域的发展状况和所呈现出的面貌是怎样的?您心目中那个年代在此领域中的先锋人物还有谁?

R:　　在我学习的那个时候，环境艺术和设计的立场或者角色是很复杂的。我上学的时候是 20 世纪 70 年代。那个时期我心目中的英雄之一是提出"无政府主义建筑"术语的戈登·马塔·克拉克。他是现代主义的关键人物，并且是早期以解构主义作为媒介直接攻击建筑的解构师之一。作为 70 年代首批后现代主义者之一，他总是被理解为或者被看成是一个艺术家而不是建筑师。他所做的是改造现有的旧建筑并把简单几何图形塑造进去。他为了改变建筑去除了材料。70 年代他在艺术界声名鹊起，但是在建筑界依然处于十分模糊的位置。那些受过足够深层次教育的人应该知道，20 世纪 60 年代的环境决定论者在铺设环境观念和社会观念的基础，尤其是像戈登·马塔·克拉克这样的人。环境决定论者们，和他们的"起源"，通过建筑师持之以恒的大量工作创立了新巴比伦城市理念。新巴比伦是未来的反乌托邦的建筑。它被设想为一个从技术问题中解放的覆盖整个地球的建筑，我们在其中徜徉。这些环境决定论者认为在将来，由于技术的进步，人类不需要工作了。我们会简单地游走在这个结构中并且游玩。维持这种环境的技术隐藏在建筑底下的土地里。就像我说的，这是一个相当不错的想法，但作为视觉它确实发生了。所以对于环境设计来说，环境决定论者是伟大的远见者。他们还认为，我也这么认为，这个城市是一种塑料材料。他们拥有派生模式的想法：直接朴素地思考城市和映射他们渴望又不太渴望空间的想法，并且从字面上重新思考现有的城市结构像纤维一样。我喜欢他们的理论是缘于这种解读的开放。

　　　　像柯布西耶那样的现代主义者想要解决人口增长带来的城市和建筑的所有问题（通过高层建筑）。但是像柯布西耶和密斯·凡德罗和其他人的模式却转变成了一种噩梦。我们留下来的现代主义形式的遗产需要被转变。美丽的骨头已经在 60 年代出现，这些环境论者在思考转变现有的东西，而不是现代主义乌托邦的想法。我爱上了环境理论者的想法，并且很欣慰地带着反乌托邦式的想法去寻找如何将现在失败的城市结构变得在未来不同寻常。通过环境设计给城市带来新的生命。这在某种意义上说是 70 年代的环境艺术设计的立场。有一点，如果你已准备好你的作业，这里有一段伟大的历史，关于一群人支撑着新的环境设计。但大多数从业者都乐于做商业项目或继续遗留的现代主义。我不是这样，我觉得这样是不对的。

CICA：您个人认为环境艺术设计未来的发展方向将会怎样？

R:　　我觉得我们在为我们需要解决的城市中的建筑问题挣扎着。由单个建筑出发，这并不重要，重要的是我们关注城市本身。看上去这是一种矛盾，但它不是。我认为我们应该对城市设计更感兴趣而不是建筑本身。环境艺术设计和艺术在这方面发挥了重要的作用，尤其是艺术。艺术一直是批评的代言人。这是最好的方法，来询问什么已经存在了。我认为公共艺术和艺术家都在不断创作装置，从根本上询问我们的城市社会结构，这些装置可以建议未来在环境设计会发生什么。有很多例子表明有些人在这一领域处于前沿。喜欢在表演艺术开始他们的实践的奥拉维尔·埃利亚松和维托·安科齐。安科齐，美国艺术的一个标志，现在认为自己是一名建筑师。他的作品真的影响了我的思想。因为他质疑了公共空间，在一定程度上对我有意义。首先，他有这个想法，我们不能只是等待城市规划者给我们提供公园并且称它们为公共空间，或者为我们解决社会问题。我们必须继续制造公共空间。我们必须不断地记录和理解私人空间并且找到一个可以公共化的方法，因为最终，最重要城市的结构是城市的社会结构。这一点在中国是反复被证明的。每次我来到中国，我都会想吃的食物，大家围绕在餐馆的一个桌子上吃饭就是社会饮食结构，就是北京的核心社会结构。这个城市充斥着语言和食物。所以我们做一个建筑时要考虑到没有解决好的室内个体问题。它如何适应这个城市，并且它是如何与城市共同协作，这才是一个项目应该做的。

所以未来真的是这样的：我们不是活在现代主义的时代，而应该像杰瑞米·提尔（Jeremy Till）所说的，是一个可能性的时代。我觉得，可能性将会是我们将来设计的食粮。我的意思是，所有正在发生的灾难，坏的建筑以及从根本上错误的东西，为了改变我们的城市真的需要我们天马行空的想象去改变。对我来说未来是这样的：我们有我们的根本基础，至少在大多数西方国家，那些旧的现代主义建筑，很多都没有发挥好的作用。它们是衬底，它们是"珊瑚礁"的基础。在未来我们需要的不只是构建个性化好的建筑，而是建立一个整体的设计结构和顶端都市结构，通过现有的现代主义的"珊瑚礁"。现代主义的遗骸形成一种立方蒸馏程序，它们需要改变和修复。而不是仅仅把所有这些旧建筑推倒，我们需要构建，通过它们，或者在它们以上，把它们与三维的公共空间连接在一起。这样能创作新的城市结构，我认为这才是环境设计的未来。这种类型的实践虽然是很有争议的。大多数设计师想重新开始像长久以来的现代主义者那样。他们想拆掉老建筑和构建新鲜靓丽的建筑。我不认为这就是未来的方向。最可持续的事是我们能根据现有的去做并且将它转变，使它变得更好。我们必须建立起这样的骨架，这才是绿色的未来，这才是未来的环境设计。

CICA：您认为简要地说，环境艺术设计是什么？

R：　要我总结一下我认为的环境艺术设计。真的是很难说，但是我觉得如果用一个词来

图3-23　理查德·古德温的部分作品：　　Mighty High on Cockatoo Island, 2011

Cope St. Parasite, 2004

详见艺术家个人网站：　　　　　　　　denhaag_parasite, 2007

http://www.richard-goodwin.com/　　Exoskeleton Lift, 2010

总结它，将会是转换这个词。这是对于未来的词汇。怎样让实物变成另外的东西，这是我想要做的工作。我把它叫做"寄生建筑"。我想利用现有的结构，在这些结构上创建新的寄生的东西来改变它们，改变它们的可持续的平衡。给它们带来新的技术，把它们与其他的结构相连接，这样他们的社会结构就会更好。就是关于"怎样让事物变成另外的事物？""如何能让它有接下来的生命？"像伦敦的泰特现代美术馆，它真的从绝望中找到希望。赫尔佐格和德梅隆，做老电站的那个经典项目，把它变成一个世界上最大的画廊。我觉得这才是真正象征着未来的环境设计。谢谢。

（采访与翻译：张俊超）

（校对：任飞莺）

Richard Goodwin(原版)

CICA: How did you make up your mind to choose the discipline of environmental art design?

R: From the beginning I guess I should say that I didn't choose environmental art and design it's a kind of chose me. I always intended to go to an art school. I considered myself more of an artist than an architect but in the end I studied architecture.As a practitioner I have become a hybrid working between art and architecture, and I value this position.This hybridity between art and architecture has finally led me to work at the scale of environmental design. Initially my architectural mentors were advocating functionalist modernism.Just prior to post-modernist architecture really taking root this was my core discipline.So my strength I guess was that, trained in modernism, I really understood what it was about.This understanding led to my ability and desire to subvert it from an early age.I didn't believe that functionalism gave us enough answers.I felt that it was too much based on ideas of utopia.Yet everywhere these utopias, like the high-rise visions of Le Corbusier, were failing.I'm interested in the sort of art and architecture that feeds of what is left from modernism.The area of design that is able to take what already exists and make it something else, and that's something I guess artists have always been good at: How can I make this particular material into something absolutely different and extraordinary? So that's my answer to the first question.

CICA: What was the situation of environmental art design in your times and who was the leader in the field of environmental art design in your view?

R: The stance or role of environmental art and design at the time I studied was complex. I studied in the 1970s. One of my great heroes of that period was Gordon Matta Clark, who invented the term "An-Architecture". He was very critical of modernism and was one of the first deconstructivists to directly attack architecture as a medium. As one of the first of the post-modernists in the 70s, he was always understood or referred to as an artist rather than an architect. What he did was to take existing old buildings and simply carve geometries into them. He eliminated material in order to transform architecture. Rising to artistic prominence in the 70s he was still quite obscure in the architecture world. For those whose education was deep enough there was an understanding that the Situationists in the 1960s were laying down the foundation was what exists from both an environmental point of view and a social point of view , especially for people like Gordon Matta Clarke. The Situationists, with their "derives", invented the urban idea of the New-Babylon largely through the work of architect Constant . New Babylon was the dystopian architecture of the future. It was envisaged as one building covering the entire earth in which liberated by technology, we would play. The Situationists believed that in the future, due to the progress of technology humans wouldn't need to work anymore. We would simply roam around this structure and play. The technology sustaining this environment was hidden in the ground underneath the architecture. As I said it's a fairly fantastic idea, and yet as a vision it actually did happen. So the Situationists were great visionaries for environmental design. They also believed, as I do, that the city is a plastic material. They had the idea for the mode of Derive: The idea of simply wondering around the city and mapping out spaces that they desired and didn' t desire and literally rethinking the existing city as a fabric. What I liked about their theory was how its openness to interpretation.

The modernists like Corbusier wanted to solve all the problems of the city and architecture of increased population (through high-rise buildings). But the model of Corbusier and Mies van Der Rowe and others turned into somewhat of a nightmare. We are left with the legacy of that form of modernism,which need to be transformed.Beautiful bones already in the sixties, the Situationists were thinking of transformation of what already exists, rather than the Utopian ideas of modernist. I fell in love with the ideas of the Situationists and was happy with the ideas of dystopia or how can we take the existing failing fabric of the city and turn it into something significant in the future. Give the city a new life through environmental design.This in a sense was the status of environmental design in the seventies. In a way, if you were prepared to do your homework there was a great history of people who were underpinning the new environmental design. But most practitioners were happy to do commercial work or continue the legacy of modernism. I wasn't. I thought something was wrong.

CICA: Where is the environmental art design heading for?

R: Well, I think for our mere survival that we are going to need to sort out the problems of architecture in the city.To start with the individual building is not as important as our focus is on the city in itself. That might seem like a contradiction but its not. I think we should be more interested in designing cities rather than the architecture of buildings. Environmental design and art play a very important role in this area. Especially art. Art has always been the mouthpiece of criticism. It is the best way to interrogate what already exists. I think public art and artists are in a process of making installations that fundamentally interrogate the social structure of our cities. These installations can suggest what might happen next within environmental design. There are many examples of people who are at the forefront of this area. People like Olafur Eliasson and Vitto Acconci who started his practice in performance art. Acconci, an icon of American art, now sees himself as an architect. His work really influenced my thinking. Because he started questioning public space in a way that made sense to me. First of all, he has this idea that we can't just wait for urban planners to give us parks and call them public spaces or for our social problems go away. We have to continually make public space. We have to continually map and understand private space and find ways in which parts of it that can be made public, because ultimately, the most important structure of a city is its social structure. This is proven over and over again in China. Every time I come to China I think just the eating of the food the social construction of eating around a table in restaurants is the core social construction of Beijing. The city galvanizes around language and food. So we need to make architecture that takes into account that there is no point in solving just the individuated problems of a building' s interior. How it fits into the city and how it works with the city is really what the project should be.

So the future really is this: We live not in the age of modernism, but as Jeremy Till says, the age of contingency. And I think that contingency is going to be the food of our design in the future. By that I mean that all the catastrophes that are happening, the bad buildings and things that are fundamentally wrong with our cities are the things that really have to drive our imagination for change. The future to me is this: we have our fundamental foundation, in most of the western world at least, of old modernist buildings. A lot of them don't work too well. They are the substrate; they are the basis of the 'coral reef'. In the future we need not to just build individuated good buildings, but to build a whole fabric of design and urbanity over the top and through this existing coral reef of modernism. The remains of Modernism form a kind of a cubic distillation of programs in need of change and repair. Rather than just pulling all these old building down, we need to build on them, through them, above them, and to link them all together with 3 dimensionalised public space. This will create a new city fabric. That I think is the future of environmental design. This type of practice though is quite controversial. Most designers want to start fresh like the old modernists have done for so long. They want to take away the old and build fresh.

I don't think that's what the future is about. The most sustainable thing that we can do is to take what exists and transform it, make it better. We must build on those bones. That is the green future. That is the future of environmental design.

CICA: What is environmental art design in brief words?(conception)

R: I'm asked to summarize what I think environmental design is. It's a quiet difficult thing to do, but I think if I have to use one word to sum it up, it would be the word transformation. This is the word for the future. How can something become something else. This is what I want to do with my work. I call it a "parasitic architecture" .I want to take the existing structure, create new parasites on those structures, which transform them. Transform their sustainable equation. Bring them new technologies; link them through to other structures so their social structure is better.It is about: "How can something become something else?", "How can it have its next life?" Like the Tate Modern Museum in London, it really finds hope from despairation.The Classic project of the old power plant designed by Herzog & de Meuron, which turns it into one of the largest gallery in the world, I think this is the real symbol of the future environmental design.Thank you.

小结

- 描述 -

□ 苏丹

/

　　如果对描述者的选择恰当的话，那么这些对历史的描述本身就是历史的一个重要组成部分。

　　由于本人幸运地见证了中国环艺发展历史的主要阶段，并亲历了这个核心跌宕起伏的过程。因此最终慎重选择的十五位接受访谈者是具有代表性的。从学科发展的历史来看，他们是拓荒者、缔造者、参与者、见证者、守望者、传承者，当然还包括批评者和质疑者。从职业分工来看，他们中有的是建筑师，有的是艺术家，有的就是环艺专业的教育工作者，还有的是具有多重身份的艺术家或学者。

　　许多被访者的年龄已超过70岁，于是我们不难推断当时这些学者参与这项事业的历程，他们经历了中国现代历史中最激昂动荡的时期。环境观念的转变可以从这些前辈的专业实践和理论思考中得到一个清晰的显影。他们的叙述为我们描绘出了一幅画面。环境观念的演变、进化离不开天时、地利、人和。它是我们历史的一个侧面。中国的环境艺术始自20世纪80年代，当时的中国政治局势方面从拨乱反正到改革开放，思想意识形态方面从正本清源到解放思想，整个社会呈现出历史上少有的活力。而这些被访者此时不但正处于生命中最具活力的阶段，也处于思想方面的不惑之年。他们当时也正担负着营建国家大厦栋梁的角色。我的导师张绮曼先生是这个学科的缔造者，她在20世纪80年代末敢为人先，创建了环境艺术设计专业，并且在艺术院校的教学内容中大力推广工程教育，以使环境艺术的理念能够具体地服务于社会建设的需要。她所倡导的设计艺术中的环境观念深入人心，使中央工艺美术学院环境艺术设计的模式成为中国设计学科发展的样板，对后来该学科在中国迅猛发展的格局奠定了基础；王明贤、顾孟潮、萧默先生是当时理论界思想最活跃的学者，他们在理论上大胆的探索为环境艺术事业在当时的发展既营造了良好的氛围，也为广大的实践者提供了思想上的准备。

布正伟、于正伦先生是20世纪80年代到20世纪末中国最具有影响力的实践家，他们利用建筑设计的平台充满智慧地拓展着设计工作的边界，使环境艺术设计的方法朴素地呈现在大众生活中，同时进一步启发着设计和艺术领域有社会理想的同行和学生。布正伟先生在建筑设计过程中，创作手段多样，擅于把空间设计和艺术创作有机的予以结合。他追求环境中整体性的美学感受，他的许多作品如北京"独一处酒家"和"东方歌舞团"的建筑和环境设计都是那一个时期具有活力的典范。布正伟先生的性格注定了他在中国现代建筑史中扮演的角色，他的视角超越了建筑设计僵化的格局，强调大环境艺术，突出设计手段中的多样性和综合性。于正伦先生是我的学长，他一直怀有艺术的梦想。从事建筑设计工作之余，他创办了当时第一本《环境艺术》杂志，还主持过一段时间的《建筑画》杂志的编辑工作。这两本在建筑学领域边缘化的杂志对当时建筑设计实践和教育领域的影响巨大，因为它们提供了大胆探讨建筑美学的学术平台，对中国以工程教育为特质的建筑设计教育具有平衡和协调作用。

包泡先生是一位令人尊敬的长者，他是环境艺术领域中的常青树。我一直认为艺术是生命力的一种表现形式，因此艺术状态和年龄无关，包先生的状态印证了我的推断。对于一位真正的艺术家而言，保持好奇心、活力和敏感是非常重要的，平等意识也是一种反映，这些方面包泡先生都为我们做出了示范。然而令我吃惊的是，作为一名艺术家他竟然还拥有严肃的历史态度和严谨的工作习惯，这的确令人钦佩。从他那里我们获得了大量的文献资料，这些资料不仅详尽记录了中国环境艺术初创阶段的曲折经历，而且整理得井井有条，为我们的书写工作提供了极为可贵的线索。从对他的访谈中我们不难看出包泡先生艺术创作的立场是人文性的，他坚信文化的力量对环境建设的影响，并从建筑在环境中的作用看待建筑设计中的人文和艺术精神。他始终没有封闭自己的视域，从而能够自由地在历史和现实中寻找对未来具有意义的元素。

令人悲痛的是，个别的学者在接受访谈至今的这个时段中已经离世，这更使我们认识到这次大规模访谈的重要性。

被采访中的几位是以环艺为己任，几十年来不断塑造这个学科的带头人。郑曙旸先生就是这样一位对环境艺术事业的发展始终关注、支持、参与的一位学者。在20世纪90年代初期他辅佐张绮曼先生管理中央工艺美术学院环境艺术设计系，1999年他接替了张先生的工作成为环境艺术设计系的主任直至2005年。他不仅是改革开放以来第一批大学生，还是近三十年来环境艺术设计专业发展的见证者、亲历者和主导者。郑曙旸先生崇尚设计对环境的作用，并一贯坚持技术的立场和可持续发展的理念。这种观点终于使他成为环境艺术设计学科易帜为环境设计的始作俑者，由此在新的历史时期彻底将环境艺术事业设计分支的发展导向一个以技术为主导的学科。这次郑曙旸先生最大程度地利用了体制优势，实现了他个人的主张。这次调整放大了学科中的技术属性，强化和明确了设计对环境发展变化的主导作用，将几十年来环境艺术和环境艺术设计从边缘性的存在状态改版为一个身份明确、手段坚决的纯设计学科。这次变更从教育和市场的关系来讲具有较为显著的意义，由于强调了技术，导致设计教育的内容中理性的成分和技术的因素将会占据主体的地位。受教育者容易在相对短暂的时间里掌握一些在实践中具有实效性的方法，在环境艺术设计学科已经变成一个庞大的职业教育体系的背景下，这次旗帜鲜明的变更一定会深受中国的受教育者的喜爱。但源于这次调整的争议也是很大的，会导致部分群体中人文主张的反弹。我个人不相信艺术会真正退出设计的历史舞台，但我相信这个庞大的现有格局中多元化的主张是文化生态建立的需要，因此我对进一步的争论以及实践充满信心。

在对待环境艺术的态度上，通过采访我们也发现一个有趣的现象，在他们之中有近一半人的职业身份并不是环境艺术家或设计师，他们当中许多是建筑师，布正伟、于正伦、米俊仁、王晖，还有几位是建筑或艺术评论家，像顾孟潮、萧默、王明贤、翁建青。透过这个现象以及他们陈述的历史事实，我们也不难看出当代的建筑文化为中国环艺的早期成长，既提供了形成血统的部分基因，也提供了生长发育的成分和营养。环境艺术的思维方式在当代中国的艺术发展和建筑发展的历程中，阶段性地促进了艺术家和建筑师的思维发展，并留下了它们的痕迹。20世纪80年代中国建筑师和院校师生参加了许多国际设计方案竞赛，并屡获佳绩，这些获奖作品大多表现了中国传统环境观和自然观，这即是思维方式的转变证明。而对于环境艺术本身而言这种基因组合的方式也注定了它在发展的过程中，将在行为艺术、大地艺术、公共艺术、建筑景观设计、室内设计领域践行它的理念。并且在思考和实践的过程中不断地在理性与感性，空间和实体之间选择。一方面几乎所有的被采访者都关注这个领域，并且高度肯定了它对中国艺术和设计思想发展所产生的积极作用。

米俊仁和我是本科时期的同学，我们的受教育过程中正是中国环境艺术发展的黄金时期。相关的作品和思潮深刻地影响了我们并激励着我们对边缘性艺术和设计领域进行关注。1990年米俊仁的硕士毕业论文的题目确定为《建筑环境意象论》，他大胆地超越了建筑设计的范畴对环境中的精神和形态的关系进行了探讨。他的研究对当时以工程教育为主的建筑教育产生了一些影响，研究内容和观点一时成为学校里热议的话题。在他进入

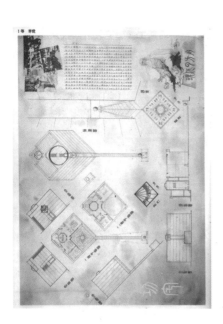

图 3-24　20世纪80年代到90年代末，中国年轻建筑师出现参加日本《新建筑》杂志设计竞赛的热潮。获奖的多是具有环境意识的建筑作品。
图为李傪获1985年《新建筑》竞赛一等奖的方案（上左）、张在元1987年的获奖方案（上右）、汤桦1986年的获奖方案（下）。（图片由马踏飞提供）

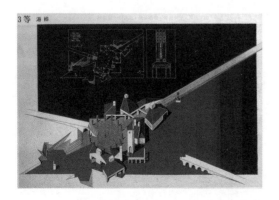

北京市建筑设计研究院的职业生涯中，其职业的轨迹和创作方法依然能够看到当年环境艺术思维的影响。米俊仁曾经一度被人们认为脱离了建筑设计的主流，热衷于一些环境艺术特质的项目，因此米俊仁尽管是一个个案，但对其研究可以揭示出中国建筑文化的部分成因。青年建筑师王晖的作品不算多，但每一个作品都很生动。从早期的建筑小品左右间咖啡到后来的西藏阿里小学、柿子林会馆以及大型公共建筑今日美术馆等都可以称得上是品质优秀的作品。王晖的作品中渗透着深刻的环境意识，因此这些建筑和环境保持着非常友好的关系。这些关系中，有的是源自地域性的气候、资源、文化条件，有的是源自场地中的环境特质和空间条件。王晖擅于把这些关系通过物质的构筑转化为建筑形态，于是新的作品和环境建立了一种新型的关联。在当代建筑师中，王晖的建筑语言是独特的，他是一个能够把控细节的设计者。他的造型手段多样而且系统，既有形而上的思考也有形而下的劳作，同时在他的创作中我们可以同时看到空间的、结构的、构件的，甚至是装饰的手法。王和米两位虽以建筑师为职业，却没有把传统的和主流的建筑职业范围作为边界，他们大胆地尝试综合性的建造手段取得了良好的业绩，我们甚至也可以这样认为：是环境艺术的意识促使他们完善了自己的建筑设计任务。

我本人从 1999 年开始任清华大学美术学院环境艺术设计系副主任一职，2005 年接任系主任直至 2012 年 4 月。在这一段时间里我重点的工作措施就是通过加强国际教育的交流来提高认识，强化手段。但有一个非常令人困惑的问题就是，很难寻找到和我们类似的学科，许多交流对象只是部分性质和我们类似。这时我才感觉到环境艺术设计就是一个彻头彻尾的中国特色，它是一个时空产物。但维也纳的马里奥先生和澳大利亚的理查德•古德温，还有赫尔辛基的哈库里引起了我的注意，即使在强调教育多元化的欧洲和大洋洲，他们的主张和实践也是艺术或设计教育中的特例。这一次采访中，老朋友哈库里先生因身体原因没有能够接受采访实属遗憾，但他过去对环境艺术的解释对我的启发是至关重要的。他倡导的环境艺术的教育和实践涉及人类学意义和社会学意义的层面，令我耳目一新，促使我开始展开对中国环境艺术当代状态的反思。对马里奥先生和古德温先生的采访内容还是令我有醍醐灌顶的感觉，他们对问题的回答超越了我们思考的局限性，涉及了环境对人类更加本质的影响层面。马里奥先生是我们的前辈，他曾经是伟大的约瑟夫•博伊斯的重要助手，他的思维活跃，陈述自由不断变换问题的焦点，令人很难捕捉。但我的确感到了他对环境艺术所抱有的伟大期望，他试图在建立一种新的思维，并尝试一种新的变革方式，以改变现代主义以来人类所遭遇到的困境。马里奥先生在维也纳开画廊的经历是他专业经历中重要的体验阶段，这一点我深有同感，因为在这个更加自由的平台上，我们能够不断捕捉到新的思想和形态。理查德•古德温从建筑师的职业走上了艺术创作的道路，但他的视野从未离开城市。它对人类创造的城市——这个巨大环境为人类今天的境遇所产生的影响不断表示着怀疑，他希望找到一种能够缓慢修复这个环境的方式。古德温的作品寄生在建筑之上，一方面否定和嘲弄着建筑昔日的辉煌，另一方面又在为这些建筑构筑着朝气蓬勃的来生。

　　在中国环境艺术发展的历史上，理论家艺术家和设计师组成了一个庞大并且复杂的群体。每一个群体的实践方式和他们工作对象的实践领域有着密切的关系，最为重要的是决定于他们对环境的理解和定义。并且我们欣慰地看到每一个群体以及每一个个体在实践的过程中也在不断变化，而且这种内在性的变化实在是伟大，它是我们逐渐觉醒的根本。建筑师环境观中的多元性使他们产生了分裂的态度，一方面是被动的，建造计划要适应大自然，另一方面他们在有限的范围内努力营建一个相对独立的小环境，并且使人成为其中的核心；艺术家靠身体去感知环境、场所、自然所拥有的神秘气息，并用非常性的手段将这些感知用视觉方式呈现出来；理论家旁征博引，用古往今来的事实、经验，建立雄辩的基础和理论体系。大家沿着不同的路径朝着孤傲的山峰攀登，每个群体甚至每一了不起的探索者都看到了山峰的一个侧面。苏东坡说得好："横看成岭侧成峰，远近高低各不同。不识庐山真面目，只缘身在此山中。"相信每一位阅读者看完这一大段的采访之后会和我有相同的感受，激动、沉重、荣耀、忧虑。因为在梳理这段历史过程中，我们必须寻找线索而不是证据。因为迄今为止，对于环艺，有太多的解读、阐释，也有太多的表达和表现。

〈4〉

第四部分

思考

－6篇论文－

超越形式的设计思维

□ 图/文　方晓风

/

　　形式是设计师不可回避的基础问题，但当形式成为设计师关注的核心问题时，设计的走向就发生了偏差。尤其对于空间设计而言，在依赖图纸判断预期成果的过程中，图纸的美观程度自然成为左右决策的一项重要因素，而如果设计师过度依赖图纸表现的时候，三维的空间设计有蜕化为二维的平面创作的危险。这些道理并不高深，但在高速发展中的中国的设计界仍然未得到足够的认识。其中很大一个原因在于，由于中国空间设计领域经历了一个相当长的空白期，导致在专业教育的过程中，我们曾极度依赖平面资料：图纸、照片、美术作品，这是个无奈的过程，但通过二维素材来体验三维（甚至四维）的成果，其中的问题不言而喻，对于克服这一缺陷的讨论也由来已久。

　　学科名称从室内设计转变为环境艺术设计，不仅是对实践内容的重新界定，也是一次设计价值标准的重新梳理。尽管这一变化的实质效果仍未有显著的体现，但意识层面的转向是深思熟虑的产物。现在我们已经习惯的建筑、室内和景观这样的设计分类，其历史并不长，是大工业化时代分工日益精细之后的产物。社会分工的精细化，其积极的一面不必多说，但其负面的影响也不能回避。分工细化，带来专业思维的变化，一方面在技术的深度上取得长足进展，另一方面设计思考的整体性逐渐削弱，甚至在学科发展的方向上，也日益体现出一种技术化的倾向，这使得设计一方面在世界范围内有一阵摧枯拉朽的技术普及，国际化成为热词，并最终导致对国际式的批判，而第一代现代主义的先驱们提出国际式的时候是满怀自信和豪情，并将这种趋同风格的普及作为一大成就。但自 20 世纪 60 年代以来的反思，不断质疑这种趋同的变化趋势，带来了一连串让人眼花缭乱的理论成果。其中最主要的成果在于两个方面，其一是对空间环境整体性的重视，其二是对空间所具有的文化属性的再认识。第一点针对的是专业化导致的知识割裂，第二点针对的是空间的精神需求。

　　环境艺术设计作为一个学科名称，也有其东方文化的背景，目前也只是在亚洲几个国家有这样的学科名称，欧美的高校中并没有采用类似的命名。这一命名的变化，试图解决的问题是多个层面的，有实践层面的学科界定，也有观念层面的设计思维的转变，更为核心的是价值判断层面的价值观变迁。事实上，在设计领域，我们已经习惯于按实践对象来界定学科范畴，进行命名，不惟空间设计领域，在其他设计领域同样如此，平面设计、书籍装帧、产品设计、界面设计、室内设计、景观设计等，不一而足。而提出环境艺术设计时，学科名称不再对应于具体的实践对象了，就像平面设计正逐渐被视觉传达所取代，在产品领域，用户体验成为新的热点。在这些名词变化的背后，不难发现某些共同点，即实践对象的区分不再是影响学科发展的主要因素，更重要的是我们究竟以何种观念或者价值标准来指引学科发展？当然，这种变化不是一蹴而就的，意识到问题是一个方面，如何逐步推进整个学科的转向是另一个方面。

传统的设计学科我们更关注的问题是形式审美，在社会公众的眼里，设计师更接近美工这一称呼。即使在发达国家如美国，苹果公司的首席设计师艾维在探讨为何他乐于为苹果工作时谈到，他以前的职业经历使他觉得设计师只能参与到项目的最后一个环节，而无法从起点开始介入产品的开发，在苹果就不一样。不一样的苹果让人们重新认识了设计的价值。在空间设计领域也有类似的问题，尤其是按照建造程序的先后，建筑师似乎优先于室内设计师和景观设计师来决定项目的基本走向。因此，有人呼吁景观先行，有人提倡由内而外的设计方法，不无道理，也有一定的可操作性，但都未触及问题真正的核心。程序的展开总有先后之分，这种谁先做谁说了算的思维方式，根本无助于问题的解决。真正要解决的问题是：为何处于流程不同位置的专业，在价值目标上会有如此重大的差异，以至于形成相互之间配合上的困难，都要争夺话语权。这一病兆的根源，多少与形式思维有关，当设计仅仅是设计师形式创造的成果时，这种分歧难以克服。

如果我们回顾人类的设计史，尤其是空间设计史，我们很容易把注意力放到风格变迁上去，而大量的设计史也是按照风格史的思路来整理的。形式创造也一直是人们谈论设计时的主要内容，在风格变迁的节点上，这种倾向会更加明显。更深层的历史是，形式变迁的背后是审美意识的变化，这一变化形成的原因是多方面而综合的。而我们身处的这个时代，正在形成新的审美标准，这是我们正在经历和可感受到的现象。技术带来的变化，文化带来的变化，价值观带来的变化，在这个剧烈变化的时代，似乎变化是永恒的主题，而设计一方面积极反映这种变化，一方面也在生产着这种变化，加剧变化的种类和深度。然而，我们始终无法回避的一个问题是，美的标准或者好的标准到底是什么？这一标准是否也在经历，或者已经经历了剧烈的变迁？这个问题不那么容易回答，对于柏拉图来说，形式不简单的是一种外观，而是理念的化身，是一种抽象的最高存在。这个看法，深刻地影响了西方文化体系。但是，对于东方文化而言，形式并不是值得追问的终极问题，形式对应的是个体,东方文化更关注的是整体的关系,以及一种左右万物生长的深层逻辑。

当代的发展,尤其是西方自后现代以来的种种理论,正在瓦解传统"理性"的概念,连带着附着于"理性"之上的"形式"。这种瓦解不能迅速产生积极的结果,也不意味着破坏之后的新的标准的建立,但疑问一旦产生,整座大厦已不再稳固。在这个过程中,对于东方文化的借鉴也成为可能的路径之一。相较而言,东方更注重发展面向现实生活的智慧。如果不执着于观念的世界,而走向日常生活的世界,以日常生活来考察我们的历史,尤其在空间领域,我们或许可以得到不同的结论。在纪念碑式的审美、表达权威的审美之外,在注重实用、咏唱诗歌的生活之中,有一种不同的审美范式,遵从不同的逻辑,并切实地推动着历史前行。这种审美更强调事物之间的关系,而非事物本身,美丽的风景是天地万物的奇妙组合,而非某一事物的特立独行。

尤其在我们经过了生产力突飞猛进、飞速扩张的阶段,物的生产同时意味着形式的生产。形式生产的快感,迅速消散于简单重复的节奏之中。生产能力不再是膜拜的对象,也就同时丧失了其审美基础。今天的世界面临的是一种过剩的形式生产能力,以至于有设计师扪心自问"设计还有意义吗?"在2010年的米兰设计周上,伦敦皇家艺术学院的展位上大写的一句话是"So Much Nothing To Do"(太多的无事可干)。如果仍是从美工,或者形式生产的角度来看待设计的话,这句话不啻是振聋发聩。

在这个消费主导的经济社会中,设计的另一重危险是成为资本的附庸,对此法国思想家居伊·恩斯特·德波早在20世纪60年代的《景观社会》一书中就有充分的阐述。此书中的景观并非仅仅指向空间领域,而是包括了电影、电视、广播、广告、演出、事件等等一切可视的公共性图像,一种广义的社会景观。因此,景观社会实现了对普通市民或消费者意志的软性统治。德波定义的景观是少数人的表演,多数人的观看。多数人毫无判断力地向景观膜拜,景观成为一种单向的逻辑。德波指出,景观已成为当今社会的主要生产。首先,今天的一切物品生产都已无法脱离炫耀和图利的背景;其次,景观造就了自身制造和生产的发达,景观生产已经成为现今最显要的经济部门;最后,景观对现行制度具有关键的表象和维系作用,景观就是当今最大的政治。在景观社会中,其隐含的逻辑必然是:呈现的东西都是好的,好的东西才呈现出来。德波指出社会没有更为高远的目标,人们也丧失了对存在本身的思考,景观社会的逻辑就是不断生产新的景观,发展就是一切。今天,这样的逻辑已是我们无可回避的现实,在这个生产链条中,设计的位置在哪里?设计的价值和意义是什么?问题的答案已显而易见。

那么,设计如何走向对这一处境的超越呢?超越形式的设计思维可能是一条值得探索的有效路径。而一旦设计摆脱了形式的迷思,也为自身开拓了一片更为广阔的空间。还是就空间设计的范畴来谈，从已知的实践经验看，超越形式的设计思维可以从三个方面入手：首先是从形式审美走向环境审美，这是审美范式的转变；其次是实践内容的转变，设计的思维必须走向综合，操作层面的分工继续存在并有可能得到强化；最后是设计师在伦理层面的思考和作为，从形式创新走向社会创新。

葡萄牙建筑师阿尔瓦·罗西扎（Alvaro Siza）近来越来越受到学界的关注和研究，西扎的设计出发点不是建筑自身的秩序或者内部的一套几何化空间序列，而是建筑在环境中的关系，追求建筑嵌入环境的效果。有评论者以超越几何来评价其设计，或者可以说西扎的设计是超越常规的建筑形态思维或形式思维的产物。事实上，西扎所揭示的这种设计方法，并不是没有来由的凭空创造，而是根植于人们日常生活经验的一种回归。我们对于传统村落的赞叹，对于中世纪小城的迷恋，对于中国传统园林的陶醉，无不来源于空间环境整体关系的和谐。一旦我们谦抑地放低自我的姿态，摒弃形式创造的英雄主义情结，这一切就是自然而然的，不那么难以理解。西扎被归为地域主义的代表人物，然而他的具体形式语言，并不强调地域性，而是他的建筑无法剥离开其具体的场地环境来理解和欣赏，其地域性来自这种紧密的联系，而不是符号化的，这也为我们更好地理解地域性提供了一个参照。

中国传统园林也是环境整体思维的产物，由于中国传统园林中建筑的比例较高，长期以来的一个误解是，人们往往把园林建筑的分析取代了园林整体的认知，尽管园林建筑的设计中确实包含很多技巧，但更为关键的显然不是建筑本身。园林建筑的特色也是来源于其对于环境关系的诗意思考。如果对园林做更为全面的考察，可以看到园林建筑的大部分并不追求形式感，而是采用平常的策略，甚至园林建筑往往放弃了色彩上的表现（即使在皇家园林中也是如此），其原因也在于园林更重视整体性。园林之美，来自于建筑同花木的配合、同地形地貌的配合、同山水的关系、同时间的关系，这也是中国传统园林在理论层面仍需要深入研究的地方。

在当代，空间生产与社会公共生活的紧密联系已是不言而喻的事实，因此空间生产在改良社会关系、致力于社会创新方面的作为也是直观而可预期的。在公共空间的设计方面，国内外都积累了这方面相当多的案例，有振兴社区的，有改善邻里关系的，有提高安全性的，显示了设计在社会创新方面有着丰裕的施展空间。总体而言，这方面发达国家的实践更为丰富，中国在经历了经济的高速发展之后，无论是政府还是民间，这种意识也已经出现，虽未成为主流，但作为一种趋势已可感知。深圳南山区的一个小项目——婚礼堂的建设，可作为一个典型案例来看待。区政府利用南山区文化中心旁的公共绿地，把民政局的婚姻登记职能独立出来，置入绿地之中。此举看似小动作，却带来一系列社会关系的改

图 4-01 南山婚礼堂鸟瞰、外观(上);

婚礼堂内新人在国徽下留影(下)。

(图片由作者提供)

善：首先是市民办理有关婚姻手续的便利以及相关体验的改善；其次是项目带动了这一公共空间的品质提升；最后，也是尤为值得关注的一点是，政府以润物无声的方式致力于当代中国婚礼文化的塑造，由此也可以想见，必然地带来政府公共形象的提升以及官民关系的改善。

超越形式的设计思维，不是要设计师放弃形式，放弃形式思维，而是提示我们关注一个更本质的问题：设计与生活的关系。形式的审美品质仍是对于设计的基础性要求，但不可忽视新的审美范式的形成与发展。形式不应是设计的出发点，但形式会是最终的一个结果。这一思维也提示我们在判断的时候，不仅关注设计有形的部分，也能看到有形成果的背后无形的那部分。从室内设计到环境艺术设计，从环境艺术设计又更名为环境设计，在二十年左右的时间段内，一个学科两度更名，那么在学科更名之后，我们不得不思考，以什么样的理论与实践去支撑学科名称的变化？早就有学者在谈到中国设计教育现状时呼吁，要设计，不要艺术设计，以此突出设计不仅仅关乎审美的学科内涵，此说不无道理，但名实相副是更要看重的一个问题。设计不仅仅关乎审美，但设计一定是以审美为基础，这也是不容忽视的另一个方面，窃以为设计思维的转化远比名称的更替更为重要，名称只是一个符号，或者也可谓一种"形式"，我们永远要思考的是：我们到底想要什么？显然，我们要的不是一张漂亮的照片或者画，空间以其抽象而不定的面目，等待着我们的发现与塑造，所有的一切都不应去泯灭其无限的可能性。

面向生态文明建设的环境艺术与环境设计

□ 郑曙旸

/

    "环境艺术设计"是中国社会特定历史背景下的专业产物。随着时间的流逝，尽管今日中国的决策层和社会大众并不一定完全理解"Design•设计"的完整内涵，但专业界对于汉语"设计"的指向已超越了词典释义的范畴。再沿用"艺术设计"的称谓，反而不利于本属于人类完整思维系统——艺术与科学指向中感性与理性两极的统一。[1] 在设计学成为一级学科的今天，需要不失时机地举起"环境设计"的大旗。

    "环境艺术"与"环境设计"本来就是两种不同的概念。即使是"环境艺术设计"在翻译成英语时也只能是"Design"而非"Art design"。在英语"Design"中除了汉语"设计"动词的基本涵义外，与艺术概念相关的名词内容占了相当的比重。很难在现代汉语中找到一个完全对等的词汇。所以才会在中国发展的特定历史阶段出现"艺术设计"这样的词组，并以它来代表相关的专业内容。

    因此，在学科的专业语境中，环境艺术与环境设计，成为艺术学门类中不同概念的两类专业，前者是基于环境美学观念将人的全部感官融会于环境的艺术创作，后者是协调人与人、人与自然关系的设计创新。

一、建构环境艺术观念指导下的环境设计专业平台

    艺术创作完全是人客观社会存在的主观形象反映，尽管人类营造人工环境的建筑历史源远流长，但环境艺术却是 20 世纪近现代艺术发展的产物。

    环境艺术作为新兴的艺术类型，目前在学术界尚未达成统一的认识。一般认为："环境艺术"（Environmental Art）这种人为的艺术环境创造，可以自在于自然界美的环境之

---

1. 郑曙旸. 中国环境艺术设计学年奖第七届全国高校环境艺术设计专业设计竞赛获奖作品集——前言. 北京: 中国建筑工业出版社,2009 年 11 月.

外但是它又不可能脱离自然环境本体，它必需植根于特定的环境，成为融会其中与之有机共生的艺术。从艺术创造者的社会主导意识出发，环境艺术应是人类生存环境的美的创造。

环境艺术实际上并没有成为现代艺术流派中十分明确的一支，但是又在现代艺术诸流派的实践活动中不同程度的体现。

环境艺术在现代艺术诸流派中的体现，可以分为两类：一类为艺术创作中环境时空的观念性体现，另一类为具有环境场所内容的实质性创作体现。自"野兽派"开始到"波普艺术"，环境艺术实现了从观念到实践的全过程。

环境艺术是由"环境"与"艺术"相加组成的词，在这里"环境"词义的指向并不是广义的自然，而主要是指人为建造的第二自然即人工环境。"艺术"词义的指向也不是广义的艺术，而主要是以美术定位的造型艺术，虽然环境艺术作品的体现融会了艺术内容的全部，但创造者最初的创作动机，还是与"造型的"或"视觉的"艺术有着密切的关联。

尽管在历史上造型艺术的建筑、绘画、雕塑具有环境审美体验的特征，但创作者并不是以环境体验的时空概念来设定创造物的。虽然这些创造物的综合空间效果也会具有环境艺术的某些特征，却不能说它本身就是环境艺术的作品。

符合生态文明的美学观念是基于环境的审美，这是时空一体完整和谐的审美观。

真正的环境审美，具有融会于场所，时空一体的归属感。如同物理学"场"的概念：作为物质存在的一种基本形态，具有能量、动量和质量。实物之间的相互作用依靠有关的场来实现。这种"场"效应的氛围显现只有通过人的全部感官，与场所的全方位信息交互才能够实现。

环境审美不应该只通过一件单体的实物，而应该是能够调动起人的视、听、嗅、触，包括情感联想在内的全身心感受的环境体验场所。

环境美学观念的时代重构，在于从传统美学观到环境美学观的转换。

美学要素非常突出的环境就拥有美学价值。价值产生于体验当中，审美体验正是通过人的主观时间印象积累，所形成的特定场所阶段性空间形态信息集成的综合感受。以静观为主的传统审美定位于空间的、视觉的、造型的，具有明确形象直观实体创造的反映；以动观为主的环境审美来自于虚拟的、联想的、抽象的，具有文学色彩环境氛围创造的反映。

环境艺术的作品必须符合环境美学所设定的环境体验要求，并能够在三个方面进行区分："一是环境美的对象是广大的整体领域，而不是特定的艺术作品；二是对环境的欣赏需要全部的感觉器官，而不像艺术品欣赏主要依赖于某一种或几种感觉器官；三是环境始终是不断变动的，不断受到时空变换的影响，而艺术品相对地是静止的。"[1] 依据以上衡量标准，只有能够产生环境美感的作品，才能够称其为环境艺术作品。

环境艺术作品的创作必须考虑人与人、人与自然环境的关系，也就是作品本身与自然环境的关系。以能够调动人的所有感官所营造的人工环境并使其融会于自然，并能够产生环境体验的美感，成为环境艺术立足的根本。

纵观世界艺术发展的历史，我们不难发现东方的艺术，尤其是中国的造型艺术，在表现的形式上更注重于意境的视觉传达。特别是自然环境表现的山水画面，呈现出一种源于自然而高于自然的环境审美趋向，其似与不似的抽象意味要远胜于具象的真山水。而西方的造型艺术却一直沿着描摹物象的真实在发展，如果不是工业文明所导致科学技术在西方世界的进步，最早的具有主观创作意识的环境艺术应该在东方世界出现。然而，现实情况却是 19 世纪末到 20 世纪初西方现代艺术的发展，直接导致了环境艺术的产生。

纵观中国传统文化的古代哲学"气论"思想，不但与今日世界的环境艺术观念异曲同工，其系统思维的理论视角和高度远胜于西方环境美学研究所达到的境界。根据中国古代哲学"气论"思想体系的发展脉络，其格心与成物之道，对于从环境艺术观念的理论指导转化为环境设计的社会实践具有重要意义。

格心与成物。格：一定的标准或式样，量度、纠正。心：思想、感情。成：完功、完成、成全、成为、变成、具备、定、必。物：事物、物质。

面向导引生活方式的设计，在于"心"与"物"二者之间的平衡与互动，关键是"心"的修养。早期理智的概念也是以修养来恒定的。正如王守仁门人纪录其思想言论的《传习录》中所言："先圣游南镇，一友指院中花树问曰：'天下无心外之物，如此花树，在深山中，自开自落，于我心亦何相干？'先生云：'尔未看此花时，此花与而心同归于寂，尔来看此花时，则此花颜色，一时明白起来。便知此花，不在尔的心外。'"（《传习录》下，《王文成公全集》，卷三）以中国为代表的东方文化对生活的认识更为本质。东方文化追求的是人与自然之间的和谐状态。可以理解为"物"的本质追求，也就是人的"心"与"物"互动当中产生的某种境界，一种真实生活的体验，注重于心境的修炼而非物质表象的追求。如何体现这种"心"与"物"的互动，是设计学中非常重要的研究课题。

如果用一个汉字来表达"心"与"物"的互动，似乎非"气"字莫属。汉语中"气"的字面表

---

1. 陈望衡,建设温馨的家园——《环境美学》总序二,长沙,湖南科学技术出版社,2006 年.

意和内涵有着很大的不同。在这里更多地侧重于：气性、气脉、气势、气氛、气韵、气质等词的综合含义。以传统文化的内涵为出发点，按照今天的思维范式，"气"也可以理解为事物在整个运行当中的一些具体的方法和规则。"气"在具体运作的过程中，注重人生活中的一种感受，一种体验。所以东方的建筑与园林形态不像西方那么张扬，重视人在流程中的体验，是"气"的具体表现。归结到设计学的环境设计专业层面，体现于方法与手段的内在指导性。通过"气"的运行，实现人造形态与自然环境的最大吻合。[1]

同样，以设计学环境设计的格心与成物之道为例：空间规划在于"心"与"物"的互动；构造装修在于"物"制"心"的平衡；陈设装饰在于"心"定"物"的必然。当装饰面向行业、专业、商业三类设计者的抉择，"欲望之美"还是"情境之美"，就成为装饰定位于设计选择的关键。力戒脱离功能限定的"装饰"概念，和泛艺术化倾向的"装饰"概念。"在环境欣赏中，视觉的和形式的因素不再占主要地位，而价值的体验是至关重要的。"[2]

环境艺术的观念因此成为环境设计理论指导的主观思想内核。

环境设计是研究自然、人工、社会三类环境关系中以人的生存与安居为核心设计问题的应用学科，并以优化人类生存和居住环境为主要宗旨。环境设计问题既古老又有新的挑战性，并具有理论研究与实践、环境体验与审美创造相结合的特征。环境设计尊重自然环境、人文历史景观的完整性，以环境中的建筑为主体，在其内外空间综合运用艺术方法与工程技术，实施城乡景观、风景园林、建筑室内等微观环境设计。

环境设计是建立在客观物质基础上，以现代环境科学研究成果为指导，创造理想生存空间的工作过程。人类理想的环境应该是生态系统的良性循环，社会制度的文明进步，自然资源的合理配置，生存空间的科学建设。这中间包含了自然科学和社会科学涉及的所有研究领域。

环境设计以原有的自然环境为出发点，以科学与艺术的手段协调自然、人工、社会三类环境之间的关系，使其达到一种最佳的运行状态。环境设计具有相当广的涵义，它不仅包括空间实体形态的布局营造，而且更重视人在时间状态下的行为环境的调节控制。

环境设计，立足于环境概念的设计。环境艺术营造的是一种空间的氛围，将环境艺术的理念融入环境设计，所形成的设计主旨在于空间功能的艺术协调。

环境设计并不一定要创造凌驾于环境之上的人工自然物，它的工作状态更像是乐团的指挥、电影的导演。选择是它设计的方法，减法是它技术的长项，协调是它工作的主题。

---

1. 王国彬. 易禾十年：中国环境艺术设计之探索. 北京：中国青年出版社，2012年3月. 第3页

2. 张敏. 阿诺德•柏林特的环境美学建构. 文艺研》，2004年第4期.

科学运行的环境设计系统,符合于生态文明社会形态的建设需求。

中国特色的环境设计专业,产生于20世纪80年代室内设计的理论与实践。这是因为近人的室内尺度易于生成可明确感知的环境体验。

环境设计的创造必须考虑人与自然的关系,也就是创造物本身与自然环境的关系。不仅是人工的视觉造型环境融会于自然,并能够产生环境体验的美感,而且符合人的全部感官所导致行为特征所决定的实用功能。

广义的环境设计概念:以环境生态学的观念来指导今天的设计,就是具有环境意识的设计,显然这是指导设计发展的观念性问题。

狭义的环境设计概念:以人工环境的主体建筑为背景,在其内外空间所展开的设计。具体表现在建筑景观和建筑室内两个方面。显然这是实际运行的专业设计问题。[1]

狭义的环境设计已经在今日的中国遍地开花,然而广义的环境设计观念尚未被设计界与决策层所认知。因此"基于环境意识的设计"作为广义环境设计的定义,对于可持续设计的发展具有十分重要的意义。广义的环境设计观念是中国可持续设计发展理论的基础。

无论是广义或是狭义的环境设计,其正确观念的建立还是要通过教育。通识教育的重点在于传播环境艺术观念,专业教育的重点在于掌握环境设计方法与技能。两者的最终目的殊途同归,都在于树立环境意识,转变价值观念,确立健康的生活方式。

二、建立可持续发展观指导下的环境设计通识教育体系

环境艺术与环境设计作为面向生态文明建设的前沿学科,有理由成为中国可持续设计教育在高等学校众多设计学学科的专业前导。由于可持续设计教育的中国战略,是面对三类人群的教育规划。其一,转变价值观念的全民教育;其二,培育全面人格的素质教育;其三,建构生态文明的专业教育。全民教育的重点在于政府与企业的决策高层;素质教育的重点在于综合大学中的设计院系;专业教育的重点在于技术学院中的专业系科。理想的状态是:三足鼎立,交融渗透,互为支撑。[2]

在设计学的层面,从国家经济的角度来看,今日中国的设计还不能摆脱"资本的逻辑"指挥棒下产品消费需求的运作。这是建立在消费主义基础上的设计理念。消费主义是经济

1. 郑曙旸. 中国环境艺术设计学年奖第七届全国高校环境艺术设计专业设计竞赛获奖作品集——前言. 北京: 中国建筑工业出版社,2009 年 11 月。

2. 郑曙旸. 可持续设计教育的中国战略. 持续之道: 全球化背景下可持续艺术设计战略国际研讨会论文集. 武汉 : 华中科技大学出版社 , 2011 年

11 月

主义在当代的表现。"在资本主义早期发展阶段，生产是经济增长的关键，但到了 20 世纪，资本主义生产已使绝大多数人的基本需要得到满足。这时，简单地促进大量生产已无法保证经济增长，必须激励大众消费，才能推动经济的不断增长，于是消费主义应运而生。"[1] 在经济主义的指导下，人类采取了"大量生产—大量消费—大量遗弃"的生产、生活方式，这种生产、生活方式已引起了全球性的生态危机。在这种状态下，打着创新旗号以产品为主轴旋转的设计就会成为助纣为虐的帮凶。"没有哪位思想家宣称自己的学说是经济主义，也没有哪个国家政府明确宣称奉行经济主义。但经济主义是渗透于现代文化（广义的文化）各个层面的意识形态，是最深入人心的'硬道理'。"[2] 问题是"在中国实行社会主义市场经济的条件下，生产经营者以赢利最大化为目的，存在着无限掠夺自然资源、破坏生态和环境的自发倾向，并因此危害着社会公众的利益。"[3]

错误的设计观念必然导致严重的后果。可持续设计面对的社会现实十分严峻，可谓触目惊心。当代中国社会设计审美取向严重偏移。以多为美、以大为美、以奢为美。感官刺激的时空符号取代启迪精神家园的艺术。大量生产、大量消费、大量遗弃的现象，已从普普通通的筷子蔓延到最大的商品——房子，尽管房子不可能真的被遗弃，但是以炫富为目的购房空置占有，对于不可再生的有限土地资源而言无异于遗弃。[4]

"人们生活的目标是幸福，而不是财富，财富只是手段之一，人们生活幸福的程度也并不取决于财富的多少，而在很大程度上取决于生活信念、生活方式和生活环境之中的对比感受"[5] 的道理。并不为当下社会文化所接纳。基于环境意识的设计审美恰恰符合这样的理念，因为"在环境欣赏中，视觉的和形式的因素不再占主要地位，而价值的体验是至关重要的。"这是由于在"日常生活中我们进行的一切活动，不管是否意识和注意到，它们都进入我们的感知体验并且成为我们的生活环境。"所以通过环境设计的通识教育有可能提高公众的思想认识水平，达到较高层次的文化素质，以适应生态文明建设的需要。

人的社会生存需要精神层面的抚慰。除了内在的主观追求，还需要外在客观的时代精神滋养。一个特定的历史时期会产生与之相适应的时代精神。这种时代精神成为社会中个

1. 马伯钧 . 社会主义经济学研究 . 北京 : 经济科学出版社 , 2007 年 11 月 .

2. 同 1.

3. 清华大学美术学院环境艺术设计系艺术设计可持续发展研究课题组 . 设计艺术的环境生态学——21 世纪中国艺术设计可持续发展战略报告 . 北京 : 中国建筑工业出版社 . 2007 年 2 月

4. 郑曙旸 . 基于可持续发展国家战略的设计批评 . 装饰 . 2012 年第 1 期 .

5. 奚恺元 . 从 2002 年诺贝尔经济学奖看经济学的新方向——从经济学到幸福学 . 上海管理科学 . 2003 年第 3 期 .

体人的思想支柱，并集中反映于当时的社会意识形态，体现在审美观、价值观、人生观的各个层面。

时代精神存在于社会主流人群的思想意识，但这种时代精神并不一定代表着先进文化。体现于社会主流人群的现实文化素质，是由文化素质基础产生的思想意识，它受到当时社会政治与经济的影响，必定在主流人群中形成某种特殊的思维定式。这种思维定式影响着当时社会观念的各个层面。当一种社会形态处于某种体制控制下的相对稳定期，那么时代精神与社会价值的观念之间是相互平衡的。而一旦社会形态处于体制的转型期，那么时代精神与社会价值的观念之间就会失去平衡。

既然时代精神取决于社会主流人群的思想意识，那么代表先进文化的时代精神能否占据社会主流人群的头脑，就成为与之相适应社会价值实现的关键环节。就设计学的观念形态而言，代表先进文化的时代精神是其创作的本原动力。在社会价值的评价体系中，要么是设计者的观念落后于时代精神；要么是使用者的观念落后于时代精神。只有取得两者的平衡，具有先进文化时代精神的设计作品才有可能得到最大的社会价值。

独立的民族文化发展，繁荣的人文科学研究，催人奋进的时代人文精神，是一种强大的精神力量。同物质力量一样，也是民族国家崛起不可或缺的基础和前提之一，而且在特定、具体的历史条件下，文化作为精神力量有时甚至会发挥出比物质力量更重要的作用。

问题在于当代中国是从半殖民地半封建的废墟中建立，长达2000多年的封建统治是以儒家理论作为中国传统文化的基础，尽管经过了激烈的时代变革依然根深蒂固。跨越资本主义阶段直接进入社会主义建设实践的当代中国，人文科学理论基础的构建尚不够稳固。加之全盘否定传统文化的"文化大革命"的重大影响，使得我们建设符合时代需求与精神文明的人文科学理论缺乏牢固的社会基础。这就需要花大力气，在经济高速发展的同时，加强人文学科的建设，从教育入手，从文化建设的本质做起，尤其是通过环境设计的通识教育，大幅度提高全民的人文素质，以促进人的全面发展。[1]

环境设计所体现的可持续设计教育核心理念，同样在于符合生态文明未来发展对于人的综合素质要求。人的全面发展所导致的价值观确立，对于设计教育而言侧重于完整人格的塑造。

设计教育体现于人格塑造的理念与可持续发展观完全相符。因其教养内涵具有人与自然、社会相和谐的文化价值。而这种文化价值的养成又主要来自于艺术学科的教育。由

---

1. 清华大学美术学院环境艺术设计系艺术设计可持续发展研究课题组．设计艺术的环境生态学——21世纪中国艺术设计可持续发展战略报告．
北京：中国建筑工业出版社，2007年2月．

于艺术是人才培养德育、智育、体育、美育的素质基础，是健全人格修养构成的主体，能够改变人的性格、气质、能力、作风，因此成为创新精神和实践能力建构不可或缺的教育。设计因其艺术属性的一翼，以其跨学科的特质具备"可持续发展教育"的全部特征[1]，从而在完成人格塑造的任务中具备重要意义。

中国科学院可持续发展研究组自1999年始，每年连续发布《中国可持续发展战略报告》。报告以生存支持、发展支持、环境支持、社会支持、智力支持五大系统，构建中国可持续发展战略的宏大体系。其中"智力支持系统"在整体的可持续发展战略结构中，主要涉及国家、区域的教育水平、科技竞争力、管理能力和决策能力，是全部支持系统总和能力的最终限制因子，其基础就是国家的教育能力。

面对文明延续的挑战，人类社会正面临两大根本性转变。其一，工业化社会向知识经济社会转变；其二，一次性学历教育向终身学习转变。高等教育因此必须变革。目前的世界高等教育以毛入学率的变化呈现三种形态：发达国家的普及型（＞50%），发展中国家的大众型（15%～50%），欠发达国家的精英型（＜15%）。中国只有从目前的低水平大众型发展到普及型，其人力资源构成的智力支持系统，才能满足国家可持续发展战略所设定的目标。[2]

三、建设和完善环境设计的专业教育体系

环境设计是一门强调社会性、实践性、整体性、系统性的研究及应用性学科。其理论基础主要来自设计学、建筑学、艺术学等最为直接的学科成果；来自生态学、环境学、经济学、心理学、社会学等相关学科；同时也来自工程学、物理学、地质学、地理学、力学、热工学等自然科学及工程技术领域；综合以上学科知识，构成环境设计中的环境规划与设计研究、微观环境设计研究、环境设计审美与表现语言研究、环境设计与施工协调研究等范畴的专门研究领域。

---

1. 联合国教育促进可持续发展十年（2005～2014）国际实施计划："跨学科性和整体性：可持续发展学习根植于整个课程体系中，而不是一个单独的学科；价值驱动：强调可持续发展的观念和原则；批判性思考和解决问题：帮助树立解决可持续发展中遇到的困境和挑战的信心；多种方式：文字、艺术、戏剧、辩论、体验……采用不同的教学方法；参与决策：学习者可以参与决定他们将如何学习；应用性：学习与每个人和专业活动相结合；地方性：学习不仅针对全球性问题，也针对地方性问题，并使用学习者最常用的语言。"

2. 郑曙旸. 可持续设计教育的中国战略. 持续之道：全球化背景下可持续艺术设计战略国际研讨会论文集. 武汉，华中科技大学出版社. 2011年11月.

环境设计问题既古老又有新的挑战性，并具有理论研究与实践结合、环境体验与审美创造相结合的特征。环境设计尊重自然环境、人文历史景观的完整性，以环境中的建筑为主体，在其内外空间综合运用艺术方法与工程技术，实施城乡景观、风景园林、建筑室内等微观环境设计。环境设计要求依据对象环境调查与评估、综合考虑生态与环境、功能与成本、形式与语言、象征与符号、材料与构造、设施与结构、地质与水体、绿化与植被、施工与管理等因素，强调系统与融通的设计概念、控制与协调的工作方法，合理制定设计目标并实现价值构想。

设计学的知识领域包括设计历史与文化、设计思维与方法、设计工程与技术、设计经济与管理四个方面。环境设计专业教育同样需要了解和掌握以上四个方面的知识。

从环境设计专业方向的设计历史与文化进行具体描述：立足于环境设计是研究自然、人工、社会三类环境关系中以人的生存与安居为核心的设计问题的应用学科的基本认识，以设计致力于优化人类生存与居住环境整体努力的理论及方法的研究为主旨。通过对组成环境设计系统相关专业内容，城市、建筑、室内、园林设计历史与理论的学习，研究环境艺术与环境科学关系的问题，了解并掌握环境设计问题既古老又有新挑战性的学科规律。学习并具备理论研究与实践结合的能力，掌握环境体验与审美创造相结合进行优质环境设计的知识。

从环境设计专业方向的设计思维与方法进行具体描述：从人与人、人与自然关系的本质内容出发，结合环境设计理论知识学习与实践技能训练，掌握以图形推演为主导的环境设计思维能力。通过设计思维与表达、环境设计专业基础、专业设计知识的学习，研究环境社会学与综合设计的问题，了解并掌握不同设计阶段的思维与表现模式，以及设计语言、设计程序、设计方法等内容。学习并具备从物质形态和意识形态两个方面展开工作的能力，掌握环境优化、环境安全和符合环境生态可持续发展的设计知识。

从环境设计专业方向的设计工程与技术进行具体描述：立足环境设计系统的整合理念，结合环境设计相关专业工程建设知识学习与图形技术实施的技能训练，掌握运用材料构建塑造空间形态和表达设计概念的能力。通过测绘与制图、材料与构造知识的学习，研究环境心理学与环境物理学的问题，了解并掌握经由逻辑思维与形象思维捕捉对象认知环境的综合勘测手段。学习并具备从主观技能和客观物质两个层面介入技术的能力，掌握设计实施技术路线优选抉择的知识与实际动手操作的技能。

从环境设计专业方向的设计经济与管理进行具体描述：从设计管理是设计学内涵有机组成的概念出发，结合环境设计理论知识学习与社会实践运作的实验教学，掌握环境设计定位、概念推导、方案设计与实施不同阶段的设计管理能力。通过城乡环境规划与建设、环境设计项目管理知识的学习，研究环境管理学与环境设计发展战略的问题，了解并掌握经由战略层面与战术层面实施设计管理手段。学习并具备以管理学理论为基础，以行为科学、决策理论、市场学、策略学等为支撑的设计管理工作能力，掌握以设计学方法论为核心，整合环境设计资源要素，理论知识与社会实践相结合的设计管理方法。

环境设计专业教育的目标定位，无形中提升了教学环节中知识传授与技能训练的高度。实施的难度在于面对信息时代信息爆炸正确信息选择的挑战。

生态的概念，是生物在自然环境下的生存和发展状态。生态科学，研究生命系统与环境相互作用规律的学科。知识传授的生态概念，教学双方相互作用关系中的信息可达性。

在信息时代，信息的泛滥使正确信息的传达成为问题，因为验证的过程变得异常复杂，也就是说可达并不一定可信。于是当下的知识传授，即使是面授，也必须营造传授方与接受方在环境体验中的互动状态，互动的频率愈高信息的可达性愈强。

然而，知识传授的设计教学现状却是：以"满堂灌"为主导的理论面授方式，越俎代庖以教师个人喜好代替学生思考的定案方式，以及针对个体就事论事简单评价的看管式作业辅导。因此，实验教学——具有操作验证过程的授课方式，成为符合生态概念，信息可达性高的知识传授范式。它取决于所采取的教学形式和与之相应的方法内容，这是一种设问、讨论、评价、答疑、讲授、总结等多元信息传递与互动的教学模式。

中国高等学校本科教育的专业技能训练水平，即使以国际水平衡量，处于一流水平应该是不争的事实。问题在于什么是符合可持续设计教育观念的技能训练？

概念设计主要反映学生的创意素质，启迪感性的技能，培养工作的方法。其结果未必能够实现，但却培养了学生勤于感性思考和理性策划的能力。虽然是未经验证的设想，但非确定性的发展前景却能够刺激设计者的创作激情，具有可持续的后劲。

方案设计主要反映学生的专业技术，锻炼理性的技能，培养动手的能力。其结果必须能够实现，实现后必须经过时间的检验，才能作为设计者的经验来指导今后的工作。未经实践检验的方案设计图纸，有可能作为错误的经验留存在设计者的思想中，并影响今后的设计决策。

概念：代表着精神、思想、主题。方案：代表着物质、技术、内容。重技术以物质目标为主，重思想以精神目标为主。两种观念的融会才是最终的出路。中国走在前端的设计院校，技术之路走了30年，从技术走向思想才走了10年……概念与方案的悖论存在于开办设计教育的各类学校，问题得不到解决就培养不出各类行业的创新型人才。

从发展的眼光，今天的技能训练应包含设计教学的两极，即：体现于概念设计与方案设计的综合技能。这是可持续设计教育技能训练观念定位的核心。人格健全、素质综合、思维双向全面发展的人就可以具备这种完整的技能。需要改变的只是单一的技能训练观念。

冲破障碍的关键在于从封闭走向开放。首先需要解放思想，使认识水平跟上时代发展的步伐，打破观念层面的坚冰，清除各种门户壁垒，实现学科、专业、学校、师生之间的无障碍交流。这就要求自由宽松的教学环境，学生选择的自由和教师营造的宽松，从而创造交融、综合、多元的发展空间。通过几代人的不懈努力，将中国的设计人才储备，达到国家可持续发展战略目标所需的能力和相应的水平。

参考文献：

[1] 郑曙旸．中国环境艺术设计学年奖第七届全国高校环境艺术设计专业设计竞赛获奖作品集 [M]．北京：中国建筑工业出版社，2009．

[2] 阿诺德•伯林特著．环境美学 [M]．张敏，周雨译．长沙：湖南科学技术出版社，2006．

[3] 王国彬．易禾十年：中国环境艺术设计之探索 [M]．北京：中国青年出版社，2012．

[4] 张敏．阿诺德•柏林特的环境美学建构 [J]．文艺研究，2004，(4)．

[5] 郑曙旸．可持续设计教育的中国战略．持续之道：全球化背景下可持续艺术设计战略国际研讨会论文集 [M]．武汉：华中科技大学出版社，2011．

[6] 马伯钧．社会主义经济学研究 [M]．北京：经济科学出版社，2007．

[7] 清华大学美术学院环境艺术设计系艺术设计可持续发展研究课题组．设计艺术的环境生态学——21 世纪中国艺术设计可持续发展战略报告 [M]．北京：中国建筑工业出版社，2007．

[8] 郑曙旸．基于可持续发展国家战略的设计批评 [J]．装饰，2012，(1)．

从环境艺术设计专业
到中国现代环境学的构建

——"道,形,器,材,艺"的设计方法论研究

□ 王国彬

• 序言

"造福于民"几乎是历朝历代的贤者,政治家们所追求的终极社会理想,虽法相异,然道相同。而普通人对于安宁幸福生活的追求,更是人类不断努力发展的原动力。根据百度百科的解释,"幸"为精神生活的满足感,"福"为物质生活的满足感。更易理解的说法便是,物质生活为——衣、食、住、行,精神生活为——喜、怒、哀、乐,两者共生共存,相互促进,共同发展,不可分离,构成了幸福生活的两仪。

环境艺术设计的专业设置初衷,正是通过艺术的手法对人类生存环境的提升,来满足人们的"幸福生活"中的"幸"的范畴。环境艺术设计专业以其科学技术与文化艺术的双重属性,在设立之初就具备一定的时代前瞻性与先进性,经过几十年的发展,逐渐形成了较为广泛的社会影响力。

在物质匮乏的年代,能满足日常生活基本需求已属不易,其精神追求则无力顾及。时至今日,随着人民物质生活水平大为提高,经济的迅猛发展,伴随而来的价值观及生活方式的变迁,对当代中国人的生活观产生了重大影响,国人开始正视与追求"幸与福"合一的生活状态。环境艺术设计专业终于迎来了属于自己的时代!

• 与时俱进的环境艺术设计专业

首先要谈到的一定是环境艺术设计面临的严重的发展瓶颈问题。曾几何时,国内建筑业迅猛发展,仿佛给相关设计行业扎了一针兴奋剂。由于传统相关学科教育的相对落后、封闭、单一,新兴的环境艺术设计专业承担了大量建筑、园林、规划等专业的学科盲区。形

象工程的泛滥，科技手段的相对落后，催生了诸如"美化与装饰"这些基于传统工艺美术基础的实用美术手段成为环境艺术设计专业核心竞争力的怪圈，甚至成为了一种时髦。几年内，环境艺术设计专业遍及大江南北各种高校，但却很少有人冷静思考这一专业的核心本质。环境艺术设计在经济大潮中逐渐迷失了本就不太明确的专业方向。

时过境迁，随着科技的发展进步，景观设计专业等同类专业的兴起，以及建筑、园林、规划等专业外延的不断精细化分工，各自的专业盲点不断被弥补，日趋完善。人们的关注点逐渐从单一的美观表象，开始逐渐转向生态可持续的系统设计。"环境艺术设计"在一段时间内风光不再，甚至面临着有名无实的尴尬境遇——由于缺乏明确的专业核心竞争力，环境艺术设计的从业者成了"万金油"，沦为其他相关专业的附庸。现实的变化，迫使环境艺术设计从业者不得不开始重新思考其专业的核心本质，完成从传统工艺美术向现代主义设计的过渡。

环境是相对于中心事物而言的。与某一中心事物有关的周围事物，就是这个事物的环境。环境科学研究的"环境"，是以人类为主体的外部世界，即人类赖以生存和发展的物质条件的综合体，包括自然环境和人工环境。环境艺术研究的"环境"则更加注重基于物质环境上的精神需求，可称之为社会人文环境，二者是辩证统一关系，良好的自然环境是和谐的人文环境的物质基础，而和谐的社会人文环境也必将呼唤良好的自然环境。人们生活的幸福，是自然环境与社会人文环境的平衡和谐发展的结果。单一对自然环境的科技维护，忽略对环境社会人文性的认识与建设，是当代人对环境认识的误区。新时代的环境艺术设计专业发展建设，其首要任务就是要明确自己的专业范畴。简而言之，笔者认为环境艺术设计专业是一个以"关系"为核心的专业。"有之以为利，无之以为用"，环境艺术在人们的生活当中充当的是"无"的角色，长期以来被大多数人所忽视。因此，环境艺术设计专业的重构，有必要结合当前的时代特点以及产业与专业状况，与时俱进地建构环境艺术设计的专业系统。因此，我们可以将与人们生存环境相关的专业学科进行如下类比分析（见表4-01）。

通过上述对比不难看出，随着科技的进步与社会的发展，人们的需求呈现多元化与复杂化的特点，未来的学科建设发展更呈现综合性，交叉性的趋势。无论从字面还是更深层次的角度而言，"环境艺术设计"应该是绿色的、创造和谐性与持久性的艺术与科学综合体。因此，发挥其专业特点，完善环境艺术设计专业的核心系统构建，使其适应新的发展，从而在更大范围内促进人们生活的幸福，这是我们这一代环艺人的时代责任！而笔者所谓的——从环境艺术设计专业到中国现代环境学的构建——正是借助当下发展与变化的顺势而为，其交叉性、开放性的特色恰恰与当下的时代合拍。中国现代环境学应该是环境

职业	环境科学家	建筑师	景观设计师	环艺设计师	园林设计师
学科门类	理学	工学	工学	艺术	农学
一级学科	交叉学科	建筑学	建筑学	艺术学	林学
二级学科	无	建筑设计	景观建筑学	设计学	风景园林
通用名称	Environmental Science	Architecture	Landscape Architecture	Art & Design	Landscape Gardening
职业产生时间	此学科年代较短，直到19世纪60年代才成为正式学科	1655年，巴黎的皇家绘画与雕刻学院(巴黎艺术学院)是世界上第一所有完善的建筑系科的学院	奥姆斯特德(Olmsted)于1858年非正式使用(Landscape Achitectrue)，1863年被正式作为职业称号	1919年公立包豪斯学校为现代艺术设计专业的开始	赖普敦是英国第一位造园家，他提出了风景造园学和风景造园师的专门名词
在国内的学科发展	北京大学是我国最早开展环境科学教学和科研的机构之一 1982年成立了环境科学中心，2002年，成立了环境学院	1923年中国苏州工业专门学校设建筑科，1927年并入中央大学设建筑系	2003年4月北京大学景观设计学研究学院成立。10月8日清华大学建筑学院景观学系成立	1988年艺术设计列入普通高等学校专业目录。1998年成为二级学科艺术设计下的专业方向2011年升级为一级"设计学"	1951年"造园组"1980年发展为园林设计与园林植物，1988年正式建立风景园林规划与设计专业
学科简述	研究寻求人类社会与环境协同演化、持续发展途径与方法的科学	主要是研究建筑科学和建筑艺术的学科	综合地、多目标地多手段解决人居环境相关问题	将艺术形式美感结合实用功能满足社会需要	用艺术和技术手段处理自然、建筑和人类活动之间复杂关系
专业范畴	人类活动与自然生态之间的关系，环境变化对人类生存影响；环境保护	建筑物形体及环境空间	景观资源保护，规划设计，建设管理	室内外环境及建筑装饰和艺术优化	城市与风景区园林景观
专业核心技能	大气学生态学环境化学环境科学	建筑造型，功能，技术及相关国家规范	没有核心技术重在统筹综合环境艺术，建筑规划和园林专业及生态学等相关专业	艺术视觉造型，精神文化研究及相关技术	园林植物和园林设计相关技术及传统造园艺术

表4-01 存环境相关专业学科的分类比较研究

科学与环境艺术的交叉融合。那么，我们应该如何构建呢？笔者认为，作为5000年中华文明的古国，我们应该从我们的祖先的生存智慧中，汲取灵感，作为出发点。

• 传统与当代的生存之道

数千年的中国传统环境学，仰观天象，俯察地理，中参人和。"天人合一"这种和谐共生的哲学思想一直是国学的核心精髓，它区别于西学的分科之学，比较强调学科的综合系统性。作为百经之首的《易经》一直以来担当着中华民族现实世界观主体的角色。《易经》有五个方面的应用(术)，分别为仙(术)、医(术)、相(术)、命(术)、卜(术)。其中，以易经为哲学核心的中国传统环境学(风水术)，属于"相"术的一支，它强调天人合一的全息世界观，认为人体外的生存环境（天），人的身体（人），人的行为活动的三位一体，并通过阴阳，五行，八卦，九星的相互关系来体现天人"合"的系统关系（见图4-02）。不难看出，天时，地理，人事，三者相生相克的"关系"正是图表要表达的核心，基于古时环境与文化特点形成的中国传统环境学，几千年来构建出了一派人与自然的和谐景象。

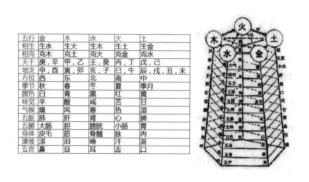

图 4-02　天人"合"一的全息系统关系图

　　其从业人员，即风水师或者叫传统环境设计师，通过专业工具罗盘，他们以传统朴素的宇宙全息哲学观，融合天文星象、方位磁场、人文地理等"数术"学科，重在处理"天，地，人"三者的关系。从城市规划，建筑择向选址，以及环境与人们行为的关系，如：内外六事等多方面，为人们的生活作出了指导。通过"一命，二运，三风水"的说法不难看出，传统环境学与风水术实质成为中华5000年传统居住文化的核心，而风水师（传统环境设计师），成为了人与自然和谐关系的实际践行者（如图4-03、图4-04所示）。

　　五四运动以来，中国的教育沿袭了西方"分科之学"的科学体系，几乎完全摒弃了"天人合一，通才之学"的国学体系，再加上近代中国没有经历真正意义上的工业革命，虽然技术可以学习，但还没有形成真正的现代化大生产协作意识形态。上述的种种原因，造成了现行教育机制中的学科封闭性。具体在设计行业现状中，则体现为某一传统专业一家独大，很难达到真正意义上的融合，专业协作大多只有其名，实为各扫门前雪。中国传统环境学中风水师的职责工作，则在当下被拆分并演化了环境科学、规划、建筑、园林等多个学科，这样做的结果必然会造成相互联系的障碍，从而损失了传统环境学的核心——关系的把握。

　　时至今日，全球化生态环境及气候的恶化，城市化进程的加快，系列相关自然与社会问题日趋复杂，所谓环境科学，无法应对综合问题中的非科学部分，诸如艺术、人文等相关领域，使得社会的问题与需求难以得到全面系统的应对与解决。因此，西方也开始借鉴古老的东方生存智慧，人们开始重新思考人与自然环境的关系，力图构建人与自然的新秩序。因此，继承中国传统环境学的"关系"观念，加强学科的交叉与融合，是人与自然的新和谐秩序的突破口，构建中国现代环境学，培养当代环境设计师而非单纯环境艺术设计师，是环境艺术设计专业未来发展方向的着力点。

图 4-03 风水罗盘　　　　　　　　　　　图 4-04 风水图

- <u>中国现代环境学的构建及方法论</u>

　　针对社会现状及教育现状，以某个现有专业为基础，更新学科概念，增强其与相关专业之间的交叉，强调环境科学与环境艺术融合，是构建中国当代环境学的具体方法。我们应该细心梳理当代的问题与相关学科关系，完成现代环境学与环境设计师教育的体系建构。

　　在新的时代机遇面前，我们这代环艺人相信，以现有各学科体系为基础，以"合"字为指导思想，以传统环境学为借鉴，强调系统性、交叉性、融合性，着眼于恢复构建人与自然"天人合一"的和谐可持续发展，以"关系"营造为核心，一个不落窠臼的、综合性的中国当代环境学应逐渐被建构起来。中国当代的环境学与环境设计师，应该成为中国当代居住文化的主体，人们幸福生活的构建主体。环境设计应该像中医一样，是一次系统整体诊治疾病的过程，而非西医的"头疼医头，脚疼医脚"的片面局部治疗法。它将运用中国现代环境学与环境术（就像是现代罗盘），极大程度地系统解决相应社会问题，对人们生活系统的进行幸福构建（如图 4-05 所示）。

　　快速发展的时代，急速变幻的社会环境，教育体制的封闭，身居其中的中国设计师来不及重视哲学层面的终极追求，不注重设计方法的系统性研究，只在"术"上求显效，不在"道"上悟真髓，造成了创造力的缺失，设计作品抄袭严重。以此为戒，我们应该深度思考自己职业行为对社会的影响，强调人生价值的终极追求。因此，我们提出"道、形、器、材，

图 4-05 中国现代环境术（现代罗盘）　　　　　　图 4-06 "道、形、器、材、艺"关系图

艺"的中国当代环境学设计方法（当代环境设计术），以此探索多专业复合型设计的手法，使中国当代环境学的构建落到实处。"道、形、器、材、艺"五个字不是并列关系，而是以"道"为核心，以"形"为介质的自上而下，由里及表的系统层级关系（如图 4-06，表 4-02 所示）。

整个系统方法的关键，首先，是对世界的认识，也就是"道"。它是万物之源，万事之由，是本方法论的核心，着力于人与自然关系的和谐，是对现象的本质研究，是幸福生活的理论纲领。具体到专业领域，可以理解为由世界观、价值观而生成的"设计理念"或者"设计概念"。当然，此"道"非彼"道"，是"道"的外象，是世界观、价值观在专业中的具体体现。

其次是"形"，"形虽处道器两畔之际，形在器，不在道也。既有形质，可为器用"。由于中国的高考制度，大部分从业者都是学习绘画出身，因此，艺术造型自然成为了环境艺术设计专业的主要手段和核心技术，一张漂亮的表现图在一段时间内几乎是环境艺术设计的全部。其优点是可以很快将想法落到纸面上，缺点是流于纸上谈兵，混淆了设计与绘画的目的，不利于整个设计过程的推进。这里的"形"，广义上讲可以是实现"道"的形式方法，狭义地讲应该是形态的语义表达与体现。将形而上的思想物化成为为二维或者三维的形态，是这个阶段的核心内容。

然后是"器"，也就是指形体的功能，是设计行为的目的。19 世纪美国的芝加哥学派，路易斯•沙利文提出的"形式追随功能"，至今仍是设计界的至理名言。与沙利文的形式服从功能不同的是，密斯认为人的需求是会变化的，因此只要有一个整体的大空间，人们可以在其内部随意改造，需求就能得到满足了。看似二者似乎观点相左，实则殊途同归，都是围绕功能展开的观点。

再者是"材"与"艺"。"天有时，地有气，材有美，工有巧，合此四者，然后可以为良"。出自《考工记》的这段话，是中国传统造物观的集中体现，也表达了材料与工艺的密不可分。

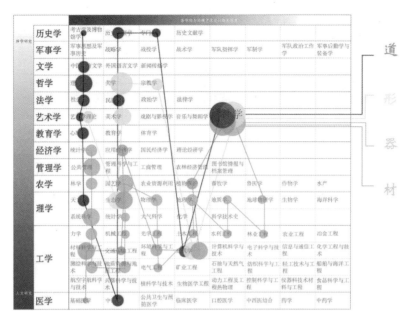

表 4-02 "道、形、器、材、艺"关系表

从传统的自然材料到现代的人工合成材料，社会发展的重要基础就是材料及相关技术的更新与发展应用。新材料或者老材料新性能的发明发现，成为时代进步的直接体现者。"砖说：我喜欢拱"，建筑大师路易斯•康的这段话生动地表述了对"材"的态度，材是形与器的物质载体，知材善用，才能使形、器达道。

"艺"在我们这个系统里绝非个人简单的手艺或者技术！中国文化的弊病之一，就是所谓"学而优则仕"的"万般皆下品，唯有读书高"价值观，轻视科技进步，造成了"手"与"脑"的分离。一方面，知识分子眼高手低，五谷不分；另一方面，老百姓大字不识，无法实现技术的理论总结与质的提升，二者的割裂在如今犹如藕断丝连，当今教育的文理分科加剧了"创意"与"制造"的分裂，造成了今人创造力的低下，成为社会进步的巨大障碍。因此，这里的"艺"首先是一种统筹与整合的能力。"治大国若烹小鲜"，"艺"是整个设计方法各环节的统筹调和与系统贯彻。通过"艺"将"道，形，器，材"串联起来，合四为一，达到天人合一的道。作为现代设计教育鼻祖，成立于 1919 年的德国包豪斯设计学院的核心理念是"艺术"与"技术"的统一，究其目的也是修复"手"与"脑"的割裂关系，虽然只有短短 14 年的存在时间，包豪斯的学术观点和教育观点却影响世界，这种良性循环的教育体系，自包豪斯开始，几乎无一例外地被西方国家的现代设计教育所采纳。从中不难看出，对"手"与"脑"关系的进行系统整合的这个"艺"，是我们现代环境设计师的真正核心竞争力。

	建筑 北京昌平天图文创基地会所	景观 北京永定门南广场	照明 中国国家大剧院	桥梁 北京通州邓家窑桥梁	室内 山东蓝黄战略展馆
案例					
道	文化冲突 对立统一	文化传承 古都新影	水天一色 天人合一	银河九天 漕运传承	云山观海 高屋建瓴
形	折	对称	形色一体	莲花	云
器	1. 会所 2. 餐饮 3. 展示	1. 中轴恢复 2. 南城文化 3. 居民休闲	1. 昼夜同辉 2. 光环境的文化提升	1. 交通 2. 体现漕运文化	1. 国家战略展示 2. 山东文化展示
材	1. 铝板 2. 玻璃幕墙	1. 石材 2. 景观设施	电脑染色灯	1. 混凝土 2. Led 灯具	1. 玻璃纤维水泥 2. 多媒体
艺	1. 建筑，景观，室内，雕塑专业系统整合 2. 机加工 3. 手工折边	1. 城市文化，建筑，景观，灯光，市政设施，系统整合 2. 机加工 3. 绿化施工	1. 建筑，文化，景观，夜景系统整合 2. 数字光控 3. 自动升降	1. 结构，景观，装饰，夜景系统整合 2. 异型浇注 3. 雕塑	1. 建筑，空间，文化，声学系统整合 2. 参数化 3. 数字加工

表 4-03 "艺"将"道、形、器、材"设计方法的案例分析

- ## 设计方法的体现与实践

　　本设计方法，通俗地讲就是：首先要重视自己的世界观与人生观（道）的修行，并在现代环境学范畴实践中，结合相关具体需求（器），以某种形式或形态（形），选择适合的物质载体（材）并以统筹能力并运用某种技能（艺）相贯彻实施，最终达到"虽由人作，宛自天开"的境界。"道、形、器、材、艺"作为中国现代环境学设计方法，不但进一步明确了中国现代环境学的核心竞争力，而且纵深化地解决了其专业范畴模糊的问题，指出了学科教育的建构方向。以此为指导，笔者从事了大量的创新性设计工作，力求从实践的角度来证明此设计方法的科学可操作性，体现出中国现代环境学构建的科学先进性（如表 4-03 ）。

　　通过上述图表不难看出，当代环境艺术设计者的从业范围不断扩大，应对的相关问题与专业呈现复杂化，综合化的特点。通过系列实践与探索，运用现代环境设计术，能够与时俱进，较好地应对相关问题。

　　作为"科学史"这个学科的奠基人，萨顿曾经说过"我们人类认识社会不外乎是真善美。一般来说我们把'真'定义为科学求真；'善'则一般是宗教，而'美'则跟艺术有关。"萨

顿认为，真善美就像一个金字塔的三个面，从不同的面看它们彼此之间是分离的，但是，当你认识的高度逐渐上升之后，会发现几个面之间的距离越来越近，达到顶点就是一体的。萨顿认为，我们应该，也非常必要把这几种东西结合起来，消除彼此的隔膜，最终满足人类对美好幸福的追求。

从环境艺术到中国现代环境学，从传统风水师到现代环境设计师，体现出科学与艺术的融合，表现出逻辑的可行性与合理性。其开放性、交叉性以及多样性的特点，很好地平衡了时间与空间，人类与自然的关系。如此以往，未来的天人合一新秩序的形成将不是一句空话。现代环境学与现代环境设计师，他们将与时俱进，无处不在，成为创造幸福生活的总导演。

参考文献：

[1] 李泽厚. 美的历程 [M]. 南京：江苏文艺出版社，2010.

[2]（美）罗伯特•文丘里. 建筑的复杂性与矛盾性 [M]. 周卜颐译. 北京：知识产权出版社，2006.

[3]（美）凯文•林奇. 城市意向 [M]. 上海：同济大学出版社，2001.

[4] 张绮曼，郑曙旸. 室内设计资料集 [M]. 北京：中国建筑工业出版社，1991.

[5] 楼庆西. 中国传统建筑文化 [M]. 北京：中国旅游出版社，2008.

[6] 苏丹. 工艺美术下的设计蛋 [M]. 北京：清华大学出版社，2012.

[7]（美）爱德华•T•怀特. 建筑语汇 [M]. 林敏哲，林明毅译. 大连：大连理工大学出版社，2001.

[8]（日）芦原义信. 外部空间的设计 [M]. 尹培桐译. 北京：中国建筑工业出版社，1985.

[9]（日）原研哉. 设计中的设计，全本 [M]. 革和，纪江红译. 桂林：广西师范大学出版社，2010.

[10] 王子林. 紫禁城风水 [M]. 北京：紫禁城出版社，2005.

[11] 李少君. 图解黄帝宅经：认识中国居住之道 [M]. 西安：陕西师范大学出版社，2008.

[12] 紫图. 图解黄帝内经 [M]. 西安：陕西师范大学出版社，2006.

[13] 郑同. 周易本义 [M]. 沈阳：万卷出版公司，2012.

[14]（英）斯蒂芬•霍金，列纳德•蒙洛迪诺. 大设计 [M]. 吴忠超译. 长沙：湖南科技出版社，2011

[15]（英）罗素. 西方哲学史 [M]. 何兆武等译. 北京：商务印书馆，1963.

[16]（美）莫森•莫斯塔法维，加雷斯•多尔蒂编著. 生态都市主义 [M]. 俞孔坚等译. 南京：江苏科学技术出版社，2014.

[17]（美）瓦尔德海姆. 景观都市主义 [M]. 刘海龙，刘东云，孙璐 译. 北京：中国建筑工业出版社，2011.

[18] 王其亨. 风水理论研究 [M]. 天津：天津大学出版社，2005.

论环境艺术设计的程序与方法

□ 何浩

/

一、环境艺术设计概述

1. 环境艺术设计的缘起

"环境艺术设计"这一概念或者学科名称是一个较为中国化的词组，国内学术界最早在艺术设计领域提出环境艺术设计的概念是在 20 世纪 80 年代初期，而这一概念来源于日本。我国环境艺术作为学科和行业，是自 1985 年起步的。1985 年，中国建筑学会在北京召开了中青年建筑师座谈会。建筑作为环境艺术的性质，在会上引起广泛的重视，与会的建筑师重温了《华沙宣言》(1981 年第 14 届世界建筑师大会通过，主题为"建筑·人·环境")，会后，撰文探讨有关环境艺术问题。1987 年，《中国美术报》专门召开了以环境艺术为主题的座谈会。与会的专家开始筹建中国环境艺术学会。1988 年，《环境艺术》丛刊创刊号问世，同年，国家教育委员会决定在我国高等院校设立环境艺术设计专业。1989 年，中国环境艺术学会(筹)等举办"中国 80 年代优秀建筑艺术作品评选"，在海内外引起很大反响。1992 年 10 月 8 日，中国建设文化艺术协会环境艺术委员会成立。该会宗旨为：建筑设计、城市规划、环境科学、美学、造型艺术以及社会科学和人文科学各界人士携起手来，为提高人民生活环境质量，创造中国当代环境艺术，保障人类健康永续发展而努力。1995年元月，中国建设文协环境艺术委员会等主办的"中国当代环境艺术优秀作品"(1984 ~ 1994)评选结果公布。1998 年环境艺术设计成为艺术设计专业下属的专业方向，此专业方向一直沿用到 2012 年。2012 年教育部颁布的《普通高等学校本科专业目录》中，把隶属于一级学科"文学"之下的二级学科"艺术设计"提升为一级学科，"环境艺术设计"专业方向改名为"环境设计"方向，并提升为二级学科。

2. 环境艺术设计的概念

"环境艺术设计"这一名称涵盖了环境、艺术、设计三个词汇，从字面上分析，我们可以确定它是一种与环境和艺术有关的设计活动，同时通过不同的组合，它目前存在三种文字的词组表述,分别是"环境艺术"、"环境设计"、"环境艺术设计"。

第一种表述——"环境艺术"——有两种含义:一是"环境艺术设计"的简称,又称"环艺",类似"设计"之于"艺术设计",这种理解普遍存在于国内;另一种即纯粹的以环境为依托的当代艺术形式,出现于1990年前后,它是把观念艺术的动机和大地艺术创作的手法结合起来,如艺术家克里斯托和他的妻子珍妮的包裹艺术。

第二种表述——"环境设计"——包含了两种含义:一为工科范畴,即被理解为环境的生态设计、可持续设计等科学性、技术性的非艺术的概念,二为视觉艺术形态层面的环境设计。即"环境设计"包含了"环境工程设计"和"环境艺术设计"。

第三种表述——"环境艺术设计"——仍然普遍存在两种理解:"环境的艺术设计"和"环境艺术的设计",大众倾向于前者,认同其表述的内容是艺术设计的范畴。但这一概念在理论和实践的层面有广义和狭义之分,广义的概念是以环境生态学的观念来指导今天的艺术设计,就是具有环境意识的艺术设计。狭义的概念是以人工环境的主体——建筑为背景,在其内外空间所展开的设计,这一理解被广泛认知并认同。

二、环境艺术设计的程序和方法

随着我国的经济发展,"环境艺术设计"在十年间迅速扩展和壮大。如今,但凡设置有艺术设计专业的高等院校都开设了环境艺术设计专业方向,以环境艺术设计为名的机构和企业更是数不胜数。在十年的摸索和实践中,环境艺术设计专业也逐渐形成了一套较为完整的体系、设计方法和程序,但此体系和方法还存在一定的误区并有待于进一步的优化和提升。

1. 环境艺术设计方法和程序中的误区

(1)环境艺术设计 = 环境装饰

早在教育部设定环境艺术设计专业以前,高等院校设置的室内设计和园林设计专业就开始寻找基于本学科的设计方法和设计程序,建构自己的学科体系。在上述专业设置之初,其设计方法和程序大都服务于视觉化的审美需求,装饰成为其核心,形态、肌理、色彩等视觉化层面的要素成为设计的重点。当1998年环境艺术设计成为艺术设计专业下属的专业方向后,部分高校和设计公司在授课和经营时仍然以装饰为中心服务大众,设计目标以空间界面的营造和装饰风格的选择为重心,设计表达以效果图的绘制为主,更有甚者,直接把效果图作为设计依托,为了图纸的美观和丰富而添加元素、放置设施。环境艺术设计俨然成为平面设计(顶、地、墙界面装饰)和美工设计(效果图绘制)。

但是设计不等于装饰,设计的目的是解决问题,解决功能性合理的问题。

（2）设计与施工关系含混

由于环境艺术设计以室内设计和园林设计为基础,因此其结合了艺术创造和工程实施两个方面的内容,任何一个环境艺术设计项目都要经过前期设计和后期施工,最终得以完成,其设计方法和程序也需要遵循此特点。但到目前为止,对于设计方法的教授仍然存在设计与施工关系含混的问题。部分高校由于本科实践性教学时间或空间、设施的限制,忽略对施工设计部分的指导,单纯地强调设计表现,以至于学生的设计作品脱离实际,导致高校教育与社会需求脱节;另一部分学校则注重学生实践,片面地强调工程技术和材料,致使设计专业的学生都被培养为工匠,缺乏设计创造能力。

（3）缺乏概念设计

近年来全国各高校环境艺术设计专业的教学多注重最终设计效果的展示,而忽略了概念设计的推导,这是典型的注重结果忽视过程的手段,这种缺乏依据的设计,其后果极为严重。以各高校毕业设计的展示为例,我们就能看出,展示中展板成为主要手段,展板中又以效果图为主,不但看不到设计分析的过程,有的甚至没有平立面图和设计说明,设计展示已然成为了炫技(绘制效果图)的平台。大量的设计作品都停留在表面形式上的变化,看似效果丰富多彩、绚丽夺目,实则没有道理和缘由,进而失去了意义和价值。究其缘由,问题主要出自在设计方法和程序的教授中迷失了设计的目的——解决功能或者使用合理性问题,忽视了为解决问题而进行的设计创意和概念的寻找和推敲。

（4）忽视调研和勘测

设计的核心是解决问题,因此任何一个设计项目在设计实施之前都要做相应的调查研究,寻找其功能需求和存在问题,并通过设计去解决问题、满足需求。但现如今部分高校的设计教育并不重视前期的调研,或者调研仅仅停留在现场勘测这一个程序上,忽视了对问题的分析和定义,无法切实地进行优化功能、解决问题,以致让设计沦落为单纯的表面装饰和美化过程。而这种表面装饰中所出现的形态和色彩往往带有强烈的个人主观意向,大都是设计师根据个人经验和即兴灵感一拍脑袋臆想出来的,经不起理性的推敲和论证,更谈不上解决问题。

上述的问题所导致的恶果显而易见,因此我们有必要对设计的方法和程序作一次简单的梳理,让设计教育和设计行业朝着健康的方向发展。

2. 环境艺术设计的程序

笔者选择了近十年来的部分环境艺术设计方面的书籍,进行了设计程序部分的梳理,总结出下表。从(表4-04)中,我们不难看出全面而完整的环境艺术设计程序涵盖了前期

时间	作者	书籍	设计程序					
2000.1	郝大鹏	室内设计方法	前期阶段	设计准备 现场分析 设计咨询	初步方案阶段	扩大初步设计阶段	施工设计实施阶段	
2005.8	郑曙旸	室内设计程序	设计任务书的制定	项目设计内容的社会调研	项目概念设计与专业协调	确定方案的初步设计阶段	施工图阶段的深化设计	材料选择与施工监理
2006.9	郝卫国	环境艺术设计概论	设计筹备	与业主接触 资料收集 基地分析 设计构想	概要设计	设计发展	施工图与细部详图设计	施工建造与施工监理 / 用后评价与维护管理
2007.7	黄艳	环境艺术设计概论	设计文书	设计任务书 设计任务书的制定 针对任务书的分析	设计程序	设计准备阶段 方案设计阶段 施工图设计阶段	设计技法 / 从规划到设计 / 从设计到细节	图形表达 文字与口语表达 空间模型表达
2011.7	董君	公共空间	前期方案	信息来源 现场踏勘	后期施工阶段	施工招标 设计变更		

表 4-04　环境艺术设计程序分析

设计、中期施工和后期维护三个部分，而对于设计专业的学习者来说，施工是基础，设计是核心，维护是延展。即了解和掌握施工工艺技术和材料特性、熟悉施工图纸的绘制是设计的前提条件；在设计过程中进行项目调研、总结和分析问题、收集和整理资料、设计概念的提出和推导、进行模型制作和试验是设计的核心内容；而对于项目完成后的跟踪调查和设计维护则是反证设计效果合理与否的有力途径。

因此，笔者根据上述原则总结出环境艺术设计的程序为：（1）设计筹备，（2）设计推导，（3）图纸绘制，（4）施工建造，（5）维护管理。详细流程见表4-05。此五个方面存在先后关系，作为如今高校环艺设计专业的学习者而言，需要将重点放在前面三个步骤上，设计筹备、设计推导和图纸绘制三个步骤缺一不可，它们分别对应了调研、设计和制图三个层面的内容，此步骤虽有时间上的递进关系，但重要程度相同。而后面两个程序则需要学习者通过实践课程作相应的了解。

设计筹备	接触业主，了解需求	设计推导	提出概念，推导方案	图纸绘制	效果图绘制	施工建造	施工招标	维护管理	后期工程维护
	勘测场地，提出并分析问题		选择材料、工艺，发展设计		施工图绘制		设计变更		定期设计回访
			制作模型，进行实验，深化设计						
	收集资料，整理资料		反复论证，调整修改，确定方案		解决问题		现场指导		记录总结问题

表 4-05　环境艺术设计程序

3. 环境艺术设计的方法

被称为中国工业设计之父的清华大学美术学院教授柳冠中先生在《事理学论纲》一书中提出了"方法论"中"方法"包含的五个层次，分别是目的、途径、策略、工具和操作技能。方法是上述五个方面的选择性组合。上述五个方面中，目的是理解用户需求，明确设计目标和外部因素；途径是与用户交流的最佳方式，如具体的问卷调查、访谈等方法；策略是提高方法效率的手段；工具和操作技能则是表面化的介质，如录音笔、相机等。柳先生主张针对具体的问题去优选上述五个层面的内容进行组合，设计出具体的方法。

现如今，各种相关书籍和高校的相应课程中，但凡提及环境艺术设计方法的时候，大量的都仅仅是在谈论上述五个方面中的"途径"问题。其中列举出了各种具体方法，如影像法、观察法、参与法等等。而这一系列的具体方法都不应该成为环境艺术设计的方法被独立选出，它们仅仅是解决环境艺术设计项目中某一环节具体问题的单独手段，而真正的方法，则应该是一个整体。

对于环境艺术设计的方法，笔者认为应该遵循柳冠中先生的主张，针对具体问题甄选目的、途径、策略、工具和操作技能，以制定出有效的方法进行具体的设计。如面对一个纪念性广场景观设计项目，作为设计师首先要明确项目的设计目的：以纪念性为主题兼具广场的功能特征；其次选择合理的途径——诸如观察法、访谈法等具体方法——进行前期调研、分析和后期设计、制作；与此同时，为提高设计效率而制定相应的策略，如选用不同知识背景的人员进行团队配备；此外，在设计过程中挑选合适的工具和操作技能，如选用问卷进行调查，用相机进行资料收集等，值得注意的是，工具和技能本身只是一种介质，关键是问卷中的具体问题和相机拍摄的具体内容。因此，对于环境艺术设计项目而言，其整体的设计方法才是最完整而灵活的。

三、结语

现如今，环境艺术设计这门学科在国内已被广泛接受并渗入到各行各业，在其发展的十多年时间中我们看到了它的不断进步和逐渐完善。与此同时，"以人为本"、"绿色、低碳、可持续"的价值取向也被广泛运用于环境艺术设计领域中。在这样的大环境下，对于环境艺术设计最为基础的概念、设计程序与设计方法的正确理解和掌握就显得更加举足轻重。本篇文章从环境艺术设计在国内的缘起开始，阐述其概念，同时对其设计程序和方法进行了较为全面的分析和梳理，归纳出一套较为系统的设计程序和恰当的设计方法，希望能对本领域的设计提供一些有价值的参考和借鉴。

对于环境艺术设计行业而言，需要设计工作者结合项目的实际情况、周围环境现状、业主的要求和受众的需求进行综合的研究，把握设计原则、处理手法和最新材料与工艺，解决功能性、坚固性和审美性之间的各种矛盾，掌握空间与人的关系，最终制作出优秀的设计作品。

参考文献：

[1] 苏丹. 工艺美术下的设计蛋 [M]. 北京：清华大学出版社，2012.

[2] 苏丹. 意见与建议 [M]. 北京：中国建筑工业出版社，2010.

[3] 柳冠中. 事理学论纲 [M]. 长沙：中南大学出版社，2006.

[4] 董君. 公共空间室内设计 [M]. 北京：中国林业出版社，2011.

[5] 郑曙旸. 室内设计程序 [M]. 北京：中国建筑工业出版社，2005.

[6] 童慧明. 要"设计"，弃"艺术设计"."从工艺美术到艺术设计"研讨会文集，2008.

让艺术脚踏实地

□ 马里奥•泰勒兹

／

这是我从欧洲环境设计中提炼的一些句子,希望在中国同样有用:

• 社会生活的各方面都在加速发展,文化和商业以闻所未闻的方式存在,这些都在成为我们的思想和行为产生的不可或缺的条件和目标。

在世界上,每天都会有大批量的运输,这种运输经常是在瞬息之间发生。比如信息、数据、产品等。巴西人开着奔驰和奥迪,中国人购买可口可乐、阿玛尼和法拉利。国际知名的设计师们在伦敦、上海、迪拜等城市设计银行大楼、教堂和歌剧院……

• 在这个极端压缩时间和分解空间的世界中,减速和对空间的重新利用成为迈向均衡化和定位性的必经之路。而园林变成了新媒介。

在园林中漫步会改变脉搏率。当人们观察被艺术化的自然环境时,一个事实就变得显而易见:即一个园林只有在自己所在位置才能存在,它有自己的时间维度,扎根于自身独特的文化中,生长在特有的气候里,存在于一定的海拔高度上。它的独特性丰富了它本身。另一方面,植物很容易在全球范围内运输,园林的元素和仪式可以人为制造,但是当我站在英国皇家植物园中的中国佛塔面前的时候,我很清楚我是在伦敦,这是空气中弥散的味道,泥土、云彩和飞鸟告诉我的。

目前,从业人员被称为景观建筑师,景观规划师和土地艺术家,环境设计师,或者说园丁?园林设计经过数个世纪的衰落,西方的"空间"创造者们正在消失。而画家、建筑师或者说陶艺师已经占领了他们的领域,我们在景观研究历史上发现很多陌生的名词,比如说园艺景观、地面布置,装饰园艺、场所打造等等。

建筑将沉重之物置于景观之中,堆砌的石块,钢筋与玻璃,结构工程师精准的计算数据。然而,伊恩•汉密尔顿•芬利(Lan Hamilton Finlay)说过,园林相比物体来说,更是一个过程。我们工作的重中之重是运动。因此建筑学术语对景观来说是无意义的,而艺术不

344

仅催生产品,而且只对挑衅性特征有强烈的渴求。

术语"设计"最符合我们的需求。对我们来说,设计意味着在脑海中的思考,并把想法变成现实。设计也表示一种行动和一个最终的结果。我们的目标是,从着重艺术的角度参与景观复杂的生态、技术、社会和经济进程,并做出有意义的贡献。

如果我们倾听园林,我们就会更加明白建造和景观的意义。景观设计包括影像。原材料是土壤、运动、植物和文化积累。我们的勘察始于用自己的脚和头脑,跨越国界去现场考察。用感知器官来感受表面,检测不同的层次,并收集信息。计划、照片和笔记都强化了艺术分析,因此,无论是在纸上还是在银幕上,都出现了新的艺术形式。

- 对历史上园林的艺术分析可以作为我们创造性处理当前环境的基础。

帝王、农民、僧侣,还有城市居民,建造了无数的园林,其中包括天堂的原型,公共园林。其中一些园林变成了恢宏的戏剧舞台,成为世界优秀艺术品的突出代表。按照学术秩序人们称之为"历史园林",历史园林之所以能经过数个世纪传承至今,是因为它们独特的艺术内涵,它们可以被称为"艺术园林"。

历史园林作为独立的艺术作品已经被忽视了很久。工业时代甫一开始,它微妙的形象语言和特质就被遗忘了。20 世纪初期的艺术和建筑都是反自然的。建筑师们设想出一个"都市机器",艺术家们成为艺术品市场中自动化艺术作品的制造者,园林被排除出了先锋艺术,没有画廊或者博物馆会考虑它们。

20 世纪末期,对自然的重新认识随着环境运动逐步兴起,其结果是"艺术园林"的碎片被再次发现。艺术历史学家和考古学家把这些碎片重新分类并做了详细的清单,这种保存方式被称为"保卫"。因此今天,除了被毁坏的园林,其他的都得到了很好的保护,甚至历史上得到重建的园林都是对游客、花卉爱好者,还有渴望运动和新鲜空气的人开放的。在这片奇异的陌生地域穿行,经过天堂的维纳斯神庙,唯有惊诧赞叹。对于今天民主世界的公民来说,由形象化信息组成的贵族娱乐非常的奇怪晦涩。我们对古代"艺术花园"里的运动和仪式一无所知。正因如此,就算是在今天得到很好保护的园林也仅仅是文化荒地。

然而,数十年的过度生长和完全遗忘对于"艺术园林"来说是非常危险的,从对其纪念碑式的保护中可以窥见一斑。园林是随着年代、季节和干湿气候变化在花季和冰雨中呈现出不同状态的活艺术品。它们是空间中的传奇,值得被一再讲述。它们的品质建立在流传下来的当代艺术信息之上。讲得不好的传奇故事逐渐变得腐朽,而讲得好的传奇故事则呈现出翻倍的光彩。像对纪念碑一样的静态解读会使得园林变为化石。"艺术园林"是独特的、妄自尊大的、幻想的产物，必须被当成个体艺术，它更像是电影、戏剧、诗歌或者音乐会，而不是建筑。对它们最好的保护是使其融入如今的节奏中去。温布尔登的网球场不需要保护，因为那里经常会举办比赛。伦敦国家美术馆也不需要保护，因为它有创造性极强的负责人、托管人和合作者，最终他们一起创造了泰特美术馆。

由艺术家来决定"艺术园林"的新用法和新表现是非常必要的。对植物的正确护理、先进的气候研究等都很重要，也很必要。对于未来，最重要的因素是艺术，它来源于永恒的升值和不断继承的新观念。

艺术家们必须能够重新发现"一个地方的精神"，并能提炼这种精神。分析植被、地理位置、交通状况、风、环境、痕迹、喷泉、水、道路，家庭悲剧、风流韵事，财务灾难，与死亡的抗争和对永生的追求。只有综合的"艺术分析"才能连接古老与现在。当下是一个园林所拥有的最强劲的力量。赞美过去只是带有朦胧历史关联的夏日嘉年华。

每一个"艺术园林"都是建立在某个核心思想之上。它们往往有数世纪的历史，是这个世界的模范，是一个政治体系，是众神、龙和人类的剧院。历史学家可以给它命名却无法赋予它生命力。如果某种艺术形式已经被人类遗忘了数十年，那么就需要非常手段来复活它。对艺术家来说，评估碎片，改进区域，使得框架重新清晰，景观焕然一新，从而形成充满活力的艺术形式是非常有挑战性的。此外，要保留这种资产还需要一个从当前环境提炼出来的核心主旨，满足当前艺术、经济和社会的需求。通信技术、速度、运动或者说生物体有限性仍旧阻碍对"艺术园林"进一步探索。

如果我们把重要的园林当作艺术品一样来对待，仅仅靠专家和职业经理人来运转它们是远远不够的。正如每个剧院都有自己的艺术总监，每个电影都有导演，"艺术园林"也需要自己的<u>艺术主管</u>作为整个团队的领路人。

当历史遗产面临灭顶之灾，我们可以把它看作一次挑战，看作为历史添彩的机会。我们开发了一种完全新型的方法，这种方法可以把现代社会、经济和环境的变化当作挑战，并且允许艺术化地看待灾难，并且把它整合为园林设计。完成这些的先决条件是把园林看作一个过程，看作"空间传奇"，它的故事线随着历史不断的发展和变化。

- <u>体育——景观设计中的世界文明和珍惜资源。</u>

在相似的程度上，运动、力量和身体技能在人类应对自然和现实的过程中失去了重要性。而体育作为身体运动的文化逐渐变得重要。在 20 世纪，体育变为<u>人类与自然之间最重要的连接点</u>。

除了艺术，没有别的休闲领域在过去的数十年取得如此大的进展。然而，体育作为一种社会热点的发展并不完全能被解释为弥补身体、运动和自然之间疏远的需要。推动这种发展的力量可能更容易从神话、传奇或者大众故事中找到，它们在体育文明中制造潮流，推动体育发展并提供能量。

体育是人与自然之间特殊关系的表达和结果的复合体。其中的一些已经成为传奇甚至是人类的膜拜对象。

- <u>被忽视的体育景观</u>

在世界范围内，体育作为一种文明形式，有非常广泛而多样的标识：运动器材、时尚、广告、图像等，它们创造并展示了一个能够把主动和被动的参与者在各种领域，跨越各种界限结合起来世界。

令人震惊的是，景观作为体育世界的文化基础在其中扮演着被严重低估，或者是完全隐形的角色。甚至其在设计这些体育场所中的经济潜力也被忽视。有人说，体育景观是"被忽视的景观"，是文化和经济的荒地。

从与荒野的抗争中得出的迹象组合而成了园林语法。现在，景观中有大量由欢乐、恐惧、古时候的戏剧组成的信息。对于受到高墙沟壑束缚的人造自然，我们叫它园林。

在 20 世纪，体育的社会辐射非常之广（高体能运动，流行运动）。体育是内在自然与外在自然之间从容的暴力冲突。人类释放出的生理和心理能量遭遇了风、水、山，它们之间的作用力或者充满弹性，或者坚如钢铁。

现代体育场所与整个园林的历史相比，仍旧是年轻的建筑，像是粗糙的竞技场所。到目前为止，它们还找不到任何艺术性的表达——一个空旷的体育场空得让人不安，就像一个死去的工厂。

大众媒体通过直播或者录播报道日常的体育运动，之后，这些片段很快就消失在人们生活中。它们缺乏更广阔的历史视野，同化的深层反思也很少发生。需要耗时数年，这些痕迹才能慢慢被积聚起来。就是人们所说的"世纪体育明星"被上升为偶像；值得纪念的事件成为故事。成群的粉丝不满足于仅是被动的观众，他们转而成为参与创作者，用标识、颜色、典礼、歌曲等组成非常有力量的图片。每周六晚上，观众沸腾的热情把米兰的圣西罗球场变成了疯狂的戏剧舞台。

这些戏剧性的原始材料被自发地、匿名地转换。比如：

慕尼黑广场的铝制标识上列出了历届奥林匹克冠军的名字，被称为"荣誉奖章"。

布鲁塞尔的 Merckx 地铁站的玻璃柜里展示了一辆竞赛自行车。

除了这些尝试，景观设计师们被要求给景观中的体育元素提供艺术性的解释。因为网络、电视、报纸等媒体的快速发展，信息被局限于最新的数据。然而，通过园林这个媒介，就有可能规划出体育的叙事维度并让它成为永恒的传说。

- 城市的土豆，乡村的先驱

当用石头与玻璃建成的高楼在寸金寸土的城市越来越高的时候，广阔的"棕地"却是个例外，而且可以被平民主义者、投资人、建筑师，还有世界遗产的官方保护者们使用。

然而，由战争、变革和多个时期的社会压榨带来的创伤，破败的工厂，不再运行的交通点和被遗弃工业遗迹对社会性城市重生来说都是非常珍贵的土地。

为了重新培育"棕地"，首先需要树木、维纳斯神庙、沙坑和牧羊场（或者中国龙的洞穴）。建造者们仅需在一个新的艺术景观结构内工作。

与城市分区规划相反，分层化需要数十年的时间，如果艺术化解析它，分层化提供一个独一无二的转型机会：即园林成为工业区域未来发展主题。然而，外部的挑战是能够挖掘出足够的绿色潜能。环境灾难提供了这种机会。

为某一事件、中心和商业区获取土地的诸多愿望已经把城市中的空地转变为理论家的战场。与景观建筑业、景观都市主义、地形建筑等相反，我们要说：任何东西都可以成为园林！自己动手，种花种土豆吧。

被荒废的村庄必须在乡村中复兴。景观设计和社会设计面临这样的挑战，即为面包师、儿童、酿酒者、屠夫和足球运动员等发展居住区域。

我们需要从历史、经济、社会的组织遗迹中创造出关联网络，这样一个新的乡村文化可以脱离旧有的简单的营养而得到发展，并且致力于获得能量、文化，以及农产品的产出和销售。这种食物产出方式可以称得上一种艺术形式！除此之外，我们需要平静的工业食品生产方式和必要的技术来净化饮用水。

农业经过了一次又一次的改革，已经不再是过去那种粗放的生产方式。目前的挑战是发展出新的区域文化，从而与超大城市的集权主义形成对照。

让我们一起回归乡村吧！

（翻译与校对：郑静）

Art Can Till The Land

☐ Mario Terzic

Freely floating sentences on European Landscape Design... hopefully of use in China.

· Acceleration is taking hold of almost all areas of society, culture and business in a way that has never existed before. It is becoming the condition and objective of our thoughts and behaviour.

Massive quantities are transported around the world on a daily base often within split seconds. Information, data, products. Brazilians drive Mercedes and Audi, Chinese buy Coca Cola, Armani and Ferrari, internationally renowned architects design bank buildings (cathedrals) as well as operas in London, Shanghai, Dubai ...

· Deceleration and a new use of space are becoming necessary moves towards equalization and orientation in a world that is radically condensing time and dissolving places and the garden is The new medium!

A walk through the garden changes the pulse rate. When observing artistically organised nature, one precious fact becomes clearly visible: A ganden only lives at its very site, has its own dimension of time, roots in its own culture, in a certain climate, at a certain altitude above sea level. It' s very specific character develops its riches underneath his own sky.

On the one hand, plants can easily be transported across the globe, garden elements and garden rituals can be played with but at the same time I know exactly that I am in London when standing in front of the Chinese Pagoda in Kew garden... it's the smell, the soil, the clouds, the birds that inform me about that.

Currently, professional makers claim to be landscape architects landscape designers, land artists, environmental designers, gardeners? After centuries of the decline of garden design, a clear picture of the creator of empty space is missing in the west. While painters, architects or ceramists have occupied their fields of work throughout time, we find strange terms, such as landscape gardening, laying out grounds, ornamental gardening, place making etc in the history of landscape.

Architecture places heavy objects into the landscape, piles up stone, steel and glass. Statics are calculated by structural engineers. However, The garden is not an object but a process (Ian Hamilton Finlay). At the very heart of our work there is movement. The terminology architecture is therefore useless for the landscape! Whereas Art delivers products and craves for provocative labels only.

The term 'Design' is the most suitable for our demands. For us, Design means thinking something up, working out an idea. It also indicates an activity and finally a creative result. Our goal is to participate from an emphatically artistic position in the complicated ecological,technical, social and economic processes of the landscape and to create meaningful contributions.

If we listen to the garden, we can understand the construction ,landscape more deeply.Landscape design composes films. The raw materials are soil, movement, plants, cultural sediments. Our explorations start with the inspection of the site, cross country, on our feet and inside our heads. The sensory organs are trying to feel the surface, different layers are examined, information is organised. Plans, photos and notes are densified to artistic analyses. Thus new patterns come into existence on paper as well as on the screen.

· The artistic analysis of historical gardens serves as our base for the creative dealing with the present's environment.

Emperors, peasants, monks and city dwellers have planted innumerable gardens, including those examples of true paradise allotment gardens. Some gardens have become magnificent theatrical stages, extravagant models of the world and great works of art. In the academic order of things they are called 'Historic Gardens'. What they have been able to impart over centuries and into the present, is their radical artistic spirit. One should really call them 'Art Gardens' instead!

The view of the Historic Garden as an independent work of art was almost totally disregarded for a long time. With the beginning of the Industrial Age, its subtle pictorial language and its own special qualities were forgotten. Art and architecture of the dawning 20th century worked against nature. Architects conceived the metropolitan machine; artists became creators of autonomous works of art, produced for an art market. Gardens had no part in the dynamic development of the avantgarde; no galleries, no museums pondered them.

A new awareness of nature arose with the Environmental Movement of the end of the 20th century. As a result the fragments of the 'Art Gardens' were rediscovered. Art historians and archeologists catalogued them and made inventories of them. This form of conservation is called protection. Thus today ,in addition to countless dilapidated gardens, magnificently cared for, even historically reconstructed gardens are opened to the tourists or flower enthusiasts and to the longing for exercise and fresh air. Moving through this oddly strange land, past Venus temples in Elysian Fields, produces nothing less than amazement. For the democratic citizen of today the pictorial messages composed for aristocratic court pleasures are strange and unreadable. We know practically nothing about the movements and rituals that took place in old 'Art Gardens'. For that reason, even the gardens which had best cared for today are merely Cultural Wasteland!

Whereas for decades being completely overgrown and forgotten was a great danger for 'Art Gardens', at present conservation through monument protection is one of the main threads. Gardens are living works of art that change with the seasons and the years, with wet and dry periods, in the splendor of blossom and in icy rain. They are legends in space,which have to be retold again and again. Their quality depends on the contemporary artistic message handed down through time. A badly told legend grows stale, a well told one takes on added radiance. Interpreted statically as a monument ,a garden becomes a fossil. 'Art Gardens' are singular, megalomaniac or phantastical creations and must be understood as individual works, more closely related to film, theatre, poetry or living music than to archtitecture. Their best protection is integration into the rhythms of the present. The tennis court at Wimbledon needs no protection because tournaments take place there. London State Gallery needs no protection because it has a creative director, trustees and partners ,the result is the creation of Tate Modern.

It is imperative that artists play a major role in deciding on the new usage and performance of 'Art Gardens'. Proper care of the plants, advanced weather research etc, are important and necessary. The critical factor for a vital future, however, is art which lives from permanent reevaluation, from a constantly new view of heritage.

Artists must rediscover the 'genius of the place', name it, analyze vegetation, location, traffic, wind, surroundings, traces, springs, water, pathes, the family catastrophes of the owners, little erotic dramas, financial disasters, the battle against death and the fight for eternity. Only a comprehensive artistic analysis can create the bridge between old and new. The present is the strongest force a garden has! Merely glorifying the past only leads to summer festivals with nebulous historical associations...

Every 'Art Garden' is based on a central idea. It is almost always centuries old, may have been a model of the world, a political scheme, a theatre of the gods, dragons and man... it has paled... Historians can give it a name but not new life! If an art form has been forgotten for many decades, unusual means are required for revival. It is a real challenge for artists to evaluate the fragments, to improve the site, to make the entire structure legible again and to set the scene anew for an exciting art form. In addition to preserving the substance it also needs a core idea drawn from the present. This must be strong enough to meet existing artistic, social and financial demands. Communication technologies, speed, sports or biology offer still unexplored possibilities for the further development of 'Art Gardens'.

If we respect important gardens as works of art, it is not enough to have them run by experts and managers! Just as every theatre has an artistic director, every film a director, an 'Art Garden' also needs an artistic director in a leading position within a team.

Looking for a catastrophy! When disaster threatens historic property, it should be regarded as a challenge and an opportunity to add another page to their historical sequence. We developed a radically new approach which regards modern social, economic and environmental changes as challenges and allows apparent disasters to be interpreted artistically, even integrated into the garden's design. The prerequisite for this is to see gardens as a process, as legends in space whose story-lines develop and change with history.

· Sports as world culture and raw material for Landscape Design.

To the same degree that exercise, strength and physical skill lost their importance for human beings in coping with nature and everyday reality, sports as a culture of physical exercise became increasingly important. In the 20th century, sports became the most important point of contact between man and nature.

With the exception of the arts, no other field of leisure has grown so greatly during the last few decades.

However, the expansion of the social phenomenon of sports cannot be sufficiently explained as a need for compensating for the estrangement between body, exercise and nature. The driving force for this development is more likely to be found in myths, legends and collective tales that make trends within sport cultures at all possible, motivate them and feed them energy.

Sports complexes are the result and expression of a specific relationship between man and nature. Some of them have acquired the status of legend, have become cult sites.

· Neglected landscapes

Globally, sports as a form of culture command an extremely varied system of signs: sports equipment, fashion, advertisement, iconography,... they create and illustrate a world that incorporates both active and passive participants in all their diversity and across all borders.

It is all the more astonishing that landscape plays no or a comparatively underdeveloped role as a cultural basis of the sports world. Even the economic potential that lies in designing these cult sites is left out of account. One could say: sportscapes are 'neglected landscapes', cultural and economic wasteland.

... for a garden-grammar to form from signs taken from wrestling with the wilderness. Now there is a thick bundle of information in the landscape made of pleasures, fears and dramas from the ancient world. This artificial nature is bounded by walls and ditches ,we call it a garden.

In the 20th century sports attained an important social dimension (high performance sports, popular sports). Sport is the deliberate violent collision of inner nature with outer nature. Discharges of physical and mental energies encounter wind, water, mountains, resistance that is elastic or hard as steel.

Modern sports venues are still young constructions in relation to garden history and at present resemble raw battle arenas. So far, they have not found any artistic expression. An empty sports field is disturbingly empty, like a defunct factory.

The mass media report on the daily events in high perfomance sport, either live or with a few hours delay at the most. After that, the pictures vanish again immediately. A broader historical view is lacking, assimilation by deeper reflexion happens only rarely if at all.

Remarkably slowly, over decades, lasting traces have accumulated. So-called 'sportsmen of the century' are elevated to idols; memorable events become collective tales. Crowds of fans are not content to remain passive spectators, they turn into participating creators of powerful pictures made of signs and colours, rituals and songs. On saturday evenings, waves of emotion transform the Meazza Stadium in Milan into a stage for wild opera.

This dramatic raw material is translated primitively, almost anonymously.

Plain aluminium signs in the Munich Olympic Park list Olympic champions and are called plaques of honour.

A racing bicycle is exposed in a glass showcase in the Merckx subway station in Brussels.

Far beyond these attempts, landscape designers are called on to give sports material in the landscape an artistic interpretation!

For the rapid media Internet, TV or daily newspapers, information is limited to the presentation and treatment of the latest data. Through the medium of the garden, however, it is possible to formulate the narrative dimension of sports and to give it the permanence of legends at the site.

· Potatoes for the city,avantgarde for the country!

While towers made of stone and glass seemingly grow by themselves on the expensive city soils, vast brown-field land is outlawed and can be happily used by populists, investors and architects, as well as official protectors of the so called world heritage.

However, the wounds caused by wars, revolutions and periods of social draughts, worn-out industrial sites, inoperative traffic sites and abandoned industrial sites would be precious soils for urban regeneration with a social component.

In order to recultivate brown-field land, it first needs trees, Temples of Venus, sand pits and sheep pastures (or maybe grottas for dragons in China). Builders should only be commissioned in a newly created artistic landscape structure!

Contrary to urban zoning plans, the stratifications formed over decades, if interpreted artistically, offer an opportunity for a unique transformation: the garden as a theme for the future development of the industrial area. However, outside challenges are needed to be able to work out the green potential adequately. Environmental disasters offer such opportunities!

The wish to gain ground for events, centres and shopping malls has turned the empty space in the city into a battle-field for ideologists. Landscape architecture, landscape urbanism, landform building... We, on the contrary, say: Everything is to be a garden! Hands on! Let's grow potatoes and flowers!

Deserted villages must be revived again in rural areas. Landscape design and social design are challenged to develop living areas for bakers, children, beer brewers, bee-keepers, butchers, footballers...

Networks need to be created from the remains of historical, economic and social structures, so that a new rural culture can develop that deviates from the old simple production of nutrition and aims at the gaining of energy and culture as well as at the production and marketing of agricultural goods. The food production method must be considered as art form!

Apart from that, we need pacified forms of industrial food production and the necessary technical know how for healing drinking water.

Agriculture has been revolutionary again and again. It has moved from the digging stick to satellite-ruled cultivation. The current challenge is the development of a new regional culture in contrast to the magic centralism of the mega city.

Millions! Move back to the country!

社会生物学下的环艺思考

□ 图/文 贝玛·通丹

　　自 2010 年起，我逐渐步入了从社会生物学视角审视环境设计这一课题的研究。至今短短四年光景，虽然在学术深度与严谨性上，我的研究尚显稚嫩浅薄，但总体来讲，我感到十分幸运，因为我看到了一条具有科学严谨性的、有学术前瞻性的理论研究方向。

　　正如美国学者爱德华·O·威尔逊所说："过去人们普遍认为，自然科学、社会科学和人文学科之间毫不相干，需要不同的用语、不同的分析模式和验证法则……但现在人们越来越清楚地认识到，重要知识之间的分界线并不是一种界限，而是广阔的、尚待双方共同合作去开拓的领域。"[1]　虽然目前在国内、国外环境设计学界中，关于我所涉及的这一跨学科领域——通过借鉴自然界中社会物种的生物学研究理论，寻找人类社会行为中隐含的生物学本质规律，从而探究人类环境发展的空间形态可能性——的探究甚少，但随着本人的不断努力，我对这样一条研究道路越来越感到明晰和充满信心。

　　作为环境设计者，对人类社会的理解应该被放在十分首要的位置上，而对人类本质层面的生物社会属性的理解更加具有重要的研究价值。如今的环境设计者们往往舍本逐末，就如同美国学者卡尔所说："如果设计不立足于对社会的理解，它们就可能退而求助于几何学的相对确定性，青睐于对意义和用途的奇思臆想。设计师和委托人就可能轻易地把好的设计同他们追求强烈视觉效果的欲望混淆起来。公共空间设计对公共利益的理解和服务负有特殊的责任，而美学只是其中的一部分。"[2]

1. ［美］爱德华·O·威尔逊. 社会生物学——新的综合. 毛盛贤等译. 北京：北京理工大学出版社,2008:2.

2. ［美］克莱尔·库珀·马库斯、卡罗琳·弗朗西斯. 人性场所——城市开放空间设计导则. 俞孔坚等译. 北京：中国建筑工业出版社,2001:8.

- 部落属性与空间环境

　　综观人类进化的历史，我们开始建造城市、改造环境至今的这段时间，实际上就如同历史长河中的短暂瞬间。人类的第一座城市是位于死海以北西岸的杰里科（Jericho），产生于 8000 多年前；而人类从具有社会组织的树栖猿时代走到拥有城市这一步，却花费了2500 万年之久。从 1/3125 这样的时间比例上，社会生物学家相信，如今人类所具有的社会性，很可能仍然是那个长久以来在生物学基础上所适应的小部落式的属性。即便不完全，起码 2500 万年的时间肯定给人类留下了巨大的根深蒂固的影响。城市中的超级群体的社会属性是新的转变和要求，人们的社会生物属性必须需要漫长的时间来适应。

　　如果认知到人类根深蒂固的部落属性，那么我们就有理由从这方面去探讨人类生活的空间环境应该以怎样的方式回应这种根本需求。

　　首先，"城市"这一实体的形成就是人类部落属性的最大怨敌。每个生活在大城市中的人，都努力地在这两种社会关系中寻找平衡：一方面试图寻找着失去了的部落社会中的自己，一方面不得不学着适应这种人类社会模式的"新发明"。

　　人类创造了各式各样的"假性群体"，从社会风俗、语言、社会阶层，到各种社交圈子、工作组织、年龄群体，甚至宗教、战争，都无不具有满足部落归属感的重要作用。在环境实体中，我们最常见的便是城市中各个角落的功能空间。尤其在对城市公共空间的营造时，作为环境设计者的我们更不能忽视人类部落属性的重要性。

　　利用社会生物学的相关理论，笔者研究了两种个体数均为 100 的部落聚群抽象空间模型（如图 4-07）。因为社会生物学家认为 10 ～ 100 的个体数量是一般灵长类乃至人类的有效群体数量，那么以此数据建立起的空间大小，将在一定程度符合人类在生物属性上对空间的基本需求。若假设超过 100 人的空间大小会产生群体的不稳定分裂——即产生多于一个核心的群体存在，那么在容纳 100 以内个体数量的空间中，人们最容易产生部落的归属感。

　　模型中的圆点代表个人，周围形成的虚线范围代表空间范围。关于人类的个体距离，此处采用的是生物学中"六边形边界线"理论，从而使个体间达到最有效的信息连接。而对于群体间距离，我在研究中较倾向于"弹性圆盘"理论。（如图 4-08、图 4-09）

　　通过研究，我们将从模型中得到如下数据结论：

　　环境空间的宽度如果在 9 ～ 18 米之间，则可以产生符合部落属性的安全感和亲切感；而宽度在 18 ～ 29 米之间的空间感受可能是较为自由和舒适的，因为毕竟不能忽略"城市陌生人"的"新情况"。宽度超过 29 米的空间很可能会造成场所中人群的分裂，即容易产生

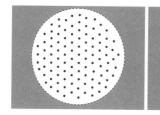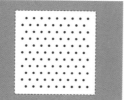

图 4-07

图 4-08

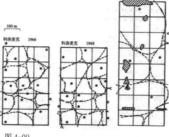

图 4-09

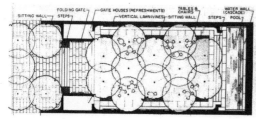

图 4-10

图 4-11

图 4-07　两种个体数为 100 的部落聚群抽象空间（作者自绘）

图 4-08　蜜蜂巢中蜡质蜂房的"六边形边界线"（来自网络）

图 4-09　位于 Kolomak 的黑腹滨鹬所展示的弹性圆盘领域特征（来自网络）

图 4-10　Paley Park 景观平面图（来自网络）

图 4-11　Paley Park 看似简单的景观设计营造了亲切的部落空间（来自网络）

多个群体,人们的部落归属感会随着空间的增大而减弱,过大的空间自然会让人们难以产生归属感。(计算中使用的个体距离数据,使用由爱德华•T•霍尔在《隐匿的尺度》中对美国中产阶级白人的调查结果)

作为学者,以上这些空间数据的科学性当然有待深究。不过,我们可以对比以往学者通过大量观察研究得到的经验数据:1998 年出版的由美国权威学者编著的《人性场所——城市开放空间设计导则》一书中,关于"空间的尺度"研究者写道:"很难给出关于规模大小的建议,因为广场的位置和环境各有不同。"不过,凯文•林奇(1971 年)建议 40 英尺(约 12 米),该尺度是亲切的;80 英尺(约 24 米)仍然是宜人的尺度……[1] 这里 12 米与 24 米完全符合刚才的结论范围。

如果以人们对尺度的感性认识是与生理上的部落属性有关为前提,环境设计者不仅可以据此反推既定空间大小的可适性,同时,也可以更有针对性地把握人群的活动空间。建造可容纳 10 ~ 100 人的公共空间是更加合理的,而当场地必须同时容纳 200 人时,将一个空间划分成两个亚空间也许更能受到人们的喜爱。

位于美国纽约第五大道东边的佩雷公园(Paley Park),许多年来一直被誉为最受民众喜爱的城市小型公园之一。但如果仅拿给你看它的平面图(如图 4-10),你很可能会因为过于普通而忽略它(景观专业的学生若当设计作业上交,恐怕会得低分吧)。其实它只是夹在两座高楼中间的一处总体面积为 4200 平方英尺(378 平方米)的小庭院——简单的地面铺装、随意种植的几棵小树、一些普通的可移动桌椅、入口与空间结尾处有些台阶、东面墙上有一个相当小的瀑布景观,仅此而已(如图 4-11)。为什么它会如此受到人们的厚爱?不能忽视的一个原因正是其空间尺度符合人们部落属性的生理需求:在整个长方形的空间内,总长约 30 米,略超过 29 米,这让使用者自然感受到与庭院外大街上人群的分离感;庭院实际可供休息停留的空间是 17 米×9 米的中心区域,这营造了亲切的小部落空间尺度,可同时容纳 40 人左右。在佩雷公园里休息的人说:"我喜欢这里是因为它让我在繁忙的大城市中感受到自我和归属感,安静的气氛让我得到放松。"(People that PPS interviewed in the park said that they liked it because they could be "alone" in a busy city and it gave them a quiet, restful feeling.)[2]

---

1. [美]克莱尔•库珀•马库斯、卡罗琳•弗朗西斯 . 人性场所——城市开放空间设计导则 . 俞孔坚 等译,北京:中国建筑

工业出版社,2001. :22.

2. 来自网站 http://www.pps.org/great_public_spaces/one?public_place_id=69#

另一充分考虑人类部落属性的设计案例是 2007 年在日本东京的代官山建成的 Sarugaku 商业购物小区建设项目。设计师 Akihisa Hirata 尽管受到建筑面积的局限，但他力求在设计中强调区域是围合的一个统一部落。除了被建筑包围的小广场面积仅有 230 平方米（宽 6 ~ 8 米，长约 30 米）——这符合小部落空间的长宽需求以外，设计还考虑了建造在不同高度的多个阳台之间视线的向心性，它使建筑和广场空间组成了像山丘和山谷般的形态，从而使两者融为一体，更加强了人们活动时的空间归属感。

位于北京市东三环内的三里屯 Village 北区设计，也是考虑了人们部落属性的典型案例之一。但在这里，由于区域面积早已超过了一个部落的空间大小，因此它很明显会形成多个核心的部落群体，于是人们的归属感和安全感也就没有前两个案例中那么强烈了。不过，三里屯 Village 的空间亲切感还是广受好评的，许多外国建筑师称它是中国传统村落的现代翻版。相比之下，由扎哈·哈迪德(Zaha Hadid)设计的银河 Soho 所创造的空间就不大能符合部落属性的需求，美其名曰"城市综合体"，大尺度的炫丽空间倒是真实反映出了超级城市中的陌生人群关系。

- 探索环境与寻求刺激

人类的个体行为是有方向性的，方向即是目的。如同尼采所说："人们宁愿以虚无作为目的，也不愿没有目标"。人类在进化的过程中是机会主义的，正如许多高等哺乳动物一样，不走特化的路子。特化的路子势必会造成生境的限制，比如大熊猫和考拉，这种特化一旦形成，可逆性很难实现。与此相比，机会主义则可以更加适应环境的变化，虽然群体自身始终处于不稳定的状态。今天的人类已经基本占据地球上所有可开发的土地，这是机会主义的动物探索属性使然：对领域的探索、对食物和资源的探索，只为能找到更多的生存机会。

探索行为可能会带来危险，因此会促生出安于现状的抑制力量。因此产生了对刺激反应的生物体本能调节作用——过度探索会造成过度刺激，无探索会造成无刺激。人类总是寻求着适当的刺激程度，比如听音乐的分贝大小，这种反应已经直接由生理构造所界定，这证明最佳刺激原理是不能通过后天学习轻易改变的。

既然如此，我们或许可以凭借最佳刺激原理对人类个体行为的质量和方向性进行测量。刺激包含两方面可以量化的内容，一是刺激的强度，二是刺激的时间内种类与数量。笔者根据刺激与反刺激的一般行为规律，猜测了一种这一平衡机制的可能模型（如图 4-12）。

图中箭头线段表示当人们长时间处于某一种刺激种类时，反刺激行为会沿所处的箭头线段向相反方向寻求答案。比如当某人长期处于"高强度多数量种类"的刺激时，他可能会产生对"低强度单一数量种类"刺激的需求。"适中强度适中数量种类"的刺激可能是最佳刺激方式,但不确定。

当然，围绕该图表还有许多问题值得探究：如人们对某种刺激的熟悉程度，反刺激机制是否会优先选择熟悉的刺激加以反击，还是不熟悉的新刺激内容？若在刺激总量相同的情况下，究竟哪一种刺激类型是更适应的？寻求反刺激的答案是否具有唯一性？刺激平衡机制的"短时间性"如何满足？刺激与反刺激行为在具体过程中的实施步骤变化……这些问题都需逐一研究,在此暂不作详述。

现在回到环境设计者们关注的问题，如果利用以上的"刺激平衡机制"原理，或许可以较为有效地分析某一环境与其人群之间的刺激补偿关系，从而指导环境设计的开展。

在 2010 年进行的一次对北京中关村西区景观环境的调研中，笔者作为项目参与一员，对该地段进行了大量的田野调查。最终的调查结果不容乐观,总体而言，在这里工作的人们似乎并没有因为周围的景观环境而获益。这种环境设计结果不难理解，如果你看到当初的中关村西区整体规划方案时，你就明白了今天这一系列景象的由来。对此我们只能认为，设计者当时只顾考虑了将这里表现出冷峻的高科技行业氛围——这大概也是迎合政府领导的无奈办法。因此，在效果图上决不能开什么趣味性的玩笑，亲切宜人的景观感受被忽略到最低。于是乎，又一个形象工程就这样出炉了,领导高度赞扬，百姓觉得挺酷，地方城市纷纷效仿,景观设计也成了标准。

但这整个的景观规划中恰恰忽略了最重要的一项——使用者的意见，使用者究竟需要什么样的景观形态？应该为他们打造怎样的城市公共空间？从事电子产品硬件与软件的人大多不太热衷于审美问题（笔者也曾采访过许多该行业人士），他们对自己在环境审美上的需求说不出太多所谓，但这并不代表，没有明确需求的人群就真的无所谓，就可以任人摆布然后再被动地接受和适应环境（尽管人们的适应能力相当强）。在听取使用者意见的时候，向搞电脑的人询问景观形态和空间的问题绝对是不明智和不科学的，在像中关村这样的项目中,我认为,应用刺激平衡机制原理或许是很有效的一种设计方式。

根据上文中的"刺激平衡机制模型"，我们可以认为，中关村西区景观的使用者们由于长期在工作场所中受到"高强度的单一种类刺激"，因此依循箭头方向与取值的综合评估，笔者认为其反刺激机制——即人们对周围城市公共空间景观的需求，应该倾向于三种类型："多种类的低强度刺激"、"多种类的适中强度刺激"和"适中数量种类的低强度刺激"。真实情况的反刺激需求可能是三者中的某一种，或者是三者的综合，尚不确定。但我们至

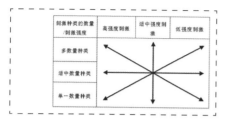

图 4-12

图 4-12　刺激平衡机制简易模型（作者自绘）

图 4-13　希腊塞萨洛尼基水运码头设计（来自网络）

图 4-14　鱼类聚群行为的向心运动（右图抽象模型为作者自绘）

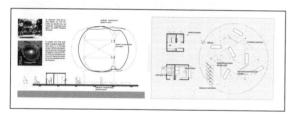

图 4-13

图 4-14

少可以大体推测，人们需求的反刺激类型应该是刺激种类偏多的、刺激强度偏低的，也就是说，公共空间的景观形态应该是丰富多样、轻松自由的。由此再反观现在的中关村景观设计，我认为它所产生的刺激类型属于"单一种类的低强度刺激"，这显然是不正确的。

中关村西区的景观形态之所以比较容易利用"刺激平衡机制"的评价方法进行分析，是因为这里的人群类型比较固定和单一。与此类似的景观案例在今天的大都市中越来越常见，这是城市区域功能过于单一而非混合的结果。然而，对于那些使用人群并不固定，以至于设计者很难进行针对性的刺激调研工作，这样的城市公共空间是否仍然能通过"刺激平衡机制"理论指导景观设计实践呢？我认为是可以的，这是因为，当人们来到城市公共空间中进行活动时，大部分人总是抱有着少数几种心态，也只有当人们在长期接受某几种刺激类型时，他们才会选择到这里来。在刺激平衡图表中，"单一种类的弱刺激"会倾向寻求"多种类的高强度刺激"，但这一反刺激机制不太可能是城市广场或街道可以提供的，而应该是其他地方，比如游乐场、电影院和综合购物中心；反过来，如果某人长期处于"多种类的高强度刺激"，他会更倾向于回到家中休息和睡觉……因此林林总总，我总结出人们真正愿意从城市公共空间中寻求的反刺激平衡有以下两个特质：

一、当人们觉得乏味无聊时，总是希望接收到新奇的刺激。这种新奇感往往来自于某一短时间内的单一强刺激，但重点在于，刺激的性质必须与使用者之前所进行的事情无关。

二、当人们希望舒缓紧张的压力时，则愿意得到丰富种类的低强度刺激。比如当城市中的生活压力过大时，人们会选择去郊外回归自然的怀抱，森林、草原与河流所带来的正是这种低强度的丰富刺激感受，但如果压力没有那么趋向崩溃，城市公共空间是很好的森林替代品。

符合第一种特质的环境设计可见于由建筑事务所 Giannikis Shop 在 2011 年刚刚建成的希腊塞萨洛尼基水运码头设计[1]（如图 4-13）。该设计的成功之处利用了与周围环境产生鲜明对比的异形形体，从而产生了对人们的吸引力，虽然采用新材料技术，但如果没有新奇刺激的平衡机制考虑显然它不会受到欢迎。实际上人们在城市公共空间中获取新奇刺激的方式有很多，比如娱乐表演、喷泉、雕塑、工艺品，乃至街头的贩卖活动，都在给予新奇刺激上卓有成效。而作为环境设计者，我们应该尽可能地为这些事情的发生提供物质条件，而因为管理、治安等种种借口回避的态度是极不正确的，正如简•雅各布斯（Jacobs Jane）和扬•盖尔（Jan Gehl）都指出的那样：一条经常被使用的街道正是安全的街道，

---

1. 该设计方案赢得了希腊国家建筑设计大赛荣誉提名。

有活动发生正是由于有活动已经发生，而没有活动发生只能带来更加萧条——最吸引人的恰恰是人本身。

而符合第二种特质——"多种类型的低强度刺激"环境设计，由于它们的目的是作为森林的替代物，因此都具有细小而丰富的景观形态变化。

当然，如果在条件允许的情况下，具有很强公共性的城市景观最好能做到将以上两种刺激平衡特征同时具备，建造适合于不同人群需求的拥有不同刺激类型的综合环境，一定可以得到广泛的成功。位于美国芝加哥市的千禧公园（Millennium Park）就是这样一个极受欢迎的城市公共空间。整个公园区域面积很大，但划分成若干个不同风格的景观区域：既有矗立着地标性的著名公共艺术作品云门（Cloud Gate）的 AT&T 广场（AT&T Plazza）和西北区域的皇冠喷泉（Crown Fountain），每天为无数好奇的游客提供着新奇的感官刺激；也有卢瑞花园（Lurie Garden）这样的完全用丰富植物搭配打造的风景如诗般的自然小公园，让人们可以感受到丰富而缓和的刺激；还有东部庞大的大草坪（Great Lawn）和由建筑师盖里（Frank Gehry）设计的普利第克音乐厅（Jay Pritzker Pavilion），提供了人群聚集和大型活动的场所。难怪芝加哥的多所景观专业学校都长年热衷于将这个公园作为研究案例让学生们学习，城市公共空间就应该是这个样子的——为人们在心理和生理上的刺激需求提供充分的满足，只有这样，人们才会热爱这个城市。

另外，近些年在建筑设计行业中，许多当代建筑师都在思考着这样一个问题：如何能使建筑空间对人产生的作用力不像以前那么强烈？由此引发的建筑设计尝试是发人深省的，从伊东丰雄到小岛一浩、妹岛和世和西泽立卫，再到尚年轻但备受注目的石上纯也，这种新崛起的建筑思潮在这几位日本建筑师的传承中很具代表性。正如小岛一浩对他的打濑小学空间设计的解释："……或许将其改称为充满来自空间对于人们的呢喃与契机之微波的空间也是可以的吧。所谓的'呢喃'所指的是如果 100 人在的话，大约只有 2～3 人会察觉的程度，或者小学六年生活中的 2000 个日子里也只会察觉一两次的微妙作用。比方说，不是用一个喇叭让大家只听到一种音乐，而是该用 100～200 个以上或更多小型的喇叭（大约只有一个人才听得到的那种），播放出各种音乐或英语会话而到处漫流的那种空间（例如一所大型的学校）不也很棒吗？设计并不是感情的移入，因此大声并不是一件好事。那是像法西斯主义般的东西。那么，建筑对于人们的作用到底放在什么程度比较好呢？当然也不能完全沉默啊。不过吵闹也相当困扰，也希望对那种想要强加'什么'给人家的空间敬而远之。因此，就在细语呢喃的程度就好了……" [1]

1.（日）小屿一浩. 设计"活动"吧！以学校空间为主轴所进行的 Study. 谢宗哲译，北京：田园城市文化事业有限公司出版，2005:14.

对于这种 21 世纪以来的建筑新思潮，在笔者看来，正是学科内开始关注人类刺激与反刺激平衡机制的一种表现。2010 年，SANAA 事务所获得了普利兹克奖，是全世界对这种反思的肯定。而在 2008 年建成的石上纯也的代表作之一"神奈川工科大学 KAIT 工房"中，我们也看到了一个完全以考虑"多种类的弱小刺激"为设计概念的建筑范例。在这座 46 米×47 米的单层建筑体量当中，石上纯也摒弃了以往由"线"组成空间的惯常思维，而完全替换以"点"的不规则排布来划分空间。细柱、植物、家具都是点的应用，它们使每个空间的功能和界线变得不再那么明确，而人们的行为活动也可以不用像以前那样固化——必须从一个屋子出门，经过唯一的走廊，到达另一个屋子。

如果说石上纯也的这一建筑是模仿森林与自然的空间特性的尝试，那么 SANAA 于 2009 年建成的瑞士洛桑劳力士学习中心（Rolex Learning Center）就是模仿丘陵地貌的尝试，他们认为建筑可以像一座城市，或者一片自然山区一样，等待着人们去探索和体验……不过，尽管空间形态各异，这两者采用的都是"多种类的弱刺激"设计手法，其对人们活动和需求的考虑是如出一辙的。

- **城市环境中的聚群行为**

聚群行为显然不是人类群体所独有的，它在大多数社会性物种中都广泛存在，比如鱼群、鸟群、羊群、社会昆虫乃至细菌。不过，灵长类动物中很少见到聚群行为，因为家系的缔结关系使领域性太强了，一个猴群中的陌生个体数量很少，很难实现聚群效应。我们可以想见，随着城市超级部落的出现，人类的聚群行为也是最近几千年才愈演愈烈的现象。

动物界聚群行为的内在原因已被社会生物学家研究得小有成果。以鱼群（School of Fish）为例，鱼的聚群行为在免受捕食者侵害方面，主要利用了三种机制：一是通过庞大的个体数量形成一个三维的有机体，由于捕食者是来自鱼群外部的，有机体内部的鱼便可利用边缘鱼做掩护，从而降低自己被捕食的概率。于是，这产生了每条鱼都尽量往群体中心游的倾向——人们称其为"向心运动"（如图 4-14）；二是通过群体行为迷惑捕食者。当捕食者侵入鱼群时，它们会四散成多个小群体逃逸，从而造成捕食者必须花时间选择追击目标，或者选择放弃而进行下一次攻击。这种方式降低了捕食者的攻击效率，使每条鱼比单独行动时提高了成活率；第三，鱼群可以通过聚群行为增加捕食者受到伤害的可能，一条小鱼的鳍并不可怕，但增多的鱼鳍会大大增加捕食者进攻时受伤的可能，这也起到了良好的防御作用。

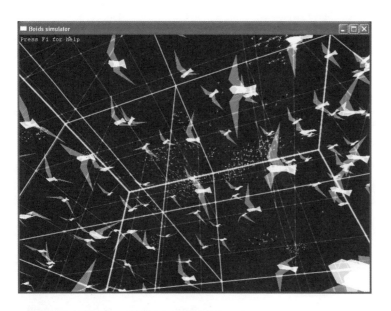

图 4-15

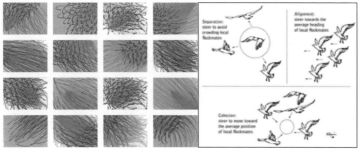

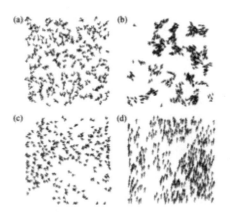

图 4-16

图 4-15　Boid 软件中的设定参数：分离、调整、聚集、个体参

数(来自 http://www.red3d.com/cwr/boids/)

图 4-16　Tamós Vicsek 细菌群体运动模型的四种结果

通过对鱼类聚群现象的社会生物学分析，我们可以从中得出一些启示，如果运用同样的分析方法解释城市公共空间中的人类聚群行为，或许能够得出一定的结果。

这样的想法当然不是笔者最先提出来的，实际上，人们长久以来都一直试图从自然界中寻找对自身行为的解答。第一位深入研究动物聚群行为中的形态适变原因的人是美国的克来格·雷诺兹(Craig Reynolds)，他通过观察鸟类的聚群行为，设计了一款聚群模拟软件。1987年，他总结出聚群行为的一个重要决定因素："局域感知"——每一个体都只感知它周围一定范围内的其他个体的行为，但并不能对所有个体的行为进行认知。因此，在聚群一侧的个体行为并不一定会影响到另一侧的个体，影响的成立是传递的结果，这可能是时间上的缓慢事情。聚群行为和军队整齐划一的群体行为最大的不同是，后者是人为精心计划好的，而前者不是某一个人意志的结果。

在雷诺兹名为"Boid"(意为呆板的小鸟)的模拟软件中，他十分成功地还原出了鸟聚群的群飞现象，他甚至通过障碍物的设定，模拟出了复杂的有机行为。不可思议的是，雷诺兹在模型中并没有加入任何对群体进行的设定，却塑造出了群体行为的复杂现象（如图4-15）。

1995年，当时任教于布达佩斯厄特沃什·罗兰大学(Eötvös Loránd University)物理系的塔马斯·维克西克（Tamás Vicsek）教授与其学生安德拉什·科兹洛克（András Czirók）共同设计了一种关于细菌群体运动的模型。在这一模型中，他们二人也只是对细菌单位的个体行为进行了设定，这与雷诺兹的做法很相似。但两者最大的不同点在于，这次加入了随机运动的成分。他们认为，每个生命体的行为不可能完全一致地遵守规定，必须加入一定的干扰或者说"个性"（如图4-16）。

如果将此模型结果中的粒子运动看作是人群中的个体行为，将个体间可到达的最大密度（个体最短距离）看作人们之间认识的程度，随机程度看作人们是否拥有同样的目的方向，则以上四种结果图形很像人们在城市公共空间中的群体行为。

20世纪80年代末开始，德国德累斯顿工业大学(Dresden University of Technology)经济与交通系的德克·黑尔宾(Dirk Helbing)教授开始着手研究人们的聚群行为与交通物理环境建设的关系。2001年，他联合来自不同国家大学的一些学者共同发表了题为《自组织行人运动》(Self-Organizing Pedestrian Movement)的论文，以展示他们一系列的研究结果。

在研究中，黑尔宾等人构建起了一种名叫"社会力模型"(Social-Force Model)的人群行为模型，与以往学者相同，他们只对个体行为的运动参数进行了限定（如图4-17）：

1. 设定个体受到的排斥力（来自他人与环境边界的）。

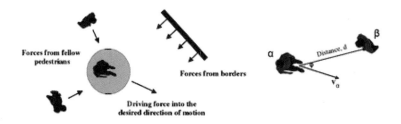

图 4-17

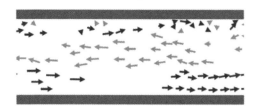 

图 4-18

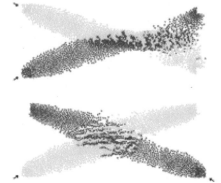

图 4-17 Dirk Helbing 的社会力模型设定参数

图 4-18 对流人群的自组织结果

图 4-19 呈一定角度的双向人流自组织结果

图 4-20 三种利用物理环境改善群群行为自组织效率的模型

图 4-21 2007 年被 Anders Johansson 改进的十字路口空间模型

图 4-19

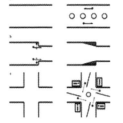

图 4-20

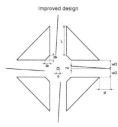

图 4-21

2. 设定个体受到的吸引力（个体行走方向与驱动力）。

3. 设定个体与他人之间的距离与避免角度。

黑尔宾等人认为，在聚群中的任何个体都会受到两类影响力的作用：一个是来自个体内在的驱动力，"我要往哪儿去，并且以多快的速度"；另一个是来自外在的社会影响力——周围人的影响、物质环境的吸引与排斥作用。内在与外在的影响力相互叠加，并经常会产生矛盾，这便产生了熙攘人群流动的现象。

但在这一软件设定中，他们暗示出了人群与动物聚群行为的最大区别——人群中没有"向心运动"。鱼群的向心运动主要来自于外在的物种竞争生态压力，显然"伟大"的人类早已不存在这种压力。如果假设街道上的人群中，个体间彼此并不认识，那么他们每个人本身实际上并没有希望聚集在一起的内在因素，或者说这种作用力非常小（深夜街道上的行人倒是存在一定程度的聚集趋势）。街道上之所以会产生聚群现象，主要是因为城市的人口太多了，我们不得不走在一起。今天的街道规定了人们必须遵循的行走方向——公共秩序，但如果没有街道，一大群人的流动效率就会受阻。

由此，黑尔宾等人研究了一系列人群的自组织现象（Self-Organization Phenomena），其中比较重要的结果之一是：当人群在一条长方形均质空地上呈相反方向双向运动时，会自行组织成几条统一的人流，人们会自形成"道路"（如图 4-18，此处不考虑周边建筑的商业等吸引作用）。

2007 年，安德斯·约翰松（Anders Johansson）延伸了黑尔宾的这一结果，他改变了两股人群的相反运动方向，而使他们呈一定角度。结果，人群在行动的交会处出现了斑块状或条状的小群体，并交叉行进（如图 4-19）。由此发现，当人群运动的交叉角度越大时，条状的自组织人流会越明显，当角度为 180° 即对流时，"道路现象"最趋向稳定。

随着黑尔宾等人研究的不断深化，他们证明了城市公共空间中的物质环境确实会对人们在聚群行为中的自组织效率产生重要的影响。在图 4-20 所示的三种情况下，利用有效的空间手段，可以改善人们聚群行为的效率，使无序变为有序。其中最后一种情况在2007 年被安德斯·约翰松利用先进计算机模拟技术改进，使空间更具体、更符合聚群行为的需要（见图 4-21）。通过分析这些结果，我们可以进一步得到启示，改善人们聚群行为的关键点很可能正来自于物质环境中最重要的某几个吸引力或排斥力因素。如果设计师注意到这些关键点的设计，很可能起到"四两拨千斤"的作用。

最后我们来探讨一下当存在建筑吸引力的情况下，城市公共空间中的人类聚群行为会与以上模型结果有哪些不同。无论在黑尔宾小组还是安德斯·约翰松小组的软件模型中，都一直只将空间的墙体或边界看作是仅有排斥力的物理环境，这一点固然不假，但面

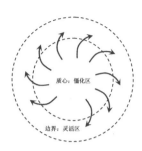

图 4-22

图 4-22　人类聚群的"离心运动"（右图抽象模型为作者自绘）

图 4-23　双向步行街道中的聚群行为抽象模型（作者自绘）

图 4-24　商业步行街中的聚群景观形态抽象模型（作者自绘）

图 4-25　单向利他主义行为的三种类型

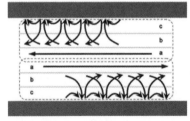

图 4-23

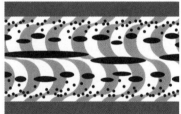

图 4-24

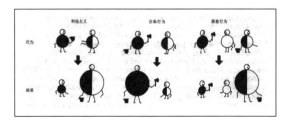

图 4-25

368

对真实生活中复杂的商业城市公共空间，他们的模型显然不能够充分奏效。一切的科学工作者，都往往坚守一个原则——"进少出多"，如果输入太多的信息，很可能得到的结果也同样复杂，并且你将不知道哪个因素才是决定性的。但是，对于构筑物质环境的空间设计师来说，我们需要研究愈加趋近现实状态的群体行为越好，开发出这一精细软件模型可以更加有效地检验设计结果的弊端何在（可惜目前还未成功）。也就是说，设计师需要对付的核心问题正是复杂的细节。

既然从本节众多分析中，我们已经得出——大部分城市公共空间中人类聚群行为是没有"向心性"的，外在的压力只来自于其他人和物质环境。那么我们就来找寻一下物质环境对群体来说，除了排斥力以外还有哪些吸引力。

如果假设群体周围的建筑或墙体是充满吸引力的，排斥力只造成个体不撞到墙上，并与墙保持一定距离（距离与个体速度快慢有相关性）。人群中的个体希望靠近周围的建筑，并且这种吸引力可以使个体进入周围建筑以内，那么，我们推测群体的聚群行为可能产生"离心运动"（如图4-22）。

实际上，对于高密度聚群的一群人来讲，即便没有周围建筑的吸引力，他们也存在一定程度的"离心运动"倾向，只是很多情况下群体周边已经没有可利用的空间了。尤其在很多节日庆典的人群和足球比赛散场的人群中，大部分人都愿意加快脚步回家，几乎没有人愿意待在群体中央，因为那只能带来缓慢的速度和无奈的随波逐流（除非他很享受人潮人涌地热闹气氛），只有到群体边缘去才最有可能找到快速的出路。对密集人群来讲，聚群的质心相当于僵化区，边界相当于灵活区。

但上述情况是在空间内聚群具有统一总体方向时才成立，如果空间中存在两股不同方向的人群，我们也能看到聚群离心运动的现象，但由两群人构成的整体空间形态会不同。在街较宽的长形商业街道中的人群空间形态，我们可以抽象为图4-23中所示的布局。由于人们受到两侧建筑外立面商业的吸引作用，因此聚群中的很多个体都倾向于靠近建筑店面活动。此时，整组聚群会在街宽剖面上大体产生出6个密度层次。

在图4-24中，笔者通过以上论述，总结出的商业步行街聚群行为应该对应的环境形态规律，尝试描绘了一种抽象的空间模型。图中除了运用玛尔·拉戈（Mar Largo）地面铺装方式以引导步行惯性（假设人群习惯靠右侧行走）之外，其他在街道上的黑色点状物，只是对具体景观细节的抽象表达，它们所处的位置也是随机结果之一，不具有唯一性。整张图想说明的意思仅在于：商业步行街的景观形态在空间排布上如果具有这样的模式特征，会更加符合人类聚群行为的自然规律。

尽管人们目前还没有设计出理想的拥有建筑吸引力参数的人群自组织软件模型，但

图 4-26(a)

图 4-26(b)

图 4-26(c)

图 4-26(a)　艺术中的社会因子与反社会因子

图 4-26(b)　反社会因子的典型空间——监狱环境

图 4-26(c)　市政厅——社会性的议会大厅,被反社会性的小会议室、办公室围绕

笔者相信，随着参数化设计近几年的迅速发展，这一模型的实现肯定不远了。或许在这一复杂程序中，我们可以加入更多个体行为的尺度参数，并且适当加入每种随机噪声系数的分级化……这样的工作，将会对环境营造者们的设计过程大有帮助。

• 环境中的利他主义与反社会因子

在自然界中，当一物种进入了一个不可预测的生境生活时，在开始时期，该物种需要尽力采取促进社会化（社会交流与协作）的行为方式，以便迅速地利用和占有这一生境中的资源，从而达到物种长期稳定的目的。

而当一个物种希望长时间地占有一块生态环境时，它们就必须有计划地为群体密度做打算，因为环境终究拥有其最大承载量。所以在此时，物种基因中的另一方面社会作用力——反社会因子便起到至关重要的社会平衡作用。

社会生物学家将促进社会化的行为称作利他主义行为（如图 4-25），它是以个体或群体遗传适合度的增减为依据建立的基因理论。事实上，相互利他主义这种基因机制就是人们俗称的"道德伦理"。人类为能够发展出今天庞大的城市系统而骄傲不已，这正是利他主义基因在法律、宗教等方面的显性表征。但一味夸大利他主义，实际是盲目的，因为我们不能忽略了它的反作用力——反社会因子（或称自私行为）的强大平衡系统。

反社会因子，总体来讲，即是对群体密度进行制约的生物学手段。对于即将达到环境最大承载量的群体，为使群体维持得长远，"就要使群体大小处于危险水平之下以保持'城市居民质量'。要避免来自外部自然条件的密度制约控制的极端压力，要使互相帮助最小化，要把低效利用生境和出生控制等各种形式的个体制约放在显著地位。"[1]

反社会因子实际上是一项很有趣的课题，也是笔者近期的关注点之一。它无处不在，我们甚至可以从环境中的一切方面看到社会因子与反社会因子的共存与此消彼长。

典型的社会性因子可以表现于"圆桌会议"上，而最典型的反社会因子则在监狱中——由此产生的建筑形态十分特别，越高等级的监狱即是越赤裸裸地体现反社会（如图 4-26）。有趣的是，只是简单观察我们生活中的所有环境空间，都可以被划分为社会性的与反社会性两类，而在同一建筑中的不同功能空间也是它们彼此协调的结果。不可否认，人类无法生活在只是社会性的空间中。

---

1. （美）爱德华·O·威尔逊. 社会生物学——新的综合. 毛盛贤等译，北京理工大学出版社，2008:101.

图 4-27 日本建筑师坂茂设计的避难所——反社会因子的必要性

图 4-28 群体中相互利他主义的遗传固定条件数学模型

图 4-29 群体发展的消亡时间模型

图 4-27

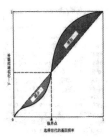

图 4-28

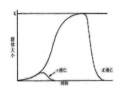

图 4-29

甚至在象征表达强社会性的环境中，不同国家与地区、不同等级的反社会因子也被人们含蓄地隐藏其中。中国人善于体现等级观念——尊师重道，以致于座位的高低、前后、大小、装饰、方向都是我们谙熟的心照不宣的反社会因子。当然，我们会说这些是为了更好地促进社会性。

　　小到一个房间，大到一座城市或地区，反社会因子都是一种自然结果。只是当它们过于强烈时，设计者才想到提出异议。不过，很多时候，反社会因子也显得尤其重要（如图4-27）。

　　人类社会因子与反社会因子是如何发展与相互制约的？从社会生物学理论方面，由布尔曼（Boorman）和列维特（Levitt）总结的"群体中相互利他主义的遗传固定条件"数学模型已经在物种层面为我们提供了解答（如图4-28）。他们的研究认为，每个群体中由下一代的基因频率与选择世代的基因频率所构成的网络中存在着一个临界频率——随着群体大小的增长、个体间协作频率和范围及有效性的递增，当这一基因频率到达临界点以上时，社会性行为（利他主义）会迅速地扩散至整个群体中；而随着这些参数的减小，基因频率处于临界点以下时，社会性行为就会缓慢地降低至突变水平。由此我们可知，人类社会中的利他主义基因肯定与群体大小、密度、基因的流动频率有着正相关性。

　　另外，利用上述模型，我们可以再与由威尔森（Wilson）所创建的"群体发展的消亡时间"模型（如图29）进行比较研究（图中的曲线只是估计值，具体的曲线很可能是波动的）。由此我们可以推测，如今人类社会的社会性因子在广泛程度上已经到达了临界频率以上，并随着群体密度的不断增大、社会关系的日趋复杂而呈现负加速度的增长过程（因图中频率增加部分为凸曲线），但由图中K消亡的规律我们也会明白，当人类群体密度达到生境承载极限时，若要使物种得以维持，则人们必须遵守与未达极限时截然相反的个体行为法则——人们必须学会低效利用生境资源，使彼此间的合作机制最小化——即重视反社会因子在环境中的制约作用。

　　在城市这一复杂生境中长期生活的人类群体，也必将面对未来某个即将达到环境最大承载量的时期，为了达到群体长远的稳定，反社会因子的作用不可或缺。也许费尽心思呼吁社会化的设计师们，不得不妥协于来自物种基因的力量，迎来一个反社会因子作用下的未来都市。

参考文献：

[1]（美）爱德华·O·威尔逊. 社会生物学——新的综合 [M]. 毛盛贤，孙港波，刘晓君，刘耳译. 北京：北京理工大学出版社，2008.

[2]（英）德斯蒙德•莫利斯. 裸猿 [M]. 何道宽译. 上海：复旦大学出版社，2010.

[3]（英）德斯蒙德•莫利斯. 人类动物园 [M]. 何道宽译. 上海：复旦大学出版社，2010.

[4]（英）菲利普•鲍尔. 预知社会——群体行为的内在法则（第 2 版）[M]. 暴永宁译. 北京：当代中国出版社，2010.

[5]（法）古斯塔夫•勒庞. 乌合之众 [M]. 戴光年译. 北京：新世界出版社，2011.

[6]（美）克莱尔•库珀•马库斯，卡罗琳•弗朗西斯. 人性场所——城市开放空间设计导则（第 2 版）[M]. 俞孔坚，孙鹏，王志芳等译. 北京：
中国建筑工作出版社，2001.

[7]（丹）扬•盖尔. 交往与空间(第 4 版)[M]. 何人可译. 北京：中国建筑工业出版社，2002.

[8]（日）小嶋一浩. 设计"活动"吧！——以学校空间为主轴所进行的 Study[M]. 谢宗哲译. 台北：田园城市文化事业有限公司，2005.

[9]（美）简•雅各布斯. 美国大城市的死与生（第 2 版）[M]. 金衡山译. 南京：译林出版社（美）爱德华•O•威尔逊，2006.

[10]（日）芦原义信. 街道的美学 [M]. 尹培桐译. 天津：百花文艺出版社，2006.

[11]（美）凯文•林奇. 城市意象 [M]. 方益萍，何晓军译. 北京：华夏出版社，2001.

[12] Craig Revnolds. Boids, Background and Update [EB/OL]. [2001-09-06]. http://www.red3d.com/cwr/boids/

[13] Dirk Helbing, Peter Molnar, Illes J Farkas, Kai Bolay. Self-organizing pedestrian movement [EB/OL]. [2000-05-10].
http://pedsim.elte.hu/pdf/envplanb.pdf

[14] Dirk Helbing, Illes J Farkas, Peter Molnar, Tamas Vicsek. Simulation of Pedestrian Crowds in Normal and Evacuation
Situations [EB/OL]. [2002-04-12]. http://subversion.assembla.com/svn/SubWaySim/Papers/Simulation%20of%20Pedestrian%20Crowds%20i
n%20Normal%20and%20Evacuation%20Situations.pdf

[15] Duncan J. Watts, Steven H. Strogatz. Collective dynamics of 'Small World' Network [EB/OL]. [1998-06-04].
http://research.yahoo.com/files/w_s_NATURE_0.pdf

[16] Anders Johansson. Computer Simulation of Pedestrian Interactions and Crowd Dynamics [EB/OL]. [2007-10-02].
https://www1.ethz.ch/soms/teaching/colloquium_pv/c5

[17] Tamas Vicsek, Andres Czirok, Eshel Ben-Jacob, Inon Cohen, Ofer Shochet. Novel Type of Phase Transition in a System of
Self-Driven Particles [EB/OL]. [1995-08-07]. http://angel.elte.hu/~vicsek/pdf/vicseketal95prl.pdf

[18] Ernst Fehr, Urs Fischbacher. The Nature of Human Altruism [EB/OL]. [2003-10-23]. http://ebour.com.ar/pdfs/The%20nature%20o
f%20human%20altruism.pdf

[19] Christopher Allen. The Dunbar Number as a Limit to Group Sizes [EB/OL]. [2004-03-10]. http://www.lifewithalacrity.com/2004
/03/the_dunbar_numb.html

[20] Christopher Allen. Dunbar, Altruistic Punishment, and Meta-Moderation [EB/OL]. [2005-03-17]. http://www.econ.uzh.ch/facul
ty/fehr/publications/NatureOfHumanAltruism.pd

□ 苏丹

　　本章出示了几位同仁的思考，难能可贵。近三十年以来，由于环境艺术设计填补了中国城乡建设的空虚，广大环艺工作者自己就从未感觉到空虚，他们几乎是这个时代最为繁忙的一群人。随着规模化而导向的制度化，环艺人从救场的角色逐渐转变为一种主流。艺术领域，越来越多的艺术家开始将自己的创作空间范围拓展到了开放的社会空间中。在空间环境设计领域，环艺人从局限的室内装饰设计起步，昂首阔步迈入了全面介入空间环境建设的新时代。尽管至今尚无合法的身份，但当下合理性正成为他们勇往直前的充分理由。

　　中国环艺主体的历史简直就是一部建设史，自改革开放以来，中国大规模的城乡建设持续近三十年未见其势头衰退。美化环境成为环艺人的一种主要工作，城市景观、室内设计，甚至城市环境雕塑都是环艺人可以施展身手的领域。环艺的族群庞大无比，组成也丰富多彩。绘画者、雕塑者、产品设计师、平面设计师、陶瓷设计师、工程师都争相涌入这个既十分肥沃又"不设防"的领域，中国环艺主体的塑造过程完全可以看作是一个分肥的历史，遗憾的是和自身的建设毫不相干。理性的培育，责任感的自觉，都被推向了遥远的未来。但未来已经不知不觉转化为当下，于是我们看到了现实版的因果报应。

　　中国环境艺术史也是一部环境观念被艺术和设计作为工具的历史，浏览历史我们会发现无论是艺术界还是设计界，艺术家和设计师从环境观念中看到的只是方法和效应。艺术创作因此拓展了空间和手段的边界，从封闭的场所进入开放的公共领域，因此闯入公众

图 4-30 "大地是一张皮。皮上面是现实，皮下面是历史。现实制造着历史，历史印证着现实。大地孕育万物，承载着人类的悲欢离合。人与大地共生共荣，人对大地情有独钟，而大地却默默无语。"——于会见。

于会见，《时代》，200cm x 380cm，2008 年

（以上图文由于会见提供）

的视野。这种方式比传统殿堂式的展览收获了更多的关注，传播力增强的同时还大大降低了成本。在设计领域，环境艺术的手法超越了传统的规划设计、建筑设计、园林设计、室内设计的专业隔阂，更有效也更全面地塑造了空间环境的艺术气质。因而时至今日环境观念尚未真正地融入中国当代艺术和设计的创作思想，因此在艺术创作中，环境艺术只是作为一种表达的技法在为个人主义服务。在设计实践中环境艺术也只是为了服务的理念而采用，为视觉构造而服务。我们对设计实践的总结，对设计教育的改良多停留在对方法的更新换代上。

中国环艺主体的历史还是一部问题史，其中问题之一是合法性问题。在苛刻的法律制度建立和履行之前，中国的环艺人犹如一群暴民，它们在法律和制度的边缘游击，不断蚕食和袭扰建筑设计、规划设计和园林设计领域。又是一群掠食者，贪婪地守候在资本流动的大河之中觊觎。问题之二是其所造成的结果，对于广大环艺人来说没有身份何来的责任，我们可以明显地感觉到在这个领域中职业精神是严重匮乏的，尽管已经有超过百万的从业者，但能以此安身立命的人却寥寥无几。设计业内如此，教育界也如此，这状况不能不令人深感忧虑。结果的另一个版本是环境悲惨的现实，经历了三十年的发展中国的大地几乎被彻底翻覆了一遍，三十年过去，弹指一挥间。人间的城郭处处旧貌换新颜，但我们无论面对自然环境还是人工环境，都无法摆脱深深的自责。我们既是建设的参与者，也是发展的鼓噪者，有时候还是独裁者的附和者，城市的扭曲和乡村的衰败都记录着我们斑斑的劣迹。实用主义、机会主义教养出我们只知索取不知回馈的德行，如今积重难返。背负着这样的恶名，我们如何大言不惭地走向世界。

思考是必要的，只有思考才能改变。但思考也是一件复杂的事情，它需要一个良好的环境和习惯，还要有科学的方法。首先应当在态度上保持客观和冷静，一时的冲动不利于思考，因为思考必须是持续性的，可持续性的思考就是通过对问题的揭露来唤醒批评的热情和质疑的习惯。这些年对环境的批评是很多的，但这并不能替代对环艺的批评，由于中国环艺在强劲的建设驱动下所具有的强大动力，我们应当用批评来引导环艺的走向。客观地讲，近三十年来我们的学术界也不乏所谓思考的声音，但无疑这些声音一方面表现得微弱，另一方面显得较为表面，缺少一种高远的目标和强大的精神感。因此我们的思考要建立在向前、向后和向上的维度，它的途径是交流、阅读和实践。

郑曙旸先生的论述谈及环艺的责任和教育的理念，他非常理智地把环境艺术和环境艺术设计的关系进行了梳理，进而果敢地亮出了自己的观点——环境设计。在环境艺术领域，郑素以作风严谨著称，他崇尚明确拒绝含混，注重实践淡看夸夸其谈。他始终认为环境艺术是一种艺术主张和流派，其实践行为应当归类为艺术创作。艺术和设计有着本质的区别，因此环境艺术设计就不如环境设计表达得更加纯粹。尽管环境设计的概念中回避了"艺术"二字的修辞，但设计行为本身是涉及美学应用的。同时他承认环境艺术对环境设计在理念上具有指导作用。在该文中，郑先生也突出强调了环境设计和可持续理念之间的关系，认为这是一个时代的设计语境，必须得到应有的尊重，对环境恶化的忧虑应当是当代环艺人的责任。记得郑曙旸先生在21世纪初的一些讲座里就开始谈论世界范围和中国的资源条件，并提示中国的环艺人注意设计对消费的引导作用。这种内容的讲座在高校的环境里听众反应尚可，但当面对设计师的听众对象时这种讲座的内容和听众的期待相差甚远。在一个注重技法的时代，更多的人都希望看到可供模仿的案例，这是思考和时代脱节的表现，但并不能说明思考和表达不重要，历史的前进总是在思考的诱发之下进行的。对于作为特定阶段中国环艺的主体行业——室内设计来说，它和民众的消费心理紧密相关，因此设计者的引导作用是明显的。郑先生近十年以来将自己的主张进一步明确、聚焦在了可持续设计领域，并着手研究可持续设计理念的实施途径和中国的未来发展策略的关系上。我认为郑曙旸先生的研究和主张是以设计本位的立场看待环境艺术的，他崇尚技术和政策在实践中的刚性作用。这种观点也许和他对中国环艺当代发展历史回顾有关，他对集体的自觉抱着悲观的态度。因此他极力推行一种专业界限清晰，主张明确的学科概念。由于他在教育界特殊的位置，他的主张将很大程度地影响和规定中国环艺学科在未来一个阶段内的发展。但祛除艺术的属性也存在一种危险，将使这个群体本来就薄弱的人文意识彻底解除了基本的要求。因为中国环境艺术设计的现状中不良的症状并不是因为艺术主张的存在，而在于使用了陈旧的艺术理念。

方晓风先生对环境艺术设计的先进性进行了论述，他的文章中先是迂回地证明了现代艺术设计以及其中各门类专项设计的局限性，进而推断一种更加科学性的设计方法——具有整体性关照的设计。这种可能性就在环境艺术设计的字面上闪烁，但过去的二十多年里我们一直未能将这种可能性明确地揭示出来。这种可能性的夭折原因，我想还是机会主义思想在过去占了上风的缘故。在我的记忆之中，许多环艺领域的学者对它的解释带有过于急迫的"跑马圈地"意识，而受这种意识威胁的领域马上就形成了对抗势力。争论多集中在实践领域和界限方面的相互冒犯上，而对于它可能塑造出的优秀品质问题没有去做比较深入的研究和证明。其实这种证明是至关重要的，它即是学科合理性的背书，有了它的支撑，这个学科的命运何以至于如此漂泊不定的地步。方晓风从审美范式的转变入手分析，提出了环境审美的概念，并认定它是学科的核心和环境艺术设计方法的根本性与驱动。在新的世纪里，这种可能性是存在的，因为它有一个更加宏观和基础性的背景，我们已渐次进入生态文明的时代。和20世纪80、90年代相比，环境审美已然拥有了更多的可能性。

　　许多人认为，环境艺术最有价值之处在于它开放的学科边界和务实多样的方法。北京工业大学的王国彬老师既是一位有理想的教育工作者，也是一位勇于实践者，而最为可贵的是在实践中他一直坚持环境艺术的理念和环境艺术设计的方法。并且他是一位通过实践不断总结，不断丰富环境艺术设计思想的人。他的文章中就是从方法的角度来谈论环境艺术设计的，他从中国传统思维方式中的"道、形、器、材、艺"的观念，来重新梳理整合当下的设计方法论，虽借用了古人思想，但令人耳目一新。文章中借用东方古典哲学的理论对环境的神秘主义解释，也是非常有趣的，它的价值在于对环境这个事物的态度回归到了传统的方式上，至少避免了无知状态下盲目自大所可能产生的问题。王国彬最终的话题还是回归到了环境艺术设计教育之中，通过和相关学科的横向比较，他为我们描绘了一幅环境艺术设计未来发展乐观的画面。王国彬是在 20 世纪 90 年代中期，在中央工艺美术学院接受的环境艺术设计教育，难能可贵的是他能够把这个专业看作安身立命的一项伟大事业，不断思考，不断探索。中国环境艺术的未来应当就是在他们这批有理想的青年学者和实践者，共同努力和拓展之中呈现出来的。

　　何浩的思考也是技术性的，由于身份的原因，当今环艺系统的思考多聚焦于环境艺术设计的教育本身。郑、王、何三位的思考主要在探讨环艺教育的理念和方法，这是一件功德无量的事情。由于中国环艺十几年以来的迅猛扩招，造成了教育资源和受教育群体之间的断裂，许多教育机构在系统性的方法传授方面都成问题，更不用说多样化发展了。但片面地将讨论的话题集中在专业教育方面也存在一定的问题，因为教育的上游还是研究，而研究性的出现需要独立于教育之外看待环境问题。教育的本质和作用终究还是对思想的传播，因此需要超越教育视野的研究群体，研究成果会推动教育理念的发展。这一点艺术领域的状况要优于设计领域，这是因为当代环境艺术的实践者中的许多是职业艺术家。

　　环境艺术自古有之，但作为一个被强调的概念产生还是有其特殊的背景。马里奥先生的思考就是从这个角度来看问题的，他在寻找一种能将困顿中的现代人和当代人拯救的一个方式。这种方式建立在对工业文明和发展主义的怀疑和批评的基础之上，以一种客观的态度来评价物质文明最终造成的结果。他在《让艺术脚踏实地》一文中谈到园林中的场所感，以及历史遗迹所带来的时间感，他还提到了"体育景观"、"乡村景观"这几个特殊事物，这些景观都是人类生存必要方式的一种形式，因此在马里奥眼中这些景观对人类的情感而言具有本质性意义。这些经历了历史进化过程后保留下来的事物，对于人类而言是一种赖以纾解精神压力的基础。它们具有一种力量，一种质感，可以唤醒被现代性麻木的人群，借此重回人性的怀抱。马里奥的观点对于痴迷于"创新"，沉醉于物质建造和物质积累的中国而言具有重要的提醒作用，他告诉人们要关注自身的精神状况。如果人们看过他的作品就会更加深入地解读他的表述，他的景观创作保持了哲学思考，试图借此实现对人类的"解放"。他的景观美学是在历史与现实，希望和危机之间把持平衡性的手段，既保持了严肃性又没有失去对生动性的控制。同时，他提倡批判，也巧妙地保留了风景中的诗意。在我看来这些批判对当下中国的环境艺术发展状态是致命的，它将人们从歇斯底里的迷狂之中唤醒，回到理智中来。马里奥自认为为这个癫狂的世界找到了一剂良药，它原本就存在人类文明的历史之中。

杨云昭（贝玛·通丹）提出了一个更加严肃的问题——环境的神圣性，这是一种用科学研究的方式逐渐证明的观点。杨是一位更加年轻的环艺人，他热衷于思考，阅读是他学习的主要途径。四年前他对国际学术界新的研究领域——社会生物学研究产生了浓厚的兴趣，之后围绕着他的硕士论文写作阅读了大量的书籍。他的研究中有一些地方引起了我的注意，这就是对环境的描述。对环境本身的定性是环境艺术思想的源头，这一点需要有突破。缺少对环境本相的认识，就难以建立对环境的敬畏感，也就不会产生信念。

中国的环艺不缺空间，不缺发展的机遇，后继有人，不缺可持续发展的人口动力。而真正不得缺席的恰恰是思考，唯有思考才能使环艺变得高尚起来，唯有思考才能解决中国所面临的环境挑战，还是唯有思考才有真正意义上的社会实践！通过对中国环艺当代史的分析，不难发现一个令人担忧的发展趋势，越来越多的问题存在于现实之中，对其的讨论和解决方案却没有出现在学者话语中，也没有体现在实践者的日常工作中。反而是一个怪诞的现象出现了，随着环境艺术学科规模不断扩大，善于思考的人数却在不断下降，这到底是为什么？对于思考者的蜕变，不能简单归罪于经济利益的诱惑，还说明我们缺少信念，是理论研究的浅薄和思考的局限性所致。如果说逃跑者是源于绝望，那说明我们意志不够坚强。

图 4-31 任戎作品，"创世纪"系列装置之一，钢雕，2013 年。（图片由任戎提供）

〈5〉

第五部分

讨论

－1个研讨会＋1个专题－

图 5-01 "悦"美术馆的会议室是一段横亘在空间中的桥状构筑物,我们这一群中国"环艺"的遗老遗少就在这高悬的空间中口若悬河,滔滔

不绝地谈论"环艺"的过去、现在和未来。(图片由苏丹提供)

研讨会：环艺的双重属性与未来可能性

（研讨会语音整理）

地点：北京 798 艺术区悦美术馆 3 层会议室

时间：2012 年 12 月 1 日

时长：130.32 分钟

与会者（按发言顺序排序）：

苏丹（以下简称"苏"）、彭锋（以下简称"彭"）、包泡（以下简称"包"）、布正伟（以下简称"布"）、

郑曙旸（以下简称"郑"）、涂山（以下简称"涂"）、易介中（以下简称"易"）、翁剑青（以下简称"翁"）、

王国彬（以下简称"王"）、于正伦（以下简称"于"）、车飞（以下简称"车"）

苏：作为召集人，我先介绍一下各位来宾。坐在我旁边的这位是布正伟老师，中国的著名
建筑师和理论家。那位是郑曙旸老师，也是中央工艺美术学院和清华美院环艺系的主
任，就是我的前任，张绮曼老师的继任。在郑老师旁边那位是我们系的涂山老师。在涂
山老师旁边那位是易介中老师。那位是彭峰老师。还有一位北大的老师——翁剑青老
师还在路上，估计再过几分钟就到了。然后这位是北工大艺术学院的王国彬老师。接
下来是于正伦老师。于正伦老师也是职业建筑师，算我的学长，其实介乎于前辈和学
长之间。中国环境艺术界曾经在 20 世纪 80 年代办过的一个杂志也是他创办的。于正
伦老师旁边的是包泡老师，他也是艺术家，非常活跃的。这边是在北京服装学院任教
的车飞老师。然后今天列席的还有来自各院校的年轻老师和在读的学生。下面就开
始，把今天的指挥权交给彭峰老师了。

彭：非常感谢苏老师。这是一个环艺文献展览的研讨会，对我来说特别有意义。因为我原
来对当代艺术并不是很积极，希望你们把里面当代艺术设计的一些话题进行梳理，梳
理完了之后再进一步研究的时候就有一个很好的文献基础了。那么苏老师做这个环
艺的书就是一个很好的文献梳理，所以对我来说我觉得特别有意义。那么为什么我来

参加这个活动呢？一个方面是向诸位前辈学习，但另一方面就是我很早就在北大开《环境美学》的课，我估计不是最早，大概是1997年，1997年我第一次开《环境美学》的研究生的课，开完课之后国内就形成了两个中心，专门研究环境美学和生态美学，一个是山东大学，一个是武汉大学，后来我出国了，所以我这边就没有继续做研究，后来我的研究成果也专门出了一本书，关于完美的自然、关于环境的讨论，当然那比较抽象，是从哲学角度作的探索。

本来我以为在798做的展览，这个环艺是和当代艺术界比较有关系的，后来听苏老师说我们还是考虑整个环艺在中国语境里面的这样一个含义。其实无论是在英语里面还是中国语境里面，环艺都有两个含义，在英语里面，一个方面是与建筑、与设计、与室内、与室外的景观，紧密相关的艺术的一个概念。在另外一个方面就是一个新的当代艺术概念，特别是强调艺术作品在一个边界的模糊性，强调艺术作品跟读者之间的互动性。那么为了这个我专门上网做了一些功课，文章还没有写完，本来我要研究环境艺术，我是从当代艺术的这个角度来研究的，这个文章我很快会把它写完。它有这样一些切入点，各方面的环境思想，我讲的环境思想，包括环境哲学、环境美学，包括环境伦理学，还包括环境生态学这一系列的20世纪后半期出现的一些思想，它对当代艺术产生了极大的影响。那么第一，从环境美学这个角度来说有三个很重要的点。第一个就是因为在环境美学里面看，作为审美对象的这样一个东西，从环境角度来看，它是不确定的，它不像其他艺术作品是确定的，它是可变化的，而且它是把观众包括在其中的，所以我们把它总结成为审美对象的不确定性，而且它经常是真的，在真实的时空里面，它跟虚构、虚拟的时空不一样，所以它会随时间的变化、气温、阳光、等等变化，会变化，它随时欣赏着自己的移动，它在里面穿行，变化，所以我们把它称为审美对象的不确定性。第二个，它的审美经验是非虚构性、非虚拟的。因为我们看红楼梦，我们产生的情感反应，那个情感我们把它叫做半真半假，它不真也不假，我们看恐怖片，即使很恐怖我们恐怖的情感也是半真半假，一半真的一半假的，要不然我们就会从电影院里逃跑的，我们不从电影院里逃跑就是因为我们知道它是假的，但是从环境美学的角度来说，它给我们的感觉全是真的，而且它不仅作用我们的视觉和听觉，更重要的是作用我们的嗅觉、味觉和触觉，尤其是触觉。所以它给的审美经验和其他艺术领域里面的审美经验不一样。最后一个很重要的，是它的审美评价的非单一性。不是单一的，我们在评价艺术作品的时候说这个好，而且是好得不得了，那个不行，但是尤其是涉及自然的评价的时候，在20世纪末期出现了一个很有名的观点，叫自然全美，叫自然之美的，而且他们的美是不能分等级，不能分级别的，所以这绝对是

图 5-02　彭峰策划的第 54 届威尼斯双年展中国馆以"弥漫"为主题,以茶、荷、白酒、熏香和中药五种气味的弥漫为美学意象,展出《融》、《空香 6000 立方》、《浮云》、《器》和《我请求:雨》五件作品,这些作品不仅与视觉有关,还分别从听觉、嗅觉、味觉、触觉等多方全面打通观众的感觉,具有很强的互动性和现场性。图为作为《浮云》(上)、《器》(左)、《我请求:雨》(右)。(图片来自网络)

一个多元主义观点，他不是以前人类按照自己的偏好来对他们的一个分类，分级别的，我们把它叫自然全美的观点。这是从环境审美的角度来说，所以它对当代艺术产生了极大的影响。我在威尼斯做过一个实验，其实就是根据环境美学的原理做的实验，那么从生态美学的角度来说它有两个观点是非常重要的，一个是系统观点，因为它是强调任何一个东西的意义不是看它自己，而是看它和周围其他东西的关系来判断的意义，而且这个系统它是可以无限放大的，所以这导致了在生态学里面，每个东西的意义都是难确定的，因为它根据更广大的系统来看它的意义。当然生态美学里面还强调一个观点，就是自然是神秘的，是我们人类的能力所不能穷尽的。生态美学的系统概念和神秘概念对当代艺术也会产生影响。去年做四川双年展的时候我希望做成一个环境艺术。这里面首先所有东西都必须是真的，香是真的，气是真的，雾是真的，不是做一个影像。当然有些我们实在没有办法就做一个影像。所以当初我希望我们五个艺术家的作品在物理室诞生，在物理室生长，最后在物理室消失。所有东西都不要带回来，但是有一个艺术家，他脑子比较机敏，做的作品是可以卖的，带回来可以卖得很贵，其他艺术家的作品都在物理室消失了。我想把它做成一个在物理室成长的一个艺术作品，最好跟物理室这样一个地理、文化、环境紧密联系在一起。这是一个想法，但是并没有完全做成功，因为当初我们要带点植物去花园里面种，都没有被批准。但我认为这是当代艺术的一个很重要的方向，把艺术从虚构的领域里面解放出来，渗透到真实的生活领域里面，它和我们的环境发生一些关系。以上就是我从当代艺术的角度谈论的环境艺术。那么从建筑，比如说景观设计、室内装修这一方面，另外一个环境艺术的概念，目前我还没有特别多的研究，我希望我今后也能做些研究，这是我向大家汇报的一些东西。因为在座的都是专家，我希望有机会听到各位专家的意见，有机会作一个交流，我的开场白到此为止。看，哪位老师先来？

苏：彭老师，自由发言的时间。

彭：自由发言好了，对，自由发言！

易：吓死我了，我以为下一个是我了。哈哈！（笑）

彭：每个人都要求自由，给他自由，他吓死了……（大家笑）给你自由多好，你可以选择不说。包老师，看来你给我开了好几炮了，幸亏是三点水的"泡"。

包：我在美院宣布雕塑系 6 年制以后，一直和建筑关系特别密切，直到今天。1984 年和所里的先生合作"门头沟宾馆"，从那开始一发不可收拾，一直到今天。一开始和布正伟、马国馨、蔡培育他们在一起，后来张永和成立北大建筑学研究中心，又到北大和张永和他们在一起。这两年呢又关注着马岩松他们这一拨已经 8 年了，所以对待这一块,尤其这几年我有一些感触。我讲一个观点,关于后现代文化的观点。我想人类工业革命最大的问题就是人类和自然的关系,征服自然。所以从小时候读狄更斯的小说《雾都孤儿》中对伦敦雾的描写,一直到梁从诚在中国成立第一个自然之友,我都深有感触。人类文明进入到了后现代,后现代最大的一个观念我想就是人类的文明回到自然的怀抱,我想这是研究今天整个人类文明的一个前提。看看这几天美国的水、北京的冰雪,如果和老天爷对抗,看来都是不好办的事。所以我想回到自然的怀抱是后现代文明的一个重要的前提。不光建筑,不光环境,不光是文学和政治、经济都离不开,因为老天爷给我们的一切都是有限的,不是无限的,一切不是说随便可取的,连空气都有可能是假的了。所以人类文明一直处在这样一个状态,这是一个前提。20世纪80年代初,1985年,我在国内办环境艺术学校,1987年我们第一次和布正伟聚会,也是建筑界和艺术界的第一次聚会。那时聚会,就是为了创立环境艺术学会的事儿。可是如今给我的感触和当年不太一样了,当年没这个概念,就是对自然的概念,这段文明对自然的概念对我来说影响比较大。所以我看到奥运会那样一个方式,我和一些朋友谈,把人类的各技能和部位分解,成为爆发力、灵敏、速度、技巧等等,不是一个合理的方式。而应该像太极拳那样,力拔千斤,静如处子,动如狡兔。关于人类文明的另外一个认识论的观点,我想目前已经摆在我们的课题上来了。刚才彭先生也提了这个问题,关于环境和生态的概念,所以在这个问题上,这么多年来,从1985年也好,1987年也好的感悟和感触,从感性的到理性的认识,我想对我的触动还是非常之大。

刚才一进门,我和苏丹先生谈了几句建筑的事儿,目前中国建筑,稍微说远一点儿,因为建筑这一块呢,前两天张永和办了一个建筑展览,提出了建筑的四个方面。上个月在深圳的媒体讲建筑,提出了一个光明建筑的概念。今天报纸登出来国家美术馆目前方案不亮,但定下来了。那个讲话的美院副馆长强调说了一下不是中国符号,特别强调讲不是中国符号。我拉拉杂杂说这些的意思是说,关于环境艺术的概念,我想我们需要有一个重新认识,最初1985年办学校时关于环境艺术的概念和20世纪80年代末90年代初成立环境艺术学会时的概念已经不完全一样了。包括今天我开了一个玩笑,当年朱青生一再想要把怀柔的一块石头涂红,就是漆山计划。在怀柔我俩折腾好几年,那个是在破坏环境。对于这个问题,人类文明的多样性和复杂性,你到底怎么看?!提出几个观点,我听了我记下来了,恐怕得慢慢探讨。就说到这。

布:我接着你的说,参加这个会很高兴。特别是苏丹老师筹备这个环境艺术回顾文献展意义很大,也促使我想讲一讲这个问题。30年过去了,从1982年开始吧,30年时间够长的,这个过程里面结了很多缘分。从环境艺术创作来讲最早和包泡合作,几个航站楼和民航训练中心,你给我很多鼓励,说我有语言特色,不要信专业不专业,给了我很多鼓励,而且整个操作过程很务实。包括江北大机场七层的阳关之歌,那个用三角形、圆形、方形、弧形搭建的一个组合,大的彩雕,叫挂雕。操作很难,还有我画得比较细,在建筑设计实践里面,有很多环境设计的东西我需要探讨。而且苏丹出了很多书,我都拜读过,还有就是在他前头的这两任从何镇强主任到张绮曼主任,我跟这两任都有血缘关系。最早何镇强主任让我讲过讲座,环境设计刚火的那会,那时候我自己不怕老、不怕苦、猛冲直撞,同时我还带过设计,特别是张绮曼带的毕业设计和研究生,感触很深。我自己呢是这样,我从一个小建筑师起步,从中南设计院,中国民航机场设计院,后来到中行集团设计事务所。这个过程里面我是苦出来的,环境艺术是苦出来的,20世纪80年代初那时候没有钱去请人做环境设计,而且整个投资有限。最早是做个宾馆,在宜昌的一个宾馆设计,比较高档,客房好办,公共厅室大堂难办,逼我上梁山,但是我正好又没有系统学习过你们的理论,我只好就自己琢磨。建筑师出身有个好处,就是结构概念、空间概念比较清楚,做个什么东西能够考虑到人进到空间里面的感受。再加上国外的体验,到了东南亚、新加坡、马尼拉一些国家和城市,一看人家夜环境,光的设计,暗淡的空间模糊的空间通过光来设计,感触太深。通过自己琢磨,有了室内设计的一套理论,我从建筑师的角度和实践的角度去发表出来。当时同济大学有个研究生很感兴趣,后来他到德国去了。

然后从室内做到室外,室外房子都有环境,从外部环境做到城市节点,一个广场,房子跟广场的关系,首先房子面积就受到限制。比如东宁,黄河三角洲中心城市东宁。它的总体规划把广场放那了,原市政府的办公大楼还有一个世纪门的纪念性的雕塑门,这些东西面积都很有限。怎么把房子控高,在有限的面积上做一个视角,把广场围起来?这些东西面积都很有限。从有限的面积上,广场本身应该人性化,怎么符合生态化,尽量减少硬质地面?就这样做到了室外环境设计,最后退休后把我推到城市设计,城市大环境设计。从一般的黄河三角洲中心城市到国内有名的哈尔滨市。我回想了一下这30年,非常有感触,我是自学苦出来的,自己学出来的,从建筑转行到环艺,最后又走到城市大环境。

我到国外的设计考察比较多,看的多一些。有穷一些的国家,也有富有的国家,发达的国家。欧洲东欧、北欧、西欧、南欧都有去,还有美国、大洋洲。我觉得我们中国现在从环境设计水平来讲,最大的差距是在大的环境,大空间的环境方面,而不在于一个厅室,不在于一个室内或者局限在一个建筑周围的环境。这些东西都好说,还能比一比。但是一到大视野的环境根本不行,跟放羊似的。中国的土地是很有限的,城市和城市之间的土地现在处在一种无政府状态，比如农村卖地，圈地，开发商圈地。比如地级市县级市土地资源，比如农田耕地。我做这个很有体会，在东宁县的广饶，是个很有文化的古城，但是它是县级市，做它核心区的时候，在它的几个点，老城区、新城区，还有几个社区，中间有很多非常好的土地资源，这里面有湿地、有水区、有水库、有农作物、有稻田，可是这些东西自生自灭没人管，没有合理的开发，想弄哪一块就弄上了。然后呢，野生的东西、农作物的东西越来越少，全都变成人工的，而且是谈不上很有水平的乱七八糟的一些东西。可是我在国外见到，所有的土地都是很有规划的，包括野生景观资源，资源怎么保护，水资源农田作物等等，这个就是最大的环境设计。因为从宇宙看地球，地球上的环境艺术是国家大面积的东西，这些东西没有作为一个国家的形象基础，就谈不上生态文明。十八大提出一个很重要的 5 个建设，里面就包括生态文明建设，要把它跟社会建设、经济建设、文化建设、政治建设都融合在一起。这样的话我有个体会，我从开始做厅堂设计到城市，我感觉我的眼界开阔了很多，以前只作小的，到最后就是一个大的核心区。建筑师听我的，老板、领导听我的，必须按我的设计来做。

所以，我有个体会，就是说我老在想我今天的发言，算是谏言，给咱们这个苏丹院长的谏言，给主持人彭先生也谏言，就是要注意走向大视野的环境设计职能与人才的培养。大视野环艺设计培养。而且想说两个事。第一，生态文明建设呼唤大视野环境设计师的诞生，80 年代以来，我们的环境艺术建设类型选择无非是室内环境设计、室外环境设计、城市景观设计、园林设计，就是这些东西。我认为环境艺术概念和它的实践需要走出微观和中观的小视野的局限性，应该走出这个象牙之塔。在城市化进程突飞猛进的今天，生态文明建设离不开大视野环境设计的理念和实践。我们现在缺少的就是大视野人才。大视野设计职能主要就是两个，一个是概念城市生态环境，跟概念城市设计相结合的。比如说一个区，一个核心区，具体来讲像天安门广场周边算是一个城市大节点。还有一个生活的区域，一个金融区域，城市概念性的环境设计。还有一个大视野是城市总体规划和区域总体规划，这个就是土地资源，土地资源在规划设计中、在环境设计中的最优化设计。这两大类变成人才支撑的话，第一类叫城市生态环境概念设计师，第二类叫区域生态环境概念设计师。这两个是非常重要的。只有把这两部分人才培养起来，加上中观的和微观的那些人才，一个人才链才能够形成起来。这样我们国家在大的环境设计领域里头他就没有一个空白的地方，一个连接一个，从大的自然的那种环境景观，进到城市以内，城市片段，城市核心区环境景观，再进到一个公共建筑的室外环境和室内景观，对吧？进到一个住宅区里头的住宅区域景观。

然后就要谈到第二点，大视野环境设计技能的特点和人才培养。这个大视野的环境设计技能特点，我想第一个它需要具备更高层次的设计文化心理结构，包括社会学、生态学、规划学、环境艺术学。第二个，需要具备在大空间甚至超大空间尺度下掌握环境资源最优化组合的技能。它最大的特点就是空间尺度大，你要是做一个室内环境，做一个公共建筑周边的环境，它是相对的，空间尺度，那个跟做一个城市区域，做一个生态景观的环境的概念不一样，这个技能是不一样的。最优化组合的技能是在大空间超大空间尺度下掌控环境资源最优化组合的技能。第三个是要具备和这个城市规划师、城市设计师和建筑师协调工作的这样一种素质和经验。它不能单枪匹马，它离开了总规，离开了建筑，离开了城市设计师，就没有骨架了，它就待不住了。我想啊，这样培养模式有两类，一类我把它叫做单一型大视野环境设计师，就是按照刚才说的这个做区域性的大的景观环境资源的组合优化，这就是一个专业，这个专业你别看它挺简单，不是说划划地块，这是什么？这是什么？这是什么……也挺复杂的。这是一个专业，这是一种人才。这种专业把它设计出来以后，从大学招生开始，就跟我们室内设计专业一样，进行同样的训练。第二个是复合型的大视野设计技能的培养模式，就是说，像我这样的，搞过建筑设计，又接触到城市设计实践的人，我到你那进修去，进修什么呢，就是刚才第二的那个，叫做城市设计概念性的这样一个环境设计师，进修这样的科目。还有可以在研究生里开展这一研究方向，比如说我本来学的是室内环境设计，我要想扩大视野，我就报考你读研究生，这样一下子就提升到这儿，它的优势就很大了。还有一种就是培训班，就是说各式各样的人才，你想要得到这个知识，或者是你作为建筑审批的人才，作为建筑部门，一些管理人才，要得到这方面知识，我到你这里来进修。第三个，我就讲，我就特别跟苏丹院长讲，清华大学有这个资格，而且也应该是义不容辞，因为你是 NO.1，你培养人才，老是那个室内环境，老是一展览都是室内设计图然后公共建筑，甚至环境艺术作品这个不行的，还是要有种宏观的，中国现在太需要了。

　　最后一点我就讲讲，我这三十年来可以作为教学参考的一些经验。我觉得第一个很重要的经验，就是在建筑师的本职工作里头，要培养大视野环境设计的兴趣。这个很重要，没有兴趣的话，说实在的，将来你这个工作是做不好的。弄大的艺术，环境艺术或者是整个环境景观，城市这个大的生产景观，要有这种兴趣，要有这种潜意识，就是说要有一种掌控全局的观念，应该要有这么一种设计意识。第二个体会，就是要树立一个天地大美，环境、建筑、城市三位一体的这样一个审美。三位一体的审美就是要有一个天地大美的审美意识，从室内环境开始。第三个呢，是在全方位环境设计实践里，不断地充实自己的心理文化结构。特别是不要光迷信书本，要把自己设计的具体经验上升到理性上，总结出自己的经验来，搞出中国特色的宏观大事业环境设计学。我就说这么多。

郑：今天见到几位老朋友，按照辈分来说，我应该是小一辈了。但是呢，真的很有感触，应该说各位都是我们国家环境艺术的开拓者，这么说一点都不为过。我记得我后来讲到于正伦还有你们出的那本书，尽管只出了一本，很遗憾，但是迄今为止，在我们这个环境艺术也好，环境设计也好，后来在这个层面的研讨，几乎就没有了。我从教三十多年，慢慢回过头来想啊，我们国家在改革开放的初期，20 世纪 80 年代到 90 年代初期，恰恰是我们国家理论界最活跃，各种观点激烈碰撞的时期。里面有很多好的东西，但是在后来大家由于经济的冲击一下子跑去赚钱去了，反而没有沉下心来搞这些东西，以至于时间过去三十年，在理论层面上，要么就是刚才彭老师讲的，就是纯粹的环境美学，美学观念就是纯粹的在那纸上说了。而我们这些实干的呢，也有没有把这些理论再结合实践提升一步。所以回过头来，今天，对于环境艺术和环境设计，我们的下一代，包括苏老师，包括苏老师再下一代，好像都说不出个所以然来。我觉得这个环境艺术它绝对是一个观念，就是现代主义以后，在艺术界的，在 21 世纪的一种观念，它并没有形成一个非常明显的流派，说，这就是环境艺术。但是对这个概念，我们后来没有作深入研究，包括最初讲的环境美学和今天讲的环境美学其实内在还是不一样的。彭老师的有些观念我也会谈到。所以导致包括布主任你刚才讲的小环境与大环境。

现在主要问题还不是这儿，就是室内它也不是按照环境艺术的概念解决设计的，还是按照古典美学的那套方法弄，那么，最后就导致，我们就是装修了。只要材料贴这面墙好看，我们就过去了，反而在一些与人民生活直接相关的，一些真正解决生活问题的设计方面倒退了。你现在到市场买一个家具，都买不到你真正想要的，我不指豪华住宅，我是指老百姓最需要的那些东西，甚至我认为在观念上，这是我们的责任。这是等于说，过了三十年，还在谈三十年以前的事情，没有提升。像陈广生教授在武汉大学，那些理论，在社会层面，包括我们的设计界，没有几个人会按照那个去做。我们还是按照古典美学的审美观，按照单一的视觉来做设计，它好看，也就美了。实际上不是这个，包括刚才谈到十八大，我注意了一个现象，说是生态文明，大家鼓励的就是美丽中国的概念，他不是真正指向生态文明，假如说大家都是想到美丽中国，就又麻烦了，因为这个美学观不是后现代美学观，更不是生态文明的美学观。生态文明美学观至少要达到环境文明这个层面，至少是环境展示的环境美学的层面，但是目前我们环境艺术的作品有几个能真正达到这个意义上的高度？所以大家从受众来讲，再加上若干年我们美育的缺失,我们美育是从1999年以后才提上台面,那么大家接触的所谓美就很麻烦。昨天我还接到广渠门出版社让我帮他们审查中小学教材,我就看,我们又从这又跑到那头,原来的教材强调技能,现在强调要有欣赏,但是最基本的人的一些审美观的教育上同小学,又是一些最基本的范本挂钩,这样一来就会很麻烦。这个问题我也觉得提得很好,但是以中国现在大家的文化素养来看,达到那个标准是一件很难的事,而这些恰恰是我们在座的责任。

所以一想到这,我就觉得责任很重大,今天看见几位老前辈,三十多年过去了,我们怎么有点儿愧对大家,我们觉得没有达到这个时代的要求。尤其像去年参观国家博物馆,我们一个展览在那做,我对那个特别不满意。那是新的建筑,却是很古典的理念,甚至还不如我们当初建好的理念,整个都在浪费空间,非常不适用。国家领导人参加随行之路,馆长陪着,东西虽然不是中国人设计的,却是中国人的理念,完全是中国五千年的文化展示来的,太糟糕了。发现我们这方面有很大遗憾,别的不说,就谈中国设计学,如何把理论家研究出来的成果和我们搞实践的真正结合在一起,这是设计学的东西,既不是纯粹研究美学,也不是纯粹研究工程。

我今天的感受,清华美院以前是技术很棒,现在观念上去了。观念上去了怎么把观念具体落实到现实?这是个很大的课题,这很不容易,这方面做了很多课题,反而没把一个理念转换过来,这是我们落下的一个很大的难题,落下来的又不符合时代的高度。反过来说,环境艺术的观念肯定是最先进的,但是要把它本身的内涵弄明白,用它来指导我们。因为它不仅仅是文化层面还是观念层面,设计在初期阶段如果完全是技术层面的东西,实际上是不行的,尤其像到了我们学校这种层面。前两天我跟许平教授在一块,谈到中国现在的设计学校到了2043所,他们年年在做,这2043所里面有高等学校有设计专业的,这里面有1000所是民办的、高职的。还有一半就属于我们这种,而这三种是怎么个比例呢?艺术类的,只占到0.5%,那大家就不要小看,这就麻烦了,如果说那99.5%没有艺术修养,那可糟糕了,那你还谈什么生态问题?他们的观念基本上还是传统的静态的架上艺术,那种很老的古典的美学观。所以我们现在艺术类院校要高举着环境艺术的复杂性。

彭:环境艺术的复杂性就是管理个人的兴趣,其实比较老的一句话,当时没想过艺术设计和我们的环境设计能挂上钩,现在看来刚才郑老师讲得对,因为对于环境艺术来说,这个观念,是观念的转变,而不是在于技术和技巧如何提升,如果观点没转变过来,也有可能越走越远。

包:我刚才开了一个帽。这段历史谁来写我想中国人应该做点事,第一个观点,北京市,作为大环境应该是什么样？它是 GDP 的首都，还是政治经济文化高科技的首都，这是我在多年讨论中提出的问题。现在北京的灾难来了——交通、污染。我想北京之所以成这个样子，首先在于它是一个发财的首都，不仅仅是一个政治经济高科技的首都。从大的环境和战略上来考虑的话，我想目前北京的问题是哪地不流水了哪去堵，行政机关完全是处在一个消防队员的状态。所以我提出第一个具体的观点，就北京市对中国战略上来讲，要考虑环境，它不应该是 GDP 的首都，这是一个观点。第二个观点，北京不应该复制曼哈顿。目前从中国大的环境来讲，我的一个学术观点，中国不应该在后工业文明的时候复制人类工业文明的一个经典——曼哈顿的城市景观。即使天津新城，七个国家做的新的天津的模型，我一看，全是曼哈顿的复制。目前中国基本大中城市都在建摩天楼，都在重复曼哈顿。中国人不应该复制工业文明的城市经典，应该走出来。钱学森提出过"山水城市"，我赞成这个理论，要建立中国的后现代城市文明，应该从中国的建筑师，或中国人的实践中去指导。这也是谈环境，不是复制曼哈顿，这是一个很具体的问题。

布：未来 10 年，中国的超高层，实现以后是美国的 250 倍。现在已经批准的，就是 10 年批准可以进行的，现在网上也说是 250 倍。前两天，湖南省某个公司投资 885 亿，要在 89 天内建成……

涂：我是这样一个看法，因为我自己是从建筑专业出身，然后到工美读研究生，所以实际上也算是跨行吧，这样的一种方式。环艺呢我觉得这个定位，因为今天要谈它的这种两面性，像各种老师刚才说的这些内容，我觉得这个概念以前是工科那种变化经济的概念。以前是按功能类型进行教育，那么这类功能没有门类，所以呢它需要一种弥补。那个时候是一种需求空白，完全是按物理这种定义来界定的。环艺带有一种这样的色彩，实际上是一种物理意义的划分。包括所谓大小，这是物理概念，所以我觉得在这个角度上来说，确实是在现在这个时代有必要重新去思考环境艺术或者说环境设计的这种概念的演变，这肯定是有必要的。因为在国际上可能环艺，就像我们学院也会搞交流，环艺可能是一种针对环境的艺术行为，介于一种综合性的艺术手段，比如大地艺术。我们系也跟这样的艺术家也做了交流，我们实际上在做一种设计，环境艺术的设计实际上更主要的是设计，从我们专业上来说。虽然有所涉及，但是重点还是一种实用性。那么在新的未来的这样一个时代，肯定是需要重新定义的。包括，实际上刚才郑老师也在讲，可能把艺术这个东西已经去掉了，回归到相对更准确的情况。那么在未来的这个时代，特别是伴随网络的发展，实际技术可能更多是网络的发展了。原来我们学校主要是技术，当我们失去这种优势的时候，其实是在逼迫工艺美院（清华美

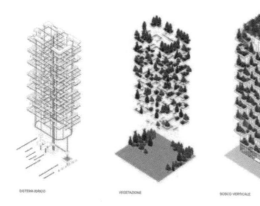

SISTEMA IDRICO   VEGETAZIONE   BOSCO VERTICALE

图 5-03　米兰垂直森林，这个项目不仅体现了建筑师的生态都市关怀，以及他高超的栽植技术，还传递出了一种独特的地域文化心理。这种文化

心理是时尚之都米兰独有的。(图片由苏丹提供)

院)再做转型,事实上这种技术优势还是有必要去进行必要去恢复的,因为技术手段,包括网络的这种手段实际上如果根基不稳,就是落不了地。可能从想法上,它不是基于这个时代的思考,就像工业文明,它有工业文明的一种审美,一种标准一样,现在新的标准的建立实际上也契合了美院包括环境艺术转型,实际上新的观念上的这些内容是可以加进去的,它是基于网络时代的一种思考,基于像现在的一种传播的方式,像现代的这种全球化,包括比如说集装箱、病毒等等。实际上在这个时代其实是有必要重新去借用这个机会去为环境艺术重新定义,把这些内容重新涵盖进去,实际上是我们在更大范围的思考,而不再局限于一种物理范围,比如说空间上有个延伸,从室内延伸到景观,把景观理解成室内,然后把城市更大的延伸到一个空间这样的思路,而是说从一种新的角度去参与,从参与程度到传播方式,甚至设计方法上的转变是必要的。我感觉应该是这样的,能产生一种确实是面向未来的环艺设计,可能是这个职业的一丝希望。

易: 我今天特别开心,反而是听到刚刚郑老师说在专业领域上教育部已经很清楚定义叫环境设计,这也解了我的心结。我 20 世纪 90 年代是在中央美院进了环境艺术系,我痛苦不堪啊,因为当时那帮人是要搞建筑的,只是国家不批中央美院建筑系,所以我们就在环境艺术这四个字里面搞建筑设计。我的学生第一届学生就是做设计的人嘛。但是痛苦不堪啊,觉得自己低人一等。我也不知道为什么,因为我是从台湾来的嘛,我不懂环艺是什么意思,因为台湾叫做空间艺术,空间设计系,日本叫空间设计系。但是当时中央美院还有公共艺术,就已经把这个做完了,当时环境艺术就好像是搞装修的。其实当时我们就有这么一个想法,环艺的这些人就是进不了建筑学院,在建筑学院里也完成不了理想的一群人做的一个山寨版的建筑学院,后来就成为央美现在建筑学院的前身,而台湾现在的几个建筑系也是这么来的,名字不一样,就是一群有建筑背景的人在建筑学院的体系之外,寻找自己另外的一个发展的方向。然后呢,其实刚才说到的环境艺术也好,环境设计也好,其实它是有界限的。我觉得这几年来忽然一下子把这个名字给改了,感觉就解脱了。因为环境艺术和环境设计本来是有界限的,界限还是蛮清楚的。

其实环境设计的人是需要环艺的人去协助他做某一部分工作,环境艺术的人不一定什么事都要找环境设计的人,所以说谁比较更重要呢?我觉得应该还是设计,否则我们中国邓小平同志被誉为中国的总设计师,绝对不会叫中国的总艺术家。中国的总设计师就说明当它需要艺术的时候,艺术是为它服务的,也就解释了刚才布老师说的,当有个大尺度的时候我认为这个时候应该出现的是设计师,就是当它是巨大尺度的时候,而不应该是艺术家,这是我的一个观点。原因是艺术家可以为设计师服务,也就是说,当他需要艺术,你可以来,需要音乐,你可以来,需要什么都可以来。可是这两个专业间我觉得是有界限的,其实我觉得在清华大学美术学院环艺的过程中,已经分室内专业,分景观专业,事实上已经走到正途了,因为世界上本来就是有室内设计系,本来就有景观设计系,本来就有灯光设计系专业,甚至在瑞士现在有些学校包括在芬兰,还有木工设计,就是专门研究木工的,我一个中央美术学院的学生,建筑系毕业,他现在在芬兰专门学家具,学木工这一块。我认为全世界本来就是一个分工越来越细的时候,我觉得现在这个大而全的专业我反而是害怕的,所以如果说现在讲环境艺术它是个事情的话,我觉得它应该是通识课程,它应该是所有学科必修的一门课,这门课要告诉人环境艺术是从小到一张桌子,大到一个国家的尺寸,我刚刚还在开玩笑讲,全世界最纯粹的一次元世界就是纳粹世界,它把一个国家都打造成这么大一个尺度。所以其实它应该是一个通识课程,只是现在到目前为止还没有一个专业课程去针对每一个人,而且我觉得最应该上课的第一批人应该是每一个省市的书记吧,最应该上环境艺术的人就是那批人。最应该上课的是那些决策者,然后接下去不同学科的专业都应该有所涉猎……我觉得未来这是一个非常好的事情,当我们的专业变成环境设计的时候,我建议在清华美院率先开一堂课,那堂课是个必修课,从大一开始的一个必修课,叫环境艺术,因为一定要在课程里面告诉每一个不同专业的人什么是环境艺术。因为这个事情反而要叫清楚,我认为环境艺术设计专业的时代已经过去了,就是设计专业的时代已经过去了,它必须要留着,要成一个通识课程。大家都认为很有意义,因为环境艺术很重要。谢谢。

翁:我今天来得最晚应该受批评的,我从一点钟就开始讲这个城市的环境让人痛苦不堪,人是受这个城市迫害的。当然跑到这个地方来,我是想听大家的,我不是搞环境艺术理论的,是搞环境艺术实践的,我应该说没有什么发言权,但是我似乎记得……有这样一句话,我热爱呼吸胜于热爱工作。我理解这句话的意思就是说,其实人作为一个动物,首先要呼吸,呼吸是人维持基本生理的必需的一个状态,是日常生活中人基本的感知和需求,这是最重要的,其实其他的一切无论思想还是学科的发展,实践和经验的累积都是在这个基础上的,所以我们现在我觉得不光是环艺这个问题,就是很多学科啊,背离了它原来成立这个学科的一种目的,就是我们原来做一件事情实际上想让我们获得幸福感,更好更便捷更方便,但是我们后来建立了很多学科,建立了很多道理,也呈现了很多它的历史,但是实际上反过来我们被这个东西束缚住了,所以回过头来以后呢,就发现很多东西走不通了。

所以呢回到我们今天说的，来的时候我在电话里面问今天的主题大概是什么，说主要是谈环境艺术里面的一种架构，它的两义，从它的功能性或是技术性或是科学性的角度，另外从它的人为性或是艺术性的角度去谈对环艺的理解，我大致是这样理解的。那么我就说说我的看法，就我的理解，其实在现代主义时期，或者是在20世纪60年代以前，主要是建筑师和规划师为统领的一个时代。因为那个时代的逻辑，是工业革命以来，以效率、经济指标为主的。包括城市的功能，它的控制，是以这个逻辑为主导，那么它的设计，主要还是强调以建筑为主体的实用化的设计。比方说它向高空发展，节约化的发展，在功能和材料上的运用，包括效率，包括它的经济指标。从这个意义上讲，对人的多元化，不同民族、不同信仰、不同生存状态的人的这种关注，以及对一个地方它蕴含的历史性、人文性的关注就不够。所以说到了后现代以后呢，形式发生了变化，大家知道，因为没有这么大的资源没有这么大的空间，那么人类在设计上，在城市的建设上其实碰到很多问题，所以说这个时候一些搞环艺的和搞景观设计的人呢似乎出来成了主流了。他们为什么成为主流呢，因为现在人的生存状态，还有社会多元化，社会主体的多元化，使得一些人掌握了一定的话语权。这个时候的设计反对以前以现代主义这种纯粹功能的，或是仅仅作为样式主义的这种东西，那么这就变得多元化了，复杂化了。它的需求开始多样了，那么，从这意义上讲，就是说，景观设计也罢，环艺设计，我个人的理解，它的作用啊，恰恰在于它可以让一个城市保持一种起码是地表的，以地表平面为基本载体的这样一种城市形态。它的设计可以整合原来以规划和设计师为主导的那种功能性的，或者以建筑为实体的这种小范围单体的设计里面所不能够解决的问题。它对城市的形态，以及城市的区域设计的模式，可以起到一种什么作用呢，把它进行整合，把它进行串联。那么，就是说，我理解景观，比方说地表的植物，它的土方的处理，包括它的公共设施的处理，公用空间的打造，还有建筑与建筑之间的空间过渡，恰恰是景观设计师在里边可以使得上拳脚的地方。更关注人的存在状态，多元化的人的需求。所以说如果从学科的发展来讲，我就觉得一个景观设计师，无论是就业之前的大学生、研究生、博士生一直到职业的设计师，他的这种专业素养，我觉得某种意义上他要超出一个设计师和一个规划师的这种知识结构，他要超出这个，否则他很难成为一个优秀的景观设计师。就像一个搞公共艺术设计的人，如果他仅仅懂得纯艺术，我觉得不行，是吧。因为他要懂得人文的、科技的、还有社会的各方面知识，否则他不可能成为一个好的公共艺术设计师。这就说明什么呢，学科间的界限，我们要打破，要进行整合。需要建立一种资源的交互，知识结构的开放。尤其是，我这里谈到一个概念，要谈到一个想象力、创造力。如果我们的想象力和创造力被

397

我们所设置的学科束缚了，实际上谈不上适合现代社会发展，现在多元社会发展的这样的一个要求，或者说这样的一个诉求，一个社会性的诉求，设计师他就做不到。那么我们具体地讲，其实一个设计他最多就这样几个问题，这个地块，我进入它之前，就是设计进入之前，它是个什么形态，我们要对它进行人文的、自然的、历史的这种考量，这是案头工作，事先的调查。然后就是，我们的目的性，就是我们需要这个地块它未来呈现什么样的功能的诉求，或者达到一个什么样的美的品质的诉求。那么这个时候其实有一个转换过程，就是要对一个未经我们的设计师介入的空间，无论是从公共艺术角度、从景观角度，还是从环艺的角度，你就要做这样的案头工作，事先的调查工作。然后我们怎么能转换成既符合这种功能性的，又符合审美，符合人的行为方式的，或者它的拥有者的主体需求，实行这样一种转换。那么以前我们搞环艺的，大家知道，有的几乎就是对空间的一种装饰，就是比较束缚于感官，或者是审美。但是审美呢，最多恰恰就是一种经验。我觉得审美这个美的问题他没有一个不变的一个概念。刚才还谈到有人还是拿那个文艺复兴时候的那种美的概念，或者巴洛克洛可可的概念，是吧，或是纯现代主义的审美的概念。但是发现时代变了，是不是啊，社会是多元的，主体是多元的。所以我们即使是审美，最多也就只能把某一时期的审美看成是一种经验，而不是绝对的永恒，更不能是一种符号的搬用和堆砌。如果我们一说后现代，就把一些传统的符号加以复制堆砌，就认为我们这样就有文化了，就有中国传统了，就尊重传统，大家知道这是很肤浅的。这是作为设计师包括年龄大一些的堪称前辈的老师，他们都知道的。

所以我觉得说到最后，怎么样才比较合适呢，就是作为环艺的人，包括景观的也罢，搞公共艺术的也罢，就是希望，首先他要有一个对于自然的尊重。因为现在我觉得柏林墙倒塌以后，更多的不是意识形态的争论，其实恰恰是我们人类，不同社会制度、不同意识形态的人，面对的都是资源的紧缺，他要能够在有限的资源下达到效能的最大化或是可持续性发展。那么从这个意义上来讲你就要有一个正确的自然观。同时要有科技。因为现在新的材料、新的技术、新的工艺发展很快，如果你不了解，仅仅停留在唯美的、装饰的、感官的东西，肯定是不行。第二，要有社会学知识。你得懂技术，懂新技术、新材料的使用。但这种东西它是不是适合人的精神生活和内在的情感需求。其实精神生活和情感需求正是艺术本身要关心的。艺术不仅仅是一个样式一个风格，其实说白了当代艺术就是让人活得更具有激情，具有诗意，就有一种所谓的自我感觉到的一种愉悦，或者是一种感动，或者是一种情感能够得到比较顺畅的表达和交流的方式。所以最后我要讲一句话，就是说我们培养我们的学生，或是我们完善我们自己，作为设计师完善自己，就是要在自然科学、社会科学还有人文科学里边，要有一个整体的修养，不断地提升自己。我说的这些话可能等于没说，谢谢，我就说这些。

王：在座的都是我的前辈，我说几句。我是没有任何质疑的、正经科班出身的环境艺术设计师。郑老师是我的老师，苏老师也是我的老师。我当老师今年是第 11 年。我经历过郑老师刚才说的几个阶段，第一个就是我们是个干活的，到处受欺负。因为建筑师不认可你，规划师不认可你，谁都不认可你，我们变成了配合者。所以呢我这 10 年内，在琢磨这个事儿怎么能够改观一下，刚才说了很大范围的东西，我觉得我有相反的意见。现在咱们是在专业里探讨问题，我们一定要跟其他专业区别开，就是我们的核心是什么，我在探讨这个问题。

你说了半天其实是在骂建筑骂规划，骂这个骂那个，骂到最后和环艺无关，谁都可以骂，但是解决不了问题。我想说说环境艺术设计两面性这个问题。第一个两面性我认为是文化艺术性和科学技术性。这两方面其实我现在正在做，而且往两延发展。什么叫文化艺术性，大家刚刚也在说十八大了，文化强国嘛，要文艺复兴了，有点这种感觉啊，民族复兴。我十二月中旬有个课，是中国传统环境学，俗称风水。我终于理解到了，刚才所说的那个境界，其实我们古人有。我回到了文化原点去说这个事，就是说环境艺术在古时候是否有这个东西，有，那就是风水师一类的人。他要解决的不光是生活的安全问题，还要解决生活的精神需求问题。这是所谓的环艺的原点，找着了，我认为。所以呢我就精研风水，精研中医，精研科学技术，精研各种东西，之后发现，也许这种精研之后呢恰恰是给环艺提供了一个新的可能性，这是第一个。第二个层面呢，我就说正在做的几个层面的事啊。第二个层面我就提一下多元与专业。我干过的，就是自从中央工艺美院，清华毕业之后，我估计我干过的行业是所有环艺学生里干过最多的，到现在我只没干过服装设计。我现在呢在外声称我是什么设计师呢，我是一个夜景照明设计师。因为像国家剧院的照明，还有一些国家有影响力的项目如大唐芙蓉园等等的照明都是我参与设计的。另外，如果，啪，我转换一个角色，我又变成一个著名桥梁设计师。在北京我已经建了十几座桥梁，包括现在正中标的，通州核心区两座国际级别的桥梁照明设计。大家都会很奇怪，你怎么什么都干呢？啪，我又想到前两天在做的一个漆艺的茶海。回过头来我又在研究传统的手工艺。大家会觉得中央工艺美院培养出来的学生就是一个万金油，但是恰恰在这几个点里，我找到多元与专业的契合点。

刚才我不知道郑老师会来，没想到郑老师能来。其实我是写过一本书的，也是我的一个作品集。这不是我来显摆的，我以为就苏老师在，所以我就拿一本请他给我把握一下。这里边呢我有4篇论文，正好把我刚才提的问题给稍微解决了一下，就是我把环境艺术设计溯了个源，它是怎么来的。第二个呢，我就说了美的历程。刚才谈到美学的问题，其实啊谁都可以说，但是我认为美有三个阶段，人不同、艺术不同，所以分了知觉美、文化美和哲学美三个审美境界。然后又探讨了一个艺术与科学的和谐，探讨了多元与专业。我这里边把一二三四五，五个专业所有的起源时间，建筑师、结构工程师、景观设计师、艺术设计师还有园林设计师，所有的学科的产生，学科的发展全部写在了里边。从而得出了环境艺术在干什么，我这里边有一个分析。当然这个作品其实不敢给大家看的主要原因是什么，就是郑老师刚才说了，这里边信息量很大。但是有一个作品我可以说，我觉得很有骄傲感。在郑老师还有宋老师的带领之下，我那时在清华美院上研究生，曾经做了咱们清华大学百年讲堂的外立面设计。结果给了一致认可。之前觉得习惯了，天天给别人骂，说：这，这是干什么，还搞艺术，这不行啊，走吧。后来我就发誓，有一天环境艺术设计师要独立站在别人面前。就是说你是建筑师，你是规划师，我跟你就是不一样，我有核心竞争力。到现在为止我一直在探讨这一点。这里边的两个可能性，两个双面性的出现，文化艺术性和科学技术性其实是很难融合的。就像人有男女一样。我不是达·芬奇，我能力也没有那么强。所以我回到专业的原点。还有一个专业原点就是当年建筑师就是艺术家。比如说米开朗基罗先是艺术家，才是建筑师。你不是艺术家不能当建筑师。所以我想说，我要以一个环境艺术设计师的身份出现。而且我能不能把艺术先提高之后跟广大的多元专业结合，我要放低姿态去结合，我学各种更专业的技术是否都能整合起来，这是两个多面性的一个关键点。所以到最后呢会出现一个挺有意思的一个事，我认为科学界觉得是对的问题，而艺术界觉得是好的问题，现在呢中国人的生活是挺对的，因为都吃饱饭了。下一个舞台就是我们艺术设计的舞台。在这里有一个专业我想稍微提一句，就是其实我认为我是个艺术设计专业的人才，我不是一个环境艺术设计专业，我也不是一个服装艺术设计专业。实际上2011年的时候，学科门类变成了13个，以前是12个，其中就增加了艺术门类，里边有个设计学。所以我突然意识到了艺术的时代就要到了还有12年，就要到了我们的时代，文化时代就要到了。（提问：这12年是怎么算的？）就是，呵，一个风水层面上的说法，你可以把它当作文化层面的一个说法。到现在为止呢，我这本书理论和实践是不对等的，我的实践有47个项目，特别多。但是我的理论就有4篇论文，我认为非常少。但是却想努力考虑一下，能否把郑老师和苏老师平时教育我们的某些东西使劲地、咬着牙地挺一挺。我天天跟北京的还有各大院合作。可以说天天受欺负。我就很不服，为什么没有一天我能站在这个舞台上说呢？后来随着我最近做的项目越来越大,越来越好,跟市长对话越来越多,之后发现他也不懂专业。我反而找到了从与文化艺术结合的层面跟与科学技术结合的层面去跟市长对话。跟那些决策层对话,发现他们还是需要文化复兴的。因为我们的文化确实需要复兴。但前提是我们到底怎么去复兴?其实中国的园林也好,什么也好,根本不是一个技术上占优的。中国的园林从来都是文人先画画后做园林,也就是说他的精神永远都是站在前头的。而恰恰如今物质生活已经很丰富了,那艺术未来的好日子马上就要来了。我就说这么多。

于:今天啊到这来回顾这个环境艺术在咱们国家的发展,我觉得在座的特别是像布老师啊、顾孟潮等等,都确实是起到了历史性作用,我是跟随他们的脚步向前迈进的,做了一些工作。那么,现在环境艺术这个叫法和专业应该怎么去发展?我最近做了几个设计。一个呢就是室内设计,湖南大厦高级会所,原来我是懒,我都让搞室内的去做。室内是谁做呢,张绮曼老师推荐的一个学生,我就不提名了。做完了,后来人家说要改,我看他就改得特别费劲。到了最后了人家还要求时间,没办法,我说那我给改吧。主题全改了,原来一开始叫红酒文化,现在要改成叫绿色文化。这一改后来我上来,结果我看了他这个整个设计,从头到尾,彻底给他改了。改了之后,改了好多缺点,我发现了室内设计怎么怎么不好,我发现他的视野比较窄。拿着材料就往上弄,对建筑结构的东西都不敢碰,这样呢空间都失去了流动性,失去了再展扩的机会,这是室内设计。又碰见一个园林设计,最近呢做一个厂区,一个大厂区。这里边有一个生活区,大概3公顷。这个园林设计我们做了两个半月,对上一个方案甲方不同意,始终不同意。后来他们这个项目负责人来找我了,说,"啊,你给做了吧。"我做了,拿出方案,第二天一早通过。不是说咱们建筑设计啊如何如何厉害,也不是说人家园林如何如何不行。他们园林设计啊在我们园林院里面还算高手,我说他为什么就始终没有摆脱开他受的那些束缚?始终就没把该做的东西做出来。那么建筑是不是就非常完美啊?不,现在这个建筑学生啊,反正我这收的学生肯定有比较差的,SketchUp和那个什么3DMAX,这家伙摆弄的特别熟,但是先别做啊,一开始拿了方案,就开始往上整这玩意,我说你先从最基本的东西做一做我看看,这你还没弄好呢,先把那玩意儿弄上了,一改改一大片,是吧。从头改,你说,这哪行啊?我发现动手能力特别差,现在这个学生啊肯定和我们那时代,我是77级的,和那个时代学生的动手能力相比,我觉得是弱挺多。建筑系学生,让他画一个东西啊,勾画一个想法可能有点费劲,这也是和咱们现在这个教育各方面有关。当然现在这个建筑系在全国200多个,不是像"文革"刚刚完了的时候,1982年,80年代那会儿,70年代末,才10几个。所以就是说什么呢,我们现在这个城市环境设计呀，环境设计其实要求的面特别宽，就像刚才这位老师，王老师说的什么都得做。我到现在建筑做了很多，还做过监狱，我不是坐监狱的坐，我是做监狱的做。我最近还做实实在在的桥，高架桥，已经第几个了都记不清了，我也做广场。

我这意思说是什么呢，咱们现在的环境艺术，学校给你的建筑知识太少了。可能太基础了，太基本了，要尽可能再多学一些，一些包括结构的东西。一点结构都不敢碰，你像那个墙，该打掉就打掉，为了这个空气流通起来，可他不敢动。在现有基础上多学一些建筑的东西，结构上稍微懂一点。另外，在建筑方面呢，要多学一些艺术方面的东西。就像刚才王老师说的这个问题，文化和技术，艺术和技术，多学一些艺术的东西。我现在发现建筑学的学生，这个字都写得特别不好，你还画呢，你还画东西呢。现在咱们这些年轻人普遍都是电脑玩得好，但是相对来说这个字就写得太不好了，字当然是一个门面。我1996年去台湾，我发现几个朋友写字都非常漂亮，都是中国人，可人家那字就都写得非常漂亮，比咱们同龄人要好得多。当初是拿这个字作为代表，来代表艺术的一个方面。艺术修养在建筑学真的是要大大的提高。现在有一些属于新锐的设计师，我发现他做的这个东西在艺术上、在美学这个层面上看并不好看，他属于新锐设计师，实际上他就是照着国外的画画，照着这抄那抄，抄抄半天没半点自己思想，也并没有一个自己的艺术水准，所以可能他弄的那些东西，大伙儿一看，怪！所以这社会有这样的人，这是一个。一个是艺术，一个是建筑，是吧。包括这个园林，应该多学学这个建筑，也学学艺术，学学城市设计。城市设计，是在一个比较大的尺度上掌握你这个东西所在的位置，你从哪来，到哪去，解决这个问题。最后一个还是一个扩大眼界，扩大经历。这个经历和眼界对于现在的学生来说真是太重要了。现在好多欧洲的学生、外国的学校都注重学生实践能力、实际能力、最基本的能力，所以我觉得这些东西都是很重要的。

现在城市景观已经到了什么程度了呢？已经到了这样一个层面，过去都是愉悦视觉，现在根本就不是这回事儿了，现在身体的、心理的、精神的这几个方面的层次已经提到一个相当高的水平。但是我们现在有些艺术家也好，建筑师也好，景观师也好，还在那忙活怎么美，那个美实际是存在于这个当中的。那是一个方面，但是不是一个绝对的方面。所以现在谈到环境艺术在如今的发展也好，这个需求也好，我只想建议学生们，多学一些边缘学科的东西，扩大一下自己的眼界。多看东西，哪怕是出国机会少，但是往往能提高这个学生的水准。刚才说的这个园林，我其实就是拿了一点东西把他给唬了。那周围是山，我突然想起来我那年在克罗地亚，我去看过石珊瑚，我就把这个山做了几个高度，做个水池呗，把湖面做一个中间水池，这不就完了吗？其实周围又不用你设计，你唬他这不就完了吗，是吧。这样就是说扩大眼界啊，这个扩大见识很重要。多看看东西，多实践实践，哪怕是技术实践，对这个学院的学生很重要。我就想说这么几个。

车：好，我就随便说几句。就是我觉得这其实是一个挺有意思的事儿，现在没那么严重，这个事情，不要把建筑和景观，孑然分开或者对立吧，我觉得没必要。我感觉今天的当代设计师，比如您看那个西方当代扎哈啊，还有一些 Studio，那些设计师都在想极力去成为一个环境艺术设计师，他们都在做环境。最先锋的，最数字化的，最参数化的，所有的设计师，如今最前沿的当代设计师，都在研究环境，所以这其实就是说环境设计很具有未来性。然后今天开会，我感觉好像就是反而学环境设计的设计师们想去做建筑师，想去做这个古典主义的，传统意义上的那种建筑师。这是一个让我觉得挺奇怪的一个状态。所以可以看到，比方说我们前面的这个房子，我一直在看这个开洞，然后我在想这个开洞它肯定是有原因的，我不知道它是不是一种参数化来算的，它是不是跟这个室外的采光或者是其他的需要有关。肯定跟通风是没关系，那就应该只是一个采光的关系，应该是一种参数的关系。我猜想，既然建筑师实际上都在努力地在不同层面做环境，那我觉得我们有必要想一想，这个做环境的设计师应该怎么去理解。

我们在二三十年前讨论环境设计的时候，我觉得那个时候是中国一个快速化阶段，我们需要城市化。那么今天，我们面临一个信息化时代，很显然现在大家都拿着Iphone、Ipad 上网，我们面对的是一个全信息化，或者是一个充分的信息化环境。我觉得今天的环艺、更多的环境设计应该去想一想这个信息化条件下的环境，人和空间的，人和机器的，人和界面的，人和信息之间的一种生活关系，应该怎么来规划，怎么来设计，我觉得这个听起来是一个多么令人兴奋，令人每个细胞都在蹦跳的好事情呀！所以我觉得做环艺其实挺幸福的，有这么多事儿可做。所有最好的建筑师和所有最时髦的建筑师都在做环境，我觉得从这个意义上讲，环境还是有一个很好的发展前途。

我想换另外的一个层面讲讲，就说刚才大家讨论的，环境艺术怎么来理解？我觉得环境和艺术是两个词嘛，那无非就是两种可能性，一个就是环境的艺术化，一个就是艺术的环境化。那环境艺术化和艺术环境化我觉得在今天看起来，或多或少的，就是我们对艺术的理解实际上有点偏颇，然后我们可能把它简单地理解为审美化了。也就直接把环境的艺术化直接转变成环境的审美化，把艺术的环境化变成了审美化的环境，所以最后这两个就形成了我们大家所看到的环境艺术所形成的两个方向。一个就是美化环境的工作，还一个就是公共艺术。那公共艺术指的还不是那种国外说的空

图5-04　克里斯蒂·沃克（Christie Walk）的保罗庄园（Paul Downton）生态城市理想。（图片由《绿色人居》杂志授权提供）

通过与杨经文合作，克里斯蒂·沃克制定了南澳洲阿德莱德中心城的设计和开发简纲。（上左）
怀阿拉（Whyalla）生态城由钢筋和泥土砖建成，展现出该生态城与自然地貌和气候和谐共处的原则。（上右）
保罗庄园办公室，"澳大利亚城市生态"和许多志愿者联合做了一个1:100的模型，成为阿德莱德市中心区的一件重要展品。（中）
保罗庄园生态城通过与怀阿拉居民一系列的讨论后确定了怀阿拉生态城总设计图。（下）

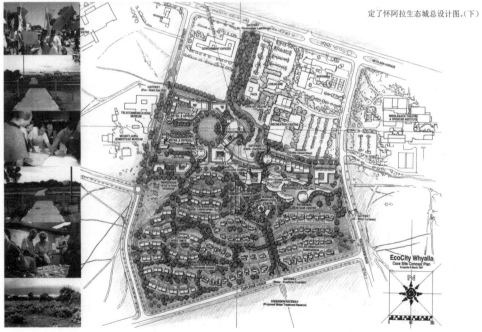

间艺术、自由艺术,可能更多的说的是城市雕塑、城市景观、景观美化。所以我觉得,这个就反映到我们如何来理解艺术,艺术是不是等于审美化?在这个层面上我觉得这边,798艺术区有这么多的这种艺术家、艺术批评家、艺术理论家,我觉得这个问题可以很清晰地解决,到底什么是当代的艺术。

我想环艺的这个题目的由来呢,我猜测,我也不很了解,我猜测可能有一个批判的传统。就是这个我们原来去设计的是主体(Subject),或者我们设计这个客体(Object)。后来我们设计既不是Subject,也不是Object,既不是主体也不是客体,设计和规划主客体之间的关系,这个关系实际上我们一开始就把它理解为环境艺术,所以在这个层面上我们有两个传统,就是这个艺术啊,环境的艺术化啊,一方面呢可能更多的传统是从法兰克福学派,从当年的马尔福赛,然后一直到哈贝马斯,甚至一直到60年代国际情景主义。他去积极地建构环境,创造性地改变环境,甚至极端地破坏封闭了的,已经不能有发展机会的环境,然后来创造一种新的生活机会,创造一种新的积极的环境。那么我觉得这个是一个批判性的环境艺术化的这么的一个背景。那么艺术的环境化在艺术领域里其实也有一个类似的传统,比方说当年的这个,早期的不如说杜尚的现成品,然后一直到达达,一直到甚至20世纪六七十年代的激浪派,到德国的博伊斯塔提出的社会软雕塑,我觉得这些个都是很强的传统。但无论环境的艺术化,还是艺术的环境化,这两个传统都跟我们现在看到的审美化的传统是不一样的,其实这两者都是一种反简单的审美化,实际上他都是批判性地去建构一种环境,是积极地参与,积极地去批判环境,新的从外部从边缘向内部的一种农村包围城市的方式。所以从这一点上,我觉得应该在表达环境艺术这个题目的由来时就是有批判性的,实际上它跟我们传统所说的建筑设计、室内设计、景观设计这些非常传统的方式是有很大不同的。只不过我们觉得,我们那个时候提出这个问题是很先进的,甚至于到今天还是很先进的,但是我们只停留在了概念上。我们今天看到像英国AA(Architectural Association School of Architecture)做的那个数字实验室,还有MIT的数字实验室,然后好多那种环境的规划设计,那些人没我们当年的先进的想法,没有那么激进,但是呢人家这几年慢慢做这个事情,最终今天我觉得他们已经占了上风。反过来我们再看斯图加特的那个汽车博物馆的设计,它不是按传统建筑学说,设定中心,有轴线,然后这种做体量之间的关系,它完全不是,它是从那种动态环境,从参观流线,人流与空间的关系、与视现、与光线,完全是这种互动的动态关系上来触发,为未来规划、设计环境和设计建筑的。在那个里面实际上建筑已经反向成为环境的空间的一部分。还有很多很多这样的例子。甚至包括景观都市主义的很多努力。

所以，我觉得今天是环境设计大发展的一个机会，刚才诸位学者老师都说了这个十八大我们有一个这么好的机会，我觉得也是。10亿人要进城，这是中央领导人刚刚讲到的，10亿人的城市化，那好，现在我们可能已经七八亿人或者五六亿人，这个环境的规划设计是人类设计史上的一个重大课题，我觉得这是一个重大的机遇。

最后一点我想说的就是，之所以做环艺的设计师特别焦虑，我觉得不是从他的设计上焦虑，其实刚才那几位老师都讲过，做过那么多东西，我觉得他心里那种满足感特别好，我觉得都挺幸福的，但是他的这种焦虑其实是来自于一种身份的认定。他不像建筑师、规划师，我们国内有这种注册制度，所以我觉得在这个教育和这个职业的产业链上需要给这个环境设计或者环境规划有一个清晰的资质或者身份的认定。所以我特别同意刚才布老师讲的，应该有一个职业的认定，我觉得对于未来的发展会有很大的促进，尤其是中国这种政治体制下，这种职业身份的认定，我觉得很重要。所以我建议呢就是能走这一步的话就把它分开，一个叫环境规划师，一个是环境设计师，对，一个可能是更综合性规划，要综合经济啊、文化啊、空间啊，另一个可能是更加促进材料的运用。我觉得两个都会有很好的前景。谢谢。

彭：今天讲环艺的这个两面性，其实在很多年里面都可以碰到这种情况，我觉得。我们北京大学的艺术学院有一个影视编导系，学生们呢每个人一上来就想做大片，做大片要有机会，是需要有人给钱的。我说你不要没有钱就不做，是不是？我觉得可以先做些观念性的小片，小短片，是吧，微电影。如果你观念做好，这些电影都可以在网上传播，就有人给你投资唉。所以我觉得环艺艺术家也是可以做两种：环境设计，环境艺术。环境艺术可以不花多少钱，是吧？他主要是观念。我在去年的挪威艺术双年展看到艺术家做的环艺作品特别精彩。他其实什么都没做，邀请他来做一个作品，这个美术馆前面有一个巨大草坪，他的作品就是让草坪两年不剪，你不要剪我的草坪就是我的作品，这就是观念的转变。现在更多的环艺人是环艺设计师，我没有碰到环艺艺术家，我觉得他就是环艺艺术家吧。现在大家都在想，来，让我帮他设计一把，把他变成我想要的东西，其实那可能跟环境艺术，跟今天的环境艺术确实有点距离。我在环境设计挣的钱可以做环境艺术，等到环境艺术出了名以后可以做各种项目，其实它是相辅相成的，是吧？并不特别矛盾，这是第一个。

第二个呢就是几个观念的冲突。第一个呢就是现代主义观念，比如一些设计好的规划，按照规划师的意图来干。另外一个就是后现代主义，比如说还原自然，强调自然的好处。但是现在更多的是一种相对主义，我把它叫第二次现代性，为什么呢？因为其实完全回归自然它也有它的问题，完全回归自然和完全人工化是一样的，是矛盾的。所以今天更多的国外艺术家、设计师采取一种妥协主义，就是一种我们称作交换理性主义，它既不是完全理性主义，也不完全非理性主义。它是交换理性主义来做的这样一个妥协。所以很多人对北京大学把 20 世纪 50 年代的建筑推倒持异议，为什么呢，其实那也是我们的一种艺术基因，不管它多丑，是吧？不管多丑，只要回归地看它也有它的存在价值，为什么呢？因为今天我做的这个美好的东西，说不定过了若干年它也是丑的。所以其实从这个角度来说，对城市的规划、对城市的改造要特别小心，千万不要按照现在的新的观念，把之前所有都推倒，其实历史上存在的东西都有它一定的合理性。我们在规划城市的时候千万不要把所有全部都夷为平地，按照我的想法来建造一个新的东西，也就是说这里面已经有了一个现在性和后现代性之间的冲突，但是最新的更多采取的是一种妥协的、折中的态度，我们把它叫第二次现代性，尤其是在处理大规模的城市改造运动的时候，哪一种主义我觉得跟人的实际生存来说，都显得要弱得多。尊重人的生存，尊重当地居民的一些生存权利，这点还是很重要的。

苏：刚才大家从设计到哲学、美学的范畴啊，谈论了各自的看法，彭老师开头唱高调，但是我觉得从职业建筑师这个角度切入话题的时候，我们其实稀里糊涂地把这所有的工作都叫环艺了。环境设计，真正的环境艺术，还有环境艺术设计，这是三个概念。环艺一般是泛指这三个领域的东西，实际上呢，这三个领域在不同的层面都各有所指。

我觉得现在很重要，实际上为什么要做这么一个展览呢，我认为重要的是要解决观念问题，也就是重新解释环境，因为我觉得这个阶段不解释它不行了。这是一个全局性的问题，就是不同的国家、不同的文化、不同的背景都会遇到这个问题，我们必须要面对，这是一个大的语境的问题。另外一个现实是什么情况呢？刚才说到的，除了国家现在的状态不太好啊，整个的这个建设状态，还有呢就是你看郑老师讲了，2080所有艺术设计的院校，里面可能 70% 都有环艺。那一下子就感觉到自己责任重大了，而且你会找到一个推广你的理念的渠道，很重要的，因为这些人是将来具体的执行者，就是他们在改变社会的时候。2000 多个院校毕业的人啊，一个院校按每年 40 人就不得了的，就是你可能在给他灌输不同理念的时候，他可能会变成一个不同的改造环境者。但是过去呢这么多年，这个理念一直不清晰，包括像两天有一个会就是解释一下环艺这个东西，解释得很累很累，我觉得当一个概念被解释得这么累的时候它就是有问题了，它传播的时候一定是有问题，但是没有人去思考，这就是这次办展览很重要的一个初衷。我认为，首先，我们既要在方法上去重新研究它，同时还要解决观念问题，而且观念就是很重要的。观念实际上就是一个很重要的方向，然后是一种关怀，甚至重建了一套设计、一套艺术规则在里边。这个研究阶段呢，实际上就是展览的规划时间比较长，当然那个展厅不太大，但这个工作做得还是蛮多的。

为什么从欧美20世纪60、70年代这套东西在80年代引入中国，特别是1985年的时候，关于环境的这个争论就特别多？你查一查我们现在列的那个年表，1985发生的重大事件是非常多的，所以高名潞他在写他的那个《当代艺术史》的里面谈到他认为环境艺术是当代艺术的一个很重要的成就，我觉得他是有道理的，那个时候当代艺术好似要解决的还是一个艺术民主化的问题。你看彭老师刚才说它可以很廉价的，没有门槛儿，它是一种和最普通的群众最没有距离的这么一种方式，对，就是意大利的贫穷艺术，跟这个一定是有关系的，当时呢它契合了这个，所以《美术报》，在1985年办了个专号，12月是环境艺术专号，专门把那个月刊，12月的那个月刊变成环境艺术的介绍。我觉得是当代艺术在这个领域忽然发现环境艺术确实是非常先进的一个理念，所以那个期间的讨论我觉得非常有意思。

中国和世界虽然都得到这个理念，面临的这个具体情况不一样，中国走了另外一条路，中国的环境艺术，一下走到非常务实的机会主义这条路上了。没有办法，就是赶上建设高峰期，另外呢中国改革开放，必须要有一些良好的环境，如果没有这个基本的环境，没有这个基本的物质条件的话，现在很多东西也无从谈起，所以环艺落地在中国的时候，它和马克思主义落地中国以后变成毛泽东思想这套东西有点像，走了这条路，它和建设就紧密捆绑了。我们也可以翻过来这么说，说欧美很有机会，但是我认为这个过程中，很多人做了很多工作，但是不要忘了设计是一个很工艺活儿的一个行当，设计一定是这样的。当没有一个道德伦理、一个崇高的指导的时候，它很快就下来了，我见证了这个下流的过程。1985年的时候我就看《美术报》，那时候就开始关心环境艺术和当代艺术，王广义当时就在我那个学校，所以当时我从建筑系考中央工艺美院的时候，那时候我边在建筑系教书，边考工艺美院的时候是很激动的。那个时候建筑系考中央工艺美院的环艺的，都是最好的建筑系的人才，基本都是最好的才考。我，1991年考的，1991年前都是这样，基本上清华、同济、工大、天大、东南、哈工大，就是老八所这些学校，我的母校那个时候叫哈建工，那么这个时期呢，我觉得大家都怀着一种梦想，觉得有可能用艺术的问题去解决工程教育的问题。结果我进来以后，像90年代呢这个东西很快成为改变国家的一种方法的时候，然后又没有一种理念去制约它、引导它，很快就下流了。因为毕竟那个东西就是有诱惑，诱惑很大，所以，所以到现在来看呢，毕业那么多人，为什么这回找他们这些校友，王国彬啊、车飞啊，找他们来？我觉得残存下来的还有这种意识的，大多数人全完了，基本上就是同流合污做一些常规性的项目。所以我认为，如今发展成现在这种态势，接着往下走其实还有一种机会，如果是不振作，不重新梳理是有问题的，我觉得清华应该做这个事情。

清华应该做这个事情，如果你不做的话，让别人看着，你都下流了，那别人下流更厉害，所以这次这个活动的目的啊，就是想重新解释环境。我认为过去的环境是什么呢？还是以人为本的一个东西。当然我认为今天的伦理不是以人为本，今天应该是一个俯视，是他者平均看待这个体系里面的各个关系，而且关系都是平等的，不存在说以我为主去看待，别人的东西都是供养我的，供养着和主权者的一个关系，我觉得这就是今天的环境伦理中很重要的一点。那么在这一点呢，重新解释和梳理以后，我认为会对我们的实践起到帮助，我认为这是思想层面的。那么在方法层面呢，可能就很多了，我觉得在方法层面的教育里，就是要回到一个很原始的状态去重新思考，比如手和脑的一种关系。

2007～2010年，我突然像发神经似的，和欧盟的那个艺术基金搞了三年的艺术家交换活动。当时赫尔辛基有一个环境艺术专业，因为我们中国有个环境艺术，之后到了欧美，跟其他的国家找对象的时候，人家基本上要么就是建筑系的室内设计，要么就是景观设计，后来发现澳大利亚有，澳大利亚的基本上是按照方法论这个层面去搞，就是他把环境艺术作为一种创作，或者设计方法，讲究一种综合性。到北欧的时候发现了又挺兴奋的，结果北欧去了以后你会发现他们做的事情是不一样的。他那个专业设立以后，在全世界招生，每年来那么二三十个人，然后就是在赫尔辛基布置一些课题去做，完全是非功利的。但是它里边讲的环境，我认为它不光是崇尚自然的东西，它还涉及了两方面，还包括社会环境，我认为很重要。

今天中国的命题也不仅仅完全是自然的这个命题，也是还有社会环境。我认为社会环境对人类来讲，甚至比自然环境还重要。比如说咱们举个简单的例子啊，很好的一个小区，如果邻里的关系不和睦的话，我认为那还不如住到大杂院呢。社会环境还是很重要的，中国还是缺失不了的，因为中国的社会是和谐社会，实际上它是有问题的，所以我觉得在未来，我们讲求生态伦理的时候，社会伦理也还是很重要，起码是第二层面，甚至是更紧迫的层面。首先你需要解决的是社会伦理问题，然后是生态伦理，所以它的环境也是这样的，要解决两个问题。赫尔辛基他们的环艺学生当时也是做的这两个问题，一方面他们的环境艺术与地缘政治有关系，比如说我的好朋友哈库里教授，当时在柏林墙拆掉以后的几年，他有一个作品叫"一公里长的铁丝网卷成的球"，还有在北欧大草原的路上，大草坡的路上放了几个球，叫"回家"。我想这一定是解构国家意识的作品，也是一个环境概念，因为国家也涉及一个地域的问题。另外他们还

409

有一些作品很有意思，比如说针对赫尔辛基的那个社区，有些失落的街区，或者它的商业不行了，或者有些地方开始有一些颓废，甚至说出现犯罪问题的时候，他们的学生就会组织一些艺术作品到那个街区去，把那个街区的一些东西重新调动起来。我觉得当代艺术很多作品是这样的，有一次我跟798吴小军聊，他跟我说波兰有那么一个事情，就是一个社区里边因为历史的问题，当地人和犹太人的关系，因为历史的原因就比较紧张，后来一个艺术家在社区里做了一个水池，最后做成这个社区的人共同参与的活动，解决了这个社区的矛盾和冲突。我看到赫尔辛基环境艺术系里做得所有的实验，一个是来源于对自然的一种超验的精神的礼赞，还有一个是关注社会环境，是这两方面的塑造，跟我们这完全不一样。所以我这三年做了什么样的工作呢？每年他们北欧四国派过来三个艺术家，我在北京组织他们创作活动，然后做一个展览，然后每年我派三个中国或中国地区的艺术家到北欧去做创作活动，然后在北欧做展览，做了三年。这三年做下来以后，回来的人的反思还是挺有味道的，其中有一个老师，有一年在赫尔辛基做展览，干什么呢？在捡垃圾。在赫尔辛基有一片要新开发的地方，要拆掉一些东西，那海滩不像波罗的海那么优美，很苍凉，有很粗粝的那种东西，比如混凝土块。他们就捡那些垃圾。他就说像是捡垃圾似的在那个海滩走了几天以后，这种劳动对他有所改变。所以我觉得就是，这里边北欧的环境艺术有人类学的东西在里边。就不仅仅是一种我们说简单地用现代的工具去创造一种新的视觉，实际上他有一种通过身体的劳动，有身体和自然的一个接触，有人类学的概念在里面。这三年工作做下来，就是2007～2010年这三年工作做下来，对我影响很大，我感觉中国的环艺应该有这样的精英在里面，有这样一个血统在里面。如果完全是功利主义和务实的东西，最后就是又重蹈覆辙，雪上加霜。中国的环境，如果说还是停留在一个唯美、或者是一个牟利的状态，这就麻烦了。

所以作为我来讲呢，我的目的是，稍微有点出于责任心地来做这次活动，同时在计划里呢，我是希望通过这次展览，通过我们的访谈，我可能还要约一些稿件，想在明年一年的时间把它整理出来，有一个真正的出版物。其实我们当时在北欧已经出过一些东西了，北欧他们把艺术家包括他们在中国做的一些活动，做过一个集子。北欧那东西我看完以后，就觉得它的指向很明确，没有任何和设计掺和过深的东西。但是我认为呢，跑得那么遥远去寻找一个野蛮的基因，这基因是很有力量的，如果这个基因注入我们这个本来就很机会主义的血统里面，我觉得它的结合，可能会对这个社会的环境形态有一定的改良。这是我的一个目的，其实这里面也解释了我对环艺的一个期望。

图 5-05 哈库里的 3 个环境艺术作品:

Vapaus ｜ Freedom ,2001（上）

Lippu ｜ Flag ,1997（下左）

Tervetuloa ｜ Welcome ,2003（下右）

（图片由哈库里提供）

翁：如果咱们给人家展示 30 年的中国的工艺艺术，一看就很好玩，全部是雕塑，早年雕塑啥样，现在雕塑啥样，它无论和社会、和环境，还是和人的行为方式都没有关系。但是等到后来老外发言，原来是几个入了河南籍的印度人，我觉得印度人对哲学啊，对人文啊，很有修养，结果他谈出一个最最基本的概念，我很认同。什么叫设计？设计就是一个创造性的方法。它去解决问题，用创造性的方法解决问题。当然啦，它不仅仅是一种功能，不是纯功利地解决问题，但它解决功能问题，它的起点和回归点，不是落实在纯粹的精英主义的个人价值的显摆或是纯技术性的显摆。我为特定的环境，特定的社群、特定的社区来进行设计的时候，要进行案头工作，我们做设计的要做符合当下的需要和可能进行持续发展的设计，当然还需要技术问题。但是我们现在专业的分割太细，有人搞雕塑的，还要分我是写实雕塑，我是抽象雕塑，我是传统雕塑，我是现代雕塑，我是钢结构的雕塑，分得这么细，其实这是个人风格和样式的问题。当然啦，这个背后呢，还是话语权的争夺，还是想要争夺领头羊的位置、学院派的位置。我说我说话要算数，我对政府要施加影响，将来我的活儿拿到得多，我要拉帮派，其实最后就是个东西。结果那个老外后来几次发言，谈到的都是从公共艺术和社会学的关系、和城市的关系、和社区的关系、和生态的关系，包括他后来谈到的我特别感动，他说中国人认为这 30 年进步，进步什么呢，就是我们的艺术形态不再为政治所束缚。他认为我们所指的这一种进步，恰恰错了，西方的公共艺术恰恰是要艺术家主动地关心政治。但是这个政治不是简单的党派政治艺术形式的宣传，而是说你既然拿这些钱来做艺术，你当然要关心政治，政治就是关于多数人的事情，很简单一句话，政治就是关于多数人的事情，你用了多数人的钱，你当然要关心政治。中国人觉得我从"文革"逃出来了，终于好像不要做过分的那种宏大叙事的纯政治艺术形态的宣传，好像我这几年进步了，但是他认为错，恰恰你搞公共艺术，包括环艺设计的人，对吧，你就要关心政治。有的人一谈政治很可怕，说你搞艺术的，你为什么要和政治搅在一起呢，会被认为你这个人很迂腐，很危险，对不对？其实你看包豪斯的，格罗皮乌斯这些人，他们是早期共产主义思想或社会主义思想的人，他们是左派，对不对？他们搞设计恰恰是一个最基本的理念，要通过现代设计的语言让原来只有少数精英和贵族才能够享受的东西，能通过大众化的设计，让更多人来享有这种社会资源。他们是有政治抱负的，对不对，他们是专业设计师！但是现在中国设计师好多不问政治，我认为不问政治来讲，你最多就是个工具。我就说这些。

布：实际上这个环境艺术应该包括一种对生态环境的优化，实际上生态环境包括两方面，考虑社会环境因素的我觉得叫社会生态环境，另一个是自然生态环境。我们原来有时候常说让自己的作品成为对自然环境,对自然生态环境的一种优化,但这种优化不仅是优化自然环境本身,人工的一些作品也可以使自然环境得到更好的一种优化,给人一种享受。但是你(指苏丹)刚才说的,有利于社会的,社会伦理这方面的人和人之间的和谐,我体会,这就是社会生态环境。你刚才给我的启发在哪儿呢?原来我在生态环境概念里面对应的是自然生态环境和人工生态环境。人工生态环境,城市是一个人造的东西,就是人工生态环境,但是人工生态环境中一个很典型的一个虚的软件的就是社会生态环境。社会生态环境要是概括起来的话,我觉得就是介于自然生态环境和人工生态环境之间的一个生态环境。我觉得环境艺术,环境艺术家的作用就是把这些不同的生态环境加以优化,让它更加和谐,更加促进各个方面的和谐发展。包括刚才说到了环境艺术家去捡海洋垃圾获得一种自我体验以后,他会把自己的体验反映到作品里来,可能这个人类与自然相互的感情交流也是一种社会生态环境,也可以说是暂时起到了一种混合的审美作用,是不是这样?

(语音录入:韩亚静工作室)

(文字整理与校对:高珊珊)

□ 苏丹

／

　　在我介入环艺系统的二十多年的时间里，切身感觉到在中国关于环艺的严肃讨论是很少的，以往数量有限的讨论话题多集中在环境艺术设计领域。似乎在环艺人的观念之中，革命已经成功，我们早已进入到了一个建设期。我们对环境艺术设计的行业管理和教学体系建设谈得最多，这是由于我们看中它在方法论层面的价值，认为这些方法能够在现实中发挥巨大作用，对我们专注的视觉创造和生活享乐提供支持。

　　美学层面的讨论是我们这批人走得最远的话题，这些话题多集中在学院内的论文写作和偶尔举办的研讨会中。而一旦离开学院，这些话题也就消失在世俗主义的喧嚣之中。在追逐利益的狂潮之中，没有人再去对那些"危言耸听"的严肃性、根本性问题进行思考、探究、呼吁，甚至实验。同时在一个专业体系内部的讨论有其明显的局限性，大家总是纠结于艺术手段和工程性结合的方式方面，这时艺术俨然已经成为一种僵化的教条，它是样式的集成，需要学习者去默念、背诵。环境艺术设计体系中，从装饰到空间只是表面性的进步，本质上对艺术的理解都是形式主义的，保守的。

　　798的这次讨论应当载入中国环艺的史册，因为首先它重新点燃了环艺人的信心，这次讨论的目的是想对过去的历史有一个客观的总结，直面现实并畅想未来。和三十年前相比较，这次论坛的话题是比较深入的，主持人彭峰先生从环境美学的角度开启了话题，此举标志着该讨论在思想方面的高度。我们的话题终于冲破了传统的框架，进入形而上的领域。同时彭峰先生将自己在威尼斯双年展和成都双年展策展的思路进行了环艺方式的解读,这让我们看到在中国的实验艺术领域,环艺的观念传承香火不断,不断续写辉煌,令人重拾信心。显然这个开局是令人兴奋的,在以往环艺论剑的圈子中,北大人的出现无疑是一种变化的可能性信号,他们对中国环艺的陌生恰恰成为破局的利器。另一位北大人翁建青从社会学的视角透视环艺,也超越了以往的话语系统。他直言不讳地批评人们对环艺的设计定位,指出这种定位是偏颇的,也是局限的,它仍然是人类处于现代性牢笼中困顿的一种表现。他对在现代性片面追求效率所导致的另外一种倾向——学科分化也提出了批评,这是对环艺存在所拥有的积极性的另一种肯定。

本次研讨会参与者的年龄组成也是丰富的,大致可以分为三代人,布正伟先生、包泡先生和于正伦先生俨然属于中国第一代环艺人,和我尊敬的导师张绮曼先生一样,他们是这个学科和领域的拓荒者。这一代人是理想主义者,拥有梦想且不乏激情。他们普遍有一种建设国家的情结和冲动,他们的思考和实践对于当时的中国城市建设功不可没。他们倡导一种开放、合作的设计态度,解放了工程设计思维模式,丰富了建筑设计手段。从他们的回顾中,我们可以明显地感受到那种使命意识、责任感和骄傲感,中国环艺史的掠影之中有他们拼搏和翱翔的身影。郑曙旸先生属于中国环艺人第一代和第二代之间的重要人物,他旗帜分明地奉行功能主义,强调技术对环境的作用,在环境艺术设计教育中追求职业性教育的特质。他客观上推动了中国环境艺术设计专业的学科建设,提高了教育的基本水准。我和涂山、易介中这些60年代和70年代初出生的,算作第二代环艺人。我们出生和成长的经历决定了我们分裂的人格,因此对于环艺这个交叉性的学科和实践领域,总是习惯于在质疑和赞许中探索、前行。我们会在不同的时期信奉不同的主张,喜欢边缘状态,总是把自己置于主流的对立面去寻找话题。伴随着认识的深入而显示的反复无常的态度,这些决定了我们悲剧性的历史结局。车飞和王国彬属于第三代环艺人,他们中一个是海归,擅于把中国环艺发展置于世界思想和实践的格局中去思考,另一个是扎根于本土文化的"民粹主义者",并敢于在复杂的现实环境中实践的人。他们对环艺的坚定的态度和坚守的行为令我欣慰,我从他们身上看到了未来。

相比较而言接受了西方思想的车飞在思考方面更加理性,他对环境和空间中社会性问题的思考热衷并且敏感。王国彬信奉东方具有神秘主义色彩的哲学,他对环艺玄妙性的解释显得浪漫十足。但王的可贵之处在于他大胆持续的实践,在本科学习的过程中,他们就和实践保持着密切的联系。即使有些实践有一定的庸俗性,这种经历使他拥有了出入自由的能力,入世和出世交替反复地出现在他实践的过程中。这种态度在我看来并不是投机,而是一种智慧,因为唯有这般才有可能真正解决中国的问题。目前他已经拥有一套适合中国社会文化的方法,并且他的实践已经结出了硕果,在反复的实践中摸索总结出了一套有效的工作方法。这极大地鼓舞了我对他的期待。

由于环艺这个系统组成庞杂，且多年以来缺少归纳和梳理，突如其来的讨论就存在一种过度多元化、多层次的危险。环艺的话题的确很难聚焦，本次论坛也存在人多嘴杂的问题。但由于本次参会人员素质优秀，研讨尚不至于沦落至以往出现的鸡和鸭对话的境地，但对问题的剖析也并没有进入到那种至穷致理的状态。学术主持人彭锋最后的总结提出了一个相对主义（第二现代性）的概念，我觉得这个概念十分有趣，它本质上是折中主义的一种表达，应当说无论对于环艺体系中的艺术实践还是设计都有所帮助和支持，使二者找到了妥协合法的理由。对于中国来讲尤其如此，我们尚没有接受比较彻底的现代性的启蒙和洗礼，不要草率地否定现代性对于中国的意义，妥协往往是最为有效的解决现实问题的一把钥匙。

人类进入21世纪已经有十多个年头，中国也从一个发展中国家昂首迈向发达国家的阵营。许多观念已经发生了巨大的变化，我们的态度也在变化。由学习者、模仿者，向决策者、示范者转化在悄然进行着。我们要做世界的主人，因此我们要关心天下事。过去的三十多年中环艺的"风景"，似乎只是一个中国独有的人文景观。它始终处于一种紧迫和焦虑之中，在此期间来不及思考，来不及归纳，甚至来不及回顾。环艺作为一种方法给中国的建设提供了重要的辅佐，解决了诸多细碎的问题。但当我们准备庆祝这个成就之时，却猛然发现小环境和大环境之间失去了一种平衡。这是过去所持有观念的狭隘、偏执所致，如今借环艺的名义从事者已至百万，高等教育之中专业数量超过千所，应当说此时展开的讨论是及时和必要的。

有数十位年轻人旁听了这次研讨，他们多来自中国的高校。会后许多年轻的教师、学生和我谈他们的感受，他们认为受益匪浅。因为本次讨论的话题跨越了时空，超出了他们预想的范围。这种讨论想必在多数人的经验之中尚属首次，这也是我深感不安的地方。它应验了我深深的忧虑，二十多年以来，我们刀枪入库，马放南山，头脑和利刃一样锈迹斑斑。中国的绝大多数职业设计师无暇顾及这种"闲谈"，他们在致富的路上只争朝夕。但我认为解决问题的主要途径还是在于中国的教育，相信这次研讨的内容及其形式会给他们留下深刻的印象并播下了火种，星星之火可以燎原！

/

– 殊途同归：安迪•高兹沃斯专题简谈 –
– 苏丹对安迪•高兹沃斯的访谈（译文）–
– 苏丹对安迪•高兹沃斯的访谈（英文原版）–
– 安迪•高兹沃斯作品名录 –

本专题图片与由安迪·高兹沃斯工作室 (Andy Goldsworthy Studio) 授权提供，首次在中国发布。

殊途同归

-安迪•高兹沃斯专题简谈-

多年以来，安迪•高兹沃斯孤傲地在苏格兰高原上进行创作，他的行为和作品一直是我"景观形态研究"课程教案之中最为重要的部分，他的行为被他自己独特的环境观念所驱动，我隐隐约约感觉到这个伟大的艺术家已经触摸到了环境的本质。

安迪•高兹沃斯的父亲是一位应用数学的教授，枯燥无味的数字背后隐藏着深奥有趣的数理，这种极端性的自相矛盾状况就是数学的形态。我想艺术家潜意识里有数学影响的烙印，这些反映在他独特的艺术实践中。对环境的好奇驱使他采用艺术创作的方式来入手，破解环境之谜，自然之谜。因此在其早期的作品中，就表达出这种深深的疑虑。比如在 20 世纪 80 年代，他在伦敦蛇形画廊中留下的作品中，那个黑洞所造成的空间逻辑上的矛盾，以及在稍后使用埃及石棺的符号。这几件作品留下了好奇和恐惧的证明，但它们并非独特的，许多艺术家早期的作品中都有如此的倾向，如阿尼什·卡普尔与马修·巴尼等。这是根植于人类内心深处的一种普遍性的心理，是用暴力撕裂现实，寻找背后真相的一种努力。但随着思考和实践的深入，安迪·高兹沃斯终于寻找到了答案，不仅是关于自然的，也是关于自己的。

环境的神秘属性在安迪·高兹沃斯的观念中俨然是物理性的——一种冰冷的但强大的力量。因此，我认为他在沿着一条独特的路径去探索环境的"真实性"，自20世纪80年代的艺术实践以来，这位神秘兮兮的艺术家逐渐将神秘外衣剥离，揭露出赤裸裸的物质和物理。就像许多科幻片的结尾一般，献身探索的主人公走到了世界的尽头之后所看到的真实景象。

安迪在用艺术区探究真相，这个行为的初衷和采取的方法正是环境艺术最原始、最深入、最伟大的所在。艺术和哲学，科学在方法上千差万别，但目的却如此相近。

由于从小受到唯物主义这种的思想灌输，我在本书的结尾部分自然而然地选择了他的艺术奇迹以及和他的一段对话做为"环艺史诗"的尾声。我们相隔万里，但彼此操持和关注的事物是相同的，这是对话的一个良好基础，相信他一定会惊诧，在遥远的东方竟有一个如此关注他的人。

艺术是超越语言的，尽管它也是另一种意义上的语言。有幸认识了格拉斯哥美术学院的王小爱女士，正是她的热心帮助促成了我们穿越时空的对话，她精准的翻译更是把截然不同的两种语言天衣无缝地衔接了起来。

苏丹

2014 年 8 月

苏丹

×

安迪·高兹沃斯(Andy Goldsworthy)

- 苏丹对安迪·高兹沃斯的访谈 -

- 时间：2014 年 6 月 -

- 翻译：王小爱 -

/

1

您早期的作品传达了一种场所感,而您近期的作品则更多地考虑了整个自然环境,不只局限在某一地点,或是某一空间,而进行了更深层次的探索,并且传递了某种精神。这样说是否正确？您是否能介绍一下您试图带给观众哪些不一样的感觉体验？

×

我力求将整个自然呈现出来,而不是只与其中某一方面打交道。当个人的作品包含了场所和材料的时候,他的意图在于理解潜在的自然。而这些是我想留给自己理解而不是传递给观众的内容。有时候,一些不传达任何信息的作品,反而会带来更强的感染力。场所和空间的确是重要的组成部分,我希望我能在这两者方面有更深刻的理解。

2

约克夏雕塑公园的作品《腐木》,在中国有评论家认为这件作品与古埃及石棺有一定的相关性,这表达了'石棺'是吃肉的,而灵魂永存的观点。您认为这种说法正确吗？四周的石墙组成了盒子的符号,这是否代表了灵魂的容器？您是否赞成灵魂不灭的说法？您是否认为物质和精神是可以转化的？

×

1994 年,我在大英博物馆的埃及馆完成了两件有关'石棺'的作品。石棺的涵义是"吃肉

图 5-06　工作中的安迪·高兹沃斯

（图片由安迪·高兹沃斯工作室提供）

图 5-07 Hanging Trees, 2007

图片资料：

安迪·高兹沃斯，《腐木》，2007 年。约克郡雕塑公园收藏。摄影：乔迪·怀尔德。

The credit is:

Andy Goldsworthy, Hanging Trees, 2007. Courtesy Yorkshire Sculpture Park. Photo Jonty Wilde.

图片提供：

Yorkshire Sculpture Park

West Yorkshire, England

约克郡雕塑公园

英格兰　西约克郡

网址：www.wsp.co.uk

的"。

"石头吃肉"的理念是非常具有震撼力的。

我很少会将自然人格化，但是我确实是将跌落的树枝看成是我自己——可能是由于小时候从树上掉下来的经历。那一刻留给我很深的印象并且影响了我之后的许多创作。在那一瞬间，时间似乎变慢——我被抛了出来。

将约克夏公园中树干与石棺的画面静止下来，我们可以预知到树木最终会腐烂，并与石棺融为一体。即使在完全地消失之后，树干也会留下存在过的痕迹——那些洞就是树干永久地被封在了石墙中最好的见证。生与死的轮回——对于树的记忆曾经暂停在这里。

我目前正要准备去西班牙，创作一件"睡觉的石头"的系列作品。这件作品是让人躺在里面。他们将邀请观众参与，让他们躺在曾经其他人躺过的地方。

3

当看到您的关于'潮汐'的作品时，我感受到了其中蕴含的东方哲学。这些作品符合东方对于神灵或创世的理解，但是您早期的作品更多地表现出了西方化的思考方式以及表现方式。您似乎是在暗指隐藏在自然之下的某种逻辑和秩序，虽然是转瞬即逝但是却又无所不在。这种理解正确吗？

✕

我没有追求任何一种宗教或哲学流派，我只是就我所见进行创作。

4

在您的作品中人的因素以及重要性很明显。这也与我的感觉相符，即在您的作品中，既有静态的美，又有一种冲突感，也许代表了物种在自然界中挣扎与奋斗以求得生存的过程，您对此怎么看？

✕

创作中最耗费精力的事情就是让这个作品看起来十分自然。这种劳动、挣扎以及紧张感在

421

作品中体现出来会比在言语中更有说服力。作品应该看起来像一颗生长的树,看起来是自然的。然而所有树的成长都要经历一系列的挣扎,这其中,冲突、抗拒以及张力起了非常重要的作用。大自然,对我来说,不存在怯懦和胆怯。

5

您大部分的作品都与自然相关,那么对于您来说,"自然"是物理层面的还是精神层面的?
×
对我来说,一些最精神层面的概念都根植于物理元素当中。

6

您最近的一件作品是"巴西的黏土穹顶"。在中国,这件作品还没有得到广泛关注。您能简单介绍一下这件作品和近期的其他作品么?它们有什么相关性?(我想在这里谈一下您现在的作品,展示相关图片,也非常欢迎您发表一下自己的见解)
×
早些时候,我的短期性作品与'长期性'作品有很清晰的不同,但是最近几年这种差异性已经被逐渐淡化了。

自然并不会随着城市的兴起而消失,而我也经常在城市的背景下创作。在城市创作的目的是为了更好地理解其中的内容——正像我在其他任何地点创作一样。城市是一个相对更复杂的环境,因为材料的质感不是那么清晰。我喜欢将木材、石头、砖块应用到创作中,因为我可以从这些材料中感受到泥土、岩床以及树的气息。巴西的黏土穹顶所用的生黏土与这个建筑其他部分所用的材料是完全一样的。

7

在不同的时间段里,我对您作品也有不同的认识。在我看来,您早期的生活背景以及父与子之间的关系在您的作品中都有体现。您能描述一下,作为数学家,您的父亲对您创作有什么特别的影响么?这种影响如何在您的作品中呈现?早期您也在农场工作过,您认为播种与采摘土豆和雕塑作品之间有什么关联?这种经历如何影响接下来的作品创作?

图 5-08(a) the Clay Dome in Brazil,

2014

"巴西的黏土穹顶"作品

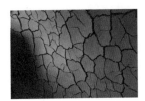

图片提供：

MAGNETOSCÓPIO

São Paulo - SP - Brasil

www.magnetoscopio.com.br

"盒式磁带录像机"画廊

巴西 圣保罗

网址：www.magnetoscopio.com.br

×

虽然我不是一个像我父亲那样的学者，但是我可以感受到数学的确在我心中。这并不是仅仅因为在建筑过程中需要测量计算、混沌理论和分形学。我会同一些不擅变通的工程师们较劲。例如：有一次我在马萨诸塞州创作一件"石穹顶"的作品（因为需要人们进去参观），因此这个穹顶必须要用混凝土和钢筋来加固，这对于石结构而言就是不同寻常的。

在农场生活工作的经历对我影响很深。无论我的"工作室"在哪里，都一定要在从家里能够步行到达的范围之内。我的大部分作品在农田上完成。在我自己熟悉的领域中创作会相对简单，但作品的感染力也会相对变弱。创作社会性景观的作品对我来说十分重要。有趣的话题，早期的经历是如何作为后天基因，"有效"地被植入进人的整个生命里——"有效"是指在特定的环境下。只有在人类有目的的情况下，后天基因才会变得重要。

8

您是否认为环境意识和对自然环境的理解可以在人性里反映出自然的精神？是否可以将其归为社会学研究？

×

环境意识和对自然环境的理解一直以来与人性是紧密相关的。人的存在是我创作中不可或缺的元素。

9

您所采用的艺术创作方式并不寻常，也可以称之为独特，可以看出其中包含了考古学和人类学的理论。我一直觉得您的创作动机是将最原始、最基本的关于人性的真相展示出来，您认同这种看法吗？您是如何将个人对自然的观点与普遍真理结合在一起？这对您的创作有什么意义？

×

在我打算去一个地方之前，我很少作书面研究。我更倾向于从那个地方本身了解它。当然这并不意味着我对该处的文化不感兴趣——根本不是这样——只是这些联系如果建立在我亲身体验的基础上，会变得更有意义。艺术的独特之处就在于，艺术家们会从非常个人的角度看世界，又在多元环境下工作。因此艺术可以同时既是世界的，也是民族的。

图 5-08(b)　the Clay Dome in Brazil, 2014

"巴西的黏土穹顶"作品

图片提供:

MAGNETOSCÓPIO

São Paulo - SP - Brasil

www.magnetoscopio.com.br

"盒式磁带录像机"画廊

巴西　圣保罗

网址：www.magnetoscopio.com.br

SU Dan

×

Andy Goldsworthy

（原版）

1

Your earlier work appears to be concerned with communicating a sense of place or location, while your more recent work appears to be more concerned with nature, and less about place, or a sense of scale. The later work appears deeper in that respect, more concerned with communicating spirit. Is it correct to say this, and if so can you say something about the different senses you are trying to communicate to the viewer?

×

I strive to work with nature itself – not just a particular aspect of it. Whilst individual works engage with place and material the aim is to understand the underlying nature. These are things that I want to understand for myself and I am less concerned about communicating with the viewer. Sometimes, they are stronger because they carry no message.

That said, place and scale remain important elements- if anything I hope that I have a deeper understanding of both.

2

Your piece containing the tree in Yorkshire Sculpture Park: Comparisons have been drawn between this work and Ancient Egyptian Sarcophaguses, including by some Chinese critics, in the sense of the tomb consuming the body, whilst the spirit endures. Is this a fair observation? The containing wall forms a box; is this a symbol in your work for the container of spirit? Do you think that spirit lives forever, interacting with matter? Is there a cyclical relationship substance between substance and spirit?

×

In 1994 I made two works for sarcophagi in the Egyptian room of the British museum. The meaning of sarcophagus is 'flesh-eater'.

The idea of stone absorbing flesh is very powerful.

I rarely anthropomorphise nature but I do identify the limbs of a falling tree to that of my own - possibly because as a teenager I once fell from a tree. The moment between tree and ground is a strong memory and one that as informed the many throws and splashes that I have made. It is a moment in which time slows down - a throw for me happens very slowly.

Suspending the tees in the stone chambers at Yorkshire arrests the fall - for a while. The trees will eventually

rot and melt into the chambers. Even when completely decayed they will leave a presence –the empty holes where trunks and limbs were built into the walls, the regeneration of new grow on old – the memory of the tree having once been suspended there.

I am presently on my way to Spain to make 'Sleeping Stones' a series of spaces for people to lie down in. They will invite people to lie where others have lain before.

3

When I saw your tidal work, I believe I got the sense of an Eastern philosophy underlying this work. It seemed to align with an Eastern understanding of God, or the spirit of creation, whilst some of your earlier work appears to be informed by a more Western way of thinking, of the permanence and unchanging nature of God. You seem to be indicating a logic and order that underlies all nature, yet is visible fleetingly as it moves through all things. Is this a correct observation?

×

I am not aligned with any particular religious or philosophical view. I am driven by what I see.

4

There is a clear sense of the importance of the act of labour in your work, of physical exertion in creating the work. This connects with something I have always felt about your work, which is that despite its calm and beauty, there is also a sense of conflict or confrontation, perhaps the struggle for survival in nature, against the elements, other species, and so on. Is this correct?

×

A huge amount of effort goes into making a work feel effortless. The labour, struggle and tension is more powerful for being inside the work rather than external and obvious. At best a work should appear as effortless as a growing tree. All trees are underwritten by a struggle against many odds to survive and grow. Conflict, resistance and tension is important. Nature for me is not a place for the faint-hearted.

5

Most of your work is produced and encountered in nature. Is 'nature', for you, a physical state or place, or a spiritual one?

×

Some of the most spiritual moments for me are rooted in the physical.

6

One of your more recent pieces is the Clay Dome in Brazil. In China, the public is not yet familiar with this work. Can you say anything about this piece, and your current work? Is your current work in a similar vein? (I would like to talk about and show some images of your current work, so I am happy to be guided to whatever you want to show or discuss here.)

×

In the early days there was a clear division between my ephemeral works and my more 'permanent' projects. The last few years has seen that division become less clear.

Nature does not stop where a city begins and I often work in urban places. The aim in an urban place is to try to understand what is there – just as I would deal with any place that I work with. The city is more complicated because the lineage of materials is less clear. I tend to work with wood, stones and brick because I can still feel the earth, bedrock and tree inside the material. The Clay Dome at Rio was made with the same raw clay that

图 5-08(c)   the Clay Dome in Brazil, 2014

"巴西的黏土穹顶"作品

图片提供:

MAGNETOSCÓPIO

São Paulo – SP – Brasil

www.magnetoscopio.com.br

"盒式磁带录像机"画廊

巴西 圣保罗

网址: www.magnetoscopio.com.br

was used to make the bricks of the building.

7

Over time, my understanding of your work has changed. In particular, this has been in relation to my understanding of the influence of early life and background, and the relationship between father and son. Can you describe the influence of your father, and his life as a mathematician, on your practice? Is he in some sense present in your work? You also worked on farms in your young life, describing the rhythm of picking potatoes and comparing it to sculpture. How do you think these things echo in your work, and more generally how do our experience echo through what we do later in life?

×

I am not an academic in the way that my father was but I can feel the mathematician in me. Not just because measurement and calculation is often needed during construction of a work but the chaos and fractal theories. I struggle with engineers who cannot deal with irregularity. For instance, I am making a stone dome in Massachusetts that (because people will enter it) cannot be made without being reinforced with concrete and metal. It is apparently illegal to make any stone structure comprising of so-called 'unreinforced masonry'.

Farming remains a very important influence from both my formative years when I worked on farms and as a continuing reference and dialogue. My 'studio' is wherever I can walk to from my home. The majority of my work is made on farmers land. It would be easier to work on my own land but my art would be poorer as a consequence. The social landscape is very important to me. It is interesting how early experiences can establish parameters that can remain effective for ones entire life – effective being the operative word. Parameters are only important if they have purpose.

8

Do you think environmental awareness and concern for nature reflects the spirit of nature within humanity? Can this also be said of social issues?

×

Environmental awareness and concern for nature is bound up with human nature. It always has been. I work in a landscape engrained with the presence of people.

9

Your methods of artistic creation are unusual, possibly unique. There are elements of archaeological and anthropological investigation in your practice. I have always felt that your motivation here is to embody the most primitive and fundamental 'truth', of humanity and human nature. Am I right? How does your individual vision and response to nature allow insights into universal truths? Is it important to you that it does so?

×

I do little research in to places prior to going there. I learn about a place from the place itself. This doesn' t mean that I am uninterested in the culture of that place – far from it – just that any connections, should they occur, are for me more meaningful if they have come from contact at source with my own hands. Art is in a unique position in that an artist can see the world from a very personal and individual perspective and yet, at the same time, work in a very international context. Art speaks both locally and globally at the same time.

安迪·高兹沃斯，1957 年出生于英国。高兹沃斯的艺术属于 20 世纪 60 年代开始的大地艺术运动：反对局限风景画的方形画框，或公园内、政府机关前装饰用的户外雕塑与壁画，以自然为工具、材料、主题，用作品表现工业进步中被破坏的自然环境及因果报应。

在普雷斯敦多重艺术学院（Preston Polytechnica Art College）因受英国艺术家理查·隆（Richard Lon）影响，高兹沃斯对大地艺术产生浓厚的兴趣，决定以周遭既有的素材创作、探索文明与自然的关系。由于使用天然的材料，他的作品与周遭环境看来十分协调，几乎像是自然的一部分；但停留在空间内静止的几何造型、作品与自然强烈对比的颜色与线条，却更像是违反自然法则的现象。

高兹沃斯并不试图通过改变自然来反映人的力量的伟大。而是在自然中寻找天然的艺术原料，运用花、冰、叶、松果、雪、石头、树枝、刺等元素进行创作，制作出自然的"雕塑"。

他的作品往往是短暂的创作，大自然任何细微的变动就会带动作品的变动，甚至导致作品不复存在。高兹沃斯将变化记录下来，通过记录，向人们展示自然的伟大力量和人类存在的短暂与渺小。

安迪·高兹沃斯
作品名录：

图 5-09

Broken Pebbles
Scratched White with
Another Stone

ST ABBS, THE
BORDERS
1 JUNE 1985

《碎裂的卵石》
将石头用另一块石头刮出白色痕迹

苏格兰 圣阿伯斯（边界地区）
1985 年 6 月 1 日

图 5-10

Japanese Maple
Leaves Stitched
Together to Make a
Floating Chain,
the Next Day It Became
a Hole,
Supported Underneath
by Woven Briar Ring

OUCHIYAMA-MURA,
JAPAN
21-22-November 1987

《日本枫叶》
叶子被缝在一起而组成了漂浮的链条状，
第二天中间出现了一个洞，
下面是交错的石楠

日本 大内山村
1987 年 11 月 21、22 日

图 5-11

Eleven Arches

THE FARM,
KAIPARA
HARBOUR,
NEW ZEALAND
2005

《11 拱门》

新西兰 凯帕拉港农场
2005 年

图 5-14

Grass Hole

DUMFRIESSHIR
E
JULY 2009

《草洞》

苏格兰 邓弗里斯郡
2009 年 7 月

图 5-12

Leaves Laid Over
Branch Ring
Laid on a Rock

LENNOX
MASSACHUSET
TS
MAY 2005

《被涂过的树叶》
树枝圈成环形
放置在一个岩石上

美国 马萨诸塞州 伦诺克
斯
2005 年 5 月

图 5-15

Elm Leaves

DUMFRIESSHIR
E
SEPTEMBER
2009

《榆树叶》

苏格兰 邓弗里斯郡
2009 年 9 月

图 5-13

Oak Cairn
Wind Fallen Oak

PRIVATE
COLLECTION.
INSTALLED
FEBRUARY AND
AGAIN IN
NOVEMBER 2006

《橡木冢》
被风吹落的橡树枝

私人收藏
在 2006 年 2 月完成,
11 月重建

图 5-16

Rush Line
DrawnThrough
Iris Blades

BEIRE MILL,
HAMPHIRE
MAY 2009

《防卫线》
画在鸢尾叶子之间

美国 罕布什尔 贝尔米
尔
2009 年 5 月

(AG with work)

Bracken Stalks

DUMFRIESSHIRE 2014

（安迪·高兹沃斯在工作中）

《欧洲蕨杆》

苏格兰 邓弗里斯郡
2014 年

图 5-17

图 5-18

(AG with work)

Elm Raft

APRIL 2014

（安迪·高兹沃斯在工作中）

《榆木筏》
2014 年 4 月

图 5-19

(AG with work)

Muck Heap Cairn

MARCH 2014

（安迪·高兹沃斯在工作中）

《淤泥堆积冢》
2014 年 3 月

(AG with Clay Wall), 2014

（安迪·高兹沃斯与黏土墙），2014 年

图 5-20

图 5-21

(AG with work)

Elm Branches Along a wall JANRUARY 2014

（安迪·高兹沃斯在工作中）

《墙边的榆树枝》
2014 年 1 月

以上图片及文字说明
由安迪·高兹沃斯工作室提供并授权发表。

第六部分

索引

— 人物索引＋个人发展史掠影＋ 图表索引 —

"环艺"重要人物索引1
- 国际部分 -

□ 图/文 高珊珊 张俊超

环境设计的诞生

【奥姆斯特德(Frederick Law Olmsted)】和【弗克斯(John Fox)】： 开放私家园林为城市开放公园的做法

最早出现于17世纪的英国,1810年,英国出现了第一个为大众建造的公园。1857年奥姆斯特德和弗克斯对纽约中央公园的设计掀起了美国城市公园

运动热潮,更促进了城市公园从私家庄园成为大众可共享的城市环境,为城市自身与城市文明的需要开创了新纪元,也拉开了西方现代环境设计的序

幕。

【海克尔(E. Haokel)】： 1866年,德国动物学家海克尔首先把"研究有集体与环境相互关系"的科学命名为生态学。用生态学的观点

来总结人类活动及其与环境之间的相互作用,便产生了新的生态文明史观。海克尔,德国动物学家,进化论者。1834年2月16日生于德国的波茨坦,

1919年8月9日卒于耶拿。

西方20世纪以来占主导地位的现代艺术和19世纪80年代兴起、20世纪初达到顶峰的"新艺术运动"促成了审美和形态的空前变革。

【埃克多•基马（Ekdo Chima）】：为巴黎地下铁道系统设计的一系列入口，一共有100多个，这些建筑结构基本上是采用青铜和其他金属铸造成的。模仿植物的结构来设计，这些入口的顶棚和栏杆都模仿植物的形状，特别是扭曲的树木枝干，缠绕的藤蔓，顶棚有意地采用海贝的形状来处理。

新的立场与主张（建筑界）

【瓦尔特•格罗皮乌斯（Walter Gropius）】：1919年创立了公立包豪斯（Bauhaus）。格罗皮乌斯认为艺术不再是一个专门的职业，艺术和技术需要相互结合，团结艺术家和建筑师、工程师一起创造新的实用而美观的各种日常生活用品、工业制品和房屋。在这样的思想主张下创建了包豪斯，并通过创建独特的"工厂学徒制"教学，邀请了众多艺术家和手工匠人担任课程教授，艺术家给学生开动灵感创新的创造力，作坊大师教会学生技术知识和手工技巧，综合开发学生的综合能力。

"包豪斯运动"引领了建筑技术与艺术之间的结合，成为现代设计的"环境设计"的发展基础。

生态建筑学、规划学（萌芽与发展）

【B. 富勒（R.Buckminiser Fuller）】：20世纪30年代，美国建筑师兼发明家B. 富勒就曾非常关注将人类的发展目标、需求与全球资源、科技结合起来。用逐渐减少资源来满足不断增长的人口的生存需要，富勒第一个提出"少费而多用"(More with Less)，也就是对有限的物质资源进行最充分和最合宜的设计和利用，符合生态学的循环利用原则。

 4D 塔：间隔 1 米，1928 年，纸上影印水彩

 富勒和 Sadao 为 1967 年世博会设计的美国馆，蒙特利尔。

生态建筑学和规划学（正式出现）

【保罗·索勒瑞（Paolo Soleri）】：20 世纪 60 年代，美籍意大利建筑师保罗·索勒瑞从建筑和城市规划两方面思考，将建筑和城市统一看待，提出了许多的适宜人类居住并且与自然和谐的理想城市的概念。保罗·索勒瑞构想了一系列的基于 Arcology 概念的理想城市之后，他将其中之一被命名为 Arcosanti 的理想城市在美国的亚利桑那州的沙漠高地上付诸实践，于 1971 年正式开始建造 Arcosanti 城。经过将近 40 年的发展建设，该城已经具有了一定的规模，能够满足六十多人的日常居住和生活。保罗·索勒瑞将其看作是一个"城市实验室"，希望通过 Arcosanti 的建设和研究来为未来城市的发展提供有益的参考。

 遵循"复杂一缩微一持续"原则的人居建设模型

 Arcosanti 城落建成区的部分内外场景网

【伊恩·麦克哈格（Ian Lennox McHarg）】：

在美国社会面临城市化和环境危机的关键时刻，将当时有限的生态学知识和自然环境学科引入景观与区域规划，从而扛起生态规划大旗，将当时只关心花园设计的景观设计学，引向拯救城市、拯救地球和人类的发展大路。代表著作：《伊恩·麦克哈格：设计遵从自然》体现了他对自然与设计的思考过程以及观点的逐步完善。

环境心理学（萌芽）

【霍尔（Hall James）】：

1959年霍尔把人际交往的距离划分为4种：亲昵距离，0～0.5米，如爱人之间的距离；个人距离，0.5～1.2米，如朋友之间的距离；社会距离，1.2～2米，如开会时人们之间的距离；公众距离，4.5～7.5米，如讲演者和听众之间的距离。通过一系列从文化人类学角度对人际交往空间距离和尺度的研究，为环境设计提供了社会交往中的尺度标准。

【凯文·林奇（Kevin Lynch）】：

1960年美国城市规划师凯文·林奇对城市环境认知的经验进行研究，将城市空间的"意象"总结为路径、边界、区域、节点和标志五大元素，企图以此揭示城市空间的本质。

【亨利·沙诺夫（Henry Sanoff）】：

1968年8月，亨利·沙诺夫在MIT组织举办的一次会议上与30位设计方法小组（DMG）的成员一同建立了代表美国研究潮流的环境——行为学术组织：环境设计研究学会 Environmental Design Research Association(EDRA)，这个学会每年都举行年会。当时学会参与者：John Archea , Dan Carson, Gerald Davis, David Stea, Ray Studer, Gary Winkel, Tom Heath from Australia, and from the UK, Chris Jones, Tom Maver, and Tony Ward, Gary Moore and Henry Sanoff 被邀请成立联合指导委员会。现在该学会在美国环境设计领域起到重要影响。环境设计研究学会的官方网站：http://www.edra.org/

环境伦理学（萌芽）

【A.利奥波德（A.Leopad）】：

1949年，美国环境学家A.利奥波德发表《原荒纪事》（一译《沙乡的沉思》）一书，从多个角度阐述了人与自然的关系，提出作为"新伦理学"的"大地伦理（Land Ethic）"，标志着环境伦理学的萌芽。

同一时期并行的环境艺术家举例（艺术领域）

1959年由艺术家用行为构造一个特别的环境和氛围，同时让观众参与其中的艺术方式，以表现偶发性的事件或不期而至的机遇为手段，重现人的行动过程。代表人物：阿伦·卡普罗（ Allan Kaprow)、Gutai 团体和 Fluxus 运动艺术家约瑟夫·博伊斯(Joseph Beuys)

【约瑟夫·博伊斯（Joseph Beuys）】： 1921 年 5 月 12 日～1986 年 1 月 23 日，约瑟夫·博伊斯 1921 年出生于德国克雷弗，小时候跟过马戏团演出，做过小时工。后来参加"二战"，追随希特勒当了纳粹的空军，在一次战争中被击落，降落在克里米亚半岛，严重受伤危在旦夕之际得到了鞑靼人救助。也许就是这些特殊的经历，让他对生命和社会有了深刻的思考。自 1947 年在美术学院专业学习艺术至 1986 年逝世为止，共进行了 70 次行为艺术，做了 50 个装置，举办过 130 次个人展览，并进行了难以计数的与艺术相关的活动。他为我们留下了大量的装置艺术、环境艺术、雕塑、行为艺术、影像和文字，他成为代表德国的最具有世界影响力的艺术家，他的艺术思想和概念具有强烈的批判精神，成为之后从事当代艺术的艺术家们的精神领袖。博伊斯的"社会雕塑"概念，将社会作为一个整体，被视为一个伟大的艺术品，生活在其中的每个人都可以对这个社会作出创造性的贡献。他借用诺瓦利斯关于社会和人的分析，提出了最著名的一句话："人人都是艺术家"。他对艺术观念的定义和对社会问题的反思，创造性地演绎了材料特性的强大力量，他的作品是革命性的，直击政治和社会问题。他坚信，艺术对人类的精神和行为有一种潜在的治疗愈合能力，艺术中凝聚了全人类创造力和巨大能力。

参考网站：

http://www.artisoo.com/shop-by-artist-joseph-beuys-c-66_156_635.html

http://www.artspy.cn/html/news/7/7760.html

438

行为艺术(Performance Art)先驱：布鲁斯•诺曼 (Bruce Nauman)、维托•阿孔奇 (Vito Acconci)和克里斯•波顿(Chris Burden)。

【玛利亚•阿布拉莫维克（Marina Abramović）】： 1946 年 11 月 30 日出生于塞尔维亚贝尔格莱德。20 世纪 70 年代，她进入了贝尔格莱德美术学院学习，后在南斯拉夫开始了她的艺术生涯。她已经探索出行为艺术作为视觉艺术的使用形式，身体一直是她艺术的主题和媒介，探索身体与心理的极限，在情感和精神的转化过程中她经受了痛苦、疲惫甚至是危险。她关注的是通过创造一些仪式性的日常活动(如撒谎，坐着，做梦或者思考等简单的活动)表现独特精神状态的影响。她的行为艺术作品以狂野大胆而著称。2008 年，她曾以导演身份执导了短片集《人权故事》，并在《我们的城市之梦》中出演角色。2010 年在纽约现代艺术博物馆(MOMA)举行的大型回顾展 Marina Abramovic: The Artist Is Present 的全过程，在MOMA静坐了 716 小时岿然不动，接受了 1500 个陌生人的与之对视。唯有一人的出现，让雕塑般的她颤抖流泪了起来，那就是Ulay。——"假若他日相逢，我将以何以贺你？以沉默，以眼泪"。网站：http://marinafilm.com/

1967 年，意大利艺术评论家切兰提出和概括"贫穷艺术"。代表人物：雅尼斯•库奈里斯(Jannis Kounellis)。

【雅尼斯•库奈里斯(Jannis Kounellis)】： 1936 年出生在希腊比雷埃夫斯市，1956 年移居意大利罗马，就读于罗马美术学院。曾任德国杜塞尔多夫美术学院教授之职 8 年。雅尼斯•库奈里斯作品大多表达自己对大规模城市符号、工业文明和个人价值的关注。他的作品后来发展为更为壮观的混合物，涉及绘画、拼贴、装置、雕塑、环境，甚至戏剧表演等多个领域。一直主张"艺术应该是被生活本身取代"，"艺术不再囿于高高在上的象牙塔中，而代之以亲近大众、与观众积极互动"。这种揭示本真、内心精神世界的艺术追求，在有意无意中暗合了世界当代艺术的发展趋势。当"什么都是艺术"，"人人都是艺术家"等观念、口号不再有效的状况下，以"贫穷艺术"为代表的观念主义已经变成了一种成熟而完善的美学。

其他代表艺术家及代表作 阿尔贝托•布里《麻袋》(1955 年)、卡拉 • 阿卡迪《帐篷》(1965 年)、埃托•科拉《教条》(1963 ～ 1967 年)、皮耶罗•曼佐尼《艺术家的粪便》、伊夫•克莱茵《跳入虚无》、奥瓦尼 • 安塞尔莫《呼吸》、波提《协调与创造的考验》、吉里欧 • 帕奥里尼《空间》……

1968年，首次"大地作品艺术展"在美国纽约的德万博物馆举行，1969年康奈尔大学举办 Earth Art 展，由此宣告大地艺术出现。代表人物：克里斯托夫妇，罗伯特·史密森。

【罗伯特·史密斯（R. Smithson）】：

史密斯（1938～1973年）创作的《螺旋形防波堤》可以堪称当代大地艺术最具代表性的作品，除了具有大地艺术特征之外，这个作品同时兼顾了重要的景观功能，同时在创作过程中还涉及土地承租、建立赞助基金、成立共同工作集团、摄影、杂志刊载、影片、画廊组织的放映等问题。完成于 1970 年，长 1500 英尺，宽 15 英尺，由 65000 吨的黑色玄武岩、石灰岩和泥土组成。土壤和盐晶，罗泽尔点，大盐湖，犹他州，美国。

【克里斯托夫妇（Christo and Jeanne）】：

克里斯托（1935～　，保加利亚）、珍妮·克劳德（1935～2009，法国）。如果要问环境艺术如何影响社会环境，可以说克里斯托夫妇的实践就是最好的证明。克里斯托夫妇是环境艺术领域里最耀眼的一对艺术家，他们的实践不仅仅体现艺术家的独立性和自由决策的坚持，更为重要的是他们的作品足可以塑造城市的民主形象和文化影响力。最著名的代表作品就是包裹原柏林帝国国会大厦，从策划到完成耗时 25 年，1995 年 6 月 24 日他们成功地完成了，展览了 14 天，时间虽然短暂，但期间无数人前来参观这件作品，这让柏林市民从申办奥运会失败的沮丧中又重新振作起来，给整个城市带来了更加自豪的精神慰藉，也大大提高了柏林市的国际声望。展览结束后艺术家将包裹的材料全部拆除运到原料厂，并未作为纪念品出售，这充分体现了环境艺术家的创作目的并非是要获得商业利益。两位艺术家曾非常自豪地表示：我们从来不接受任何赞助和委任，这是我们艺术创作的基本底线。我们自己赚钱，自己销售，自己办理一切委托事物。25 年的努力，花了几千小时成立基金会，递交各种申请材料，展览了 14 天，耗费 320 万美金，费用全部由私人承担。同时，这样的包裹实践也带动了城市里不同行业的经济利益和文化发展，可以说这是一件非常具有社会意义的环境艺术作品。

【哈库里（Hakuree）】：1946年1月23日出生于芬兰赫尔辛基，在赫尔辛基艺术与设计大学任教，担任环境艺术方向的教授。以下是对哈库里的采访摘录：

一切都取决于观点或者视角。如何放置在自己的世界？我们的感官知觉塑造环境的经验。环境中混合声音、气味、光、色、触摸和情感，形成了一个独特的空间体验。环境是一个全面的感官体验。环境艺术，还涉及人的行为与环境方面的道德问题。他在环境艺术教学中强调的是，在环境中使用所有感知到的全面领悟。一个基本的道德价值观的认同以及实现学生作品的想法是进一步关注的可持续发展的明确领域。他想让学生们专注于一些与审美实体对象相关的方法和问题的模型标本，通过学习环境道路的关系，景观和从一个地方到另一个地方的不同形式，通过他们的作品，学生可以对环境中观察到的故障和失败发表评论，并提出解决办法。他们的作品也可以是一个物理部分。

【科妮莉亚·康拉兹（Cornelia Konrads）】：德国艺术家科妮莉亚·康拉兹1957年出生于伍珀塔尔，主要实践专注于特定地点的艺术装置作品。她在世界各地的公共空间或者雕塑公园和私人花园里创作了令人费解的特定地点的装置。她的作品经常穿插着一种失重的错觉，就像这些用伐木、栅栏、石头等堆砌物还有门前的小路悬浮在半空中，当这些装置开始在你的眼前逐渐被溶解的时候就强调了他们暂时的自然属性。她比较有代表性的作品之一就是弹射座椅，由一个公园的长椅做的一个巨大的弹弓，当你看到它就会有想坐在里面体验交互式360°视野的伟大的想法。网站http://www.cokonrads.de/situ/enclosure.html

【安迪·高兹沃斯（Andy Goldsworthy）】：安迪·高兹沃斯的作品大都用树叶、树干、石头、泥土、冰雪等自然材料，在特定的自然环境中利用特定的材料制作一些主题的作品，不论是哪类作品，他的作品并不追求永恒的存在，而是稍纵即逝的，有的是随着自然的力量慢慢地消失，有的作品则是自己亲自拆除，最后我们能看到的都是过程中的图像和影像记录，看似是无厘头的作品，其实他们并不是一场无厘头的闹剧，有的是关注人与自然之间的关系，有的表达生命与时间，有的体现自然界中不可违背的规律，还有的试图揭示另一个维度的存在，或者是对现实存在的一种质疑，从他的作品中都能看出艺术家对自然力量、时间和生命的敬畏。详见"第五部分：讨论"的"安迪·高兹沃斯（Andy Goldsworthy）专题"。

441

安迪·高兹沃斯出生于 1956 年 7 月 26 日,英国的雕塑家、摄影家和环境保护主义者。在自然环境和城市环境中创作一系列大地艺术类作品。

【德内文(Jim Denevan)】: (1961～)厨师兼大地艺术家。德内文是来自美国的大地艺术家,他在美国四处寻找自然场地,无论是沙滩还是冰面,他都可以通过简单而有秩序的几何图案在场地上留下巨人般的痕迹。巨大的尺度超越了人的身体所能感受的极限,从空中或者山顶上望去你会感受到巨大尺度给你带来的强烈震撼。每个作品都需要艺术家凭借自己的知觉和感知去控制大小和方向,并且还要克服体力上的挑战和传统思维的束缚,最后呈现出来的作品使我们感受到的是自己的渺小和大自然的伟大,因为这些作品源于自然,最终消失于自然,暴风雨或者浪潮都会让所有的这一切很快消失得无影无踪。虽然没有留下痕迹,但是这个过程的记录以及留下的图像足以让我们对大自然产生敬畏之情,同时为艺术家满腹诗意的情怀所感动。个人官方网站 http://www.jimdenevan.com/jim.htm

以上是在自然环境中从事艺术实践的代表艺术家,他们的作品与自然环境融合在一起,当然在这个领域还有很多其他的艺术实践和人物,比如 Michael Heizer、Walter De Maria 等在这里不再一一详细列举。

【关根伸夫】: 1942 年生于埼玉县,1968 年毕业于多摩美术大学油画研究,日本雕塑家。1968 年,在神户的须磨离公园举办的第一届现代雕塑展上,他在地上挖了一个深 2.7 米,宽 2.2 米的洞,在洞的旁边,用挖出来的泥土按照洞的形状塑成了一个圆柱体,泥土的存在状态与圆洞之间相

应。这个作品成为日本战后美术的纪念碑，也是"物派"艺术的开端。"物派"艺术家强调自然物质原本的存在状态，根据自然规律，遵循重力和引力的作用，探索物质如何在时间和空间中建立关联，最终表现出自然世界"存在与非存在"的关系，从而引导人们重新认识世界的真实性。他的代表作有《空相》、《水的神殿》、《空的台座》、《波的光景》、《波的圆锥》、《虹》等。"物派"艺术代表人物还有：菅木志雄、成田克彦、小清水渐、李禹焕等。

详见网站 http://www.artsbj.com/Html/interview/wyft/msj/4904170104.html

【菲利斯·瓦里尼（Felice Varini）】：

1952 年出生在瑞士洛迦诺，现居住在法国巴黎，被提名为 2000～2001 年杜尚奖的瑞士艺术家。 他因为运用投影机——模具技术将二维几何图形画在三维空间中的巧妙应用而得名。二维图形分散在三维的空间中，在特定的角度看去，仿佛三维空间被神奇般地拍平了，观众似乎置身空间之外。通过这种视觉手法给人带来的视觉上的错觉和心理上的惊奇，从而引起人们对现实环境的注意，也对时间和空间的思考。这是在瑞士山区 Vercorin 的小镇进行的一次大范围的艺术工作。在传统美丽的建筑群中投射了多个圆圈，沿着精密计算的几何光影，用金属绘画的方式将影子描绘出来。在此制作过程中，艺术家与当地社会团体以及政府组织进行了无数次的沟通和申请。

网站：http://www.varini.org/

【阿尼什·卡普尔（Anish Kapoor）】：

出生于 1954 年印度孟买，70 年代初他到了伦敦开始学习艺术，后来就在伦敦工作和生活。他的作品被视为是印度和西方精神的结合，他的作品总是形而上的，涉及哲学与宗教精神，探讨的是超自然的层面。代表作品：云门(Cloud Gat，芝加哥千禧公园）、天境（Sky Mirror），《把世界上下颠倒》（以色列博物馆）等。卡普尔还有一些红色材料的作品，比如 2007 年在用红色蜡块儿做的 Svayambh 作品（梵语里是自我生成或者自动生成)。卡普尔说："一个真实的物体往往能导致一个非物质的感受"，Svayambh 营造出来的景象超出了眼见的范畴，进入了另外一个精神层面，这是现象和精神之间进行的对话。

参考网站 http://anishkapoor.com/，http://www.lissongallery.com/artists/anish-kapoor

【理查德·古德温（Richard Goodwin）】：

理查德·古德温非常注重公共艺术作品与建筑以及环境之间的融合关系，并深入研究建筑内部空间与外部空间的内外统一。在他看来，大部分的私人空间将自己孤立在整体的环境之中，相互之间缺乏联通。所以他提出了"城市建筑的多孔性理念"，希望城市空间能像人的皮肤一样相互渗透并自由呼吸。在环境与建筑之间通过寄生附加的形式来达到内外空间之间的融合，这种附加形式他自己定义为"外骨骼理论",这些寄生构造采用钢架、钢化玻璃以及织物等材料,塑造类似人体骨骼结构一样的公共雕塑,重新衔接内外空间的

联系。这种修补式的方式就像寄生在建筑与环境之间的外骨骼,剥离了表面的装饰并反映了空间的内在本质。代表作品:在 NSW 美术画廊外的

Mobius Sea,在庭院海岛上的 The Corvette Memorial,在悉尼维多利亚画廊的 Exoskeleton Tower-Rearch,在 Lend Lease offices Sydney 的外

骨骼,115 Pitt Street Sydney 的 Waterjacket,堪培拉的 Rhizome Gungahlin Drive,在 Pyrmont 的 Glebe Island Arterial,堪培拉和城市西部链

环公路上的 Gungahlin Drive 等等作品。

网站:http://www.cnki.com.cn/Article/CJFDTotal-ZSHI200310007.htm , http://blog.artintern.net/article/333955

对当代环境艺术发展产生深远影响的建筑师举例

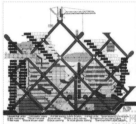

【彼得·库克(Peter Cook)】: 英国著名建筑教育家、实验家、建筑设计师。"建筑电讯"创始人,当代英国建筑领军人物。1936 年 10

月 22 日生于英格兰。1953 ~ 1956 年毕业于伯恩茅斯(Bournemouth)艺术学院建筑系。1958 ~ 1960 年就读于英国伦敦建筑学院(AA)。1960 年在伦敦

与罗恩 · 赫伦,丹尼斯 · 克朗普顿,沃伦 · 乔克,麦克 · 韦布和戴维 · 格林组织建筑电讯(Archigram)团体,1967 年建筑电讯被巴黎双年刊

选出为代表英国的建筑师。彼得 · 库克作为建筑电讯的创始人,他本人以及建筑电讯小组的成就对建筑界的影响可以等同于披头士(Beatles)乐队

对摇滚乐的影响。建筑电讯作为英国实验建筑的设计团体,活跃在 20 世纪的 60 年代到 70 年代初。2002 年建筑电讯终于获得英国建筑界最高荣誉奖

皇家建筑师协会(RIBA)金奖,这是迟到的荣誉和评价。彼得 · 库克本人也于 2007 年被英国女王授予爵士头衔。

【雷姆·库哈斯(Rem Koolhaas)】: 荷兰建筑师。1944 年出生于荷兰鹿特丹。早年曾做过记者和电影剧本撰稿人,1968 ~ 1972 年

间,在英国伦敦建筑学院(AA)学习建筑,从那时起,他对当代文化环境下的建筑现象就开始表现出与众不同的兴趣。1972 年,Harkness 研究奖学金使

他得以在美国生活和工作了很长一段时间。1972 ~ 1979 年间,他曾在当时建筑界很知名的 Ungers 事务所以及彼得 · 埃森曼的纽约城市规划、建筑

研究室工作过,同时也在耶鲁大学和加州大学洛杉矶分校执教。1975 年,库哈斯与其合作者共同创建了 OMA 事务所,试图通过理论及实践,探讨当今

文化环境下现代建筑发展的新思路。

【伯纳德·屈米（Bernard Tschumi）】：

1944 年出生于瑞士洛桑。1969 年毕业于苏黎世联邦工科大学。1970～1980 年在伦敦建筑学院(AA)任教，1976 年在普林斯顿大学建筑城市研究所，1980～1983 年在柯柏联盟学院任教。1988～2003 年一直担任纽约哥伦比亚大学建筑规划保护研究院的院长职务。他在纽约和巴黎都设有事务所，经常参加各国设计竞赛并多次获奖，他的作品重新定义了建筑在实现个人和政治自由中的角色，其新鲜的设计理念给世界各地带来强大冲击。1983 年赢得的巴黎拉维莱特公园国际设计竞赛，是他最早实现的作品。著名的设计项目包括巴黎拉维莱特公园、东京歌剧院、德国 Karlsruhe-媒体传播中心以及哥伦比亚学生活动中心等。另外，伯纳德·屈米有很多的理论著作，评论并举办过多次展览。他鲜明独特的建筑理念对新一代的建筑界和环艺界产生了极大的影响。

【黑川纪章】：

日本知名建筑师。1934 年 4 月出生在日本名古屋。1960 年参加"新陈代谢"组织，作为中心成员活动。1962 年成立黑川纪章建筑城市设计研究所，1964 年获东京大学博士学位。他曾多次获奖并获得多项国际荣誉。他曾与和矶崎新、安藤忠雄并称日本建筑界三杰。黑川纪章提出了"灰空间"的建筑概念，这一方面指色彩，另一方面指介乎于室内外的过渡空间。对于前者他提倡使用日本茶道创始人千利休阐述的"利休灰"思想，以红、蓝、黄、绿、白混合出不同倾向的灰色装饰建筑；对于后者他大量采用庭院、过廊等过渡空间，并放在重要位置上。黑川纪章的代表作品有：东京规划 螺旋体城市方案(1961 年)、中银舱体楼(1972 年)、福冈银行本店(1975 年)、琦玉县立近代美术馆(1982 年)、东京瓦科尔曲町大楼(1983 年)等。

"环艺"重要人物索引 2
- 中国部分 -

□ 指导 苏丹

□ 图/文 高珊珊

中国的环境保护运动

20 世纪 50 年代"绿化祖国、植树造林"运动是中国现代环境保护运动的先声，是中国早在新中国成立初期就已出现的现代环境保护意识的萌芽。(信息来源：2007 年，北京大学龙金晶，《中国现代环境保护运动的先声》)

【曲格平】：中国环境保护事业的开创者和奠基人之一，著名环境学家，现任中华环境保护基金会理事长。作为中国政府代表团成员，他出席了 1972 年在斯德哥尔摩召开的联合国人类环境会议，以及 1992 年在里约热内卢召开的联合国环境与发展大会。曲格平在认真总结国内外环境保护经验的基础上，系统地提出了适合中国国情的、具有独创性的环境保护理论，在世界环境保护领域具有重要影响。曲格平著作：《环境觉醒：人类环境会议和中国第一次环境保护会议》、《中国环境问题及对策》、《中国的环境管理》、《我们需要一场变革》、《梦想与期待：中国环境保护的过去与未来》、《关注中国生态安全》等十多部。

【彭近新】：曾任国家环保总局政策法规司司长、自然生态保护司司长，国家自然保护区评审委员会副主任，中国环境与发展国际合作委员会副秘书长，中国国际经济贸易仲裁委员会委员，中国法学会理事会理事；现任环境保护部科学技术委员会委员，国际低碳研究中心学术委员会副主任。著有《水质富营养化防治》、《中国环境保护与法制化》、《中国环境与发展回顾和评估》等，主编《中国环境保护法规全书》(1993 ～ 2003 卷)、《减轻环境负荷与政策法规调控》和《中国环保法规与世界贸易组织规则》(汉英双语)，主持编译《循环经济立法选译》等，发表著述、论文、译编 2000 多万字。

80 年代，行为艺术进入中国，影响着中国当代艺术的发展历史。诸多艺术家涉及环境方面的艺术创作，以下仅列举几例（按年龄排序）：

【徐冰】：　1955 年出生于重庆，1981 年毕业于中央美术学院版画系，并留校任教。1987 年毕业于中央美术学院，获硕士学位。曾于 1990 年受美国威斯康星大学邀请为荣誉艺术家，移居美国。2008 年回国，现为中央美术学院副院长、教授、博士生导师。1990 年，徐冰创作作品《鬼打墙》，拓印长城墙。21 世纪以来，日益关注的艺术介入社会的题材，《烟草计划》、《木林森》、《凤凰》等均是颇具深度的代表作品。2004 年，以"9·11"废墟尘埃为材料所做的作品《尘埃》，在英获得世界视觉艺术最大奖项——首届"Artes·Mundi 国际当代艺术奖"。

【蔡国强】：　1957 年出生于福建省泉州市，1981～1985 年就读于上海戏剧学院舞台美术系，获学士学位，1986～1995 年旅居日本，1995 年移居美国纽约至今。蔡国强擅长在大型环境空间中的火药和爆破。1991 年初在东京举行的《原初火球》展成就了他的大爆炸，1996 蔡国强在美国核试验基地开始点燃了他扬名国际的代表作《有蘑菇云的世纪——为 20 世纪作的计划》，之后，从 2005 年在西班牙做的《黑彩虹》，2006 年在大都会博物馆晴空中的《晴天黑云》，一直到 2008 年在北京中轴线上空绽放"大脚印"《历史足迹：为 2008 年北京奥运会开幕式作的焰火计划》，蔡国强的大型爆破作品一直跟环境密切相关，可以说环境是他作品不可或缺的一部分。他自己也评价奥运会的"这次大型的焰火表演让这个开幕式成为一个全体市民可以欣赏的环境艺术作品。"蔡国强在 2013 年 11 月 23 日～2014 年 5 月 11 日在澳大利亚昆士兰美术馆举办的个展《归去来兮》中，放弃了火药爆破的创作，但依然保持了惯常的环境意识，表达了环境问题的困扰。

【李天元】：　1965 年生于双鸭山市，1980～1984 年就读于中央美院附中，1984～1988 年就读于中央美院壁画系，获学士学位。现任教于清华大学美术学院绘画系，副教授。1991 年获首届中国油画年展金奖，参加过第七届全国美展，"变化——北京上海前卫艺术展"（瑞典哥德堡美术馆），"中国油画肖像艺术百年展"（中国美术馆），"过去与未来之间"（芝加哥当代艺术博物馆）等国际国内艺术展。近年来《自然的肖像》系列、《空气》系列、《09》、《天元空间站》系列等作品，关注于宏观环境和人的关系、艺术对人和自然的无止境探索。

【汪建伟】：　1958 年 10 月生于中国四川，陕西黄陵人。1987 年浙江美术学院油画系研究生毕业，历任成都画院保管兼资料员，北京画院油画工作室创作员。现生活及工作在北京。1993 年 10 月汪建伟到老家四川成都郊外温江区涌泉乡一组，与农民王云签订种植小麦 1 亩的合同，相约共同种一季小麦，观察与记录种植动态综合系统，以印证他关于世上一切信息(包括有形的自然物理实存与非自然的无形精神意识)都是处在输出输入的循环之中的观念，该种植活动行为也是由此被命名为"种植 - 循环"的。据说，在两个人的共同努力下，该亩地产量有 700 斤。

【宋东】：　中国当代重要行为艺术家之一。1966 年出生于北京，1989 年毕业于首都师范大学美术系，现生活和工作在北京。宋冬从 1995 年开始坚持用毛笔蘸清水在同一块石头上记日记，创作了《记日记》、《水写时间》(香港)、《哈气》(北京)、《保温》(北京)、《露出的山墙》(北京)等一系列有关能量转换、时间变易观念的行为活动。

【苍鑫】：　生于 1967 年 7 月，满族人。1988 ～ 1989 年，于天津音乐学院文学进修，1991 年开始自学绘画。作为《为无名山增高一米》的参与者之一，苍鑫是一个非常具有环境意识的当代艺术家，他创作的诸多行为艺术作品都和环境关系十分紧密。比较著名的有从 90 年代中晚期开始实施的，俗称为"舔"的作品《交流计划》(1996 ～ 2005 年)。21 世纪之后，苍鑫在《交流计划》的基础上，进一步完成了《天人合一》(2003 ～ 2006 年)和《融合》(2004)等画面开阔、场面宏大、境界中和、意蕴深远的作品，用东方宇宙观和生命哲学探讨人与自然的关系。

【任戎】：　1960 出生于中国江苏省南京市，1982 ～ 1986 年就读于南京艺术学院美术系，1989 ～ 1992 年就读于德国蒙斯特与杜塞道夫国立美术学院，1992 年入德国艺术教授弗依兹·史威格勒艺术研究室，1995 年在北京·宋庄建造任戎当代艺术空间，2013 年在德国·波恩创建德国波恩当代艺术中心，2014 年受德国波恩文化艺术基金会委托，协助策划 2015 年德国鲁尔区七家美术馆《中国当代艺术展》。现在居住和工作在波恩(德国)、北京(中国)。任戎作品注重混种的生物图像，混血的文化想象，生命原型与历史、自然、当下、现实的对话。

环境艺术设计的兴起

中国环境艺术的发展受国外艺术实践和艺术思潮的影响，从20世纪80年代开始逐渐出现对环境艺术理念的探讨。以下是在这段时期（20世纪80～90年代）对中国环境艺术理念具有重要推动力和影响力的人物(按年龄排序)及其实践。他们在理论与设计实践方面推动了中国环境艺术设计的发展。

【潘昌侯】：1923 年出生于浙江宜平。1948 年毕业于国立中央大学工学院建筑工程学系。1949 年调入北京任林徽因的助手，从事新北京的规划。曾任中央直属修建办事处技术干部、北京市建筑设计院建筑师、中央工艺美术学院工业美术系主任。长期从事建筑设计、汽车造型和日用工业品造型的教学和研究工作。1985 年 8 月，潘教授的《艺术与环境》一文发表于《美术》1985 年第 8 期，这是美术刊物中最早的较为系统地论及环境的文章。曾编写有《建筑设计》、《室内设计》、《汽车造型原理》和《日用工业品造型基础》等十多种教材。主持完成的工程有：中南海中央首长住宅区"丙号"住宅的建筑设计，玉泉山"012"中央首长住宅区的规划、建筑和庭园的设计和施工，中办幼儿园的建筑设计，北京大学 1959 年度学生宿舍的建筑设计等。

【奚小彭】：1924 年 4 月～1995 年 7 月，安徽无为人。1950 年毕业于中央美术学院华东分院实用美术系。历任建筑工程部、北京工业及民用建筑设计院设计，1956 年后从事教育。中央工艺美术学院室内设计系教授。设计重点工程有：北京饭店西楼、东楼建筑装饰及室内设计、人民大会堂建筑设计、民族文化宫建筑装饰设计等。在中央工艺美术学院室内设计专业讲授《公共建筑室内装修设计》课程时明确指出："要用发展的眼光看，我主张从现在起我们这个专业就应该着手准备向环境艺术这个方向发展。"

【程里尧】1932 生，北京市人。中国建筑工业出版社编审，高级工程师。1986 年，程里尧发表《风景建筑学在美国的进步》（《建筑学报》1986 年 06 期），介绍了 20 世纪 60 年代以来环境设计理论的兴起、人与自然接触要求高涨、后现代主义的影响和新的美学观等，文章还介绍了一些美国环境设计理论。环艺先锋阵地《环境艺术丛刊》的主编，此刊物对 20 世纪 80～90 年代的环境艺术领域影响巨大。

【萧默】：1937 年 7 月～2013 年 1 月，湖南衡阳人。1961 清华大学建筑系毕业，曾在新疆从事建筑创作，1963 年调敦煌文物研究所从事建筑历史研究 15 年。1981 年在中国艺术研究院研究员，建筑艺术研究室(后改所)前主任、前所长、博士生导师。清华大学建筑历史与理论博士。萧默在《环境艺术的特征和艺术家的任务》(《美术》杂志 1986 年第 3 期)一文里阐述了环境艺术的特点，认为它是一种综合的、全方位的、多元的群体存在，它的构成因素十分复杂多样，是任何一种单体艺术品无法比拟的。代表作品：《敦煌建筑研究》、《中国建筑艺术史》、《萧默建筑艺术论集》、《中国建筑史》、《中国八十年代建筑艺术》、《中国大百科全书美术卷 · 中国建筑》、《当代中国建筑艺术精品集》。

【布正伟】：1939 年 8 月 12 日生于湖北省安陆市。1962 年毕业于天津大学(前北洋大学)建筑系,同年考入该系研究生,在导师徐中教授的指导师下,完成硕士论文《在建设计中正确对待与运用结构》。研究生毕业后一直从事民用与公共建筑设计、室内外环境艺术设计及其理论研究,曾分别在纺织工业部设计院、中南建筑设计院、中国民航机场设计院、中房集团建筑设计事务所担任助理建筑师、建筑师、副总建筑师、总建筑师、总经理等职。布正伟在没有固定模式而又富有个性的建筑创作实践中,逐步形成了独树一帜的建筑理论体系;1995 年出版《自在生成论》。作为中国有影响的中年建筑师被选入日本出版、全球发行的《世界 581 位建筑师》一书。

【顾孟潮】：1939 年 10 月生于北京。1962 年天津大学建筑学系本科毕业后,一直从事有关建筑设计、管理和建筑理论的研究以及建筑学术刊物的编辑工作,兼作多所高等建院院校建筑学客座教授。现为教授级高级建筑师。曾任住房和城乡建设部建设杂志社副社长、副总编,中国建筑学会编辑工作委员会副主任。1986 年,顾孟潮推动了"中国当代建筑文化沙龙"的成立,后来担任环境艺术委员会的常务副会长。1988 年,与张在元先生在中国发起了建筑界业内外人士对中国历史的建筑,现代的建筑以及城市进行评论和展望,各抒己见并汇集成书,出版了《中国建筑评析与展望》,对研究我国建筑发展问题具有重要参考价值。1992 年,与陈为邦、张希升共同主编出版了《奔向 21 世纪的中国城市——城市科学纵横淡》一书,从多学科、多角度、多方位地回顾、思考与展望中国城市的发展。同年翻译了苏联建筑科学院的《建筑构图概论》,从艺术建筑学的角度来分析构图,从构图的角度来审视建筑设计,现在对于局部仍然是具有很高的参考价值。1999 年,将与钱学森先生山水城市理论以及交流的书信整理汇编成书,出版了《山水城市与建筑科学》。

【包泡】：1940 年生于吉林省长春市。1967 年毕业于中央美术学院雕塑系。1977 年参加毛主席纪念堂雕塑创作。1979 年创作一批石雕作品,其中作品"夜"被看作是国内最早受西方现代雕塑家亨利·摩尔、布朗库西等的影响创作出来的作品。曾创办曲阳环境艺术学校,1996 年组织成立北京怀柔《山林雕塑公园》,2001 年参加《城市公共艺术环境论坛》。

【张绮曼】：1941 年 10 月出生于河南,1964 年毕业于中央工艺美术学院室内设计专业,之后在建工部北京工业建筑设计院、北京市建筑设计院任技术员和建筑师,1980 年中央工艺美术学院硕士学位毕业,1983 年~1986 年,公派留学于日本东京艺术大学,毕业回国后在中央工艺美术学院创办全国首个环境艺术设计专业,环境艺术设计专业的学术带头人。2000 年 10 月,在中央美术学院创办"环境艺术设计工作室",担任博士生导师。代表作品:北京人大会堂西藏厅、东大厅、国宾厅、毛主席纪念堂、民族文化宫、北京市政府市长楼、外事接待大厅、北京会议中心、北京饭店、中国国家博物馆等。主编大型专业工具书:1991 年出版《室内设计资料集》、《室内设计经典集》、《室内设计资料集 2》。

【马国馨】：1942 年 2 月 28 日出生于山东省济南市,原籍上海市。1965 年毕业于清华大学,1991 年获工学博士学位。北京市建筑设计研究院高级建筑师、副总建筑师。主持和负责多项国家和北京市的重点工程项目,如毛主席纪念堂、国家奥林匹克体育中心、首都机场二号航站楼、停车楼等,在设计中创造性地解决技术难题和关键性问题,为工程的顺利开展和建成做

出了重要贡献。在建筑历史、建筑理论、建筑规划、景观设计、建筑评论等领域进行了富有开拓性的工作,发表学术论文百余篇。1994 年被授予中国设计大师,1997 年当选为中国工程院院士。专著《丹下健三》、《体育建筑设计规范》等。

【项秉仁】: 1944 年出生于浙江杭州,1966 年毕业于东南大学,中国第一个建筑学博士。曾任任同济大学任副教授。现任同济大学教授。1985 年 11 月,作为南京工学院建筑学博士研究生的项秉仁在《建筑学报》1985 年第 11 期上发表《环境心理学研究方法综述》,介绍了国外环境心理学的研究方法,包括认知地图法、语义区别法、问卷法、时间支配报告、行为场所观察法等。其建筑设计注重功能,注重实效,注重细节,注重设计小城市。主要作品有:合肥大剧院、金都富春山居、江苏电讯大楼、南京多媒体大楼、复兴公园大门建筑、水清木华住宅小区、南京卡子门广场及标志物、广州国际会展中心。

【吴家骅】: 生于 1946 年 2 月,同济大学本科毕业,南京工学院研究生毕业,获英国谢菲尔德大学博士学位。曾任南京工学院建筑系教师、中国美术学院教授,开创了中国环境艺术教育,任《世界建筑导报》总编。早年从事美术创作,擅长国画人物与山水;先后发表专著 7 部,其英文著作"A Comparative Study of Landscape Aesthetics"(1995)在国内外产生一定影响,最近主要研究方向为城市设计与建筑形态,所编写的《环境设计史纲》是中国第一部相关史书。近年致力于建筑设计实践,代表作有大禹祠、海瑞庙、王羲之故里、江中药谷、江西中医学院、南昌大学等。

【于正伦】: 1948 年 12 月 2 日生于吉林长春。1982 年 1 月毕业于哈尔滨建筑工程学院。现任中国建筑设计研究院总建筑师、于正伦设计工作室负责人。教授级高级建筑师、一级注册建筑师、注册城市规划师。于正伦是我国建筑界较早倡导城市设计与环境景观的学者。于正伦是环艺先锋阵地《环境艺术丛刊》的副主编。自 1986 年起提出建筑与环境整体设计理念以来,一直特力研究、坚持实践,逐步建立了较为成熟并有自己特色的理论与设计体系。其著作《城市环境艺术——景观与设施》,依据城市整体环境的理论框架,深入探讨了城市景观、建筑小品和公建设施的设计手法。

【张在元】 1950 年生于湖北省公安县,2012 年 5 月 9 日去世。武汉大学城市设计学院院长,具有环境意识的知名建筑师,曾入选剑桥大学《世界名人录》、《世界著名学者录》。1984 年以助教的身份创建武汉大学城市规划学院,首次打破理工类院校对城市规划设计专业的垄断。四十岁时放弃城市规划学院院长一职,远赴日本东京大学留学,顺利获得博士学位。自 1982 年以来,获 17 项国际建筑设计竞赛奖。1998 年主持创立了武大建筑系,去世前为中国一级注册建筑师,中国建筑科学研究院、深圳市政府等多家单位和机构的设计规划顾问。兼任广州国际生物岛总设计师,喜马拉雅空间设计总设计师,中国航天建筑设计研究院顾问总建筑师。

【徐伯初】: 1952 年生于成都,现为西南交通大学艺术与传播学院教授,副院长。主持国内多项重要设计项目,艺术作品频繁参加国际国内重要展览并多次在国外举办个人展览,多件作品被国外机构收藏。主要艺术活动有:1990 年受德国联邦 BRD 石雕艺术家组织邀请,参加题为《Stei an der Grenze》(边界石雕)创作活动完成作品"边界";1996 年应邀参加奥地利奥林匹克滑雪场 St. anton 第五届国际艺术节,作品《St·anton》被收藏,同年主持铁道部副总理级专列室内设计;1999 年主持铁道部"南昆铁路纪念碑园"环境、雕塑及建筑方案设计;2002 年组织四川师范大学视觉艺术学院建筑及环境设计;2003年主持西南交通大学犀浦校区公共环境设施设计,校园及建筑内部视别导引系统设计等等。

【郑曙旸】：1953 年 2 月生于甘肃省兰州市,1982 年 4 月毕业于中央工艺美术学院工业美术系,获得文学士学位,之后在美国纽约室内设计学院进修,毕业回国后任中央工艺美术学院室内设计系任教,并先后担任清华大学美术学院环境艺术设计系主任和清华大学美术学院副院长。代表作品：驻德国大使馆室内设计、中南海紫光阁室内设计、中央军委办公大楼室内设计、北京市政府会议中心室内设计、首都国际机场航站楼室内设计、哈尔滨省委广场设计、国务院接待楼室内环境设计、主持北京地铁 10 号线装饰艺术设计。主编大型专业工具书：1991 年出版《室内设计资料集》、《室内设计经典集》、《环境艺术设计与表现技法》、《室内设计·思维与方法》、《室内设计程序》、《环境艺术设计》等。

【王明贤】：出生于 1954 年,中国艺术研究院建筑艺术研究所副所长,对新中国美术史、建筑美学、中国当代建筑有专门的研究。1986 年,与顾孟潮一起召集并推动了"中国当代建筑文化沙龙"开展与成立。1989 年担任环境艺术委员会的秘书长。重要作品：《当代建筑文化与美学》学术论文集(1989 年)、《中国建筑美学文存》(1997 年)、《城市史与建筑史的知识考古》、《红色乌托邦》系列等。

【林学明】：生于 1954 年,集美组总裁,设计总监。林学明被誉为广州室内设计界的奠基人与创始人。1982 年毕业于中央工艺美术学院,中国资深高级室内设计师,广州美术学院设计分院客座教授,广东省装饰协会会长,中国建筑学会室内设计分会广州分会主任,广州集美组室内设计工程有限公司总经理、设计总监,2004 年被评为"全国有成就资深室内建筑师"。其主导设计的众多五星级酒店项目如广州长隆酒店、东莞御景湾索菲特酒店、广州亚洲国际大酒店、宁波南苑饭店、浙江省世贸中心饭店、东莞银城酒店大都极具代表性,在设计界有口皆碑。

【鲍诗度】：生于 1956 年,安徽和县人。1982 年毕业于安徽师范大学美术系,后在上海大学美术学院、中国艺术研究院美研所进修。中国美术家协会会员,历任安徽马鞍山画院院长,国家一级美术师,现为上海东华大学设计艺术学学科教授、东华大学环境艺术设计研究中心主持,获"优秀专家"称号。曾赴法国、德国等国家大学做访问学者。主要研究方向为环境艺术理论与应用、中西方文化比较研究。发表和出版"西方当代环境艺术","城市景观新概念"等论文和论著。

【张伶伶】：生于 1959 年,工学博士,教授。张伶伶对环境方面研究始于 20 世纪 80 年代中期,代表论著有《环境观念与空间组织》、《尊重环境的意识》、《整体的设计》等,较早地提出了创作中的环境设计问题。20 世纪 80 年代末,其建筑环境画引起一时轰动。90 年代在以多元化培养为导向的建筑教育体系中,在哈工大率先设立了完整的建筑学平台基础之上的环境艺术专业。1995～2010 年,随中国建筑代表团、教育代表团出访欧、美、日、港、澳、台等地,进行学术交流访问。21 世纪初,适应国家发展需要，倡导"大建筑、大规划、大景观"三位一体的办学思想，探索基础平台建设与专业特色教育整合发展的途径，并以此奠定了沈建大新时期的建筑教育体系。目前主要研究方向为建筑设计及其理论、建筑创作方法、城市形态与更新、景观与生态规划。

【马克辛】：1959 年出生于辽宁沈阳，1982 年毕业于鲁迅美术学院并留校任教。鲁迅美术学院环境艺术设计系主任、教授、硕士研究生导师。著名手绘艺术家、城市规划、建筑景观及室内资深设计师。代表作品有：《环境艺术手册》、《环境艺术快题创意设计》、《景观设计》、《现代园林景观设计》、"沈阳绿岛森林公园规划设计"、"大连发现王国主题公园"、辽宁中国移动公司大型不锈钢壁画《源》等。

【王向荣】：生于 1963 年，1983 年获同济大学建筑系学士学位，1986 年获北京林业大学园林系硕士学位，1991～1995 年留学德国卡塞尔大学(Unversitat GH Kassel)城市与景观规划系，获博士学位，并工作于卡塞尔城市景观事务所。1996 年开始在北京林业大学园林学院任教，现任园林学院的副院长，教授，博士生导师，主管园林学院风景园林规划与设计学科，为该学科的带头人，也是《中国园林》学刊副主编。2000 年 9 月创办北京多义景观规划设计研究中心，从事景观规划设计理论研究与设计实践工作。

【苏丹】：生于 1967 年，清华大学美术学院副院长，清华大学环境建设艺术咨询研究所所长，本书编著者。详见"第六部分"人物"的版块二《我的"环艺"摇滚 30 年——苏丹·1984～2014 年》。

【王晖】：1969 年生于陕西西安，毕业于西北工业大学建筑系，1998～2003 年是非常建筑的合伙人，曾任北京大学建筑学研究中心兼职讲师。现生活工作于北京，主要工作包括建筑设计及城市规划，当代艺术及产品设计等。代表作品：西藏阿里苹果小学、左右间咖啡的院、苹果 22 院街规划，2006 年今日美术馆，798 艺术区规划概念及 2008 年完成的今日美术馆艺术家工作室。

【车飞】：德国建筑学硕士。建筑师，建筑理论作家。2007 年创立超城建筑设计事务所(CU office)，从事于城市规划设计、城市化发展计划研究、建筑设计、公共景观设计等实践活动。2008 年，为上海安亭国际汽车城制定空间规划和开发区城市化发展规划。2008 年，为四川德阳土门镇民乐村 5·12 震后重建的规划与建筑设计已经在 2009 年竣工，数量超过 500 栋住宅。此外，超城建筑还参与大量国内外的各类项目实践，多项已被实施或建成。独立进行大量的关于中国城市与空间、城市与建筑以及设计的研究。其成果见诸各种出版物、展览、教学与实践之中。城市"社会－空间性"结构研究，中国乡村城市化发展研究，可批量生产的多样性，折叠平面产生超空间。出版物：《震荡》。

【王国彬】：20 世纪 70 年代生人，祖籍山东。2001 年，清华大学美术学院环境艺术设计系本科毕业，获学士学位。2009

年,获清华大学美术学院环境艺术设计系艺术硕士学位。致力于艺术设计与各专业的融合与发展研究,解决复杂而综合的相关需求,力求设计作品体现科学与艺术的融合,满足功能与精神的双重需求。现任教北京工业大学艺术设计学院环境艺术系,景观专业负责人。北京市易禾永颐环境艺术设计有限公司,设计总监,首席设计师。

【邵源】: 1977 年出生于上海。1989 ~ 2009 中国室内设计 20 年"优秀设计师",因"土豆"而扬名业界,以低成本平民设计确立了自身室内设计行业的独特地位,中国美术学院王炜民教授说:"邵源的探索为低成本室内设计树立了典范。他的设计立场是追求朴素的居住态度,关怀、关注普通人的生活,实践低技廉材的平民设计。"出版物与论文:《建筑平民》(2008 年)、《城堡建筑》(《ID+C》,2007 年)、《荒凉的汉墓》(《ID+C》,2007 年)、《一个没有装修的房子》(《室内设计与装修》,2006 年)

p. s. 以上列举的人物与案例,只是推动"环艺"事业发展的很小一部分参与者。希望以此为索引,能够方便读者找到适合自己的通道,进入"环艺"的广厦。更多的"环艺"参与者,正在产生,亟待发掘。

□ 苏丹

1984 ～ 1988 年

• 于哈尔滨建筑工程学院建筑系学习,四年学习期间除了专心学习建筑设计相关的各门课程,也热衷于关心艺术领域当时发生的重大变革。时任美术辅

导教师的王广义所参与的"北方艺术群体"的创作和学术群体,时常在建筑系举办活动,王广义老师的绘画风格和他的特立独行引起了本人的关注。与

此同时 85 美术的思想波及建筑系单调刻板的学习生活,《中国美术报》给我们打开了新的视界。崭露头角的中国环境艺术也是建筑系师生关注的主要

对象之一,于正伦先生主编的《环境艺术》引起了建筑系师生无尽的遐想。

1988 ～ 1991 年

• 毕业留校,在建筑系民用二设计教研室工作,教授建筑设计课程,至 1991 年 7 月离开,共计三年,度过人生中最为百无聊赖的三年,期间参与规划建筑

设计工作若干项。

1991 ～ 1993 年

• 考入中央工艺美术学院环境艺术设计系,师从张绮曼先生攻读硕士学位。这一阶段恰逢环境艺术设计风靡全国的时期,处于漩涡中心的一个学子显得

茫然而又无所适从,零碎而又繁琐的环境艺术工程设计充斥了硕士阶段的学习和生活。但中央工艺美术学院全面的艺术设计学科门类,给自己提供了

丰富的营养,为日后的工作打下了坚实的基础。期间曾获"平山郁夫奖学金",硕士毕业论文题目为《环境艺术中的细部设计》。

1994 年

• 年初毕业留校并负责《室内设计经典集》后续的编撰工作。开始在环境艺术设计系的教学工作,教授"专业制图",建筑设计基础和商业设施课程。

1995 年

· 首届计算机绘制室内效果图展在中央工艺美术学院举办,面对绘制粗糙的第一代电脑效果图画面,以手绘见长的中央工艺美院人大多不以为然,而我却预感到技术进步将对环境艺术设计传统的方法和观念产生的巨大影响。

· 拜访了艺术家丁方的"星盟"(星空艺术联盟),听丁方介绍了自己的"影像与记忆"艺术计划。旨在通过影像对城市化过程中持续消逝的物质景观和人文景观进行拯救和保护。

1996 年

· 第一次随全系教师赴美国、加拿大和墨西哥考查,对北美从规划到建筑再到室内细节环境整体性控制的能力有所感受,并深刻认识到中国时下如火如荼的环境艺术活动的局限所在,回国后在教学中预言中国环境建设重点即将出现重大转型。

· 参加首都国际航站楼的室内设计工作,认识到中国建筑设计和室内设计工作脱节的管理模式和设计思维模式。

1997 年

· 为了摆脱在中央工艺美术学院设计团队中负责写设计说明和做项目"外门脸"设计的尴尬状况,于当年 3 月在中央电视塔下北京市水利局党校院内,成立自己的电脑图文工作室。并招募助手若干开始了自己独立的设计服务工作。这是解放自己的开始,对于长期被绘制效果图所奴役的环境艺术设计工作者而言,解放思想始于解放自己的双手。

· 独立的工作状态也使自己脱离了常规性的环境艺术设计的工作模式,由此争取到了可贵的阅读时间。开始订阅《南方》,坚持阅读《新华文摘》。这两份重要的报刊进一步拓展了自己的视域,开放了思考的边界。

1998 年

· 率领工作室协助建筑科学研究院获得远洋大厦室内设计第一名。

·6 月,在环境艺术设计系接待来访的美国贝茜 · 达蒙女士,交流了对关于水文化和水资源的关系等方面的看法,贝茜 · 达蒙女士详细介绍了她所做的成都府南河改造项目。

· 观摩了在北京泰康大厦顶层举办的《纸上空间》当代艺术展,由此找回了一种很温暖的感觉。

1999 年

· 电脑图文工作室初具规模,已有近 20 人的规模,工作内容是以效果制作的方式出卖设计。这虽不合理但极符合当时恶劣的设计环境。这一时期设计工作成绩斐然,且顺利完成原始积累。

· 经张绮曼先生举荐,下半年承担中央工艺美术学院环境艺术设计系副主任的职务,为了不辜负推荐者的期望,开始从繁忙的设计服务事务中逐渐摆脱了出来,思考中国环境艺术设计事业的若干"重大问题"。

·11 月 2 日,中央工艺美术学院和清华大学合并(后被篡改为"并入"),见证了一个专业学院进入综合性大学过程中所营造的种种尴尬和经历的各种折腾。在那个特定的历史条件下,环境艺术设计产业不再被当权者当作艺术设计学科代表性专业。本人亦深切感受到昔日被人热捧的环艺的边缘化趋势,思考伴随着失落。热恋中的工艺美院和清华都在竭力寻找共同的话题,艺术和科学就是一个权宜之计,基本满足了双方对彼此的想象。艺术和科学

结合的前提是艺术的,或技术的,这是那一时期美院领导层的价值观,环境艺术设计专业如何面对?我们如何重塑学科的核心?这些问题是自己思索

的重点。

2000 年

· 为迎接清华大学 90 年校庆,完成了清华大学工字厅的室内环境设计。

· 组织策划中国建筑业学会室内设计分会的系列学术沙龙活动。

2001 年

· 为响应吴冠中和李政道二位先生倡导的"艺术与科学大展",创作作品《积淀》参展,并获提名奖,其间见识了科学话题进入艺术学科所致的乱局。同时

也走访了中科院的一些机构,参加了几场研讨活动,开阔了学术视野。因而在许多人诟病此次大展的过程中,能够借机保持中立和客观。参与了国家大

剧院环境评估中的视觉环评工作。

· 订阅栗宪庭主编的《新潮美术》,开始关注在环境中发生的国内外艺术事件。

2002 年

· 策划了"突围"景观六人展,这个展览对徘徊中的环境艺术设计学科提出若干问题,也提出若干破解问题的方法和途径。本人为此展览书写 5000 字前

言《围之三十六突》。该展开幕之后第二年,场地就被征用,毕生策划和组织的第一个展览就此夭折。

· 和建筑师崔愷合作,设计了北京康堡花园景观和蓝堡国际公寓景观,在蓝堡国际公寓前期景观设计中尝试了绿色设计的理念。

2003 年

· 受中国文化部委托携作品"北京渡过"赴巴西圣保罗,参加"第五届巴西圣保罗国际建筑双年展"。在双年展论坛上发表"都市化与非都市化"演讲。其间

拜访了圣保罗大学建筑学院,参观了在建筑史中被批判的巴西利亚,感受到巴西社会所面对的大都市所带来的诸多问题。也从巴西著名建筑师奥斯卡

· 尼迈耶的事迹中受到启发,开始反思艺术和设计的关系问题。

· 协同渠岩、刘亚明、曾力、沈垦、时间等 20 位中国当代知名艺术家,着手筹建位于怀柔的桥梓艺术公社。之后漫长的建设工作使我对中国乡土文化有了

另一种解读。

· 年底,随同张绮曼教授访问印度,参加在印度孟买举办的 IFI 大会。听取了阿根廷建筑师阿姆巴兹所做的生态建筑实践的学术报告,参观了新德里、孟

买、斋浦尔等城市,印度的社会环境给我留下了深刻印象。在印度纷乱嘈杂的社会中,个人和社会之间独特的解决方式反映出印度教文化的力量。之后

开始阅读荣格、中国学者尚会鹏以及 2002 年诺贝尔文学奖获得者奈保尔关于印度的专著。

2004 年

· 参与北京首届国际建筑双年展的组织工作,和渠岩、黄笃一起负责"城市公共空间艺术"版块的展览组织策划工作,在经历风波的首届双年展中,该版

块顺利进行,之后出版《公众领地》一书对此次展览的主题进行介绍和讨论。

- 工作室从现代城迁至 798 艺术区,工作室改名"4M"。这是 798 发展的黄金时期,开始密切地和 798 艺术社区中最早的一批艺术家交流,广泛地了解到发生在世界各地的艺术活动。

2005 年

- 在 798 南区开设"上下班书院",并于当年 5 月和赵树林一起策划展览"临界"参加第二届大山子艺术节。共有来自中国、美国、荷兰、德国、韩国、法国等多国的数十位艺术家、建筑师、导演、诗人参加活动。其中韩国女艺术家杨阿的作品涉及大都市环境中人的紧张状态问题的研究。"上下班书院"成为第二届"大山子艺术节"的一个亮点,也成为文化艺术各界人士的聚会场所和艺术实验的平台。"上下班书院"是个人存在于社会的一种理想模式,但它和现实存在难以调和的矛盾。

- 6 月,参加由杨卫策划的"阁"展览,该展览在宋庄小堡美术馆进行。

- 10 月,赴韩国观摩首届光州设计双年展,展览主题"停驻",探讨设计主体创造性方面的可持续战略。

- 12 月,接替郑曙旸担任清华大学美术学院环艺系主任一职。

2006 年

- 组织环艺系师生参加米兰家具展卫星沙龙展,从此揭开了和意大利设计界持续和深入交流的序幕。清华美院环境艺术设计系开始关注意大利的设计文化和设计教育,并和米兰理工学展开了一系列的学术交流。意大利设计教育注重理性的培养,以及科学的程序设置对我本人启发很大。

- 成立环境建设艺术咨询研究所,任所长。

- 参加 2008 奥运会核心区"龙"形水系之下的商业空间室内环境设计竞赛,获第一名。

2007 年

- 由北京市文化局和赫尔辛基文化局牵头,和赫尔辛基艺术与设计大学哈库里教授一道组织策划"中欧艺术家交流计划",这个项目是环境艺术领域的艺术实践,为期 3 年。先后共有来自中国、芬兰、瑞典、爱沙尼亚、中国台湾的近二十位艺术家参与。这次活动对本人环艺观念的影响深远,通过观摩北欧艺术家的实践,本人开始思考环艺中的自然主义和人类学方面的意义,又通过和中国主流环艺的比较,开始反思中国环艺设计中"去艺术化"思想所产生的负面性影响。

- 和方晓风共同主办主编《环艺教与学》,汇聚环艺领域的教学思想,试图打开百家争鸣的学术局面。

- 7 月,观摩威尼斯双年展和卡塞尔文献展。

- 10 月,发起北京西山艺术社区——"中间建筑"项目。

2008 年

- 4 月,出访瑞士,访问了洛桑理工建筑系,并参观了该校神经学和新媒体合作的研究课题,由此看到了西方发达、先进的设计教育中学科交叉的普遍性现象。同期拜访了洛桑设计艺术大学和巴塞尔的 IART 公司。由于旅途劳累过度,身患重病,在苏黎世养病半月,期间结识了汉学家安若兰和《新苏黎世报》撰稿人张玮女士。

- 6月，拄着拐杖访问芬兰，参加在赫尔辛基举行的国际环境艺术论坛。这次会议各国代表交流了各个国家中环境艺术的存在状况和对未来的展望、构想。这次会议促使自己下决心将艺术中的环境意识植入未来的设计思维之中。

- 7月，带领四位学生参加上海双年展国际院校交流展版块，作品"快巢快蚁"获最佳创意奖，该作品用20万只蚂蚁结合装置，反映出当代人和大都市紧张对立的关系。

- 邀请西罗 • 纳吉教授来清华美院教授参数化设计，受到学生们热烈的欢迎。参数化设计就是把环境关系量化的一种设计方法，这种方法折射出设计师的环境意识。

8月，奥运会开幕，而由本人主持的奥运核心区商业设施由于安保方面的特殊原因，未能启用。但景观设计项目前门大街顺利"开街"。

2009 年

- 8月，率领学生赴洛桑艺术与设计大学做关于节水的设计 Workshop，期间参观劳力士中心和柯布西耶在苏黎世的作品——湖滨别墅，结识了柯布西耶基金的负责人海迪 • 韦伯女士。

- 景观设计项目"北京前门大街"获11届美展铜奖。

2010 年

- 798 的工作室变身画廊——"四面空间"。该画廊宗旨是探索架设一条连接当代艺术和当代设计的桥梁。

- 3月，协助瑞典大使馆科技处组织"视觉电压"展，该展览展示了瑞典研究院成立6年以来的部分成果。这部分成果和节能环保密切相关，展览在中国科技馆展出。

- 5月，应邀访问瑞典，参观了6个研究机构和哈默比生态城。

- 10月，参加中国民族文化宫改造设计方案竞赛，获第一名。

- 12月，和建筑学院徐卫国教授一起组织荷兰建筑师雷姆 • 库哈斯在清华大学的演讲活动。库哈斯的演讲题目为《Why we are here》。此次演讲吸引了社会各界700余人参加。

- 杂文集《意见与建议》出版，该书以杂文的形式承载了诸多的学术信息，也是本人学术态度的写照。12月在海南师范大学举行了该书的首发式，并同时举行研讨会"假面真谈"。

2011 年

- 年初，邀请普利兹克建筑奖获得者之一西泽立卫来清华演讲。

- 请洛桑理工迪尔茨教授及博士伊莎贝拉来清华合作课程，课程共8周时间，师生20余人分别在北京和洛桑两地进行调研、讨论和建造，课程结果参加北京设计周。瑞士的设计文化和他们的环境观有着密切联系，技术是解决人与自然之间矛盾的有力手段。因此他们习惯从技术的角度入手解决环境问题。

- 10月，参加广州市规划展览馆室内环境设计及展陈设计方案竞赛，获第一名，方案在公共空间中充分体现了环境中的社会属性。

2012 年

- 1月，美术学院换届，经历一番风雨之后，年初正式出任美术学院副院长，分管学院科研工作。

- 《工艺美术下的设计蛋》一书出版，该书以中央工艺美术学院并入清华之后学科建设为线索，探讨传统工艺美术文化和现代设计教育之间复杂的关系。

  这本书中许多内容涉及教学改革中的环境艺术设计系，并对环艺教育的未来走向表现出忧虑。

- 7月，协助"许村国际论坛"，和社科、艺术、经济界人士探讨乡村文化、环境发展的可持续之路。

- 策划环艺文献展 798 四面空间 11 月 2 日，并在"悦"美术馆举办研讨会。

- 设计项目"南通唐闸 1895 工业遗迹保护项目"获第五届"为中国而设计"提名奖，该项目也获得国际景观设计大会艾景奖金奖。

2013 年

- 4月，在米兰策划"集体与个人"设计展，并在 DA 学院发表演讲"设计中的社会性"。

- 5月，受聘意大利多莫斯学院和米兰新美术学院客座教授。在意大利的论坛上，Branzi 教授、Italo 教授的发言对我启发巨大，他们对人类环境的未来做了一系列的展望，并提出若干解决问题的方案。

- 策划《绿色人居》杂志，同年该杂志正式发行，出任名誉主编，并亲自带领团队负责收集、整理、编辑相关内容。

- 8月，率领设计团队参加 2015 年米兰世博会中国国家馆的设计竞赛，并荣获第一名。在此次竞赛中，清华团队囊括了建筑设计、景观设计、展陈设计、室内设计和视觉形象设计所有的项目。

- 10月，在瑞士苏黎世黑莱曼区策划《泥土的梦——中国农民艺术家乔万英绘画展》。

2014 年

- 组织米兰世博会中国国家馆的设计工作。

- 书写、整理、编辑《迷途知返——中环艺发展史掠影》一书。

- 4月，"四面空间"移师成都洛带，继续理想和事业。

- 7月，率领团队参加安徽省美术馆室内设计方案征集，获第一名。该方案不拘一格，大胆地将建筑中的另个小庭院纳入室内设计的范畴之中，完美地体现出安徽独特的环境意象。

- 受聘首都规划委员会。

- 10月，亚洲室内设计联合会 AZDZA 曼谷年会上，基于多年以来在亚洲室内设计交流方面所做的工作和业绩，轮值主席代表将"杰出贡献奖"颁给了苏丹。

图表索引

前言

图 0-01 "中国环境艺术设计发展史研究项目"(2012WKZD003)发布招贴。p012

图 0-02 以"环艺的双重属性与未来可能性"为主题的环艺研讨会现场图。p015

图 0-03 环艺文献展平面图。p016

图 0-04 环艺文献展展览说明。p017

图 0-05 环艺文献展文献资料汇总。p018

图 0-06 环艺文献展开幕现场。p021

图 0-07 环艺文献展内容之一——"什么是环艺？"对专家和大众的随机采访，嘴部特写影音文件，截屏图。p022

第一部分：深度

图 1-01 卡萝尔•赫梅尔(Carol Hummel)作品"2005 舒适的树"(2005 Tree Cozy)。p028

图 1-02 安德列斯•阿马多尔(Andres Amador)的环境艺术作品。p030

图 1-03 蔡国强作品"无题：为'蔡国强：九级浪'开幕式所作的白日烟火"。p030

图 1-04 首都国际机场壁画《泼水节——生命的赞歌》。p033

图 1-05 张伶伶的建筑环境画朝阳体育馆和石景山体育馆。p033

图 1-06 改革开放初期的社会与人民生活意象。p036

图 1-07 约翰•波特曼，亚特兰大凯悦大酒店的空间环境和旧金山内河码头中心的空间环境。p039

图 1-08 广州白天鹅酒店建筑鸟瞰和室内"故乡水"景观。p039

图 1-09 苏丹策划的"突围"景观六人展开幕式现场和其作品"移动的山水"及作品说明。p042

图 1-10 莱亚•图尔托(Lea Turto)的塑料花园。p045

图 1-11 2008 年芬兰国际环境艺术论坛的会址和与会者合影。p045

图 1-12 贝西•达蒙 (Betsy Damon) 和她的活水公园。p048

图 1-13 巴西艺术家阿泽瓦多(Nele Azevedo)作品"Melting Men"。p050

图 1-14 苍鑫作品，"交流计划"系列，1996～2005 年。p053

图 1-15 何云昌作品，"与水对话"。p053

图 1-16 巴西里约热内卢 Botafogo 海滩的鱼雕塑。p055

图 1-17 Hehe(法国)作品"绿色云状物"。p055

图 1-18 2014 年 2 月 25 日下午,25 名艺术家自发在天坛祈年殿前的行为艺术作品。p057

图 1-19 瑞典女艺术家克里斯汀的作品《雾之都市》,图片由魏二强提供。p057

图 1-20 荷兰艺术家伯恩德恼特·斯米尔德的作品"室内云"。p059

图 1-21 理查德·朗的第一件大地艺术作品,"走出的线"(A Line Made by Walking)。p061

图 1-22 安迪·高兹沃斯作品:"11 拱门",新西兰,凯帕拉港农场,2005 年。p063

图 1-23 李天元作品: The GreatWall Beijing,2001.1.11。p063

图 1-24 英籍印度裔艺术家阿尼什·卡普尔(Anish Kapoor)的作品。p064

图 1-25 林璎,越战纪念碑。p067

图 1-26 由苏丹策划的"清华美术馆"2009 中欧艺术交流年度展,招贴和开幕式现场。p069

图 1-27 苏丹为"中欧艺术家交流计划"所写的总结文字。p070

图 1-28 "中欧艺术家交流计划"中,艺术家魏二强和彼得林(Petri)的环境艺术作品。p071

图 1-29 玛丽娜·阿布拉莫维奇、乌雷,休止的能量,1980 年。《少年派的奇幻漂流》剧照。谢德庆、琳达·莫塔诺,"绳子",1983 ～ 1984 年。p073

图 1-30 克里斯托和珍妮夫妇(Christo &Jeanne-Claude),"包裹德国柏林国会大厦",1995 年。东西柏林交界线地图。p076

图 1-31 约瑟夫·博伊斯,克雷菲尔德 1921-杜塞尔多夫 1986。项目编号: GV81。p076

图 1-32 约瑟夫·博伊斯,"7000"棵橡树计划,1981 ～ 1987 年。p076

图 1-33 上海新天地场景和活动海报。p078

图 1-34 韩国的 Kring 大厦。p078

图 1-35 吴以强作品"栖——渴望光",2009 年 12 月 29 日;"拆——我不相信",2010 年 2 月 3 日。p080

图 1-36 中国宋庄地标建筑——七色塔。p081

图 1-37 深圳特区 30 年建设发展史组图。p083

图 1-38 城中村和模范社区。p085

图 1-39 苏丹,北京康堡花园和蓝堡国际公寓景观设计,2002 年。p086

图 1-40 罗曼·塞纳(Roman.Signer)的环境艺术作品。p089

图 1-41 也夫,"鸟巢计划",2005 年。p089

图 1-42 安东尼奥尼电影《中国》(1972 年)的剧照。p092

图 1-43 国产故事片《轮回》的剧照。p092

图 1-44 1982 年第 9 期《大众电影》封面。p093

图 1-45 刘香成摄影作品组图。p093

图 1-46 20 世纪 90 年代出现的新事物组图。p094

图 1-47 韩国艺术家杨阿的环境艺术。p094

图 1-48 钱学森"山水城市"概念的当代响应——马岩松的"山水城市"。p098

图 1-49 Fondation Beyeler 基金会苍老建筑的山墙上描绘着艺术家的图示。p100

图 1-50 在基金会的展厅中正在展示艺术和设计院校的创意成果。p102

图 1-51 穿过展厅的窗口,可见顺势而下的河流及两侧的工业建筑。p102

图 1-52 苏丹与米开朗琪罗•皮斯托雷托(Michelangelo Pistoletto)。p103

图 1-53 米开朗琪罗•皮斯托雷托(Michelangelo Pistoletto)创造的连续闭合图形。p105

图 1-54 比耶拉市市长多纳托•真蒂莱(Donato Gentile)衣冠楚楚地现身基金会,并激情四射地向作者苏丹宣讲关于这个城市的梦想。p107

第二部分:状态

表 2-01 国际"环艺"思潮的兴起脉络示意图表。p121

表 2-02 空间基础类别细分。p166

表 2-03 助力条件类别细分。p167

图 2-01《环境艺术》丛书封面作品,Hans Hollein 的作品 Christa Metek 服装店,1967 年。p122

图 2-02《环境艺术》丛书第二期《商业环境创造》(1991)的封面作品,Hans Hollein 的作品 Schullin 珠宝店,1974 年。p123

图 2-03 "环境艺术"(Art of Environment)的创立者阿伦•卡普罗 (Allan Kaprow) 肖像。p124

图 2-04 阿伦•卡普罗 (Allan Kaprow) 的部分"环境艺术"(Art of Environment)作品。p125

图 2-05 建筑师基斯勒(Frederick Kiesler)的部分作品。p126

图 2-06 于正伦的著作《城市环境艺术》(1990 年),在扉页中大幅展示的埃舍尔(M.C.Escher)的作品。p127

图 2-07(a) M. 威廉姆斯(Michael Willams)对希区柯克的《惊魂记》(Psycho,1960 年)经典情节"浴室凶杀"进行的建筑性分析。p128

图 2-07(b) 1988 年,《环境艺术》创刊号上发表的 D. 道兹(Dariel Doz),M. 威廉姆斯与张永和对于虚拟环境的研究成果——《电影与建筑》。p129

图 2-08 乔•伯科威茨(Joe Berkowitzd),The Architecture of Filmmaking 的部分插图——为电影中的经典场景绘制的平面图。p129

图 2-09 中国环境艺术研究的先锋阵地——《环境艺术》的封面、目录页和部分内页。p130

图 2-10 ～ 2-12 1987 年 2 月 12 日,第一次环境艺术讨论会纪要。p151

图 2-13 ～ 2-14 1988 年 6 月 3 日,中国艺术研究院同意中国环境艺术学会挂靠的文件。p153

图 2-15 1990 年 3 月 31 日,钱学森写给吴良镛的信件。p155

图 2-16 1992 年 11 月 29 日,钱学森写给鲍世行的信件。p155

图 2-17 1993 年 2 月 7 日,钱学森写给顾孟潮的信件。p155

图 2-18 ～ 2-19 1990 年 10 月 8 日,环境艺术委员会机构名单(送审稿)和环境艺术委员会简则(理事会通过)。p157

图 2-20 ～ 2-22 1992 年 6 月 30 日,中国建设文化艺术协会批准登记的通知。p159

图 2-23 1992 年 9 月 22 日,环境艺术委员会简则(送审稿)。p159

图 2-24 ～ 2-25 1992 年 10 月 8 日,环委字(92)第 1 号文件——环境艺术委员理事会暨成立会纪要。p161

图 2-26 1992 年 11 月 7 日,环委字(92)第 2 号文件——环境艺术委员会首次副会长工作会议的纪要。p163

图 2-27 环境艺术委员会简介。p163

图 2-28 ~ 2-29 环境艺术委员会入会申请表。p163

图 2-30 中华人民共和国地理信息图。p168

图 2-31 中国各项量化对比图。p169

图 2-32 美国地理信息图。p170

图 2-33 美国各项量化对比图。p171

图 2-34 芬兰地理信息图。p172

图 2-35 芬兰各项量化对比图。p173

图 2-36 日本地理信息图。p175

图 2-37 日本各项量化对比图。p176

图 2-38 四国对比折线图。p177

图 2-39 1986 年,《中国美术报》第 35 期,《曲阳乌托邦》,栗宪庭(胡村)文。p180

图 2-40 1986 年 12 月,《河北日报》,《包泡办学》。p180

图 2-41 1988 年 7 月 5 日,《中国青年报》,新闻摄影,中关村北大南门对面电脑公司裸体男人环境雕塑。p180

图 2-42 1994 年 1 月,《华声报》照片,中华民族风情园西大门建筑。p182

图 2-43 1994 年 2 月 13 日,《科技日报》发表文章《地下室里的新思想》。p182

图 2-44 1995 年 4 月,《科技日报》发表文章《北京的无形学会》。p182

图 2-45 1996 年,《北京晚报》发表文章《北京有个交界河———一个兴起中的艺术家村》。p182

图 2-46 "环境与文化史",手稿之一,1986 年 12 月 18 日。p184

图 2-47 "环境艺术系统",手稿之二,1986 年 12 月 18 日。p185

图 2-48 "环境审美信息的传播",手稿之三,1986 年 12 月 18 日。p186

图 2-49 "环境艺术的心理学原理",手稿之四,1987 年 3 月 13 日。p187

图 2-50 《环境艺术原理与创作技能》课程计划,手稿之五,1987 年 3 月 13 日。p188

图 2-51 《室内设计资料集》封面及内页。p192

图 2-52 菊儿胡同的刊物报道、设计手稿和老照片。p192

第三部分:描述

图 3-01 故宫鸟瞰和平面图。故宫角楼立面图。p200

图 3-02 《中国美术报》1985 年第 14 期。p200

图 3-03 南京大屠杀遇难同胞纪念馆入口和万人坑。p202

图 3-04 亨利·摩尔和亚历山大·卡尔德的环境雕塑作品。p206

图 3-05 安德烈·凯尔泰斯(André Kertész),《亚历山大·卡尔德与马戏团的像》,黑白照片,18×24 厘米,1929 年。p206

图 3-06 入选中国十大丑陋建筑的部分作品:河北燕郊北京天子大酒店、重庆忠县黄金镇政府办公楼和四川宜宾五粮液酒瓶楼。p216

图 3-07 1991 年北京亚运会标志物熊猫盼盼。p220

图 3-08 马岩松作品《浮游之岛——重建纽约世界贸易中心》,2002 年。p226

图 3-09 徐冰作品《何处惹尘埃》,2004 年。p228

图 3-10 人民大会堂(1981～1983 年)江西厅和内蒙古厅,吴印咸摄。吴印咸:"北京饭店"和"人民大会堂"展览招贴。p236

图 3-11 中央工艺美术学院(1956～1999 年)入口大门、图书馆内景和建院 40 年作品展开幕式。p238

图 3-12 第四届全国环境艺术设计大展暨论坛"为中国而设计——为农民而设计"活动现场。p243

图 3-13 北京饭店(1981～1983 年)宴会厅和大堂,吴印咸摄。p250

图 3-14 《室内设计资料集》封面。p250

图 3-15 红砖美术馆庭院和室内。p262

图 3-16 古城阆中的风水分析和新疆八卦城特克斯俯瞰。p265

图 3-17 集美组工作环境和中山清华坊住宅设计。p267

图 3-18 2012 年度建筑界最高奖项普利兹克奖王澍的部分作品:艺术装饰"衰变的穹顶"、中国美术学院象山新校区设计和宁波博物馆设计。p269

图 3-19 袁运甫公共艺术作品:中华世纪坛世纪大厅壁画与环境总体设计、壁画作品《泰山揽胜》、桂林华夏之光文化广场石雕壁画与石鼎设计。p275

图 3-20 王晖作品:今日美术馆和西藏阿里苹果小学。p284

图 3-21 张大力,1998 年作品《拆系列》之一。p288

图 3-22(a) 马里奥·泰勒兹部分作品。p292

图 3-22(b) 2014 年 11 月 14 日,苏丹和马里奥·泰勒兹在苏丹工作室合影。p294

图 3-23 理查德·古德温的部分作品。p301

图 3-24 李傥获 1985 年《新建筑》竞赛一等奖的方案、张在元 1987 年的获奖方案、汤桦 1986 年的获奖方案。p308

第四部分:思考

表 4-01 生存环境相关专业学科的分类比较研究。p331

表 4-02 "道、形、器、材、艺"关系表。p335

表 4-03 "艺"将"道、形、器、材"设计方法的案例分析。p336

表 4-04 环境艺术设计程序分析。p341

表 4-05 环境艺术设计程序。p342

图 4-01 南山婚礼堂鸟瞰、外观和婚礼堂内新人在国徽下留影。p316

图 4-02 天人"合"一的全息系统关系图。p332

图 4-03 风水罗盘。p333

图 4-04 风水图。p333

图 4-05 中国现代环境术(现代罗盘)。p334

图 4-06 "道,形,器,材,艺"关系图。p334

图 4-07 两种个体数为 100 的部落聚群抽象空间。p356

图 4-08 蜜蜂巢中蜡质蜂房的"六边形边界线"。p356

图 4-09 位于 Kolomak 的黑腹滨鹬所展示的弹性圆盘领域特征。p356

图 4-10 Paley Park 景观平面图。p356

图 4-11 Paley Park 看似简单的景观设计营造了亲切的部落空间。p356

图 4-12 刺激平衡机制简易模型。p360

图 4-13 希腊塞萨洛尼基水运码头设计。p360

图 4-14 鱼类聚群行为的向心运动。p360

图 4-15 Boid 软件中的设定参数：分离、调整、聚集、个体参数。p364

图 4-16 Tamás Vicsek 细菌群体运动模型的四种结果。p364

图 4-17 Dirk Helbing 的社会力模型设定参数。p366

图 4-18 对流人群的自组织结果。p366

图 4-19 呈一定角度的双向人流自组织结果。p366

图 4-20 三种利用物理环境改善聚群行为自组织效率的模型。p366

图 4-21 2007 年被 Anders Johansson 改进的十字路口空间模型。p366

图 4-22 人类聚群的"离心运动"。p368

图 4-23 双向步行街道中的聚群行为抽象模型。p368

图 4-24 商业步行街中的聚群景观形态抽象模型。p368

图 4-25 单向利他主义行为的三种类型。p368

图 4-26(a) 艺术中的社会因子与反社会因子。p370

图 4-26(b) 反社会因子的典型空间——监狱环境。p370

图 4-26(c) 市政厅——社会性的议会大厅,被反社会性的小会议室、办公室围绕。p370

图 4-27 日本建筑师坂茂设计的避难所——反社会因子的必要性。p372

图 4-28 群体中相互利他主义的遗传固定条件数学模型。p372

图 4-29 群体发展的消亡时间模型。p372

图 4-30 于会见,《时代》,200cm x 380cm,2008 年。p376

图 4-31 任戎作品,"创世纪"系列装置之一,钢雕,2013 年。p380

第五部分:讨论

图 5-01 "环艺的双重属性与未来可能性"环艺研讨会现场。p382

图 5-02 彭锋策划的以"弥漫"为主题的第54 届威尼斯双年展中国馆部分作品。p385

图 5-03 米兰垂直森林组图。p394

图 5-04 克里斯蒂·沃克(Christie Walk)的保罗庄园(Paul Downton)生态城市理想组图。p404

图 5-05 哈库里的3 个环境艺术作品。p411

图 5-06 工作中的安迪·高兹沃斯。p420

图 5-07 安迪·高兹沃斯,《腐木》,2007 年。p420

图 5-08(a) 安迪·高兹沃斯,"巴西的黏土穹顶"组图1。p423

图 5-08(b) 安迪·高兹沃斯,"巴西的黏土穹顶"组图2。p425

图 5-08(c) 安迪·高兹沃斯,"巴西的黏土穹顶"组图3。p428

图 5-09 安迪·高兹沃斯,《碎裂的卵石》,1985 年。p430

图 5-10 安迪·高兹沃斯,《日本枫叶》,1987 年。p430

图 5-11 安迪·高兹沃斯,《11 拱门》,2005 年。p431

图 5-12 安迪·高兹沃斯,《被涂过的树叶》,2005 年。p431

图 5-13 安迪·高兹沃斯,《橡木冢》,2006 年。p431

图 5-14 安迪·高兹沃斯,《草洞》,2009 年。p431

图 5-15 安迪·高兹沃斯,《榆树叶》,2009 年。p431

图 5-16 安迪·高兹沃斯,《防卫线》,2009 年。p431

图 5-17 安迪·高兹沃斯在《欧洲蕨杆》的工作中,2014 年。p432

图 5-18 安迪·高兹沃斯在《榆木筏》的工作中,2014 年。p432

图 5-19 安迪·高兹沃斯在《淤泥堆积冢》的工作中,2014 年。p432

图 5-20 安迪·高兹沃斯与黏土墙,2014 年。p432

图 5-21 安迪·高兹沃斯在《墙边的榆树枝》工作中,2014 年。p432

（文字整理:高珊珊、王雪亮)

(本书图片如无特殊标注,均由苏丹指导,高珊珊选配。)

⟨Postscript⟩

后记

- 历史飞掠而过 -

历史飞掠而过

□ 苏丹

不知不觉中激荡的尘烟散去，人造的尖峰拔地而起直指云霄，生活的躯壳水银泻地般散落大地……历史存在于一个没有间断的长列，时间混合着现实不断地逝去，事件又牵引着时间不断前行。在这个时间、现实胶着的流动之中，每一个人都是搅动现实的粒子，他们彼此作用所激发出巨大的能量作出惊世骇俗之壮举，不断创造出异相的景观。一出出事件淡漠在人类顽固的遗忘中，一幅幅景观在衰变中化作废墟留给未来悬念或是笑柄，而那些推动历史的人物终将老去，他们如滚滚红尘激荡、弥漫，然后慢慢散去，留不下一点痕迹。飞掠而过的历史总是在嘲弄眼观当下，不可自拔之人，但更加悲哀的情况是人对历史的羞辱、虚构、杜撰和篡改。没有对历史的客观书写实乃人类历史的悲剧，因为它无法提供引导未来的线索，也无法开启刺透黑暗的明灯，那么一切声势浩大的努力、牺牲、塑造都将在前行中幻灭。

在永续的历史中，和永不停息的运动相伴的却是停驻。停驻也许是为了短暂的歇息，也许是为了等待更好的时机。现实中列车和站台就是运动和停驻的物质表现，它们都是给驱动历史的主体提供了不同状态的载体。停驻既是一个过程，又如一切运动的起点和终点，因为对于车上、站台上的诸多个体而言，每一次停驻都是运动的开始和运动的停止。因此、那些站在站台上的逗留者就保持了旁观和参与的双重角色。于是我们意识到书写历史的重要性，书写历史，就必须旁观，也必须参与。人生的每一个阶段像疾驶中的车厢，站台是阶段和阶段衔接的平台，是人生的继往开来。在熙熙攘攘的站台上做了一个短暂的停驻，等待背信弃义列车的到来，但我们来不及思考，它已远去。停驻对于每一个人而言是重要的，它让殚精竭虑之人苟延残喘，体会生命的意义。它让经纶事物之人望峰息心，窥谷忘返。

站台还为我们观察运动的事物提供了一个平台和视角，因为惟有停下才是观察运动的最为客观的状态。对于个体而言，片刻的停留即可分裂出双重的角色，局内者和局外者，运动者和观察者，行动者和评判者，躁动者和冷静者。蛊惑人心的进步论催生了奔跑的欲望和驱动的能量，而停下来则是奔跑者在等待自己的思考，等待自己的灵魂。中国环艺的历史就是一部奔跑史和赛跑史，三十多年来我们一直在欲望的驱动下疯狂地奔跑，也一直在和中国持续的高速增长的经济步伐在赛跑。我们就是如此匆忙，如此紧张，担心被这个疯狂和冷漠的时代所抛弃。即时的书写和记录都在狼狈中完成，又都在风中失落。浑浑噩噩，不知今夕何夕。那些被疾风撕碎的残片从窗口抛出，遗落在荒芜的大地之上，生命的杂草之间。遗失在旷野中的残片，等待我们捡拾、拼贴。环艺之轻，它的历史就如同碎片遗洒在荒野，旋风忽来时，它们才会腾空而起，旋转、升腾。

　　和许多艺术门类相比较，环艺的历史是短暂的，它是随着艺术的野心不断扩张而诞生的。环艺就是艺术家以关注环境问题为旗号而出现在艺术家族的新成员，它的终极目的不是为了人类自身的享乐需求去建立一个环境的(空间的、资源的)"殖民地"，而是关于环境意识的启蒙、觉醒，它既是一种思考也是一种表达。环艺首先以艺术的方式向人类提出问题，以引发哲学家对环境概念的探讨，美学家对审美规则的修订，社会学家对人类行动实践的展望，等等。最终，环艺会以实践的方式对自己的提问进行回答，它在不断塑造人类和环境相处的关系模型，为人类和环境建构一个可持续的存在形式。

　　广义的环艺是一棵大树，环境艺术和环境艺术设计是它苗壮的树干分出的两部枝杈。生命力极度旺盛的环艺在不长的时间内孕育出两个孩子，其一为艺术，它的主体是艺术家个人，方式为在环境中特别性的表达。他们呐喊、挣扎、扭曲、变态，以此引发关注与讨论。它的核心是思想的创新和精神的弘扬；其二为设计，核心是艺术性的传播环境的理念，方式是周密精确的计划，忠实地实施，它是改变现实的工具。但回顾历史我们不难发现，这棵大树的生长和发育是畸形的，中国活跃的经济活动为它的生长注入了活力，但也一定程度毁坏了它内在的构造和肌理。"设计"——这个旁逸斜出的分支由于得到了充足的养分而疯狂地生长，它占据了空间和社会的视阈。而艺术实践在获得了短暂的喝彩之后，逃离了公共性的责任和伦理的拷问，沉浸在了个人情感无休无止的纠结之中。两个孩子各奔东西，驰骋在不同的领域。散乱和模糊或许就是环艺的特征，因为它的出世就是为了破除学科和专业所形成的局限，因此早期的环艺更像是在不停地搜索，不停地环顾、巡游、涉猎、放牧。模糊的环艺历史没有聚焦，只有飞速的掠过。它是美学历史的分支，也是中国当代历史的缩影。它是建筑学、园林学、规划学、艺术设计学交合而生的新事物，但环艺绝对不是怪胎，它是中国人民生活的福祉。

客观地记录、反映中国环境艺术的历史，是我编写这本书的初衷。我用散点的透视来记录和叙述这一段动荡的历史画面，许多的个人和许多的事件都在我的选择下成为画面的中心，同时也会是一个完整的局部。历史中的人们挥舞着手势，指点着江山；历史中的事件轰轰烈烈演绎，夯筑着大厦和伟业的基石。但客观性又是一个永远无法做到的事情，这是我个人的视域的局限性所致。因此这部中国环艺的历史实际上是一部"我的环艺史"，它会不可避免地夹杂着我个人的情感和价值观，从而形成了偏见。这是一个令人无比纠结的事实，于是我只能期望将来有更多的人来对这段历史进行评价，否则我无法释怀。既然自己的书写无法超越自己的经验和认识，我唯有做到达到自己的极限才有可能创造最大程度的客观性。访谈重要的历史经历者和创造历史的参与者是非常重要的工作，这些话语和文献既是线索，也是自己主观推断的旁证。那些前辈比我更加强烈地感受到时间的紧迫感，他们毫不吝惜地把珍贵的资料奉献出来，这些文献唤醒了我的记忆，往事潮水一般涌来，激动裹挟着深深的失落。有一些人物的访谈除了跨越漫长的时间，还穿越了广袤的地理。维也纳的马里奥先生在清华办展览的闲暇之余接受了我们的采访，回国后又应我们的邀约书写了自己对环艺的心得；悉尼的理查德·古德温在大洋的彼岸，和我们畅谈了他的环艺观和创作方法；格拉斯哥美术学院的王小爱女士，热情地为我联系了当今世界极为重要的大地艺术家高兹沃斯，代我向他发出了对话环境艺术的邀请。好友苍鑫在 2014 年 2 月 25 日，第一时间里为我传输过来艺术家群体在祈年殿前祈求蓝天的行为艺术图片；居住在宋庄的另一位艺术家好友吴以强，将珍藏多年的行为图片"暖冬"交到了我手中。在这个图形资料可以轻易获取、分享的网络时代，这些一手的资料显得如此重要，它们超越了物质属性和信息内容的简单和机械感，在书写者和阅读者之间架起了一座感情的桥梁。它们是在场者的证明，也是纸质阅读的价值所在。我感谢众多的助手们几年以来给我的帮助与支持，他们多是我的学生，曾经的和现在的。在旷日持久的资料收集、整理，艰涩的书写过程中，我欣慰于这种志同道合的状态之中，是他们给了我勇气和信心。

　　光阴荏苒，人生几何，不知不觉中中国环艺曾经轰轰烈烈的壮举已成为往事，第一代环艺人都已经老去，有的甚至已经故去。前辈们开辟的小径上如今早已被拓展变作一条宽阔的通途，行至其上的人们在道路的前方绘制了一个偷天换日的未来。犹如一个巨大无比的幻境——一个物质堆砌的塑料花园，它和我们的现实生活天衣无缝地对接着，令每一个人感到幸福就在眼前从而信心十足。向前、向前、向前成为人们一个坚定不移的信念，我们在这种默念之下麻木地消耗自己的生命。这是另一种没有未来的生命状态，而原因恰恰在于"未来"就在眼前。这个幻觉有如一个令人生畏的黑洞，无情地吞噬着众多的生命和理想。二十多年以来，我眼见无数理想主义者坠入在这个领域坠入物质的深渊，又亲耳听到无数浑浑噩噩者在人到中年后发出的叹息。历史的无情之处恰在于时光的飞逝和人生之须臾，我们往往只有经历了历史才能察觉到历史飞速掠过的身影，这是绝大多数人的悲哀。于是年近半百的我意识到，必须猛然回首去追忆过去并以此捕捉那飞掠而过的历史，而绘制它运行的轨迹才是判断和评价我们自己生命价值和意义的方式。参与实践是亲历历史演变过程的方式，而在恰当的时间里远离实践才能俯瞰历史的身姿，从而识破这个历史为人类精心布设的迷局。我以为思想者和实践者并非必须形成分裂的二者，我想成为合二为一的肉身，冷静地观察自己，客观地评价历史。尽管二十多年来我一直对自己所操持的事业有所怀疑，一方面反感它发展的状态，另一方面质疑它根本的目的。但这一段时间的编辑和书写才是真正系统思考的阶段，通过反省、交流、阅读和思考，我终于看清了这段历史的本来面目。我看到历史虽在继续，但文明却又在扁平的空间中作着无奈的往返轮回。这是一个时代的悲剧，而生活在其间的我们皆在扮演着殉葬者悲催的角色，留下的是一生的叹息。本人以为书写的目的就是为困顿中的环艺找到一个通向彼岸的出口，帮扶他人也拯救自己。

自包泡先生早期开始对中国环艺的探索实践算起，三十多年过去了。中国环艺经历了从严肃走向娱乐的放任，从深刻流于肤浅的激化，从巅峰滑向边缘的衰落，又从麻木逐渐觉醒的过程。二十多年来，我始终在环艺的一线劳作、挣扎、痛并快乐地感受和思考。我深切地认识到中国的环艺虽处于迷茫之中，但却将重逢历史的机遇。这个机遇就是被我们自己毁坏的生存环境所反衬凸显出来的一个大写的"环境"，我们似乎在此有了一个新的发现。从关注环境中人性的培育到关注环境中的社会性属性塑造，再到努力揭示环境中的自然精神，这是人类对过去熟悉事物的一个再认识过程，它将深刻改变我们过去所持有的观念。无疑当下"环境"对于整个世界以及每一个个人都是如此重要，环境和我们息息相关又神秘莫测，而我们对环境既无法把控又无法预测。我预感到了我们这个领域即将出现的巨变，环境不仅仅只是关乎于自己，关乎于人性，它还要继续关乎于社会，从而建立使个人之间相互连接并达成共识的可能；在未来它更要关乎自然，因为关注自然的精神就会赋予环境一种神性，这是建立信仰的开始，是自觉诞生的曙光。新时期的"环境意识"是自然、社会、个人的三位一体，就像米开朗基罗·皮斯托雷托先生创造的那个图形所概括的那样，它既包含全面性的尊重，又达成了全面性金色的妥协。改变这个问题重重的世界就从改变观念开始罢，我相信至爱的环艺虽然几度迷失，却终将归去来兮！

（2014 年 5 月 23 日，终稿于北京 - 迪拜航程之中）

图书在版编目（CIP）数据

迷途知返——中国环艺发展史掠影 / 苏丹编著. —北京：
中国建筑工业出版社，2014.10
ISBN 978-7-112-17344-0

Ⅰ.①迷… Ⅱ.①苏… Ⅲ.①建筑设计-环境设计-历史-
中国 Ⅳ.①TU-856

中国版本图书馆CIP数据核字（2014）第231763号

责任编辑：王莉慧 费海玲 焦 阳
图文编辑：高珊珊
书籍设计：高珊珊
责任校对：李美娜 刘 钰

迷途知返
中国环艺发展史掠影

苏丹 编著

*

中国建筑工业出版社出版、发行（北京西郊百万庄）
各地新华书店、建筑书店经销
北京方嘉彩色印刷有限责任公司印刷

*

开本：787×960毫米 1/16 印张：30 字数：600千字
2014年12月第一版 2014年12月第一次印刷
定价：98.00元
ISBN 978-7-112-17344-0
（26115）